KB131640

라이프 타임

생체시계의 비밀

라이프 타임, 생체시계의 비밀

1판 1쇄 인쇄 2023. 10. 12.
1판 1쇄 발행 2023. 10. 23.

지은이 러셀 포스터
옮긴이 김성훈

발행인 고세규
편집 이예림 디자인 유상현 마케팅 정희윤 홍보 강원모
발행처 김영사
등록 1979년 5월 17일(제406-2003-036호)
주소 경기도 파주시 문발로 197(문발동) 우편번호 10881
전화 마케팅부 031)955-3100, 편집부 031)955-3200 | 팩스 031)955-3111

값은 뒤표지에 있습니다.
ISBN 978-89-349-5495-8 03470

홈페이지 www.gimmyoung.com 블로그 blog.naver.com/gybook
인스타그램 instagram.com/gimmyoung 이메일 bestbook@gimmyoung.com

좋은 독자가 좋은 책을 만듭니다.
김영사는 독자 여러분의 의견에 항상 귀 기울이고 있습니다.

라이프 타임
생체시계의 비밀

Life Time

수면, 건강, 삶에 혁명을 불러오는
최적의 시간을 찾아서

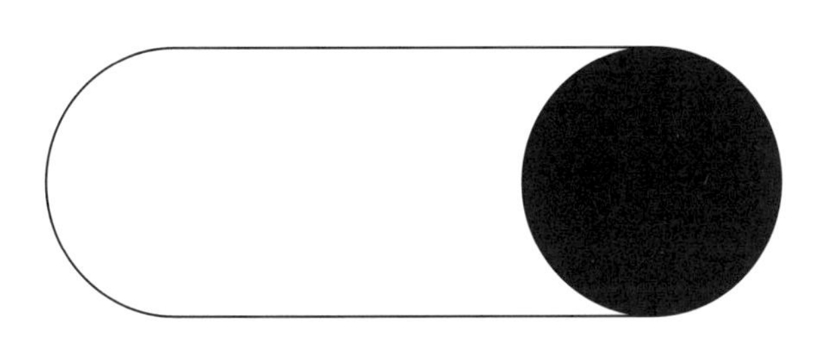

러셀 포스터
김성훈 옮김

김영사

일러두기

본문에 첨자로 표기한 번호는 참고문헌 번호이다.

도린 에이미 포스터(1933년 8월 17일~2020년 11월 28일)를 추모하며
이 책을 엘리자베스, 샬럿, 윌리엄, 빅토리아에게 바칩니다.

차례

서문

인생의 그 무엇도 두려워할 필요가 없다.
그냥 이해하면 된다.
이제 더 이해하고, 덜 두려워할 시간이 됐다.

마리 퀴리

40년 전 브리스틀대학교에서 동물학을 공부하던 학부생 시절에 나는 과학자가 되고 싶다고만 생각했지, 그것이 어떤 의미이고 무슨 일을 하는지는 거의 모르고 있었다. 목적이 불분명하고 자유분방한 내 어린 뇌 속에서 생체시계는 그저 모호한 개념에 불과했다. 그러다가 학부생 졸업반 때 생체리듬을 주제로 한 국제학회에 자원봉사자로 참가한 적이 있었다. 할 일이 그리 많지는 않아서 여기저기 기웃거리면서 강의를 듣고, 당시 그 분야의 선도적 학자들을 만났다. 젊은이의 자신감, 아니 오만에 빠져 있던 나는 내가 그들과 대화를 나누고 싶어 하듯 이 과학계의 거물들도 나와 대화하기를 원할 것이라고 생각했다. 한 고령의 교수님에게는 아침 식사를 할 때는 다가가지 말아야 한다는 것도 배웠지만(냉랭한 침묵과 기름기 흐르는 소시지를 뚫어지게 바라보는 시선만으로 그토록 많은 의미를 전달할 수 있다는 것이 정말 놀라웠다), 대부분은 믿기 어려울 정도로 관대하게 시간을 내주었다. 이것은 여러 면에서 나의 성장에 중요한 경험이었고, 나는 스펀지처럼 과학을 빨아들였다. 나도 모르는 사이에 이 학회는 내 평생의 관심사를 규정하고, 빠르게 등장하고 있던 생물학적 시간이라는 과학 분야를 연구하는 이 국제 학계의 일원이 되고 싶다는 야망에 불을 지펴주었다. 대학생 시절에 시작해서 현재 옥스퍼드대학교의 줄스 손 수면 및 일주기 신경과학연구소Sir Jules Thorn Sleep and Circadian Neuroscience Institute의 일주기 신경과학 교수이자 소장 자리에 오기까지 과학자로서 살아온 경력 덕분에 전 세계의 동료들로부터 통찰을 얻고, 때로는 그들과 새로운 지식을 공유하기도 했다. 어떤 면에서 보면 이 책은 내가 40년에 걸쳐 생물학적 시간의 본성에 대해 연구하며 배운 것에서 정수만 뽑아낸 내용이라 할 수 있다. 부디 내가 그동안 느꼈던 흥분과 경외감, 그리고 즐거움을 부족함 없이 그대로 전달할 수 있었으면 한다.

지난 수십 년 동안 우리의 삶을 지배하는 생체시계와 24시간 생물학적 주기의 과학에서 흥미진진한 새로운 발견들이 폭발적으로 늘어났다. 이런 주기 중에서 제일 두드러지는 것은 수면과 각성의 하루 패턴이다. 놀랍게도 대부분의 책에서는 생체시계와 수면을 따로 다루고 있다. 하지만 새로운 연구 결과들은 이런 단절적인 접근방식으로는 전체적인 이야기를 제대로 전할 수 없음을 말해주고 있다. 생체시계를 이해하지 않고는 수면을 제대로 이해할 수 없으며, 수면 또한 생체시계를 조절하고 있다. 생체시계와 수면은 우리의 건강을 정의하고 지배하는 긴밀하게 뒤엉킨 두 개의 생물학 영역이기 때문에 이 책에서는 이 둘을 함께 묶어서 고려할 것이다.

하루 일과를 끝내고 집까지 안전하게 운전을 하고 돌아오는 것에서 체중 감량을 위한 다이어트에 이르기까지 실패와 성공을 가르는 것은 이 24시간 주기와 조화를 이루느냐, 아니면 그것을 거스르느냐인 경우가 많다. 이 과학 및 의학 영역에서 워낙 많은 일이 있었기 때문에 사실과 허구를 가려내기가 쉽지 않다. 그래서 건강에 관한 합리적인 의학적 조언으로 시작했던 내용이 군대 교관이 연병장에서 사병들에게 윽박지르는 것 같은 거친 명령으로 바뀌어버린다. 잠은 반드시 하루에 여덟 시간을 '자야' 하고, 배우자가 코를 골더라도 반드시 침대를 '같이 써야' 하고, 잠자리에 들기 전에는 빛이 나오는 발광스크린 전자책을 절대 사용하지 '말아야' 한다는 등등. 그래서 생체리듬과 수면은 믿음직한 친구로 인식되기보다는 싸워 이겨 무찌르고 굴복시켜야 할 적으로 종종 묘사된다. 하지만 이 리듬은 우리가 이해하고 끌어안아야 할 대상이다.

이 책에서 나는 생체시계와 수면의 과학을 상자에서 꺼내어 그 놀랍고도 흥미진진한 발견들을 여러분에게 선보이려고 한다. 바라건대 독자들이 쉽고 재미있게 읽을 수 있게 꾸며졌으면 좋겠다. 나는 이 분야에서 과학자로 일하며 얻은 40년의 개인적 경험에서 이야기를 이끌어낼 수 있었고, 친구 및 동료들과의 토론을 통해 생물학적 시간을 지금처럼 이해하는 데 큰 도움을 받았다. 나는 현재의 과학적 지식을 뒷받침하는 증거를 제시하고, 어떻게 하면 우리 각자가 이 증거를 이용해서 더 정확한 정보를 바탕으로 삶의 질을 개선하기 위한 결정을 내릴 수 있는지도 다루었다. 잠을 더 잘 자는 법에서 시작해서 일상의 활동에 체계를 세우는 방법, 심지어 하루의 특정 시간에 약을 복용하거나 백신을 접종하는 것이 좋은 이유

등에 이르기까지 다양한 내용을 담았다. 이 책의 정보를 이해하고 나면 10대와 노년층이 회복 수면을 취하는 데 어려움을 느끼는 이유, 기분과 의사결정 능력이 오전과 오후에 차이가 생기는 이유, 야간 교대근무를 하는 사람이 이혼할 위험이 더 높은 이유 등 타인의 행동도 더 잘 이해할 수 있을 것이다. 과학적 내용의 일반화가 불가능한 것은 아니지만 우리 각자가 서로 아주 다르기 때문에 평균값으로 접근하는 것이 오해를 낳을 수 있음을 이 책 전반에서 강조했다. 예를 들어 여성의 평균 생리주기는 28일이지만 실제로 28일 주기를 가진 여성은 15퍼센트에 불과하다. 우리의 생체시계와 수면 생물학은 신발 크기에 비유할 수 있다. 한 사이즈가 모든 사람의 발에 맞을 수는 없는 노릇이다. 그럼에도 모든 사람에게 같은 사이즈의 신발을 강요한다면 그것은 어리석은 일일 뿐만 아니라 잠재적으로 해롭게 작용할 수 있다. 언론에서 소개하는 의학적 조언이 지나친 단순화이거나 도움이 되지 않는 이유도 이런 차이를 고려하지 않기 때문이다.

수면과 일상의 리듬은 유전학, 생리학, 행동, 환경으로부터 생겨나고 우리의 대부분의 행동과 마찬가지로 하나로 고정되어 있지 않다. 이런 리듬은 우리의 행동, 환경과 상호작용하는 방식, 태어나서 나이가 드는 과정에 의해 변화된다. 유아기에서 노년이 될 때까지 우리의 생체시계와 수면 패턴은 큰 변화를 겪는다. 하지만 이런 노화 관련 변화가 꼭 나쁜 것만은 아니다. 우리는 수면에 대한 걱정을 멈추고, '차이'가 꼭 더 나빠지는 것만 있는 것은 아님을 받아들여야 한다. 우리가 듣는 조언 중에는 사회적 통념에서 비롯된 엉터리 정보도 있다. 이런 통념 중에는 역사가 기록되기 시작한 고대로 거슬러 올라가는 것도 있다. 하지만 한 개념이 반복해서 등장한다고 해서 그것이 꼭 정확한 개념이라는 의미는 아니다. 예를 들어 아기 몸을 뒤집어주면 밤에 잘 잔다는 이야기가 있다. 이 오래된 이야기에 따르면 아기를 앞쪽으로 공중제비를 돌듯이 뒤집어주면 아기의 내부 시계가 재설정되어 밤에는 자고 낮에는 깨어 있을 것이라고 한다. 하지만 이것을 입증할 증거는 전혀 없다. 사실 이 이야기는 부모의 절실함에서 나온 것일지도 모른다. 특히나 밤에 깨어서 우는 아기 때문에 수면 부족에 시달리는 부모들이 이성적으로 판단하고 행동하는 능력이 크게 저하되는 바람에 이런 이야기를 하게 되었는지도 모른다! 자주 반복되는 또 다른 미신이 있다. 솔방울샘pineal gland에서 나오는 호르몬인 멜라토닌이 '수면 호르몬'이라는 것이다. 그렇지 않다. 뒤에 나오는 장에서 그 이유를 설명하겠다.

이 책 전반에서 내가 전하려는 메시지는 한 명의 개인이자 사회 구성원으로서 우리 모두는 생물학적 시간에 관한 새로운 과학적 지식을 이해하고 그것을 바탕으로 행동하려고 노력해야 마땅하다는 것이다. 하지만 왜 굳이 그런 것까지 신경 쓰며 살아야 할까? 해야 할 일이 많은 복잡한 세상에서 살기 위해서는 가능한 한 최고의 신체적, 정신적 건강을 유지하는 것이 옳다고 생각하기 때문이다. 그런 지식은 삶이 우리에게 던져주는 여러 가지 어려움에 대처하는 데 도움이 될 것이다. 하지만 거기서 끝이 아니다. 삶을 받아안고, 창조적으로 살고, 합리적 판단을 내리고, 타인과 함께하는 시간을 즐기고, 세상이 우리에게 제공하는 모든 것을 긍정적으로 바라보고 싶다면 생물학적 시간을 인정하고 받아들이는 것이 도움이 된다. 그렇다면 우리에게 주어진 시간을 최대한 활용하고, 더 나아가 그 시간을 연장해보는 것이 어떨까?

생체시계의 흐름

우리는 오만하게도 인간이 생물학을 초월한 존재라고 여겨, 원하는 것을, 원하는 시간 어느 때라도 할 수 있다고 생각한다. 이런 가정이 밤낮없이 돌아가는 현대 사회를 뒷받침하고 있다. 야간 근무 노동자가 없으면 우리 경제는 유지되지 못한다. 이들은 슈퍼마켓에 물건을 채우고, 사무실을 청소하고, 국제 금융 서비스를 운영하고, 범죄로부터 우리를 보호하고, 철도와 도로의 기반시설을 복구하고, 누군가의 도움이 가장 절실한 순간에 있는 병자와 부상자들을 돌봐준다. 이 모든 일이 대부분의 사람이 자고 있거나, 적어도 자려고 애쓰고 있는 동안에 일어난다. 야간 교대근무는 우리의 생체시계와 수면을 파괴하는 가장 확실한 원인이다. 하지만 이미 당장 터질 듯 빽빽하게 일정이 잡혀 있는 일과에 점점 더 많은 업무와 여가 활동을 끼워넣다 보니 이런 추가적인 활동은 야간에 할 수밖에 없다. 그 결과 우리의 수면시간은 점점 줄어들고 있다. 우리가 밤을 꼬박 새워 일을 할 수 있게 된 것은 1950년대부터 전 세계적으로 전기가 광범위하게 상업화되었기 때문이다. 이 놀랍고 경이로운 자원 덕분에 우리는 밤과의 전쟁을 선포할 수 있게 되었고, 자기가 무슨 짓을 한 것인지 제대로 이해하지도 못한 채 우리 생물학의 필수적인 요소를 그냥 뭉개고 말았다.

당연한 이야기지만 우리는 원하는 일을 원하는 시간 아무 때나

할 수 없다. 우리의 생물학은 24시간 생체시계의 지배를 받는다. 이 시계는 우리에게 언제 자고, 먹고, 생각하고, 다른 여러 가지 필요한 일을 하면 좋은지 충고해준다. 이렇게 매일 내부에서 조정이 이루어지는 덕분에 우리는 역동적인 세상에서 최적의 기능을 선보이고, 지구의 24시간 자전에 의해 만들어지는 밤낮 주기의 요구에 맞추어 우리의 생물학을 미세 조정한다. 우리 몸이 제대로 기능하기 위해서는 올바른 재료가, 올바른 장소에, 올바른 양으로, 올바른 시간에 있어야 한다. 수천 가지 유전자가 특정 순서에 따라 켜지고 꺼져야 한다. 그리고 단백질, 효소, 지방, 탄수화물, 호르몬 등의 화합물이 정확한 시간에 흡수, 분해, 대사, 생산되어야만 성장, 복제, 대사, 운동, 기억 형성, 방어, 조직 복구 등이 이루어진다. 이를 위해서는 하루 중 올바른 시간에 적당한 행동이 이루어지도록 준비되어 있어야 한다. 내부 시계가 이 모든 일을 제때 정확하게 조절해주지 않는다면 우리의 생물학은 혼돈에 빠져들 것이다.

생체시계의 과학은 생물학과 의학에서 상대적으로 새로운 분야지만 그 기원은 생각보다 훨씬 오래전인 1720년대 말의 식물 연구로 거슬러 올라간다. 그 대상은 미모사 푸디카*Mimosa pudica*라는 라틴어 이름을 가진 식물이었다. 이 이름은 '부끄러움, 수줍음, 움츠러듦'이란 뜻이다. '민감한 식물sensitive plant'이라고도 한다. 정원사에게는 익숙한 이 콩과 식물은 건드리거나 흔들면 섬세한 이파리가 안쪽으로 접히면서 아래로 처졌다가 몇 분 후에 다시 열린다. 이 이파리는 접촉에만 접히는 것이 아니라 밤에도 접혔다가 낮이 되면 다시 열린다. 프랑스의 과학자 장자크 도르투 드메랑은 이 식물을 연구했다.

드메랑은 미모사의 이파리가 깜깜한 어둠 속에서도 며칠에 걸쳐 주기적으로 접혔다 열리는 모습을 관찰하고서 놀라움을 금치 못했다. 이 주기적 활동을 유도하는 것이 빛의 변화가 아니라는 것이 분명했기 때문이다. 그렇다면 무엇이란 말인가? 혹시 온도일까? 1759년에 또 다른 프랑스 과학자 앙리루이 뒤아멜 뒤몽소가 하루의 온도 변화를 조사해보았다. 그는 미모사를 항상 어둡고 온도가 일정한 소금 광산으로 가지고 갔다. 그런데 그곳에서도 미모사는 일정한 리듬을 계속 유지했다. 그로부터 100년 이상 지난 1832년에 스위스의 과학자 알퐁스 드캉돌이 일정한 조건 속에서 미모사를 관찰했는데 이파리가 접히고 열리는 이 프리러닝 리듬freerunning rhythm(빛 같은 외부 자극에 의한 유도가 없는 상황에서 개체가 취하는 일주기 리듬-옮긴이)이 정확히 24시간이 아니라 22~23시간 주기라는 것을 알아냈다.

그 후 150년에 걸쳐 일정한 조건에서도 정확히 24시간은 아니지만 24시간에 가까운 리듬으로 지속되는 일상 리듬이 여러 식물과 동물에서 관찰됐다. 이런 리듬을 나중에는 일주기 리듬circadian rhythm(circa는 '대략', dia는 '하루'를 의미한다)이라 부르게 됐다. 하지만 사람의 일주기 리듬에 대한 연구는 꽤 늦게 이루어졌다. 우리에게도 일주기 리듬이 존재한다는 힌트를 준 사람은 1930년대 말의 너새니얼 클라이트먼이었다. 클라이트먼과 그의 학생 브루스 리처드슨은 미국 켄터키주 매머드 동굴 깊숙한 곳에서 1938년 6월 4일부터 7월 6일까지 머물렀다. 그곳은 자연광이 들어오지 않고 온도도 섭씨 12.2도로 일정했다. 등불을 사용했으니 조건이 완벽하게 통제된 것은 아니었다. 게다가 동굴에는 호기심 많은 쥐와 바퀴벌레가 살고 있었다. 그들은 쥐와 바퀴벌레가 침대로 기어 올라오지 못하게 하려고 2층 침대 다리를 살균제가 들어 있는 대형 깡통에 담가 놓아야 했다. 이들은 수면/각성 시간을 기록하고 체온의 일상 리듬도 측정했다. 이 관찰을 통해 체온과 수면/각성 시간이 대략 24시간의 주기로 이어진다는 것을 알 수 있었다.

사람들은 1960년대까지도 이 발견의 진정한 가치를 깨닫지 못했다. 이 분야의 선구자 중 한 명인 위르겐 아쇼프는 안데흐스에 지하 벙커를 지었다. 독일 바이에른주의 안데흐스 마을에는 1455년부터 맥주를 양조해온 베네딕트 수도원이 있었다. 그는 대학생들을 맥주홀에 있을 때 외에는 어두운 조명만 켜진 지하 벙커에서 생활하게 해서 시간을 알 수 있는 외부 환경의 단서와 격리시켰다. 하지만 침대 등은 사용할 수 있게 했다. 따라서 엄밀히 말하면 이번에도 일정한 조명 조건에서 진행된 것은 아니었다. 학생들의 수면/각성 주기, 체온, 그리고 소변을 비롯한 몸에서 나오는 것들의 생산량을 며칠에 걸쳐 측정했다. 그 결과 이런 준準일관적 조건에서도 대략 24시간 정도의 주기적인 일상 패턴이 나타났다. 하버드 대학교 찰스 체이슬러 연구진이 좀 더 최근에 연구한 바에 따르면 사람의 평균적인 생체시계는 24시간 11분에 가까운 리듬을 보이는 것으로 나타났다. 이런 시간 차이 때문에 아쇼프 연구진과 하버드 연구진 사이에는 항상 분란이 일어났다. 오늘날에는 이 차이가 벙커 실험에서는 침대 등을 허용했기 때문이라는 데 의견이 모아지고 있다. 아쇼프는 정말 놀라운 사람이고 나는 과학적으로나 사회적으로 그에게 많은 것을 배웠다. 약 25년 전 바이에른에서 열린 서머스쿨 파티에서 나는 포도주를 한 병 열었다. 그런데 몇 분 후에 아쇼프가 큰 소리로 물었다. "마개뽑이에 코르크를 그냥 둔 사람이 누굽니까?" 나는 솔직하게 자수했고, 그가 모두에게 들리게 말했다. "코르크를 그냥 두면 절대로 안 됩니다. 그건 정말 매너가 없는 행동이에요." 그 후로 나는 두 번 다시 그런 실수를 저지르지 않았다.

1960년대에는 일관된 조건에서 정확히 24시간은 아니지만 24시간에 가까운 주기로 지속되는 일주기 리듬이 존재한다는 것이 사람을 비롯한 많은 동식물에서 확인됐다. 이런 리듬이 생물학적으로 만들어진다는 것, 즉 내인성endogenous이라는 것을 (거의) 모든 사람이 인정했다. 모든 과학 분야와 마찬가지로 독재정권 아래 살지 않고서야 완벽한 의견 일치는 결코 있을 수 없다. 하지만 반대 의견이 있다는 것은 좋은 일이다. 반대 의견에 부딪힐 때 과학자는 더 나은 실험을 통해 가설을 입증할 훨씬 더 강력한 증거를 내놓아야겠다는 의욕에 불타게 된다. 가장 저명한 반대론자는 시카고 노스웨스턴대학교의 프랭크 브라운 교수였다. 그는 생체리듬이 전자기, 우주선宇宙線 혹은 알려지지 않은 다른 어떤 힘 같은 지구물리학적 주기에 의해 만들어진다고 믿었다. 브라운의 핵심 논거도 일리가 없지 않았다. 그는 그 어떤 생물학적 메커니즘도 온도와 독립적일 수 없다고 주장했다. 온도가 올라가면 생물학적 반응의 속도도 올라가고, 온도가 내려가면 반응 속도도 내려간다. 하지만 시계가 정확하게 시간을 지키려면 그런 반응 속도가 항상 일정해야 한다는 것이 그의 주장의 골자였다. 그래서 더 많은 관찰이 필요해졌고, 식물과 냉혈동물인 곤충을 대상으로 연구해보니 외부의 온도 차이는 생체시계에 영향을 미치지 않았다. 브라운의 생각이 틀렸음이 밝혀진 것이다. 하지만 그의 문제 제기 덕분에 생체시계가 실제로 온도를 보상하며 작동한다는 것을 확실하게 보여주는 실험이 나올 수 있었다. 내인성 24시간 생체시계가 반드시 존재한다는 것이 입증된 것이다!

내부 시계가 존재하면 시간을 알 수 있을 뿐만 아니라 시간을 예측하거나, 적어도 환경에서 규칙적으로 일어나는 사건을 예측할 수 있다. 앞에서 말했듯이 우리의 몸은 올바른 장소와 올바른 시간에, 올바른 재료를 필요로 하는데 시계는 이런 서로 다른 필요를 예측할 수 있다. 다가오는 하루를 예측함으로써 우리 몸은 '새로운' 환경이 닥쳤을 때 즉각적으로 반응할 수 있도록 미리 준비한다. 예를 들어 혈압과 대사율은 동이 트기 전에 높아진다. 만약 동이 트고 나서야 거기에 반응해서 수면 모드에서 활동 모드로 전환을 시작한다면 에너지, 감각, 면역계, 근육, 신경계의 활동을 준비시키는 데 소중한 시간을 낭비하게 된다. 수면에서 활동으로 전환하는 데는 몇 시간이 걸리기 때문이다. 우리의 생물학적 적응이 이렇게 부실했다면 생존을 위한 싸움에서 크게 불리했을 것이다.

지금까지 내부 일주기 시계의 본질적 특성 세 가지 중 두 가지를 다루었다. 하나는 일정한 조건에서 약 24시간 주기로 시간을 지키는 능력, 다른 하나는 환경의 온도가 극적으로 변하는 동안에도 거의 24시간 주기를 유지하는 온도 보상 능력이다. 마지막 세 번째 특징은 동조화entrainment다. 이것은 엄청나게 중요한 부분이므로 3장에서 따로 자세히 다루겠다. 나는 경력의 대부분을 동조화라는 주제에 대해 연구해온 사람이므로 아무래도 동조화의 중요성을 더 크게 생각하게 되지 않나 싶다. 앞에서 이야기했듯이 일주기 시계는 정확히 24시간 주기가 아니라 그보다 조금 빠르게, 혹은 조금 늦게 돌아간다. 이런 면에서 보면 일주기 리듬은 매일 조금씩 시간을 조정해주어야 실제 시간을 정확히 따라잡을 수 있는 할아버지의 낡은 기계식 시계와 비슷하다. 매일 재설정해주지 않으면 머지않아 시계가 표류하면서 환경의 밤/낮 주기와 어긋나게 될 것이다. 현지 시간에 맞추어 설정할 수 없는 생물학적 시계는 아무 쓸모가 없다. 우리를 비롯한 대부분의 식물과 동물에게 내부의 시간을 외부세계에 맞추어주는 가장 중요한 동조화 신호는 빛, 특히 새벽과 황혼의 빛의 변화다. 인간과 다른 포유류에서는 눈이 새벽과 황혼의 빛을 감지해서 일주기 리듬을 동조화한다. 눈을 잃은 사람은 이런 재설정이 이루어지지 않는다. 유전질환으로, 혹은 전투나 비극적인 사고로 눈을 잃은 사람은 시간 속에서 표류하므로 며칠 동안은 올바른 시간에 일어나고 잠자리에 들다가도 다시 엉뚱한 시간에 잠을 자고, 먹고, 활동하게 된다. 일주기 리듬이 24시간 15분인 생체시계는 매일 15분씩 늦어지므로 낮 12시에서 다시 낮 12시로 돌아오는 데 96일 정도가 걸리게 된다. 시각장애인은 지속적으로 시차증 비슷한 것을 경험한다. '시간맹'이 되는 것이다. 이 현상에 대해서는 뒤에서 자세히 이야기하겠다.

수면의 중요성

우리의 24시간 리듬 중에서 제일 두드러지는 것은 수면/각성 주기이지만 초기에 내가 참석했던 학회에서는 수면에 대해 이야기하는 사람을 찾아보기 어려웠다. 당시에는 나뿐만이 아니라 다른 여러 사람들에게도 수면은 명확한 해답을 얻기에는 너무 모호한 주제로 보였다. 잠은 '정신', '의식', '꿈' 같은 추상적인 철학 개념과도 관련되어 있었고, 이해하기 어려운 주제였다. 당시 나를 비롯한 대부분의 일주기 리듬 연구자들이 수면에 대한 관심이 유독 부족했던 것은 일주기 리듬과 수면 연구 분야가 워낙 다양한 기원을 갖고 있기 때문이었다. 일주기 리듬의 과학은 온갖 식물과 동물을 연구하는 생물학자들이 세운 학문 분야다. 반면 수면 연구는 의학 분야에서 사람 뇌의 전기적 활성인 뇌파를 기록하는 것에서 기원했다. 수면은 주로 뇌파도(EEG)를 통해 연구되었고, 지금도 마찬가지다. 그리고 수면과 질병의 서로 다른 단계에서 뇌파가 어떻게 변화하는지 알아내는 데 관심이 집중되어 있었다. 뇌파도를 통해 관찰된 뇌파 활성의 크기와 속도, 그리고 눈의 움직임과 근육 활성을 바탕으로 수면은 급속안구운동 수면(렘수면) 혹은 비급속안구운동 수면(비렘수면)의 3단계 중 하나로 정의된다. 깨어 있는 동안의 뇌파도를 분석해보면 뇌의 전기 활성에서 작고 빠른 진동이 나타나지만 비렘수면으로 빠져들면서 이 진동이 점점 커지고 느려지다가 제일 깊은 수면인 서파수면에 도달한다. 이 깊은 수면 상태에서 뇌파의 진동이 다시 점점 작아지고 빨라지면서 렘수면으로 들어간다. 깨어 있는 동안의 뇌파도와 닮았다고 해서 렘수면을 역설수면paradoxical sleep이라고도 부른다. 렘수면 중에는 목 아래로는 마비를 경험하지만 눈은 눈꺼풀 아래서 좌우로 급속히 움직인다. 그래서 급속안구운동 수면이라는 이름이 붙은 것이다. 이 비렘수면/렘수면 주기는 70~90분마다 일어나고, 하룻밤에 보통 네다섯 번의 주기를 거친 후에 렘수면 상태에서 자연스럽게 깨어나게 된다. 매머드 동굴에서의 실험이 있고 약 15년 후인 1953년에 너새니얼 클라이트먼과 또 다른 학생 유진 아세린스키는 렘수면을 발견해서 그 이름을 붙여주고, 렘수면 중에 우리는 가장 생생하고 복잡한 꿈을 꾼다고 주장했다. 개를 키우는 사람이라면 개가 자는 동안에 낑낑거리거나 으르렁거리면서 토끼라도 쫓듯이 달리는 동작을 하는 모습을 본 적이 있을 것이다. 이런 행동을 보고 개와 다른 많은 포유류도 렘수면 중에 꿈을 꾼다고 주장하는 사람들도 있다. 개를 키우지 않는 사람이라면 렘수면에 들어간 배우자를 지켜보면 된다. 정말 재미있을 것이다. 물론 자다 깨서 자기를 지켜보는 당신을 보면 적잖이 당황하겠지만!

일주기 리듬 연구자와 수면 연구자들이 진지하게 대화를 하고, 같은 학회에 참석하기 시작한 것은 겨우 지난 20년, 그중에서도 특히 지난 10년 동안의 일이다. 사실 요즘 학회는 양쪽 과학자 집단을 모두 끌어들일 수 있게 구성되어 있고, 요즘엔 나도 스스로를 일주기 리듬 연구자이자 수면 연구자라 여기고 있다. 내가 어쩌다 수면 연구에 발을 들이게 됐을까? 결정적인 순간이 있었다. 나를 정말 짜증나게 했던 짧은 대화가 그 발단이었다. 내가 전에 일하던 곳에서는 신경과 의사 및 정신과 의사들과 같은 건물에서 시간을 많이 보냈다. 2001년에 런던 서부의 채링크로스병원 엘리베이터에서 한 정신과 의사와 우연히 마주쳤다. 그가 내게 말을 걸었다. "수면 연구하시죠?" 내가 정중하게 대답했다. "아니요, 저는 일주기 리듬을 연구합니다." 그가 둘 간의 미묘한 차이를 모르고 계속 말을 이어갔다. "제 조현병 환자들이 잠을 제대로 못 잡니다. 제가 보기에는 직업이 없어서 그래요. 그러다 보니 잠자리에 늦게 들고, 늦게 일어나게 되고, 결국 병원에 오는 것도 빼먹게 되고, 사회적으로 고립돼서 친구도 못 사귀죠." 나는 실업 때문에 불면증이 생긴다는 그의 설명이 터무니없다고 생각했기에 또 다른 정신과 의사와 팀을 꾸려 조현병 진단을 받은 사람 스무 명을 대상으로 수면 패턴을 연구해보았다. 그리고 같은 연령의 실직자들과 수면 상태를 비교해보았다. 그 결과를 보고 나는 정신이 아득해졌다. 조현병 환자들의 수면/각성 패턴은 그냥 나쁘기만 한 정도가 아니라 완전히 망가져 있었고, 취업자와 비슷한 수면 패턴을 보인 실직자 집단과는 근본적으로 달랐기 때문이다.

조현병 환자들은 서파수면이 거의 혹은 아예 없었고, 렘수면은 비정상적이었다. 나는 그들의 수면이 이렇게 망가진 이유를 알고 싶었고, 이것이 정신질환, 그리고 이후로는 다른 질병을 대상으로 수면을 연구하게 된 출발점이었다. 흥미롭게도 일주기 리듬을 연구하는 내 여러 동료들도 지난 10년 동안 다양한 동기로 수면 연구에 뛰어들었다. 어쩌면 나이가 들면서 지혜 혹은 용기가 생겼기 때문일지도 모르겠다. 더 중요한 점은 뇌를 연구할 수 있는 여러 가지 막강한 기술로 무장한 새로운 세대의 신경과학자들이 수면 연구를 선택해서 현재 놀랍고도 새로운 정보들을 쏟아내고 있다는 것이다.

근본적인 질문은 여전히 남아 있지만 오늘날 수면은 더 이상 내가 처음 연구를 시작했을 때처럼 블랙박스로 여겨지지 않는다. 새로운 연구를 통해 뇌에서 수면이 만들어지는 원리를 더 많이 이해하게 되었고, 수면이 어떻게 환경에 의해 조절되는지도 알게 됐다. 이제는 잠을 자는 동안에 대부분의 기억을 형성하고, 문제를 해결하고, 감정을 해소한다는 것도 이해하고 있다. 우리는 자는 동안에 주간 활동으로 쌓인 위험한 독소를 제거하고, 대사경로를 재구축하고, 비축된 에너지의 균형을 맞춘다. 수면이 부족하면 뇌 기능, 감정, 신체건강 모두 급속도로 붕괴된다. 예를 들어 수면이 정상적이지 못하면 심장 질환, 2형 당뇨병, 감염, 심지어 암에도 더 취약해진다. 간단히 말하자면 깨어 있는 동안에 제대로 기능할 수 있는 능력을 규정하는 것은 수면이며, 수면 부족과 수면의 일주기 리듬 교란은 전체적인 안녕과 행복에 막대한 영향을 미친다. 수면의 중요성을 보여주는 증거는 분명하지만, 사회의 많은 부문에서 우리 삶의 36퍼센트 정도를 차지하는 이 중요한 생물학적 과정을 온전히 이해하지 못하고 있다. 대부분의 의대생은 5년의 수련 과정에서 수면에 대해 고작 한두 번의 강의를 듣는 것이 전부이고, 거기서 다루는 정보 또한 이 책에서 이야기하려는 일주기 리듬과 수면의 새로운 과학이 아니라 자는 동안의 뇌파도 활성에 관한 내용으로 국한되어 있다. 공공의 영역에서도 잠에 관해 어설픈 사고방식이 많이 남아 있다. 고용주는 야간 근무 노동자들이 일하다 보면 잘 적응할 것이라 가정한다. 이것은 잘못된 가정이며, 그 결과 직원들은 심각한 질병, 과체중, 정신장애를 겪을 수 있고, 이혼과 교통사고 위험도 높아진다. 우리 사회가 점점 밤낮의 구분이 없어져가고, 이미 꽉 차 있는 하루의 일정에 더 많은 활동을 억지로 밀어넣음에 따라 애꿎은 우리의 수면만 점점 피해를 보고 있다.

내가 이 책을 통해 이루고 싶은 바람

나의 가장 큰 목표는 독자들에게 최신의 과학을 바탕으로 구체적인 정보와 지침을 제공해서 스스로 생각하고 결정할 수 있는 힘을 실어주는 것이다. 여러분은 뒤에 이어지는 장을 읽고 자신의 생체시계가 돌아가게 하는 원동력이 무엇인지 이해하고, 이 지식을 이용해서 자기에게 적합한 최적의 개인 루틴을 개발할 수 있을 것이다. 나는 10대는 게으르다느니, 새벽 4시에 일어나 일을 시작하는 회사 간부야말로 훌륭한 롤모델이라느니 하는 잘못된 미신을 깨뜨리고 싶다. 뒤에서 보겠지만 이 책은 인간 생물학을 폭넓게 다루고 있기 때문에 읽고 나면 다른 주제들에 대해서도 더 깊이 파고들고 싶은 마음이 들 것이다.

각각의 장은 하나의 핵심 주제를 고려하면서 그 주제와 관련된 과학을 정의한 다음 우리의 건강과 안녕에 영향을 미치는 사안들을 다루고 있다. 그 과학 중에는 조금 복잡한 것도 있지만 우리의 생물학과 건강을 이해하기 위해서는 필수적인 부분이다. 이 책은 또한 앞의 장으로 돌아가서 다시 한번 정보를 확인하며 기억을 되살리기 쉬운 구조로 만들었다. 마지막으로 각각의 장은 나와 동료들이 자주 듣는 질문에 답하는 '묻고 답하기' 코너로 마무리하고 있다. 이 묻고 답하기 코너는 추가적인 정보를 제공해줄 것이다. 나는 의학적 조언을 제공할 생각이 없음을 강조하고 싶다. 의학적 조언은 언제나 여러분의 담당 의사에게 구해야 한다. 하지만 최적의 건강을 유지하고 잠재적 해로움을 피하는 데 중요한 행동에 대해서는 설명할 것이다. 이런 행동에 해당하는 것으로는 특정 시간에 식사를 해야 하는 이유, 운동을 하기 좋은 시간, 약을 복용하기 좋은 시간, 아침 일찍 운전을 하면 안 되는 이유 등이 있다. 나의 목표는 반드시 해야 할 일과 절대 하지 말아야 할 일을 나열하는 것이 아니라 여러분에게 가장 최신의 정보와 지침을 제공하는 것이다. 이것을 받아들일지 말지는 여러분의 선택이다. 하지만 그런 행동에 따른 결과는 명확하게 이해하고 있어야 한다.

부록 1에서는 수면일기를 작성해서 자신의 수면/각성 패턴을 관찰하는 방법에 대한 지침이 나와 있다. 또한 자신의 크로노타입chronotype을 파악할 수 있는 설문도 들어 있다. 결과지를 통해 자신이 '아침형', '중간형', '저녁형' 중 어느 유형의 사람인지 추정할 수 있다. 부록 2에서는 면역계에 대한 간단한 개요를 제공해서 11장에서 다룬 우리 생물학의 중요한 부분인 면역계의 복잡한 부분을 조금 더 깊이 파고들었다. 이 책은 세부사항에 있어서는 다른 책들의 내용을 충분히 참고했고, 내 과학 영웅 중 한 명인 토머스 헨리 헉슬리의 가르침을 따랐다. 그는 이렇게 말했다. "어설프게 알고 있는 약간의 지식이 위험하다면, 대체 얼마나 많은 지식을 알아야 안전하다는 말인가?" 이 책에서 여러분이 '약간'의 지식을 배울 수 있도록 내가 참고한 정보들이 담겨 있는 관련 과학 문헌들을 인용해놓았다. 여기서 참고한 과학 문헌들은 발표된 논문에 무료로 접근할 수 있는 '오픈액세스' 덕분에 온라인에 공개되었거나 곧 공개될 예정이다. 실제로 대부분의 과학 논문은 발표 후 12개월이 지나면 과학 학술지 웹사이트에서 무료로 읽을 수 있다.

부디 여러분이 이 책을 읽고 생체리듬이라는 신생 과학에서 영감을 받아 이 과학을 자신의 건강, 행복, 안녕에 적용하고 싶은 마음이 들었으면 좋겠다. 적절한 숙고의 시간이 지난 후에는 이 지식을 받아 안음으로써 더 창조적인 사람이 되고, 더 나은 결정을 내리고, 다른 사람과 함께하는 시간으로부터 더 많은 것을 얻고, 세상과 세상이 안겨주는 모든 것을 더 큰 호기심과 경이로움으로 바라볼 수 있게 되리라는 나의 생각에 여러분도 고개를 끄덕이게 되기를 바란다.

2022년 1월 옥스퍼드에서

1장

내부의 하루

생체시계란 무엇인가?

나는 오늘 아침에 잠에서 깼을 때
내가 누구였는지 잘 알고 있어.
하지만 그 후로 분명 내가 여러 번 변한 것 같아.

루이스 캐럴

싱커페이션(당김음)은 서로 다른 다양한 리듬을 함께 연주해서 조화를 이루는 것을 의미하는 음악 용어다. 비유하자면 우리의 생물학도 싱커페이션의 산물이라 할 수 있다. 우리의 모든 것은 리듬을 타고 있다. 신경계에서 생성되는 전기적 자극, 심장의 박동, 분비선에서의 호르몬 생산, 소화를 조절하는 근육의 수축 등 수많은 과정이 모두 우리 몸에서 리듬을 따라 일어나는 내인성 변화에 의해 발생한다. 이런 리듬 중에는 우리가 사는 장소와 관련된 것이 있다.

모든 문명이 지적으로 직면한 가장 오래된 도전과제 중 하나는 우리의 고향 지구의 본성을 밝혀내는 일이었다. 우리 태양계의 행성들은 약 46억 년 전에 지금과 같은 분포 형태로 자리를 잡았다. 다른 행성들과 마찬가지로 지구 역시 중력에 의해 서로를 끌어당겨 뭉친 가스와 먼지로 만들어진 천체다. 이렇게 해서 지구는 태양

주위를 도는 세 번째 행성이 됐다. 초기의 지구는 다른 물체들과 충돌이 잦아서 녹은 상태로 있었다. 사실 원시지구는 '테이아'라는 화성 크기의 천체와 거대한 충돌이 있었던 것으로 추정된다. 달은 태양계가 형성되고 약 1억 년 후에 이 충돌에서 나온 분출물로부터 만들어진 것으로 보인다. 이 충돌이 지구의 자전축을 타격해서 지구가 지금처럼 태양 둘레를 도는 공전 축과 23.4도 정도 기울어지게 됐다. 하지만 이 축에 몇 도 정도의 흔들림은 존재한다. 23.4도의 기울기 덕분에 태양 둘레를 도는 동안 1년 주기의 계절 순환이 생겨난다. 1년 중 일부 기간에는 북반구가 태양을 향해 기울어져 있고(여름), 남반구는 태양에서 먼 쪽으로 기울어져 있다. 그러다 6개월 후에는 상황이 뒤집힌다. 여기서 중요한 점은 달의 중력이 기울어진 지구의 자전축을 잡아주어 흔들림을 몇 도 이내로 조정해준다는 것이다. 그 덕에 지구의 기후가 수십억 년 동안 상대적으로 안정될 수 있었다. 달의 이런 안정화 효과가 없었다면 지구에서 생명이 시작될 수 없었을 것이라 믿는 사람이 많다. 록밴드 롤링스톤스의 노랫말을 빌리면 우리는 '모두' 달의 자식인 것이다.

결론적으로 오늘날 우리는 24시간, 정확히는 23시간 56분 4초의 자전축을 가진, 나이가 약 45억 살 정도의 상대적으로 안정된 리듬을 따르는 행성에서 살고 있다. 약 6억 년 전 복잡한 생명체가 처음 등장할 당시에는 하루의 길이가 21시간 정도밖에 안 됐다. 지구의 속도가 느려지고 있는 것이다. 하지만 또 다른 이야기가 있다. 우리 지구는 현재 태양 둘레를 365.26일마다 공전하고 있고, 지구의 기울어진 자전축이 계절을 만들어내고 있다. 달은 지구 주위를 대략 29.53일마다 공전하고 있고, 지구 및 달과의 중력 상호작용이 조석,

그림 1

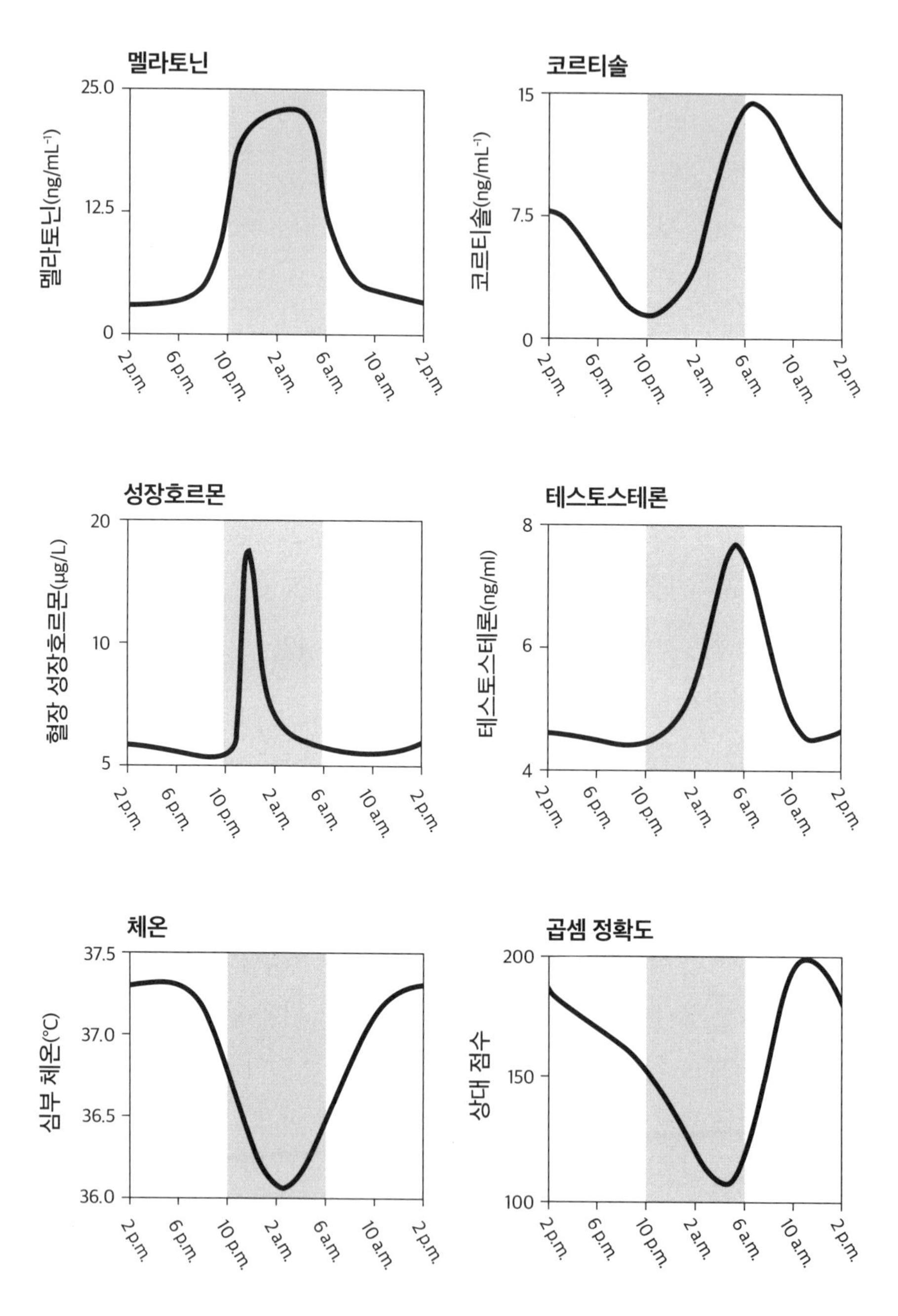
멜라토닌
멜라토닌(ng/mL-1)
25.0
12.5
0
코르티솔
코르티솔(ng/mL-1)
15
7.5
0
성장호르몬
혈장 성장호르몬(μg/L)
20
10
5
테스토스테론
테스토스테론(ng/ml)
8
6
4
체온
심부 체온(℃)
37.5
37.0
36.5
36.0
곱셈 정확도
상대 점수
200
150
100
2 p.m.
6 p.m.
10 p.m.
2 a.m.
6 a.m.
10 a.m.
2 p.m.

그림 1 - 사람생리학에서 24시간 주기로 나타나는 일일 변화의 사례. 여기서는 생리학에서 보이는 일일 변화 중 대표적인 것을 선보이고 있다. 솔방울샘에서 나오는 멜라토닌 호르몬(그림 2),[1] 뇌하수체에서 분비되는 성장호르몬,[2] 체온,[1, 3] 부신에서 분비되는 스트레스 호르몬인 코르티솔,[1] 생식샘(남성은 고환, 여성은 난소)에서 주로 생산되고 부신에서도 소량 생산되는 테스토스테론,[4] 우리 인지능력의 한 측면을 보여주는 곱셈 정확도 등.[3, 5] 코르티솔 등의 여러 가지 호르몬은 '맥동'을 따라 분비되기 때문에 여기서는 호르몬 분비를 매끈하게 평균값으로 표현했다. 이런 리듬과 관련해서 두 가지 중요한 점이 있다. 첫째, 이것은 평균값이므로 리듬이 정점을 찍는 시간 및 진폭의 크기에는 개인차가 존재한다. 둘째, 이런 리듬 중에는 일정한 조건에서 기록되지 않은 것이 많다. 그리고 이들은 일주기적 요소를 갖고 있음이 거의 확실하기 때문에, 즉 일정한 조건에서는 여러 주기 동안 지속될 것이기 때문에 좀 더 정확히는 '주행성diurnal' 변화라 불러야 한다. 이런 변화들의 중요성에 대해서는 뒤에 나오는 장에서 이야기하겠다.

즉 밀물과 썰물을 만들어낸다. 종합하면 이런 지구물리학적 움직임이 낮, 밤, 계절, 조석을 만들어낸다. 많은 동물, 아니 대부분의 생명체는 하루 주기, 달의 주기, 1년 주기 등의 환경 주기 중 적어도 하나, 때로는 모두를 예측할 수 있는 다양한 종류의 생체시계를 진화시켰다.

우리의 삶과 일상의 경험에서 리듬은 어디에나 존재하기 때문에 우리는 그것을 당연한 것으로 여긴다. 이런 무심함이 놀랄 일도 아니다. 대부분의 시간 동안 우리는 자기 몸이 내부에서 어떻게 작용하고 있는지 감지하지 못하고, 산업화된 국가에서는 전기와 인공 난방 때문에 자연스러운 낮밤의 주기가 모호해졌다. 대부분의 사람에게는 하루 종일 해가 지지 않고, 무엇을 먹고 어디에 살지도 더 이상 계절에 좌우되지 않는다. 먹을 것은 언제라도 구할 수 있다. 영국에서는 1년 내내 케냐와 남부 캘리포니아에서 재배된 딸기를 구입할 수 있다. 하지만 불과 25년 전만 해도 딸기를 구할 수 있는 기간은 1년 중 6주에 불과했다. 가정과 직장에서 실내 온도는 스위치 하나로 조절할 수 있다. 이제 우리는 진화를 지배해왔던 환경의 주기로부터 차단되어 있다. 이 책의 주요 목표는 이런 주기 중 하나, 즉 밤낮의 24시간 주기와 다시 친해지는 것이다.

생리학은 생명체의 작동 방식을 이해하는 학문이다. 이것은 세포 안에서 일어나는 분자 과정, 신경계의 작동 방식, 호르몬의 조절, 다양한 신체기관의 기능, 다양한 형태의 행동이 만들어지는 원리를 연구하는 광범위한 분야다. 인간의 생리학은 다른 대부분의 동물과 마찬가지로 활동 및 휴식의 24시간 주기를 중심으로 조직되어 있다. 먹을 것과 물을 구하고 소비하는 활동 단계 동안에는 기관들이 음식을 섭취하고, 처리하고, 영양분을 흡수해서 저장할 준비를 하고 있어야 한다. 따라서 위, 간, 소장, 췌장 같은 기관의 활성과 이들 기관에 대한 혈액 공급이 밤과 낮에 따라 적절하게 조정되어야 한다. 자는 동안에 우리는 저장해두었던 에너지를 사용해 생명을 유지한다. 이 에너지는 몸의 조직을 복구하고, 해로운 독소를 제거하고, 뇌에서 기억을 형성하고, 새로운 아이디어를 만들어내는 등의 필수 활동에 사용된다. 생리학은 하루 주기의 뚜렷한 패턴을 따르기 때문에 우리의 수행능력, 질병의 심각한 정도, 처방약의 작용 방식이 24시간 주기에 따라 달라지는 것도 당연하다. 이런 리드미컬한 24시간 일주기 변화의 몇몇 사례가 그림 1에 나와 있다. 이런 리듬은 수 세기에 걸쳐 관찰되어왔고, 당연히 "이런 리듬이 대체 어디서 오는 것이냐?"라는 의문이 뒤따랐다.

수백 년 동안 뇌를 이해하는 데 있어서 중요한 목표 중 하나는 뇌의 어느 부분이 어떤 기능을 담당하는지 확인하는 것이었다. 이것은 정말이지 쉽지 않은 과제다. 많은 교과서에 사람의 뇌에는 1000억 개의 뉴런이 들어 있다고 기술되어 있다. 이 수치가 대체 어디서 나온 것인지 알 수 없지만, 어쨌거나 틀린 이야기다. 브라질의 연구자 수자나 에르쿨라누하우젤이 이 질문에 최종적인 답을 구하기 위해 꼼꼼한 연구를 진행했다. 그리고 사람의 뇌에는 평균 860억 개의 뉴런이 들어 있다는 답이 나왔다.[6] 이것을 두고 중세에 "핀의 머리 위에서 천사가 몇 명이나 춤을 출 수 있느냐"라는 질문을 가지고 토론이 벌어졌던 것과 비슷한 이야기라고 말할 사람도 있을 것이다. 1000억이나 860억이나 그게 그거 아니냐고 말이다. 하지만 뉴런 140억 개는 엄청난 차이이다. 개코원숭이의 뇌에 들어 있는 뉴런의 수를 모두 합친 것이 140억 개다. 추가적으로 비교해보자면 쥐의 뇌에는 7500만 개, 고양이의 뇌에는 2억 5000만 개, 코끼리의 뇌에는 2570억 개의 뉴런이 들어 있다. 따라서 860억 개면 정말 많은 거다. 겨우 5만 개의 뉴런이 '마스터 생체시계'로 함께 기능하면서[7] 24시간 일주기 리듬을 조절하고 있다는 발견이 진정 놀라운 성취인 이유도 이 때문이다.

사람과 모든 포유류에 존재하는 이 '마스터 시계'는 시각교차위핵(SCN)이라는 뇌 영역에 자리잡고 있다(그림 2). 이 구조물의 발견은 흥미로운 역사를 갖고 있다. 1920년대의 연구자들은 쥐들이 일정하게 어둠이 유지되는 조건에서도 24시간보다 살짝 짧은 리듬으로 휴식(수면)/활동 리듬에 따라 쳇바퀴(반려동물용품점에서 파는 햄스터 전용 쳇바퀴와 비슷하다)를 달리는 것을 관찰했다. 이것이 사람들에게는 충격으로 다가왔다. 1920년대만 해도 동물의 행동이 반사작용처럼 특정 자극의 결과로 일어나는 것이라는 생각이 팽배해 있었기 때문이다. 특정 자극을 주면 그에 따르는 특별한 종류의 반응을 보인다고 생각했던 것이다. 하지만 쥐들은 외부의 자극이 전혀 없는데도 일상적 활동에서 리드미컬한 패턴을 나타냈다. 이 활동 패턴은 빛이나 다른 어떤 자극의 변화에 의한 것이 아니라 동물의 내부에서 만들어지는 것으로 보였다. 그렇다면 이 리듬을 만드는 것은 대체 무엇일까?

쥐를 대상으로 1950년대와 1960년대에 진행된 실험에서는 여러 생체 기관을 제거해서 이 24시간 리듬의 동인을 확인하려 했지만 일정한 조건에서는 24시간에 가까운 휴식/활동 리듬을 유지했다. 그리고 뒤이어 쥐의 뇌에서 일부를 제거한 후에 휴식/활동 패턴을 살펴보았다. 쥐에게 너무 가혹한 짓이라는 생각이 든다면 이때만 해도 뇌엽 절리술이 사람을 대상으로도 일상적으로 시행되던 때였음을 기억하자. 뇌엽 절리술은 정신질환을 치료하겠다고 앞이마겉질(그림 2)을 지나는 신경 연결을 대부분 잘라내던 수술이다. 이 기법을 발명한 사람은 심지어 노벨상까지 받았다. 쥐를 대상으로 실험해본 결과 그 시계가 뇌의 깊숙한 곳 어딘가, 아마도 시상하부에 자리잡고 있음이 분명했다(그림 2). 이 작은 뇌 영역을 제거하면 '리듬소실arrhythmicity'이 나타났기 때문이다. 이것은 휴식/활동의 24시간 패턴이 완전히 사라지는 것을 말한다.[8] 1970년대에는 후속 연구가 진행됐고, SCN이 유력한 후보로 등장했다.[9, 10] 그리고 거의 20년 후에 SCN의 결정적인 역할이 골든햄스터에서 최종적으로 확인됐다. 버지니아대학교에서 나와 가까운 동료인 마틴 랠프와 마이클 메나커가 1980년대 말에 '돌연변이' 햄스터를 발견했다. 이것은 24시간에 가까운 패턴을 보이는 비돌연변이 햄스터와 달리 20시간의 휴식/활동 패턴을 갖는 타우Tau 돌연변이 햄스터였다. 비돌연변이 햄스터(24시간)의 SCN을 제거한 후에 그 시상하부에 타우 돌연변이 햄스터(20시간)의 SCN을 이식했더니 완전한 리듬소실이 나타났다. 그런데 놀랍게도 돌연변이 SCN은 쳇바퀴 행동에서 일주기 리듬을 회복했을 뿐 아니라, 그 회복된 리듬은 24시간이 아니라 20시간이었다! 햄스터의 다른 부위를 이식했을 때는 효과가 없었다. 이 연구 결과는 이식된 SCN에 분명히 그 시계가 들어 있다는 얘기였다.[11] 이 실험에서 매일 데이터를 수집하면서 회복된 리듬이 24시간이 아니라 20시간이라는 것을 확인했을 때 우리가 느꼈던 엄청난 흥분을 아직도 생생하게 기억하고 있다.

앞에서 이야기했듯이 SCN에는 약 5만 개 정도의 뉴런이 들어 있다.[7] 놀라운 것은 각각의 뉴런이 자체적으로 시계를 갖고 있다는 점이다. 이것 역시 쥐 실험에서 처음으로 밝혀졌다. 이 실험에서는 쥐의 SCN을 개별 세포로 분리해서 세포 배양했다. 그리고 개별 SCN 세포의 전기적 활성을 관찰했더니 독립적이고 뚜렷한 일주기 리듬이 나타났다. 모든 세포가 서로 살짝 다른 시간에 맞추어 똑딱거리고 있었던 것이다. 더군다나 이 개별 SCN 뉴런들은 배양접시 안에서 몇 주 동안 계속 똑딱거렸다.[12] SCN 세포가 시계를 갖고 있다면 시계의 메커니즘은 분명 세포 안에 자리잡고 있어야 한다. 분자시계molecular clock가 반드시 존재해야 하는 것이다! 이것은 정말로 놀라운 발견이었고, 해답을 찾아야 할 새로운 질문이 등장했다. 이 리듬은 어떻게 만들어질까?

2017년에 미국 출신의 세 연구자 제프리 C. 홀, 마이클 로스배시,

그림 2

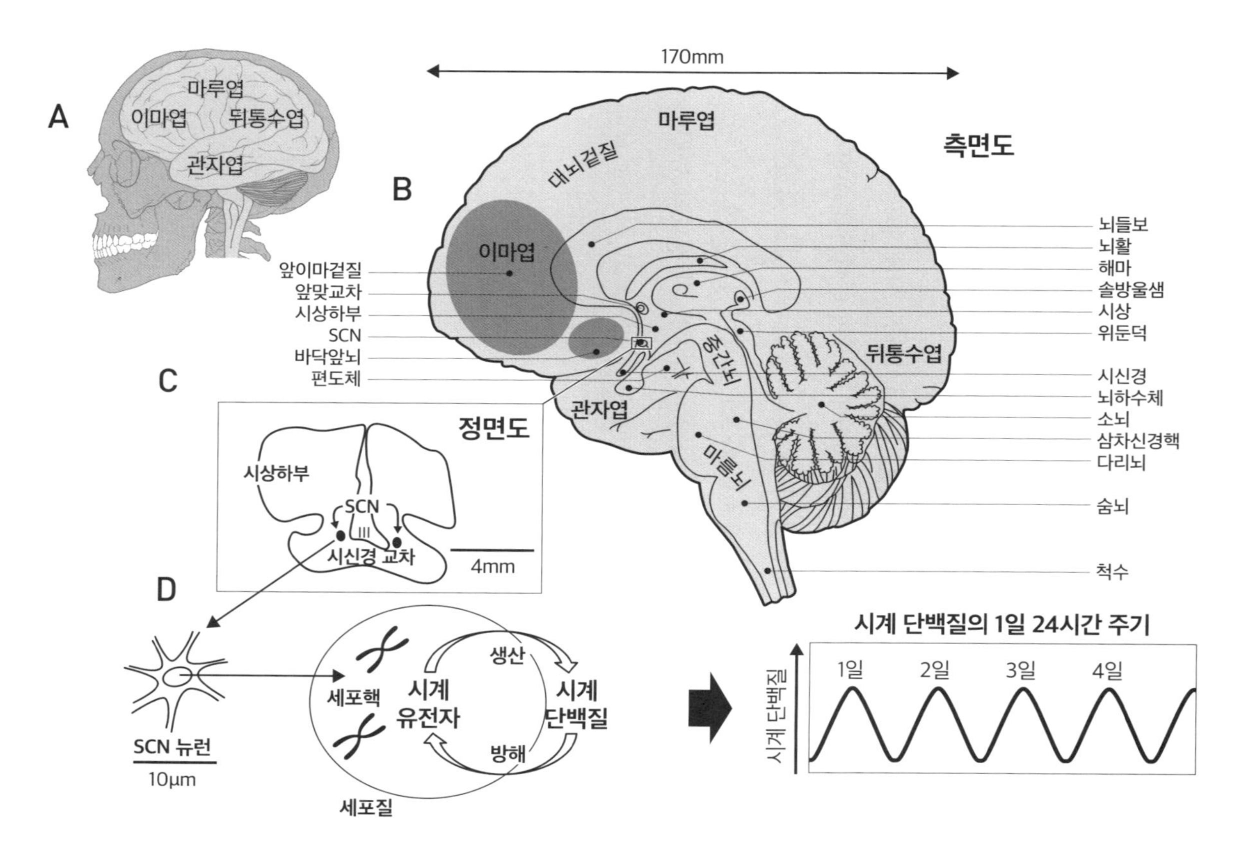
A
마루엽
이마엽
뒤통수엽
관자엽
170mm
B
마루엽
대뇌겉질
측면도
이마엽
뒤통수엽
관자엽
중간뇌
마름뇌
앞이마겉질
앞맞교차
시상하부
SCN
바닥앞뇌
편도체
뇌들보
뇌활
해마
솔방울샘
시상
위둔덕
시신경
뇌하수체
소뇌
삼차신경핵
다리뇌
숨뇌
척수
C
정면도
시상하부
SCN
III
시신경 교차
4mm
D
SCN 뉴런
10μm
세포핵
세포질
시계 유전자
생산
시계 단백질
방해
시계 단백질의 1일 24시간 주기
시계 단백질
1일
2일
3일
4일

그림 2-A. 사람 두개골 속 뇌의 위치와 뇌의 외면에서 쉽게 확인할 수 있는 뇌엽(마루엽, 이마엽, 뒤통수엽, 관자엽)을 보여준다. **B.** 뇌의 중간 절단면을 옆에서 바라본 모습. 핵심적인 내부 구조물의 위치가 나와 있다. 일반적으로 사람의 뇌는 전체 체중의 2퍼센트이지만, 총 에너지 섭취량의 20퍼센트 정도를 사용한다. 산소가 5분만 차단되어도 뇌세포가 죽기 시작해서 심각한 뇌 손상으로 이어질 수 있다. 뇌는 73퍼센트가 물로 이루어져 있지만 2퍼센트만 탈수가 일어나도 주의력, 기억력, 기타 인지능력 등의 뇌 기능이 심하게 손상된다. 뇌는 보통 만 25세 정도면 발달을 마무리한다. **C.** SCN의 앞모습을 확대한 그림. SCN은 마스터 생체시계에 해당한다. SCN은 시신경이 뇌로 들어와 합쳐지는 시신경 교차 위로 제3뇌실 양옆에 하나씩 자리잡고 있다. 망막시상하부로라고 하는 시신경 속 소수의 신경이 SCN으로 들어와 눈에서 들어오는 명암 정보를 제공한다. 이것 때문에 동조화가 가능해진다(3장). **D.** 단일 SCN 뉴런. 직경은 10마이크로미터(0.01밀리미터) 정도다. SCN에는 약 5만 개의 뉴런이 들어 있고 각각의 뉴런이 일주기 리듬을 만들어낼 수 있다. 일반적으로 이 뉴런들은 모두 서로 이어져 있다. 시계 유전자는 각각의 SCN 뉴런의 세포핵에 위치하고 있으며, 시계 단백질 생산을 안내하는 메시지를 만들어낸다. 이 단백질은 세포핵을 둘러싸고 있는 세포질에서 만들어진다. 이렇게 만들어진 시계 단백질이 상호작용해서 단백질 복합체를 만들고, 이것이 세포핵으로 들어가서 추가적인 시계 단백질의 생산을 방해한다. 생산 스위치를 끄는 것이다. 얼마 후에 이 단백질 복합체가 분해되고, 그러면 시계 유전자가 시계 단백질을 다시 만들 수 있게 된다. 이렇게 대략 24시간의 단백질 생산과 분해 주기가 탄생한다. 이런 분자 피드백 고리가 전기 신호나 호르몬 신호로 전환되어 나머지 신체에서 일주기 시계를 조정하는 작용을 한다.

마이클 W. 영은 생체시계의 작동 원리를 발견한 공로를 인정받아 노벨상을 공동 수상했다. 이들은 때로는 함께, 때로는 라이벌로 연구하면서 거의 40년의 연구 끝에 이 상을 받았다. 그리고 이 퍼즐을 완성하는 과정에서 수많은 젊은 과학자들이 작은 퍼즐 조각들에 기여했다. 핵심적인 발견이 이루어지는 동안 나는 버지니아대학교에서 연구하고 있었는데 홀, 로스배시, 영이 찾아와 최신의 진척 상황에 대해 세미나를 개최하고는 했다. 셋 다 뛰어난 과학자들이지만 성격은 천차만별이라서 각자 뚜렷한 개성을 갖고 있었다. 예를 들면 제프리 홀은 미국 남북전쟁에 관한 저명한 학자이기도 했는데, 한번은 버지니아대학교에 와서 북군의 군복과 모자를 쓰고 분자시계 연구의 최신 진척 상황에 대해 세미나를 하기도 했다. 이 복장을 선택한 것은 사람들을 도발하기 위해서였지만 옛 남부 진영에 속하는 교수들은 완전히 무시했다. 과학은 무지에서 깨달음을 향해 곧장 나아가는 과정으로 묘사되는 경우가 많다. 실상은 전혀 그렇지 않다. 과학에는 항상 오류와 막다른 골목이 존재하며, 이렇게 훌륭한 과학자들이 심각한 오류를 저지르는 경우가 얼마나 많은지 생각하면 참 재미있다. 하지만 사실이 축적되는 과정에서 사람들은 교훈을 배우고, 가설을 수정하고, 실수는 조용히 잊어버리고 다시 전진해나갔다. 그것이 바로 과학이다.

홀, 로스배시, 영은 사람도 아니고 생쥐도 아닌, 우리와 아주 먼 동물 친척인 초파리를 대상으로 연구했다. 여름에 과일 그릇 주변에 모여 날아다니고, 우리가 보자마자 생각할 것도 없이 손바닥으로 쳐 죽이는 그 작은 파리 말이다. 초파리는 유전자에서 어떻게 생리학과 행동이 등장하는지 이해하는 데 제일 흔히 사용되는 모델생물 중 하나로 남아 있고, 100년 넘게 연구되어왔다.[13] 이 파리들은 관리 비용이 저렴하고, 빠른 속도로 번식하고, 그 유전학이 아주 잘 이해되어 있다. 이런 특성 덕분에 초파리는 기본적인 생물학 연구에 없어서는 안 될 존재가 되었고, 일주기 시계 연구에서도 사정은 마찬가지다. 그럼 홀, 로스배시, 영은 초파리에서 무엇을 발견했을까? 그들은 분자시계를 생성하는 세포 내 경로가 음성 되먹임 고리로 이루어진다는 것을 발견했다. 이 고리는 다음과 같은 단계로 구성된다(그림 2D). 세포핵 안에 있는 시계 유전자가 시계 단백질 생산에 필요한 틀을 만들기 위한 메시지를 생성한다. 이 단백질은 세포질(세포핵을 둘러싸고 있는 기질 부분)에서 만들어진다. 이렇게 만들어진 시계 단백질이 상호작용해서 단백질 복합체를 이루어 세포핵 안으로 들어가 시계 단백질의 추가적인 생산을 방해한다. 생산 스위치를 끄는 것이다. 어느 정도 시간이 지나서 이 단백질 복합체가 분해되면 시계 유전자가 다시 시계 단백질을 만드는 본연의 임무를 개시한다. 이렇게 해서 단백질 생산과 분해의 24시간 주기가 완성된다. 이것이 바로 분자시계다. 시계 유전자 활성화, 단백질 생산, 단백질 복합체 조립, 단백질 복합체의 세포핵 입성, 시계 유전자 방해, 단백질 복합체의 분해와 시계 유전자의 재활성의 속도가 모두 결합되어 24시간의 리듬을 만들어낸다. 이 중 어느 한 단계에서 변화가 생기면(유전자 돌연변이) 시계의 속도가 빨라지거나 느려져 시계가 고장난다.[14] 타우 돌연변이 햄스터가 24시간이 아닌 20시간의 주기를 갖게 된 것도 바로 이런 돌연변이 때문이었다.[15] 당신과 나를 비롯한 모든 동물의 분자시계는 아주 비슷한 방식으로 만들어졌다. 초파리와 인간이 5억 7000만 년 전에 공통 조상으로부터 갈라져 나왔음을 생각하면 이것은 더욱 놀라운 일이다. 당시 지구는 하루의 길이가 22시간에서 23시간 정도였다. 그렇다면 우리의 생체시계가 지난 수억 년에 걸쳐 몇 시간 정도 속도가 늦춰졌다는 의미다.

시계 단백질 생산과 분해의 24시간 주기는 수많은 유전자를 켜고 끄는 신호로 작용하고, 그에 따라 그 유전자가 만드는 단백질의 생산도 스위치가 켜고 꺼진다. 그리고 이것이 다시 생리학과 행동을 리드미컬하게 조절한다(그림 1). 우리가 현재 이해하고 있는 '분자시계'는 생물학 분야에서 유전자가 어떻게 행동을 만들어내는지 보여주는 가장 완벽한 사례다. 초파리에서 일주기 리듬의 분자적 특성을 처음 밝혀낸 것만으로도 홀, 로스배시, 영은 스톡홀름으로 가서 노벨상을 받을 자격이 충분했다. 나는 그 시상식을 직접 두 눈으로 목격하는 행운을 누렸다.

흥미롭게도 시계 유전자에서 나타나는 작은 변화(다형성polymorphism)가 우리의 생체시계가 '아침형', '저녁형', 혹은 '중간형' 중 어느 유형인지와 관련이 있다. 아침형 혹은 종달새형은 일찍 자고 일찍 일어나는 것을 선호하고, 한두 개의 시계 유전자에서 일어난 변화 때문에 생체시계가 더 빠른 것으로 보인다.[16] 이와 대조적으로 저녁형 혹은 올빼미형은 생체시계가 느려서 늦게 자고 늦게 일어나는 것을 선호한다. 그러니까 부모는 우리에게 물려준 유전자를 통해서도 여전히 언제 자고 언제 일어나야 하는지 잔소리를 하고 있는 셈이다! 우리의 생체시계 유형을 '크로노타입'이라고 부른다. 뒤에서 이야기하겠지만 크로노타입은 나이뿐만 아니라 새벽과 황혼, 주변이 빛에 노출되는 시간에도 영향을 받는다(부록 1의 정보를 참고하면 자신의 크로노타입을 확인할 수 있다).

포유류에서는 SCN이 '마스터 시계'로 작동하지만 그게 유일한 시계는 아니다.[17] 이제는 간, 근육, 췌장, 지방조직, 그리고 아마도 모든 기관과 조직에 있는 세포 속에도 시계가 들어 있다는 사실이 밝혀졌다.[18] 놀랍게도 말초에 있는 이 세포 시계도 SCN 시계 세포와 마찬가지로 음성 되먹임 분자시계를 사용하는 것으로 보인다.

이것은 사람들에게 큰 충격을 주었다. 1998년 플로리다의 한 학회에서 제네바대학교의 율리 시블러가 비-SCN 세포에도 시계가 있다는 연구 결과[19]를 처음 발표하던 때를 나는 기억하고 있다. 청중석에서 탄식 소리가 들려왔다. 기존에도 SCN 외의 세포에서 시계 유전자가 확인된 바 있었지만, 오랫동안 이 유전자는 다른 일을 한다고 여겨졌고, SCN 외의 세포에도 시계가 있다는 개념은 진지하게 고려되지 않았다. 그럴 만한 이유가 있었다. SCN을 파괴하면 그림 1에 나오는 활동이나 호르몬 분비의 24시간 리듬도 사라졌기 때문이다. 그래서 SCN 제거 실험으로부터 SCN이 몸 전체에서 24시간 리듬을 주도한다는 결론을 얻었었다. 하지만 지금은 이것이 지나친 단순화였다는 것을 이해하게 됐다. SCN 제거 이후 리듬이 소실되는 이유는 두 가지 때문이다. 첫째, 많은 개별 말초시계 세포들이 몇 번의 주기를 돌고 나면 기세가 꺾여 리듬성을 잃게 된다. SCN이 살짝살짝 찔러주지 않으면 활력이 떨어지는 것이다. 더 중요한 두 번째 요인은 SCN으로부터의 신호가 사라지면 조직과 기관에 있는 개별 시간 세포들이 서로 분리된다는 것이다. 세포들이 개별적으로 계속 돌아가기는 하지만 서로 시간이 살짝 어긋나기 때문에 조직이나 기관 전체에서 보이던 조화로운 24시간 주기가 사라진다.[20] 이것은 오래된 대저택의 골동품 자명종 시계들이 각기 서로 살짝 다른 시간에 울리는 것과 비슷한 모습이다. 이 발견 덕분에 SCN이 몸 전체의 조직과 기관에서 수십억 개별 시계의 일주기 활동을 직접 주도하는 것이 아니라 그 시계들을 조절하는 페이스메이커 역할을 한다는 것을 이해하게 됐다. SCN은 교향악단의 지휘자와 비슷하다. 지휘자처럼 SCN도 나머지 신체의 활동을 조정하는 시간 신호를 보낸다. SCN이 이렇게 지휘자 역할을 하지 않으면 모든 것이 제멋대로 흘러가서 생물학적 교향악이 아닌 생물학적 불협화음을 이룰 것이고, 올바른 활동이 올바른 시간에 이루어질 수 없게 된다.

SCN이 이 말초시계를 동조화하는 데 사용하는 신호 경로가 무엇인지는 아직 불분명하지만 SCN이 몸 곳곳의 서로 다른 조직과 기관을 표적으로 무수히 많은 고유의 신호를 보내는 것이 아님은 밝혀졌다. 그보다는 자율신경계(신경계 중에서 의식이 직접 관여하지 않는 신체 기능의 통제를 담당하는 부분)와 몇몇 화학적 신호 등 제한된 수의 신호를 사용하는 것으로 보인다. SCN은 또한 다른 신체부위로부터 수면/각성 주기를 비롯한 되먹임 신호도 받아들인다. 이런 신호는 몸의 활성을 조정해서 몸 전체가 하루 24시간 동안 변화하는 요구에 맞추어 기능할 수 있게 도와준다.[20, 21] 그 결과로 리드미컬한 생리학과 행동을 조정하는 복잡한 일주기 네트워크가 완성된다. 위, 간 같은 기관 내부에서 혹은 그런 기관들 사이에서 서로 다른 일주기 시계 간의 동기화된 활성이 깨진 것을 내부 비동기화internal desynchrony라 한다. 이것은 심각한 건강 문제를 일으킬 수 있다. 여기에 대해서는 뒤에서 더 자세히 다루겠다.

일주기 시스템은 24시간 밤낮 주기의 다양한 요구에 맞추어 몸을 미세하게 조정해준다. 하지만 이 내부의 시계 시스템이 바깥세상에 맞추어지지 않는다면 쓸모가 없을 것이다. 3장에서는 내부의 하루와 외부의 하루를 일치시키는 문제에 대해 다루려고 한다. 그 전에 먼저 2장에서 24시간 행동 패턴 중에서도 가장 확실하게 나타나는 수면에 대해 살펴보자.

1. 분자시계를 만들려면 몇 개의 시계 유전자가 필요한가요?

시계 유전자가 하나라고 생각하던 시절도 있었지만 이제는 옛이야기가 됐습니다. 시계 유전자가 몇 개인지 정확히 꼬집어 말하기는 어렵습니다. 시계 유전자의 의미가 무엇인가에 따라 달라지기 때문입니다. 실용적인 정의를 내리자면 시계 유전자는 기계식 시계의 톱니바퀴와 비슷하다고 할 수 있습니다. 이 톱니바퀴들이 특정한 방식으로 상호작용해서 24시간 리듬을 만들어내죠. 이 중 어느 하나를 들어내거나 망가뜨리면 시간이 크게 달라지거나 심지어 멈춰버릴 수도 있습니다. 이런 정의를 적용하면 우리와 생쥐 등의 다른 포유류에서 분자시계를 움직이는 시계 유전자는 스무 개 정도입니다.[22] 하지만 이렇게 말하면 오해의 소지가 있습니다. 시계의 조절, 시계의 안정성, 시계가 일주기 생리학을 이끌어가는 방식 등에 관여하는 유전자가 그것 말고도 훨씬 많기 때문이죠. 이런 유전자까지 모두 포함하면 수백 가지가 넘습니다. 이 시계 유전자들이 세포분열이나 대사 조절 같은 중요한 생물학적 과정도 담당하고 있다는 것을 알아두면 좋겠습니다.

2. 사람의 일주기 리듬이 전자기장에 영향을 받나요?

현재는 전자기장이 사람의 일주기 리듬을 바꿀 수 있다는 강력한 증거가 발견되지 않았습니다.[23] 하지만 증거가 아직 없다고 해서 틀렸다는 의미는 아닙니다. 제가 생각하기에는 영향이 있다고 해도 작은 영향이라 말할 수 있지 않을까 싶습니다.

3. 사람에게도 연간 시계가 존재하나요?

사람의 경우에도 출생률, 호르몬 분비, 자살률, 암, 사망 등의 항목에서 다양한 연간 리듬이 나타납니다. 예를 들면 북반구에서는 12월을 중심으로 하는 겨울보다 봄에 자살률이 훨씬 높습니다. 직관과 어긋나겠지만 오히려 겨울에 자살률이 제일 낮습니다.[24] 어떤 사람은 우리도 양, 사슴, 다른 포유류와 마찬가지로 연간 시계를 갖고 있다고 주장합니다. 하지만 실험으로 증명해 보이기는 어렵습니다. 그것을 증명하려면 실험 참가자를 일정한 빛과 온도 조건에서 적어도 3년은 가두어놓아야 하는데, 실험 지원자를 구하기가 현실적으로 불가능할 뿐만 아니라, 윤리적으로도 받아들이기 힘들죠. 어떤 사람은 우리에게는 일주기 시계와 비슷한 연간 시계가 없고, 그냥 하루의 길이나 온도와 같이 환경의 연중 변화에 직접적으로 반응하는 것일 뿐이라 주장합니다.[25]

4. 모든 동물이 시각교차위핵(SCN)을 갖고 있나요?

캥거루 같은 유대목 동물이나 오리너구리처럼 알을 낳는 단공류를 비롯해서 모든 포유류는 뇌 속에 SCN과 비슷한 구조물을 갖고 있습니다. 실험을 해보면 SCN이 마스터 시계로 작동해서 말초시계들의 일주기 리듬을 조절하는 것으로 보입니다. 하지만 새, 파충류, 양서류, 어류에서는 사정이 다릅니다. 이런 동물에게는 마스터 시계 역할을 하는 기관이 몇 개씩 있습니다. 이 기관들은 시상하부, 솔방울기관, 심지어 눈 속에 들어 있는 SCN과 비슷한 구조물에 자리잡고 있습니다. 한 가지 수수께끼는 가까운 친척관계인 종에서도 SCN, 솔방울기관, 눈의 중요성과 그 사이의 상호작용이 큰 차이를 보인다는 점입니다. 예를 들어 참새에서는 솔방울기관이 지배적인 시계로 보이는 반면, 메추라기에서는 눈이 이런 역할을 담당하고 있습니다. 비둘기에서는 세 기관 모두가 상호작용하고요![26] 제가 버지니아대학교에 몸담고 있는 동안에 가까운 친구이자 동료가 된 일주기 연구의 선구자 마이클 메나커도 이 주제에 흥미를 느끼고 있습니다.

5. 분자시계의 유전자와 단백질이 생체시계와 관련 없는 행동도 조절하나요?

그렇습니다. 10장에서 설명하겠지만 시계 유전자의 돌연변이는 암뿐만 아니라 정신질환 같은 다른 질병과도 관련이 있습니다(9장). 놀랍게도 알코올 섭취 욕구의 증가 역시 일부 시계 유전자에서 일어난 변화와 관련되어 있습니다.[27] 단일 유전자가 두 개 이상의 활동에 관여할 때 그 유전자를 '다발성 유전자'라고 하는데, 이런 다발성은 예외라기보다는 하나의 법칙입니다.

6. 사람에서도 주간 혹은 월간 단위의 생물학적 리듬이 진화했나요?

이 문제에 대해서는 많은 논란이 있었습니다. 지구 위 생명체가 지구의 24시간 자전, 계절의 변화, 달에 의한 조석 등 지구물리학적 주기를 예측하는 시계를 진화시켰다는 것은 분명하지만, 일주일이나 한 달

등 인간이 만들어낸 시간적 주기를 예측하는 내부 시계가 존재한다는 증거는 훨씬 불분명합니다. 그 존재를 강력하게 주장하는 사람도 있지만,[28] 대부분의 일주기 리듬 생물학자는 확실한 증거가 없다는 점을 들어 7일이나 31일 주기의 생물학적 시계의 존재를 부정하고 있습니다.

2장

동굴 생활이 남긴 유산

수면은 무엇이며 우리는 왜
수면이 필요한가?

우리 뇌를 연구하는 것보다 중요한 과학 연구는 없다.
우리가 우주를 바라보는 전체적인 관점 자체가
거기에 달려 있기 때문이다.

프랜시스 크릭

그리스 신화에서 히프노스는 잠의 신이다. 그는 닉스(밤)와 에레보스(어둠) 사이에서 태어난 아들이고, 그의 쌍둥이 형제는 타나토스(죽음)다. 히프노스와 타나토스는 죽은 자들을 위한 지하세계 하데스에서 산다. 이렇게 놓고 보면 잠은 고대인들에게 그다지 환영받지 못했던 것 같다. 2000년을 훌쩍 뛰어넘어 20세기로 와도 사정은 그리 나아지지 않았다. 위대한 사업가 토머스 에디슨은 이렇게 말했다고 전해진다. "잠은 죄악와도 같은 시간 낭비이고 동굴 생활이 남긴 유산이다." 그가 정확하게 이렇게 말하지는 않았을지도 모르지만 에디슨이라면 분명 또 다른 미국인인 에드거 앨런 포의 다음과 같은 말에 격하게 고개를 끄덕였을 것이다. "잠, 그 작은 죽음의 조각들. 나는 그것들이 얼마나 싫은지."

아주 먼 옛날부터 잠은 그리 환대를 받지 못했다. 사실 최근에 들어서는 수면이 경멸의 대상이 됐다. 근면이야말로 보상받을 가치가 있는 미덕이라 여기는 풍조도 그 이유 중 하나다. 잠을 자는 동안에는 일을 할 수 없다. 따라서 앞에 나온 정의에 따르면 수면은 분명 죄악일 수밖에 없다. 물론 모두가 이런 관점에 동의하는 것은 아니다. 오스카 와일드의 입장은 좀 달랐다. "삶이란 잠을 이루지 못하게 방해하는 악몽이다."

애석하게도 잠에 대해 에디슨이나 포와 생각이 비슷한 사람들의 견해를 19세기와 20세기의 의사결정자들도 그대로 받아들였다. 최근에 와서는 태도가 많이 개선됐지만 수면은 오늘날에도 여전히 치료가 필요한 일종의 병으로 인식되고 있다. 피할 수 없으니 받아들이기는 하지만, 가능하다면 피하고 싶은 존재로 말이다. 그리고 우리는 잠에 대해 제대로 알지도 못하는 상태에서 우리 생물학에서 없어서는 안 될 부분인 수면을 상대로 전쟁을 벌였다. 이런 잘못된 행동 때문에 개인의 건강과 안녕에 끔찍한 결과를 초래하고, 그와 함께 국가에도 막대한 경제적 손실을 가져왔다.

우리 뇌에서 수면/각성의 일일 주기가 생성되는 데는 마름뇌, 중간뇌, 시상하부, 시상, 대뇌겉질 등의 뇌 영역(그림 2), 뇌에서 작용하는 각종 신경전달물질 시스템(히스타민, 도파민, 노르아드레날린, 세로토닌, 아세틸콜린, 글루타메이트, 오렉신, 감마아미노뷰티르산), 그리고 몇몇 호르몬 사이의 대단히 복잡한 상호작용이 필요하다. 이 중에서 수면의 생성에만 관여하는 것은 없다. 여러 시스템이 결합해서 시소처럼 수면과 각성 상태를 오가게 만든다. 하지만 잠은 스위치가 꺼져 있는 상태가 아니라 복잡하고 변화무쌍한 상태다.

렘수면과 비렘수면 주기

수 세기 동안 사람들은 잠을 잘 때는 뇌의 스위치가 꺼져 있는 상태라고 생각했다. 그렇게 생각할 만도 했다. 1950년대 전까지는 잠든 뇌를 관찰할 수 있는 실질적인 도구가 존재하지 않았기 때문이다. 1950년대부터는 두피에 전도성 있는 젤리로 전극을 붙여서 뇌파도라는 전기 활성의 패턴을 측정하는 방식으로 실험실에서 뇌를 일상적으로 연구할 수 있게 됐다. 서문에서 다루었던 내용이지만 기억을 되살리는 의미에서 다시 설명하겠다. 깨어 있을 때와 수면 초기 단계에서는 뇌파도 패턴이 빠르고(높은 진동수) 작다(낮은 진폭). 두 사람이 팽팽하게 잡아당긴 줄넘기 줄을 빠르게 진동시킬 때의 패턴을 생각해보면 된다. 하지만 잠이 들기 시작해 천천히 더 깊은 서파수면으로 빠져들면서 전기적 진동이 느려지고(낮은 진동수) 커진다(높은 진폭). 이 경우에는 줄넘기 줄을 느슨하게 당긴 상태에서 부드럽게 진동시킨 것을 생각하면 된다. 잠은 1단계에서 3단계까지 몇 단계를 점진적으로 거치면서 깊은 수면 혹은 서파수면으로 넘어간다. 이 서파수면을 델타수면이라고도 한다. 깊은 델타수면에서부터는 다시 패턴이 바뀌어 3단계에서 2단계, 그리고 1단계로 신속하게 넘어간다. 이렇게 뇌파 활성이 3단계에서 1단계까지 거꾸로 진행된 다음에는 또 다른 수면 상태가 이어진다. 이 새로운 상태에서는 뇌파도가 깨어 있는 뇌와 아주 비슷해서 전기적 활성의 진동수는 높고 진폭은 낮다. 눈꺼풀은 감겨 있지만 눈은 그 아래서 빠르게 움직인다. 심장 박동 수와 혈압이 올라가고 목 아래로는 사실상 마비된다. 이것을 급속안구운동 수면 혹은 렘수면이라고 한다. 이런 이름이 붙은 이유는 굳이 설명하지 않아도 될 것이다. 몇 분 정도 렘수면이 이어지다가 다시 비렘수면으로 넘어간다. 그리고 1단계에서 3단계를 거쳐 서파수면으로 들어갔다가 다시 렘수면으로 돌아온다. 비렘수면과 렘수면의 주기는 나이에 따라 다르지만 대략 70~90분 정도 지속된다. 우리는 하룻밤에 평균 다섯 번 정도의 비렘수면/렘수면 주기를 경험한다. 하지만 각 주기가 동일한 것은 아니다. 첫 번째 주기에서는 서파수면(3단계)을 더 많이 경험하는 반면, 두 번째 주기에서는 렘수면의 빈도가 더 잦아지고 시간도 길어진다. 우리는 보통 렘수면 단계에서 자연스럽게 잠에서 깬다.

비렘수면, 기억력, 불안

비렘수면은 기억력, 문제 해결 능력과 관련이 있다. 이것은 다양한 방법으로 입증됐다. 그중 한 가지 접근방식은 통제된 실험실 환경에서 잠을 자고 있는 동안 뇌를 자극해서 서파수면 시간을 더 늘리도록 유도하는 것이다. 이것은 특정 주파수의 소리를 이용하면 가능하다. 이렇게 자는 동안에 서파수면을 늘려주면 전날 있었던 일을 더 많이 기억할 수 있다.[29] 또 다른 실험에서는 서파수면을 박탈해보았다. 이것은 잠을 자는 사람의 뇌파도를 관찰하다가 서파수면이 시작될 때 깨우는 방식으로 진행된다. 이렇게 서파수면을 박탈당하면 기억 형성 능력이 저하된다.[29] 비렘수면 2단계에서 일어나는 폭발적인 전기 활성인 수면 방추sleep spindle도 기억 형성에 중요한 것으로 보인다.[30] 이 경우에는 약물을 이용해서 수면 방추의 크기를 줄이거나 늘리는데 이것이 기억 형성을 감소시키거나 증가시킨다.[31] 비렘수면 2단계에서 나타나는 또 다른 특성은 'K-복합파K-complex'라는 큰 전기적 사건이다. 이것은 외부의 잡음이나 주변에서 일어나는 사건에 반응해서 잠을 깨지 않게 하는 데 특히나 유용한 것으로 보인다.[32] 하지만 최근의 데이터에 따르면 K-복합파가 기억 형성을 돕는 일에 관여할지도 모른다는 암시가 있다. 대부분의 서파수면은 밤의 전반부에서 일어난다. 이것이 "자정 전의 잠 한 시간은 자정 후의 잠 두 시간과 맞먹는다"라는 말의 근거인지도 모르겠다. 하지만 나는 이 역시 수면과 관련된 또 하나의 미신에 불과하다고 생각한다. 빈약한 수면은 높아진 불안과 관련되어 있고, 최근의 일부 연구에 따르면 비렘수면 중의 서파수면이 앞이마겉질(그림 2)의 뇌 네트워크를 조직해서 불안을 줄이는 데 중요하게 작용할지도 모른다고 한다.[33] 조현병 환자에서 서파수면이 현저하게 줄어든다는 점이 무척 흥미롭다. 어쩌면 이것이 조현병이나 다른 정신질환 환자에서 자주 보고되는 불안 증가의 기여 요인일 수도 있다.

렘수면, 꿈, 기분

비렘수면과 렘수면 모두에서 꿈을 꾸지만 렘수면에서 꾸는 꿈이 시간도 길고, 강렬하고, 복잡하고, 기이한 경향이 있다. 우리는 렘수면 중에 자연스럽게 잠에서 깨었을 때 마지막으로 꾸었던 꿈을 짧은 시간 동안 기억할 수도 있다. 예전에는 잠에서 깨어날 때 눈 깜짝할 사이에 꿈을 꾸는 것이라 여겼지만 지금은 그렇게 생각하지 않는다. 꿈의 내용은 굉장히 다양하지만 보통 친구, 가족, 유명인 등 익숙한 인물이 등장한다. 대부분의 사람에게 꿈은 시각적으로 경험되지만 드물게는 미각이나 후각으로 꿈을 꾸기도 한다. 하지만 처음부터 시각장애인으로 태어난 사람은 청각, 촉각, 감정적 느낌 등이 꿈을 지배한다.[34] 꿈은 굉장히 기이한 경우가 많지만 아주 기초적인 수준에서 보면 보통은 우리의 경험에서 가져온 내용들이다. 중요한 것은 렘수면 상실이 낮 동안의 불안, 짜증, 공격성, 착각 증가로 이어질 수 있다는 점이다. 이것은 꿈과 렘수면이 감정의 처리 및 감정이 담긴 기억의 발달에 중요한 역할을 할지도 모른다는 개념을 뒷받침한다.[35] 꿈이라는 주제에 대해서는 뒤에서 다시 다루겠지만 꿈을 연구하기가 엄청나게 어렵다는 점은 지적하고 넘어가야겠다. 꿈은 수량화할 수 없고, 전적으로 주관적이며, 본질적으로 당사자의 진술에 의존할 수밖에 없다. 꿈을 제대로 측정하기가 불가능하다는 의미다! 지그문트 프로이트는 꿈이 억압된 욕망의 충족을 나타내며 꿈 연구가 무의식을 이해할 수 있는 길이라 믿었다. 프로이트의 시대에는 꿈 해석이 정신분석에서 핵심적인 역할을 했다. 요즘에는 정신분석에서 꿈의 중요성이 크게 낮아졌다. 가장 핵심적인 문제는 객관적이고 신뢰성 있는 측정 없이는 꿈에 대한 이해가 그저 추측에 불과하다는 점이다. 그래서 어둠의 유사과학을 신봉하는 사람들이 꿈을 이용해먹는 경우가 많다.

렘수면에 관한 신기한 사실들

아주 이상하고 역설적이게도 일부 우울증 환자에게는 렘수면 박탈이 우울증의 강도를 단기적으로 개선해줄 수 있다(9장). 예를 들면 하룻밤 통째로 렘수면을 박탈하면 40~60퍼센트 정도의 사람은 우울증 증상이 개선된다. 하지만 잘 자고 난 이후에는 다시 우울증이 돌아온다.[36] 따라서 실용적인 목적에서 보면 이것은 우울증 치료법이 될 수 없다. 다만 뇌에서 수면과 우울증이 어떻게 연관되어 있는지 탐구하는 데는 유용한 도구가 될 수 있다.

또 다른 놀라운 특성은 렘수면 중에 남성은 발기를 경험하고, 여성은 클리토리스 충혈을 경험한다는 것이다. 이 현상은 남성에서 더 광범위하게 연구되었다. 아마도 생물학적으로 평가하기가 더 용이하기 때문일 것이다. 발기는 밤잠이든 낮잠이든 렘수면 단계 대부분의 시간 동안에 지속되는 것으로 보인다. 발기는 남자 아기의 렘수면 동안에도 기록되었고, 심지어는 생명 유지 장치에 의존하고 있는 사람에서도 기록된 바 있다.[37] 프랑스 남부 라스코 동굴 벽화에 눈에 띄게 발기된 채로 자고 있는 남자들이 묘사되어 있다는 주장도 있다. 잠을 자기 전에 성행위를 한 경우에도 발기의 정도가 바뀌지 않으며, 깨어 있는 동안이었다면 발기를 저해했을 과도한 알코올 섭취도 이 렘수면 발기에는 거의 영향을 미치지 않는다. 어떤 연구에 따르면 꿈에 담긴 성적 내용과 렘수면 발기의 발생 사이에는 아무런 상관관계가 없다고 한다.[38] 렘수면 중에 발기가 일어나는 이유는 알 수 없다. 어떤 사람은 발기가 음경의 조직과 근육으로 유입되는 산소의 양을 증가시켜 음경의 건강을 유지하는 데 도움을 준다고 주장한다. 흥미롭게도 연구 대상이었던 모든 포유류에서 렘수면 중 음경 발기가 관찰되었지만 북아메리카, 중앙아메리카, 남아메리카에 사는 아홉띠아르마딜로는 예외였다. 이것이 렘수면 중 발기와 관련해서 무언가 중요한 의미를 담고 있을까? 아홉띠아르마딜로의 또 한 가지 신기한 특성은 이 동물이 나병균을 갖고 다니는 것으로 알려진 몇 안 되는 동물 중 하나이며, 인간에게 나병을 옮길 수 있다는 점이다.[39] 텍사스에서는 차를 운전하다가 아홉띠아르마딜로를 치는 경우가 많은데, 듣기로는 이런 감염의 위험성 때문에 이 동물의 사체를 처리할 때 조심해야 한다고 한다.

앞에서 우리는 렘수면 동안에 가장 복잡하고 생생한 꿈을 경험한다고 했다. 중간뇌에서 척수로 투사되는 신경이 목 아래로 마비되는 시간이 바로 이때다. 이 증상을 무긴장증atonia이라고 한다. 이것은 우리가 꿈의 내용을 몸으로 표출하는 것을 막아주는 것으로 여겨지고 있다. 이 개념을 뒷받침하는 증거를 렘수면행동장애REM sleep behaviour disorder라는 질병에서 찾아볼 수 있다. 이 경우에는 렘수면 중에 무긴장증이 전혀 혹은 거의 나타나지 않는다. 뒤에서 더 자세히 알아보겠지만 렘수면행동장애는 파킨슨병의 발생 위험을 알려주는 조기 신호다.[40] 렘수면행동장애가 가벼운 경우에는 그냥 자다가 팔다리를 움직이는 정도지만, 어떤 사람은 자다가 말을 하고, 고함이나 비명을 지르고, 심지어 물리적 폭력을 행사할 수도 있다. 안타까운 일이지만 렘수면행동장애에 대한 조치는 같이 자는 배우자에게 해가 가해진 이후에야 이루어지는 경우가 대부분이다.[41] 영국의 언론을 통해서 널리 알려진 유명한 사례가 있다. 성실하고 헌신적인 남편이었던 브라이언 토머스가 휴일에 아내를 목 졸라 살해한 사건이었다. 꿈속에서 그는 침입자를 공격하고 있었지만 끔찍하게도 현실에서 그 대상은 침입자가 아니라 아내였다. 영국 경찰 특수범죄수사국은 그가 자신의 행동을 통제할 수 있는 상황이 아니었음을 인정했고, 영국 스완지 크라운 지방법원의 배심원단에게 무죄를 선고해달라고 요청했다. 토머스가 기억하는 내용은 꿈에서 침입자가 집에 들어왔다는 것밖에 없었다.

의식과 수면 사이의 전환

의식과 수면 사이, 그리고 렘수면/비렘수면 주기의 전환과 관련된 수없이 많은 상호작용은 일반적으로 두 가지 핵심 생물학적 동인에 의해 조절된다. 첫째는 일출과 일몰에 의해 동조화(3장)되는 일주기 시스템(일주기 동인)이다. 이것이 뇌 회로에 언제 잠을 자고 언제 깨어나야 하는지 알려준다. 이 일주기 동인은 수면/각성 주기에서 특정 시간을 기록하는 타임스탬프 작용을 한다. 아마 가장 직관적으로 이해할 수 있는 수면 조절 메커니즘으로 생각되는 두 번째 동인은 수면 압력 혹은 수면의 항상성homeostatic인데, 이는 우리가 잠을 얼마나 필요로 하는지에 좌우된다. 수면 압력은 우리가 잠에서 깨는 순간부터 쌓이기 시작해서 낮에 깨어 있는 동안 계속 높아지고 잠들기 전 저녁에 최고조에 달한다. 낮에 쌓이는 수면 압력은 깨어 있음의 일주기 동인에 의해 상쇄된다. 역설적으로 일주기 시스템은 잠들기 직전에 가장 높은 각성 동인을 만들어낸다. 일주기 각성 동인이 낮아지고 수면 압력이 높아지면 우리는 자연스럽게 잠에 빠져든다. 자는 동안에는 수면 압력이 낮아지고, 일주기 시계가 뇌에 수면 상태를 계속 유지할 것을 지시한다. 이것이 일주기 수면 동인을 제공한다.[42] 수면 압력이 줄어들고 일주기 시스템이 뇌에 이제 깨어날 시간이라고 알리면 자연스럽게 눈을 뜨게 된다. 가끔 우리는 한낮에 피곤함을 느끼기도 한다. 이것은 일주기 각성 동인보다 수면 압력이 더 빨리 쌓여서 그런 경우가 많다. 일주기 각성 동인이 수면 압력을 따라잡지 못하는 것이다. 예를 들어 잠을 제대로 못 자거나, 잠이 부족하면 이런 일이 일어날 수 있다. 이런 상황에서는 수면 압력이 꽤 높은 상태에서 깨게 된다. 그러면 그에 대한 반응으로 낮잠을 자고 싶은 욕구가 생긴다. 이럴 때 짧게 낮잠을 자면 수면 압력이 낮아지면서 더 초롱초롱해진 기분이 든다. 우리가 경험하는 서파수면 혹은 델타수면의 양은 수면 압력의 직접적인 척도이며, 우리가 깨어 있었던 시간에 비례한다.[43] 물론 일주기 동인과 수면의 항상성 동인이 단독으로 작용해서 수면의 시점과 길이를 결정하는 것은 아니다. 일과 여가의 필요성, 유전학, 나이, 정신질환, 신체질환, 그리고 정서적 반응, 스트레스 반응 등의 추가적 요인들이 결합되어 수면을 결정한다.

커피는 어떻게 잠을 쫓아줄까

뇌에 축적되는 몇 가지 화학물질이 수면 압력을 주도한다는 주장이 있다. 이것을 보여주는 가장 유력한 증거는 아데노신이라는 분자다.[44] 동물 연구에 따르면 깨어 있는 동안에는 뇌에서 아데노신이 증가하고, 뇌를 아데노신에 노출시키면 수면을 촉진하는 것으로 나타났다. 차와 커피에 들어 있는 카페인은 잠을 쫓는 데 대단히 효과적인데, 이는 카페인이 아데노신을 감지하는 뇌 속의 메커니즘(아데노신 수용체)을 차단하기 때문이다.[43] 카페인은 아데노신 수용체의 길항체antagonist(작용제의 작용을 저해하는 물질. 이 경우에는 아데노신의 작용을 저해한다 – 옮긴이)라서 뇌가 자신이 얼마나 피곤한지 감지하지 못하게 막는다. 장거리 운전을 할 때 카페인 음료를 마시면 단기적으로는 잠을 쫓는 데 도움이 되지만,[45] 카페인의 효과가 떨어지면 주체 못할 정도의 피로가 몰려와 운전대를 잡은 상태에서 미세수면microsleep, 즉 깜빡 잠이 드는 일이 일어날 수도 있으니 조심해야 한다.[46]

멜라토닌의 역할은?

멜라토닌을 '수면 호르몬'으로 부르는 경우가 많은데, 이런 표현상의 혼란이 큰 오해를 불러일으키고 있다. 멜라토닌은 대부분 뇌의 중앙에 자리잡은 솔방울샘에서 만들어진다(그림 2). 르네 데카르트(1596~1650)는 솔방울샘을 인간의 영혼과 영적인 부분이 자리잡은 해부학적 위치라 생각했다. 영혼에 대한 논의는 이 책의 주제를 벗어나므로 그 문제는 당신이 선택한 신에게 물어보기 바란다. 자율신경계를 통해 SCN에 의해 조절되는 솔방울샘은 황혼에 멜라토닌 수치가 올라가서 오전 2~4시에 혈중 농도가 정점을 찍고 동트는 새벽에는 다시 줄어드는 패턴을 만들어낸다(그림 1). 눈에 의해 감지되는 밝은 빛도 멜라토닌 분비를 멈추는 작용을 한다. 그 결과 멜라토닌은 '어둠의 생물학적 신호'로 기능한다. 인간 같은 주행성 동물의 경우 잠을 자는 밤에 멜라토닌이 생산되지만 밤에 활발히 활동하는 쥐나 오소리 같은 야행성 동물도 마찬가지로 '밤'에 멜라토닌이 만들어진다.[47] 따라서 멜라토닌을 보편적인 '수면 호르몬'이라 부르기가 곤란하다. 그렇다면 멜라토닌은 무슨 일을 하는 것일까? 인간의 수면이 멜라토닌의 분비 패턴과 밀접하게 관련되어 있는 것은 사실이지만 이것은 인과관계causation(한 사건이 다른 사건에 직접 원인으로 작용하는 관계. 예를 들면 여름이 오는 것과 아이스크림 판매량의 증가. 여름이 오면 더워서 아이스크림을 많이 사먹는다 – 옮긴이)가 아니라 그냥 상관관계correlation(두 사건이 서로 관계는 있으나 원인과 결과로 작용하지 않는 경우를 말한다. 예를 들면 아이스크림 판매량 증가와 익사 사고 증가. 이 경우 익사 사고가 늘어나는 이유는 아이스크림을 많이 먹어서가 아니라 더위로 물놀이를 많이 하기 때문이다 – 옮긴이)일지도 모른다.

멜라토닌을 만들어내지 못하는 사람도 있다. 특히 사지마비 환자가 그렇다. 멜라토닌의 분비는 SCN에서 솔방울샘으로 가는 신경로에 의해 조절된다. 이 신경로는 목의 경추를 통과한다. 사지마비 환자의 경우처럼 이 신경로가 절단되면 솔방울샘에서 분비되는 멜라토닌이 차단되기 때문에 대조군에 비해 수면의 질이 안 좋은 것으로 보고되어 있다. 하지만 사지마비 환자의 수면의 질 저하는 멜라토닌 수치가 정상 범위를 유지하는 하반신마비(다리와 하체 부위의 마비) 환자와 아주 비슷하다.[48, 49] 이런 데이터는 수면 문제를 일으킨 원인이 멜라토닌의 결핍이 아니라 사지마비의 다른 측면일 가능성을 암시한다. 멜라토닌을 사지마비 환자에게 투여해본 소규모 연구도 이런 결론을 뒷받침하고 있다. 일부 사람에서는 잠드는 데 걸리는 시간(수면 개시 시간)이 줄어들고 자다가 깨는 횟수가 줄어드는 등 수면의 질이 소폭 개선되었지만, 역설적으로 주간 졸음은 증가하는 것으로 나왔다. 이 연구의 저자들은 이 연구 결과를 확인하기 위해서는 표본의 수를 늘려서 무작위 위약 대조군 실험을 해보아야 할 것이라고 말했다.[50]

심장 질환과 고혈압 치료에 사용되는 베타차단제를 복용하는 경우에도 멜라토닌 생산이 80퍼센트 정도 줄어든다. 이 약은 혈압만 낮추는 것이 아니라 솔방울샘으로 가는 신호도 차단하기 때문에 밤 동안에 멜라토닌 수치가 훨씬 낮아진다. 베타차단제를 복용하는 사람들은 수면의 질이 저하된다는 보고가 있다.[51] 한 연구에서는 베타차단제 치료를 받는 사람들에게 멜라토닌 보충제를 제공했다. 3주 후에 위약 대조군과 비교해보았더니 총 수면시간이 36분 늘어나고 잠드는 데 걸리는 시간도 14분 줄어들었다.[52] 작지만 유의미한 효과라고 볼 수 있다. 추가적인 연구에서도 멜라토닌 복용이 잠드는 데 걸리는 시간을 줄여주고 수면시간도 늘려주는 것으로 나왔다. 하지만 합성 멜라토닌을 사용하거나[53] 멜라토닌의 효과를 흉내내는 약물을 사용하는 경우에는 효과가 크지 않았다(14장 참고).[54] 멜라토닌이 수면에 미치는 작용 외에도 SCN이 야간 멜라토닌 증가를 감지하고 이것이 마스터 시계를 동조화하는 추가적인 조절 신호를 제공해서 눈에서 오는 빛 동조화 신호를 강화하고 수면/각성 주기를 안정화하는 것일 가능성도 있다.[55, 56] 데이터를 바탕으로 공감대가 형성된 내용을 요약하자면, 멜라토닌이 작게나마 직접적으로 수면을 촉진하는 작용을 하거나, 뇌에게 지금은 밤이라는 추가 신호를 제공해서 이 신호를 이용해 빛에 의한 동조화를 강화하는 것으로 보인다(3장 참고).

지금까지 인간의 수면에 대해 집중적으로 이야기했지만 크고 복잡한 뇌를 가져야만 수면과 의식이 존재한다는 인상은 받지 않았으면 좋겠다. 놀랍게도 곤충, 심지어 선충을 비롯해서 모든 척추동물과 무척추동물에서 수면 비슷한 상태가 관찰된 바 있다. 달팽이와 친척관계의 연체동물인 문어를 대상으로 이루어진 최근의 한 주목할 만한 연구에서는 이 놀라운 동물이 척추동물의 비렘수면 및 렘수면 단계와 비슷한 수면 상태를 갖고 있는 것으로 나타났다.[57] 하지만 자포동물문이라는 범주로 묶이는 산호, 히드라, 해파리처럼 뇌가 아예 없고 그냥 신경망만 있는 동물은 어떨까? 우선 이런 동물이 잠들었다는 것을 어떻게 알아볼 수 있을까? 사실 수면 상태를 판단하는 기준은 잘 확립되어 있다. 그 예는 다음과 같다. 비활성/수면을 방해했을 때(이는 이론적으로는 수면 압력을 높인다) 그 동물은 기회가 주어질 때마다 더 많은 비활성/수면을 나타내는가? 비활성/수면 상태에 있을 때 이 동물은 접촉이나 빛 등의 환경 자극에 반응이 둔감해지는가? 일주기 시계나 수면 압력에 의해 조절된다는 증거가 존재하는가? 마지막으로 아데노신 수용체나 히스타민 수용체 등에 작용하는 수면 유도 약물이 활성 또는 비활성의 패턴에 변화를 일으키는가? 상자해파리(지독한 독침으로 유명하다), 히드라(어릴 때 학교에서 실험해보았던 그 동물) 등 지금까지 연구된 자포동물은 정의상 수면에 해당하는 이런 기준을 모두 충족한다. 여기서 내가 하고 싶은 말은 뇌가 없어도 잠을 잘 수 있다는 것이다.[58] 그렇다면 이제 이런 의문이 든다.

동물들이 잠을 자는 이유는 무엇일까?

나는 이미 수면의 일부 중요한 측면에 대해 이야기했고, 그 구체적인 내용에 대해서는 뒤에 이어지는 장에서 설명할 것이다. 내가 여기서 다루고 싶은 의문은 애초에 왜 잠을 자도록 진화했느냐는 것이다. 예를 들어 사람은 인생의 36퍼센트 정도를 잠으로 보낸다. 당연한 이야기지만 자는 동안에는 먹지도, 마시지도, 자신의 유전자를 전달하지도 않는다. 이는 잠이 무언가 대단히 소중한 것을 제공하고 있다는 의미다. 수면을 박탈당하면 수면 압력이 너무 강해져서 수면 아니고는 그것을 해소할 방법이 없다. 그래서 많은 연구자가 수면에는 우리 생물학에 깊이 새겨진 절대적인 역할이 분명 있을 것이라 가정한다. 어떤 연구자들은 수면은 그 자체로는 내재적인 가치가 전혀 없고, 대신 적응에 정말로 중요하지만 아직 발견되지 않은 어떤 기능에서 생긴 부산물일 것이라 주장한다. 내 개인적인 의견을 담아 이 의문을 다뤄보려고 한다. 두 가지 질문으로 시작하겠다.

어째서 대부분의 생명체가 휴식/활동의 24시간 일주기 패턴을 진화시켰을까?

거의 모든 생명체, 심지어 세균조차도 휴식 및 활동의 24시간 패턴을 따른다.[59] 이런 리듬은 24시간마다 한 바퀴씩 자전하는 행성에서 살게 된 덕에 진화했을 가능성이 매우 높다. 자전에 따른 빛, 온도, 먹이 가용성의 변화가 거기에 적응하기 위한 진화 반응을 강요했을 것이다.[60] 주행성 종과 야행성 종은 서로 다른 빛과 어둠의 조건 속에서 최적의 수행능력을 보이는 다양한 전문성을 진화시켰지만, 여기서 중요한 점은 밤과 낮 모두에 최적화되지는 않았다는 것이다. 생명은 밤/낮 주기 중 특정 부분을 선택해서 그동안에만 주로 활동하는 진화적 결단을 내렸던 것으로 보인다. 그 결과 낮에 주로 활동하도록 전문화된 종은 밤에는 효과적으로 활동할 수 없게 됐다. 마찬가지로 어두운 곳이나 빛이 없는 곳에서 돌아다니며 사냥하도록 특별히 적응한 야행성 동물은 낮에 신통하지 못하다. 생존을 위한 투쟁 때문에 생물종은 일반종generalist이 아닌 전문종specialist이 될 수밖에 없었다. 그래서 24시간의 밝은 환경과 어두운 환경에 똑같이 잘 작동하는 생물종은 없다.

자는 동안에 일어나는 중요한 과정은 무엇일까?

휴식 및 활동의 24시간 일주기가 존재하는 것으로 보아 신체적으로 비활성인 수면 상태에서 무슨 일이 일어나는지 알아보아야 할 것이다. 전체적으로 보면 잠을 자는 동안에는 대부분의 신체활동이 보류되지만 우리 생물학의 모든 수준에서 중요하고 필수적인 생리학적 과정은 이 시간에 일어난다. 예를 들면 대사경로의 회복 및 재구축과 관련된 여러 가지 다양한 세포 과정은 잠을 자는 동안에 상향 조절되는 것으로 알려져 있다.[61] 활동하는 동안에 부산물로 쌓이는 독소를 자는 동안에 안전하게 처리해 제거할 준비를 하게 된다.[62] 인간을 비롯해서 학습 능력이 있는 동물들은 낮에 입수한 정보들을 자는 동안에 뇌에서 처리한다. 그 결과 새로운 기억, 더 나아가 새로운 아이디어를 형성하게 된다. 실제로 '자면서 고민하기'는 사람의 뇌가 어려운 문제에 대한 새로운 해결책을 찾아내는 데 도움이 된다.[63] 간단히 말하면 자는 동안에 우리 몸은 수행능력과 건강 유지에 없어서는 안 될 다양한 생물학적 기능을 수행한다. 이런 중요한 활동들은 생존을 위해 필요한 것이고 밤/낮 주기의 어떤 시점에서는 반드시 이루어져야 한다. 내가 보기에는 진화가 이런 핵심적인 생물학적 활동을 수면/각성 주기 중에서 아주 적절한 칸에 배치해놓은 것 같다. 그래서 복잡한 뇌를 가진 인간이든, 그냥 단순한 신경계를 가진 동물이든 모두 활동을 한 '후' 자는 동안에 기억 응고화memory consolidation(기억을 확립하고 견고하게 다지는 과정–옮긴이)가 일어난다. 그때는 뇌가 새로 유입되는 감각 정보를 처리하느라 정신없을 때가 아니기 때문에 그 과제를 최적으로 수행할 수 있는 여유가 있다. 마찬가지로 독소 청소와 대사경로의 재구축도 독소가 쌓이고 에너지가 사용된 이후에 일어날 필요가 있다. 이런 사건들을 시간적으로 구획을 나누어 순서를 정해놓으면 믿기 어려울 정도로 효율이 좋아진다. 이것은 제품이 기계나 사람의 손을 거치며 정확한 순서와 정확한 시간에 따라 제작되는 공장 생산라인과 비슷하다.

이 두 가지 질문을 염두에 두면서 수면의 정의에 더 가까이 다가가 보려고 한다. 사람이 하루에 평균 여덟 시간을 자는 이유, 혹은 어떤 동물은 열아홉 시간을 자고, 어떤 동물은 두 시간만 자는 이유는 아직 모른다. 하지만 분명 이것은 서로 복잡하게 경쟁하는 여러 가지 상호작용과 관련이 있을 것이다. 생존하려면 개체들은 충분한 먹이와 물을 확보하고, 자손을 낳아 키워야 한다는 필수적인 요구와 포식자나 병원체를 맞닥뜨리는 등의 신체적인 생존의 문제 사이에서 균형을 잡아야 한다. 일단 어느 생물종이든 휴식/활동 패턴이 안정적으로 진화하고 나면 필수적인 생물학적 과정들이 이 시간 구조 안에서 적절한 지점에 통합된다. 요컨대 수면은 빛, 온도, 먹이 가용성이 극적으로 변화하는 24시간 주기의 세상에 대한 구체적인 반응으로서 진화해왔다. 그래서 우리가 잠을 자는 이유가 무엇이냐는 질문에 대한 나의 답변은 다음과 같다.

> 수면은 신체활동을 하지 않는 시간으로서, 이 시간에 개체는 자신이 잘 적응하지 못한 환경 조건에서의 움직임을 피하는 대신 그 시간을 활용해서 활동 시에 최적의 성능을 발휘하는 데 반드시 필요한 다양한 생물학적 활동을 수행한다.[64]

최근에 한 동료가 이 정의에 대해 함께 이야기하고서 내게 이런 말을 했다. "그러니까 수면은 주말과 비슷한 거네요. 그 기능이 하나로 정해져 있지 않아요. 수면은 여러 가지 활동에 사용되는 시간이라는 겁니다." 나도 이 말에 동의한다. 수면은 우리의 생물학에서 대단히 유연성이 높은 부분이기 때문에 일차원적으로 단순히 정의할 수 없다. 이것은 마치 우리가 깨어 있는 이유가 무엇이냐고 묻는 것과 비슷하다.

1. 국소수면이 무엇인가요?

중요한 질문입니다. 수면과 의식은 뇌 전체가 서로 다른 이 두 상태 사이를 손바닥 뒤집듯이 오가면서 나타난다고 앞에서 설명했습니다. 하지만 이것이 완전히 정확한 말은 아닙니다. 비교적 최근에 국소수면 상태에 대한 설명이 나왔습니다. 국소수면이란 깨어 있는 동안에도 뇌의 작은 영역이 수면 상태와 비슷한 전기적 활성을 나타내는 것을 말합니다. 옥스퍼드대학교에 있는 제 동료 블라디슬라프 뱌조우스키는 이런 현상을 처음으로 입증해낸 사람 중 한 명입니다. 쥐를 깨어 있는 상태로 유지하면서 대뇌겉질에 있는 뇌 세포들의 전기적 활성을 관찰했더니 국소적으로 서파수면과 비슷한 뇌파도를 보이면서 잠깐 비활성 상태에 들어가는 것으로 나타났습니다. 놀랍게도 한 뉴런 집단이 잠들어 있는 동안 인접한 영역은 여전히 깨어 있었습니다. 이런 국소수면 시간은 쥐를 오래 깨워둘수록 길어졌습니다. 따라서 대뇌겉질의 국소적인 뉴런 집단이 잠에 빠져들 수 있다는 것이죠.[65] 국소수면이 일어나는 원인은 불분명하지만 아마도 수면 박탈 시간이 길어졌을 때 일부 영역에서 국소적으로 회복 과정이 일어날 수 있게 돕는 것이 아닐까 싶습니다.

2. 수면 보조제로 처방되는 CBD는 무엇인가요?
그리고 이것이 수면에 도움이 되나요?

CBD는 칸나비디올cannabidiol의 약자로 대마초(마리화나)에 함유된 성분입니다. 테트라하이드로칸나비놀(THC)과 달리 CBD는 약에 취하게 만들지 않습니다. 일단 초기 연구 결과만 보면 불안을 줄이고 수면을 개선하는 데 유망해 보이지만 대규모 실험을 통한 확인이 필요합니다.[66] 일부 CBD 제조업체는 CBD가 암을 완치할 수 있다는 등의 터무니없고 근거 없는 주장을 해서 정부의 조사를 받고 있습니다. 그런 주장을 입증할 만한 증거가 없거든요. CBD는 대부분 규제를 받지 않는 보충제의 형태로 나오기 때문에 소비자는 자신이 정확히 어떤 성분을 구입한 것인지 모를 수도 있습니다. 따라서 CBD를 복용해보기로 마음먹었다면 담당 의사와 상담해보는 것이 좋습니다. 적어도 그 성분이 이미 복용 중인 다른 약물에 영향을 미치지는 않는지 확인해보아야 하니까요. 대부분의 경우 약물이나 보충제를 복용하는 것보다는 의사의 조언에 따른 생활습관의 변화를 통해 수면의 질을 개선하는 것이 더 나은 방법입니다(6장 참고).

3. 수면 유도제로 처방되는 디펜히드라민은 무엇인가요?
수면을 촉진하기 위해 장기복용해도 되나요?

디펜히드라민은 알레르기 및 고초열(꽃가루 알레르기)의 증상을 완화하는 데 널리 사용되는 항히스타민제이지만, 수면 보조제로도 사용 가능합니다. 히스타민은 뇌에서 흥분성 신경전달물질로 작용해서 깨어 있는 상태를 촉진합니다. '나이톨', '베나드릴' 또는 '슬리피즈'로도 알려진 디펜히드라민은 히스타민의 작용을 차단하는 항히스타민제(수면 촉진)와 신경전달물질 아세틸콜린의 작용을 차단하는 항콜린제로 모두 작용합니다. 항콜린제 역시 수면을 촉진하는 역할을 합니다. 디펜히드라민은 알레르기 반응을 치료하는 데 사용되지만 히스타민과 아세틸콜린의 작용을 차단 혹은 감소시켜 진정 기능을 하기 때문에 비처방 수면 보조제로도 널리 사용됩니다. 수면 보조제로 사용할 때는 단기간만 사용해야 하며, 다른 진정제와 마찬가지로 수면을 개선하는 데는 약물보다 생활습관의 변화가 늘 바람직합니다. 한 가지 우려되는 점은 항콜린성 약물이기 때문에 근육 활동, 각성, 학습 능력과 기억력을 저해한다는 것입니다. 65세 이상의 남녀를 대상으로 한 연구에서 디펜히드라민 성분의 약물을 복용한 사람은 치매에 걸릴 확률이 높았으며, 장기간 복용할수록 치매 위험이 증가했습니다. 놀랍게도 디펜히드라민을 3년 이상 복용한 경우 같은 용량을 3개월 이하로 복용한 경우보다 치매 위험이 54퍼센트 더 높은 것으로 나타났습니다.[67]

4. 같은 포유류 간에도 수면의 차이가 큰가요?

간단히 대답하자면 그렇습니다! 알을 낳는 오리너구리와 바늘두더지를 비롯해서 모든 포유류는 렘수면/비렘수면이 교대로 진행되는 수면 패턴을 보이지만, 그 패턴이 굉장히 다양합니다. 예를 들어 말과 기린은 서 있는 상태에서도 잠을 잘 수 있지만 짧은 렘수면 동안에는 반드시 누워야 합니다. 렘수면이 근육 마비(무긴장증)를 유도하기 때문에 눕지 않으면 쓰러지고 말죠. 포유류 간에도 수면의 길이는 현저한 차이를 보이지만 보편적인 경향은 존재합니다. 전체적으로 보면 몸집이

클수록 수면시간이 짧아집니다. 사자 같은 포유동물은 얼룩말 같은 먹잇감 동물보다 수면시간이 더 길고, 땅굴이나 동굴 등 상대적으로 안전한 장소에서 자는 포유류도 수면시간이 더 깁니다. 기린이나 코끼리 같은 대형 포유류는 포획 상태에서 하루에 대략 다섯 시간 정도를 자지만, 이 동물들이 장기간에 걸쳐 먼 거리를 이동하는 야생에서도 이런 수면 패턴을 보이는지는 확실하지 않습니다. 포획된 갈색목세발가락나무늘보*Bradypus variegates* 개체와 야생의 개체를 비교해본 수면 연구에서는 포획 상태의 나무늘보는 70퍼센트 정도의 시간을 잠으로 보내는 반면, 먹이를 직접 찾아야 하고 빛과 온도의 극적인 변화를 경험하는 야생에서는 수면시간이 40퍼센트 정도로 줄어들었습니다. 따라서 포유류와 다른 동물들에서 수면의 중요성을 더욱 잘 이해하려면 야생 현장에서 렘수면/비렘수면을 더 열심히 관찰하고 측정해볼 필요가 있습니다.

5. '미인은 잠꾸러기'라는 말이 사실인가요?

더욱 매력이 넘치는 사람이 되고 싶다면 잠을 잘 자야 한다는 말이 있습니다. 이 말에는 일말의 진실이 담겨 있죠. 연구에 따르면 과도하게 피곤한 사람은 타인의 눈에 매력이 떨어져 보인다고 합니다.[68] 이것은 피곤한 사람의 몸에서 스트레스 호르몬인 코르티솔이 더 많이 분비되기 때문인지도 모릅니다. 코르티솔은 몸속의 염증에 반응해서 수치가 높아지고, 이는 피부의 결합조직을 구성하는 콜라겐의 파괴와 체액 부종으로 이어질 수 있습니다. 그럼 피부가 부어 덜 매력적으로 보이겠죠. 거기에 더해서 연구에 따르면 잠을 잘 자는 사람은 그렇지 못한 사람에 비해 피부를 햇빛에 그을려도 더 잘 회복된다고 합니다.

6. 돌고래처럼 계속 움직여야 하는 동물은 어떻게 자나요?

해양 포유류는 특별한 형태의 잠을 자는 것으로 밝혀졌습니다. 물개의 경우 육상에서의 뇌파도는 다른 대부분의 육상 포유류와 비슷합니다. 양쪽 눈이 모두 감기고 렘수면/비렘수면의 주기가 나타나죠. 하지만 물속에 있을 때는 뇌의 반쪽만 자는 경우가 많습니다. 이것을 단일반구수면이라고 합니다. 이 경우 뇌의 한쪽에서는 수면 뇌파도가 나타나고, 한쪽 눈은 감겨 있고, 한쪽 지느러미는 대체로 움직임이 사라지죠. 고래나 돌고래처럼 물속에서만 생활하는 포유류 역시 단일반구수면을 취합니다. 그 덕에 해양 포유류는 쉬지 않고 헤엄을 칠 수 있는 듯 보입니다. 최근에는 쇠돌고래가 포물선 잠수라고 하는 특별한 잠수를 하는 것으로 밝혀졌습니다. 이것은 잠재적 수면에 해당할지도 모릅니다. 포물선 잠수를 하는 동안 쇠돌고래는 평소 사냥할 때 사용하는 반향정위음echolocation click을 거의 방출하지 않습니다. 또한 이 잠수는 얕은 지점에서 이루어지는 경우가 많고 일부러 속도를 늦추는 것으로 보입니다.[69] 많은 조류가 며칠 혹은 그 이상의 시간 동안 쉬지 않고 하늘을 납니다. 예를 들어 큰군함조는 쉬지 않고 연속으로 열흘 동안 하늘을 날 수 있습니다. 돌고래와 마찬가지로 그들도 역시 단일반구수면 패턴을 보여줍니다.[70] 심지어 악어도 일종의 단일반구수면을 취한다는 주장이 있습니다!

7. 코로나19가 수면에 큰 영향을 미쳤나요?

이 글을 쓰고 있는 시점(2022년 1월)에서 정확히 어떤 일이 벌어지고 있는지 파악하기에는 이르지만 킹스칼리지 런던대학교 연구자들이 2020년에 '코로나 봉쇄 속에서 영국인들은 어떻게 잠을 자고 있는가' 라는 제목으로 진행한 설문조사 결과를 보면 봉쇄 기간 동안 우리의 수면에는 분명히 변화가 있었고, 다양한 결과가 있었음을 알 수 있습니다. 킹스칼리지 연구자들은 다음과 같이 결론 내렸습니다. (1) 전체 인구의 절반 정도가 평소보다 수면에 지장이 있었다. (2) 다섯 명 중 두 명은 평균 야간 수면시간이 줄어들었다. (3) 다섯 명 중 두 명은 평소보다 더 생생한 꿈을 꾸었다. (4) 열 명 중 세 명은 자는 시간은 더 길었지만 평소보다 잘 쉬었다는 느낌이 덜했다. (5) 4분의 1은 더 오래 잤고, 더 푹 잔 느낌이 들었다. (6) 코로나바이러스 때문에 생긴 혼란으로 심각한 재정적 어려움을 겪을 것이 확실하거나, 그럴 가능성이 아주 높다고 대답한 사람들은 잠을 제대로 못 잘 가능성이 높다. (7) 코로나 팬데믹으로 스트레스를 받는 사람은 수면의 질적 저하를 경험할 가능성이 높다. (8) 젊은 사람은 노년층보다 수면의 변화를 경험했다고 말할 가능성이 높다. (9) 남성이 여성보다 잠을 살짝 더 잘 잔다. 추가적으로 언론의 보도를 보면 팬데믹 이전에도 수면 문제를 겪고 있던 사람은 수면의 질이 더 저하됐고, 잘 자던 사람도 수면의 질이 떨어지기 시작했습니다. 실제로 코로나19와 관련된 수면장애를 기술하기 위해 '코비드 불면증' 혹은 '코로나 불면증' 같은 용어가 사용되기도 했습니다. 따라서 데이터에 따르면 전부는 아니어도 대부분의 사람이 수면의 질 저하를 경험하고 있는 것으로 보입니다. 하지만 충분한 데이터를 수집해서 분석해보기 전까지는 수면과 관련해서 어떤 일이 벌어지고 있는지 정확하게 단언하기가 어렵습니다.

8. 뇌파도를 연구해서 뇌에 대해 무엇을 알아냈나요?

이것은 논쟁이 아주 치열한 문제입니다. 논쟁이 치열하다는 것은 지저분해질 수 있다는 이야기죠. 이 질문에 대한 최고의 답을 최근에 한 동료로부터 전해 들었습니다. "뇌파를 기록해서 뇌를 이해하겠다는 것은 건물에 전등이 켜지고 꺼지는 것과 화장실 물 내리는 횟수를 세서 건물 안에서 무슨 일이 일어나고 있는지 이해하려 드는 것이나 마찬가지야." 가혹한 이야기지만 아마도 맞는 말일 것입니다.

9. 꿈속에서 죽으면 실제로 심장이 멈추나요? 실제로도 잠시 죽는 건가요?

최근에 제이콥이라는 여덟 살짜리 아주 똑똑한 소년이 했던 질문입니다. 매우 흥미로운 질문입니다. 저도 확실히는 모르겠지만 그 대답은 '아니요'가 아닐까 강력하게 의심합니다. 하지만 분명 저를 생각에 잠기게 하는 아이디어였습니다!

3장

눈의 힘

동조화와 새벽/황혼 주기

특별한 주장에는

특별한 증거가 필요하다.

칼 세이건

기원전 4세기에 플라톤은 우리가 사물을 볼 수 있는 이유는 눈에서 나오는 광선이 사물을 포착하기 때문이라고 주장했다. 이것을 시각의 유출설이라고 한다. 지금 들으면 참 이상한 주장이지만 1500년대까지만 해도 유럽에서는 눈의 작용 방식과 관련해서 유출설을 널리 받아들였다. 아리스토텔레스(기원전 384~322)는 시각의 유출설을 거부하고 눈이 세상으로 빛을 투사하는 것이 아니라 빛을 받아들이는 것이라는 시각의 유입설을 처음으로 주장했다. 하지만 안타깝게도 고대로부터 기원한 이 이론은 대단히 합리적이었음에도 사람들에게 받아들여지지 않았다. 심지어 1480년대에 레오나르도 다빈치도 처음에는 유출설을 지지했다가 1490년대에 눈을 해부해본 이후에야 유입설로 입장을 바꾸었다. 이슬람 의사들, 특히 그중에서도 서구에는 알하젠이란 이름으로 알려진 아부알리 알

하산 이븐알하이삼(965~1040)은 일찍이 동공이 서로 다른 수준의 빛에 반응해서 확장하거나 수축하고, 강한 빛에 노출되면 눈이 손상된다고 기록했다. 그는 이런 관찰을 바탕으로 빛이 눈에서 방출되는 것이 아니라 빛이 눈으로 유입되는 것이라고 올바른 주장을 펼쳤다.

1500년대 이후 과학계에서는 유출설을 진지하게 고려하지 않았다. 하지만 그 개념은 죽지 않았다. 2002년에 발표된 연구에 따르면 시각 과정에서 눈에서 무언가 방출된다는 심각한 오해가 미국 대학생들 사이에 퍼져 있는 것으로 나타났다. 이는 플라톤의 시각의 유출설과 맥을 같이하는 것이다.[71] 어떻게 이럴 수가 있을까? 적절한 지식을 습득하지 않은 상태에서는 우리 모두가 자신의 개인적 경험과 단편적인 사실을 바탕으로 새로운 문제를 이해하려 드는 것 같다. 아직도 지구가 태양보다 크다고 믿는 사람이 10퍼센트나 되는 이유도 이것으로 설명할 수 있다. 교육을 받지 못한 사람에게는 태양이 더 작아 보인다. 경험상 그렇게 보이기 때문이다. 내가 하고 싶은 말은 처음 새로운 문제를 이해하려고 할 때 우리는 개인의 경험에 의존한다는 것이다. 우리의 관점은 내재적으로 편향되어 있다. 좋은 과학자란 새로운 지식을 접했을 때 기존에 갖고 있던 선입견을 빨리 버릴 수 있는 과학자를 말한다. 이번 장에서는 눈이 우리의 일주기 리듬을 어떻게 조절하는지 다룬다. 뒤에서 보겠지만 이 부분을 이해하기 위해서는 눈의 작동 방식에 관한 오래된 선입견과 도그마를 버려야 한다.

앞에서 이야기했듯이 모든 생명체의 일주기 리듬에서 제일 눈에 띄는 특징은 그 주기가 정확히 24시간이 아니라는 점이다. 일주기 리듬은 24시간보다 짧거나 길다. 이것은 생쥐 같은 동물에서 쉽게 입증해 보일 수 있다. 생쥐를 계속 어두운 장소에 두고 쳇바퀴를 주면 쳇바퀴 활동에서 일주기 리듬이 나타난다. 생쥐의 리듬은 24시간보다 약간 짧다. 그래서 생쥐는 지속적인 어둠 속에서 자신의 활동 일주기 리듬을 바깥세상의 24시간보다 매일 몇 분씩 일찍 시작하고 마무리한다. 앞에서 이야기했듯이 '생물학적 하루'의 이런 표류 패턴을 '프리러닝'이라고 부른다(그림 4). 프리러닝 리듬이 입증됨으로써 일주기 리듬이 실제로 존재한다는 중요한 증거를 확보할 수 있었다. 이 리듬은 일정한 조건에서는 24시간보다 약간 길거나 짧은 시간으로 지속된다. 만약 이 리듬이 지구의 24시간 자전으로부터 발생하는 아직 알려지지 않은 어떤 지구물리학적 신호에 의해 생겨나는 것이라면 이 생물학적 리듬은 24시간, 더 정확히는 23시간 56분 4초가 되었을 것이다.

1960년대와 1970년대에 사람들을 준일관적 조건 아래 두고 그들의 프리러닝 리듬을 기록해보았다. 이 실험에 따르면 인간의 시계는 대략 25시간 리듬을 갖는 것으로 보였다. 방법론적인 문제를 일부 보완한 좀 더 최근의 연구에서는 대다수 사람의 일주기 시계가 24시간보다 약 10분 정도 더 긴 것으로 나왔다.[72] 아직은 알 수 없는 어떤 이유로 인해 우리 같은 주행성 동물은 일정한 어둠 속에서의 프리러닝 리듬이 24시간보다 긴 경향이 있는 반면, 생쥐 같은 야행성 동물은 24시간보다 짧은 프리러닝 리듬을 갖고 있다. 이런 현상을 아쇼프의 세 번째 규칙Aschoff's Third Rule이라고 한다. 여기서 핵심은 매일 재설정해주지 않으면 우리는 매일 10분씩 늦게 일어나고 늦게 잠자리에 들게 되어, 내부의 하루가 환경의 밤낮 주기와 동기화되지 못하고 머지않아 표류하게 될 것이라는 점이다. 이런 시간적 불일치를 가장 심각한 형태로 경험하게 되는 것이 바로 시차증이다. 여러 시간대를 가로질러간 후에는 생체시계와 그 지역의 시간이 일치하지 않기 때문에 현지 시간으로는 엉뚱한 시간에 잠을 자고, 밥을 먹고 싶어진다. 하지만 충분한 시간이 지나면 우리는 이 새로운 시간대를 따라잡게 된다. 하지만 어떻게 그러는 것일까?

눈의 역할

대부분의 식물과 우리를 비롯한 대부분의 동물에서 일주기 리듬을 밤낮의 주기와 '동조화'해주는 가장 중요한 신호는 빛, 특히 새벽과 황혼의 빛이다. 눈을 상실한 사람이나 다른 포유류에게는 이런 재설정 과정이 일어나지 않는다는 관찰을 통해 알게 된 사실이다. 끔찍한 사고나 유전질환 때문에, 혹은 전투 중에 눈을 잃어버린 사람은 시간 속에서 표류한다. 그래서 며칠 동안은 비교적 정확한 시간에 잠에서 깨고 잠들지만 다시 표류해서 하루 중 엉뚱한 시간에 자고, 먹고, 활동하고 싶어진다. 이런 사람들은 시차증과 비슷한 것을 경험하지만 여기서 회복할 방법은 없다. 14장에서 다시 이 주제를 다루겠지만 이것이 얼마나 파괴적일 수 있는지 감을 잡을 수 있도록 전투 중 눈을 잃은 한 실험 참가자의 말을 인용한다. "정말 어떻게 해야 할지 모르겠어요. 취침시간과 기상시간이 계속 바뀌어서 괴롭습니다. 낮에 졸리고, 한밤중에는 깨어 있을 때가 많죠. 그러다 보니 가족과 친구들로부터도 점점 고립되어가고 있어요."

다시 한번 강조하지만 눈을 상실하면 빛에 의한 생체시계 조절이 불가능하다. 하지만 뉴욕 코넬의과대학교의 연구자들은 1998년에 최고의 과학 학술지 중 하나인 〈사이언스〉에 발표한 논문에서 무릎 뒤쪽 피부에 밝은 빛을 쏘여주면 체온과 멜라토닌의 일주기 리듬을 바꿀 수 있다고 주장했다.[73] 언론의 보도가 광풍처럼 이어졌고, 〈사이언스〉는 이 논문을 올해 최고의 연구 중 하나로 선정했다. 곧이어 두 가지 특허 수면장애 치료법이 생겨났다. 우리 중 많은 사람이 이 연구에 깊은 회의를 느끼며 문제를 제기했다. 사람이 눈을 상실하면 빛이 생체시계에 미치는 영향이 차단되는 것으로 입증되어 있었기 때문이다.[74] 하지만 우리의 선입견이 객관적 사실을 왜곡하는 바람에 우리가 무언가를 놓친 것은 아닐까? 그래서 과학적 방법론이 검증을 위해 전면에 나섰다. 전 세계의 연구자들이 다양한 접근방식을 이용해서 그 연구 결과를 재현하려고 시도해보았고,[75~77] 2002년의 한 연구는 오리지널 논문의 방법론을 그대로 재현해보았다.[78] 몇 년에 걸쳐 수십만 달러의 자금이 투입되고, 수많은 사람들의 과학적 재능을 낭비한 끝에 연구 결과를 재현하려는 모든 노력은 실패로 돌아갔다. 무릎 뒤쪽에 빛을 비추어도 일주기 시스템에는 변화가 없었다. 무릎에 빛을 비추는 동안 실험 참가자들이 완전한 어둠 속에 있지 않고 빛에 노출되어 있었다는 사실을 비롯해서 방법론적인 접근방식에서 오류가 있었던 것으로 생각된다. 나로서는 납득하기 어렵지만 이 연구는 공식적으로 철회되지 않았다. 논문 철회는 과학 논문이 발표 이후에 오류나 사기가 밝혀져 취소되는 공식적인 결과를 말한다. 많은 사람이 그 오리지널 연구만 기억할 뿐 재현에 실패한 그 이후의 연구에 대해서는 알지 못하고 있다. 언론은 부정적인 발견은 보도하지 않는 경향이 있다. 슬픈 일이지만 20년이 지난 지금도 나는 이런 질문을 자주 받는다. "무릎 뒤에 존재한다는 그 빛 감각기는 어떻게 됐습니까?"

눈이 빛을 감지해서 생체시계를 조절한다는 것은 확인했지만 이 빛이 '어떻게' 감지되는지는 불분명했다. 이것이 나에게는 일종의 집착이 됐다. 비교적 최근까지, 그리고 우리의 연구 이전까지 눈은 철저하게 연구되었고 가장 잘 이해되고 있는 신체부위 중 하나였다. 여러 해에 걸친 고된 연구 끝에 우리가 어떻게 세상을 보는지 설명할 수 있게 됐다. 빛은 눈 속에 들어 있는 망막이라는 다층 구조물에서 감지되고 처리된다. 망막의 첫 번째 층은 광수용체라는 시각세포로 구성되어 있다. 광수용체에는 막대세포와 원뿔세포 두 가지가 존재한다. 이 세포들은 외부 사물에서 반사되어 들어온 빛을 감지해서 그 신호를 내망막의 세포들에게 전달한다. 그러면 내망막 세포들이 신호를 조합해서 조잡한 이미지를 만들어낸다. 망막의 마지막 층은 망막신경절세포로 이루어져 있다. 이 세포들은 망막에서 들어온 모든 빛의 정보를 통합하는 작용을 한다. 망막은 카펫에 비유된다. 겉에 다발로 튀어나와 있는 털은 막대세포와 원뿔세포를 나타내고, 카펫 뒤쪽의 직물은 내망막과 망막신경절세포에 해당한다. 망막신경절세포에서 뻗어 나온 신경이 시신경을 형성해 빛의 정보를 눈에서 뇌로 전달한다. 그러면 뇌는 뇌 뒤쪽의 뒤통수엽에서 이 세상에 대한 이미지를 구성한다(그림 2). 머리를 한 대 맞으면 뒤통수엽에 있는 세포들이 흔들리면서 무작위 전기 신호를 발생시킨다. 뇌는 이것을 번쩍이는 빛으로 해석한다. 그래서 머리를 맞고 나면 별이 보인다는 말이 나온 것이다. 사람의 눈에서 막대세포와 원뿔세포는 약 1억 개인 반면, 망막신경절세포는 100만 개 정도다. 이는 빛 정보가 막대세포와 원뿔세포에서 망막신경절세포까지 가는 동안 얼마나 많이 가공되고 집중되는지 보여준다. 이렇게 눈의 작동 방식에 대한 구체적인 이해를 바탕으로 우리가 세상을 보는 방식을 설명할 수 있게 됨에 따라 생체시계로 빛 정보를 보내는 주체 역시 막대세포와 원뿔세포일 것이라고 자연스럽게 가정하게 됐다. 하지만 이런 가정은 틀린 것이었다.

놀랍게도 망막의 시각세포인 막대세포와 원뿔세포는 명암 주기를 감지하는 데 필요하지 않다. 눈에는 세 번째 종류의 감광세포(광수용체)가 존재한다. 이 발견은 내 머릿속에 떠오른 아주 단순한 의문에서 시작됐다. 나는 세상의 이미지를 만들어내기 위해 정교하게 진화한 막대세포와 원뿔세포가 어떻게 하루 중 시간대에 관한 정보를 추출하는 용도로도 사용될 수 있다는 것인지 이해가 되지 않았다. 시각이 작동하기 위해서는 망막이 빛을 포착한 다음 찰나의 순간에 이 경험을 잊어버리고 그다음 시각적 이미지를 받아들일 준비를 해야 한다. '포착하고 잊어버리기'가 이렇게 신속하게 일어나지 않는다면 우리가 보는 세상은 일련의 선명한 이미지가 아니라 명암과 색상이 지속적으로 흐릿하게 뒤섞인 모습이 되었을 것이다. 생체시계가 작동하는 데는 굳이 선명한 이미지가 필요 없다는 것도 중요한 점이다. 일주기 시스템의 입장에서는 새벽과 황혼을 전후로 전체적인 빛의 양에 관한 대략적인 인상만 받을 수 있으면 된다. 빛의 환경 속에서 일어나는 이런 폭넓은 변화는 몇 분, 몇 시간 단위로 일어난다. 그래서 나는 단순한 의문을 품게 됐다. "어떻게 눈이 시각이라는 감각적 과제와 생체시계의 조절이라는 과제에 모두 사용될 수 있을까?"

눈에서 새로운 빛 감지 세포를 발견하다

이런 의문을 염두에 두고 우리 연구진은 1990년대에 막대세포와 원뿔세포가 제대로 발달하거나 작동하지 못하게 방해하는 유전자 돌연변이를 가진 생쥐를 대상으로 일련의 연구를 진행했다. 이 생쥐들은 앞을 보지 못했다.[79, 80] 당시에는 다른 연구자들도 사람 눈 질환의 유전적 기초를 이해하기 위해 이런 생쥐를 연구하고 있었다. 우리는 이 생쥐를 이용해 명암 주기에 대한 일주기 동조화(광동조화photoentrainment)가 막대세포와 원뿔세포의 상실로 인한 심각한 시각맹에 영향을 받는지 확인했다. 다른 종류의 유전질환이 있는 생쥐를 이용해서 10년 넘게 세심한 연구를 한 끝에 우리는 막대세포와 원뿔세포가 결여된 시각맹 생쥐가 여전히 빛에 대한 일주기 리듬을 완전히 정상적으로 조절한다는 것을 밝혀내고 흥분했다. 이 생쥐는 동조화가 가능할 뿐 아니라 동조화 과정에서의 빛 감수성도 정상적이었다. 하지만 눈을 가리면 광동조화가 사라졌다.[81, 82] 따라서 막대세포와 원뿔세포가 결여된 생쥐는 시각맹일지언정 생체시계맹은 아님이 분명해졌다. 이 연구 데이터를 바탕으로 우리는 눈에 막대세포 및 원뿔세포와는 별개로 빛을 감지해 생체시계를 조절하는 또 다른 광수용체가 존재한다고 주장했다. 그런데 정말 놀랍게도 처음에는 시각을 연구하는 많은 사람들로부터 노골적인 경멸이 쏟아졌다. 한번은 과학 강연을 했는데 청중 중 한 명이 "헛소리!"라고 소리치고는 나가버렸고, 또 한번은 어떤 사람이 아주 화가 나서 "그러니까 우리가 눈에 대해서만 150년이나 연구해왔는데 광수용체의 한 유형을 완전히 놓치고 있었다는 겁니까?"라고 말했다. 나는 초기에 연구 지원금을 신청했을 때 그저 우리의 연구 결과를 믿을 수 없다는 이유만으로 거절당했다. 특히나 고통스러웠던 거절 이유 중 하나는 이랬다. "포스터 이 사람은 어째서 눈에서 새로운 광수용체를 찾고 있는 거야? 빛 감각기가 무릎 뒤에 있다는 건 다 알잖아?" 그때가 행복한 시절은 아니었다. 그래서 나는 연구 자금을 마련하려고 로또도 많이 샀다! 물론 그 전략도 운이 따르지 않기는 마찬가지였다. 하지만 이런 경험을 통해 나는 과학적 접근방식의 장점과 단점을 분명하게 알 수 있었다. 장점은 과학적 과정이 다른 과학자에 의해 검증된 압도적인 증거를 요구한다는 점이다. 과학을 결코 혼자서 추구할 수 없는 이유다. 반면 과학적 접근방식의 단점은 보통 변화에 저항하는 성향이 내재되어 있어 진척 속도를 늦추고 혁신을 저해할 수 있다는 점이다. 새로운 과학적 과정과 이미 견고하게 확립된 도그마 사이에서 올바른 균형을 잡는 것은 만만치 않은 과제다. 우리가 직면한 도그마를 해결할 방법은 더 많은 실험을 진행해서 더 많은 데이터를 내놓는 것이었다. 이렇게 해서 결국 사람들의 태도를 바꿀 수 있었다. 〈사이언스〉에 우리의 핵심 연구 중 두 편이 실렸고,[81, 82] 곧이어 일이 빠르게 진척됐다.

나는 원래 동물학자로 훈련을 받았기 때문에 항상 '비교연구법'에 열심이었다. 비교연구법이란 기본적으로 한 종의 특성들을 비교함으로써 두 번째 종의 일부 측면에 대해 알아내는 방법을 말한다. 나는 버지니아대학교에 있을 때 어류, 도마뱀, 생쥐를 연구했다. 한번은 루이지애나 출신의 뱀 사나이 댄이 당시 우리가 연구하고 있던 아놀도마뱀 몇 마리를 보내주었다. 그런데 그 소포가 샬러츠빌의 우체국에 도착했을 즈음 소포 상자가 망가져서 도마뱀이 빠져나왔다. 이 도마뱀은 작고 아름다우며 아무런 해가 되지 않지만 우체국 직원들은 뱀인 줄 알고 질겁했고, 몇 시간 동안 우체국 문을 닫고 도마뱀을 다시 잡아넣어야 했다. 플로리다에 가면 아놀도마뱀이 오솔길을 가로질러 나무 위로 뛰어올라가는 모습을 자주 볼 수 있다.

버지니아에서 시작했던 우리의 어류 연구는 내가 영국으로 돌아온 후에도 계속 이어졌고, 거기서 발견한 내용이 지금 하는 이야기와 아주 관련이 깊다. 우리는 어류의 눈에 새로운 종류의 감광분자가 있으며, 이 광색소가 막대세포와 원뿔세포에서는 발견되지 않지만 망막신경절세포(여기서 뻗어나온 신경이 시신경을 이룬다)를 비롯한 눈의 다른 세포에서는 발견된다는 것을 입증해 보였다. 우리는 눈에서 기존에 알려지지 않았던 광수용체를 발견했다.[83] 이것은 정말 중요한 발견이었다. 어류의 눈에서 새로운 광수용체가 발견되었다면 포유류도 그와 비슷한 시스템을 갖고 있다는 것이 아주 터무니없는 생각은 아니었기 때문이다. 비교접근법은 눈 속에 또 다른 유형의 광감지기가 존재한다는 개념 증명을 제공해주었다. 하지만 포유류는 어류가 아니었으므로 시각을 연구하는 학계는 여전히 회의적이었다. 그러다가 우리의 연구가 마침내 진지하게 고려되기 시작했고, 몇몇 다른 연구자들도 흥미를 느껴 포유류에서 이 새로운 광수용체를 찾는 일에 합류했다. 그리고 마침내 쥐를 대상으로 한 연구[84]와 생쥐를 대상으로 한 우리의 연구[85]에서 소수의 망막신경절세포가 빛에 직접적으로 반응한다는 것이 입증됐다. 우리는 이 새로운 광수용체를 '감광망막신경절세포photosensitive retinal ganglion cells' 혹은 간단하게 줄여서 pRGC라고 부른다. 우리 연구진과 전 세계 다른 연구진의 활발한 연구가 진행되어 망막신경절세포 100개 중 한 개 정도가 pRGC이고, 이들이 눈에서 '감광 네트워크'를 형성해서 공간 속 모든 방향에서 들어오는 빛을 포착해 주변 밝기를 전체적으로 측정해준다는 것을 입증했다. 하지만 pRGC의 광감수성이 새로 발견된 파란빛(블루라이트)blue light에 민감한 분자(광색소)를 바탕으로 생겨난다는 것이 더 많은 연구를 통해 밝혀졌다. 이것을 멜라놉신 혹은 OPN4라고 한다.[86, 87] 개구리와 두꺼비의 피부에서 발견되는 감광색소세포 혹은 멜라닌색소포에서 이 광색소 분자를 처음 추출해낸 사람은 이그나시오 프로벤시오였다.[88] 하지만 멜라놉신이라는 이름이 붙어 그대로 굳어지는 바람에 이 호르몬을 솔방울샘에서 생산하는 주요 호르몬인 멜라토닌과 혼동하는 경우가 많다! 이그나시오는 내가 지도교수를 맡았던 박사과정 학생이었다. 사실 뱀 사나이 댄을 소개해준 사람도 이그나시오였다. 이그나시오는 지구에서 제일 친절한 사람 중 한 명이었고, 지금도 그렇다. 그는 우리가 처음에 함께 일했던 버니지아대학교에서 정교수로 재직 중이다.

우리 연구진이 진행한 몇몇 핵심적 실험에서 OPN4와 pRGC가 파란빛에 제일 민감하다는 것이 입증됐다.[86, 87] 그리고 이는 인간을 포함한 모든 동물에 적용되는 이야기로 밝혀졌다. 하지만 왜 그럴까? 가능성이 높은 대답을 해보자면 이것은 새벽/황혼 감지기로서의 역할과 관련이 있는 것 같다. 낮에는 보라색부터 빨간색까지 가

시광선 스펙트럼 전체에 걸친 빛으로 형성된 햇빛이 하늘을 가득 채운다. 그러다가 해가 지평선 아래로 사라지면 온갖 파장의 다양한 색이 대기 중의 입자에 의해 산란된다. 그 결과 지평선과 아주 가까운 곳에서는 노란빛과 빨간빛이 풍부해지는 반면, 하늘의 돔 전체는 파란빛이 풍부해진다. 기본적으로 황혼에서 대기 속 입자는 서로 다른 파장의 빛을 분리하는 프리즘으로 작용한다. 해가 뜰 때도 같은 일이 일어난다. 태양이 지평선 위로 떠오르면서 파란빛은 산란되어 하늘의 돔을 채우는 반면, 빨간빛과 주황빛이 지평선을 가득 채운다. 우리는 pRGC가 파란빛에 가장 민감한 이유는 이것이 새벽과 황혼 무렵에 제일 지배적인 색이기 때문일 거라고 생각한다. 이것이 새벽/황혼 감지기로서 이상적인 특성이기 때문이다.[89] 하지만 이것이 사실과 잘 부합하기는 해도 아직 확실하지는 않다.

우리에게는 얼마나 많은 빛이 필요하고, 언제 빛이 필요한가?

1987년까지는 우리의 일주기 리듬이 식사나 다른 사람과의 교류 같은 사회적 단서에 의해 동조화된다고 가정했다. 이렇게 믿게 된 데는 인간 대상 초기 연구에서 빛이 인간의 일주기 동조화에 미치는 영향을 입증하지 못한 것도 한몫했다. 하지만 지금은 인간의 일주기 시스템이 생쥐 등의 다른 동물에 비해 대단히 둔감하다는 것을 알게 됐다. 생쥐의 일주기 시스템을 조절하는 조도는 0.1럭스까지 낮아질 수 있지만(그림 3), 이 정도의 조도는 사람에게는 전혀 효

그림 3

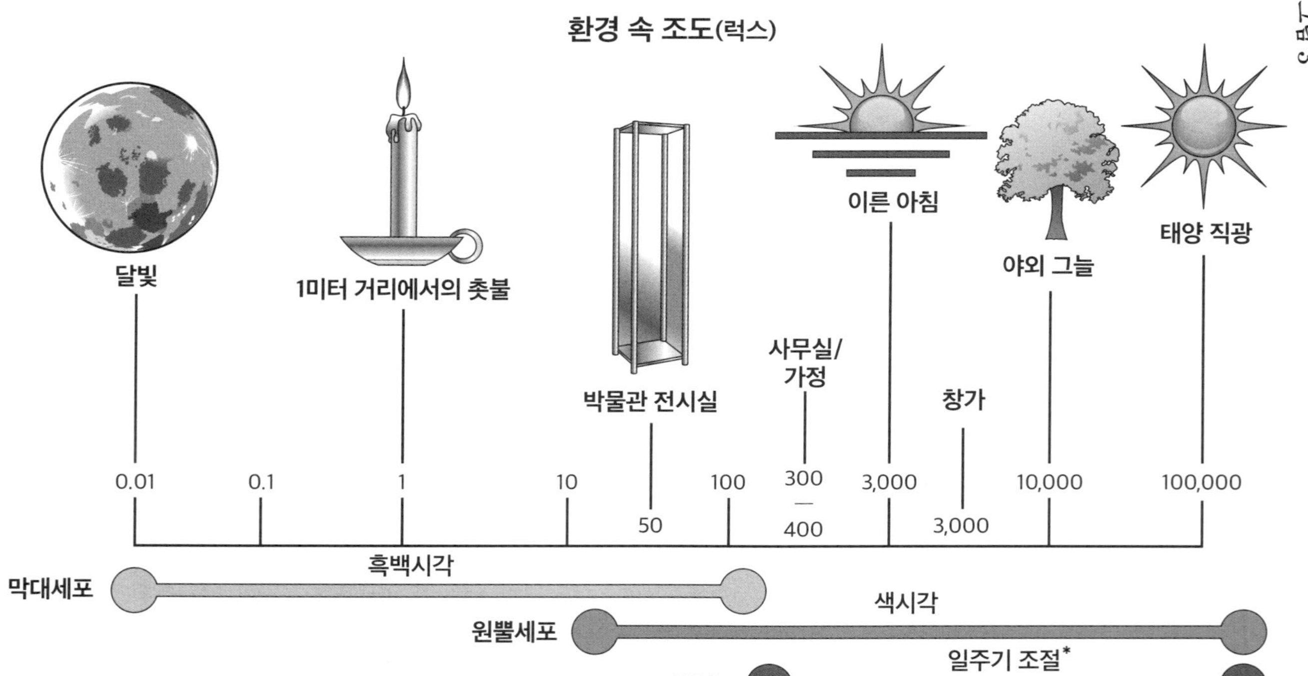

환경 속 조도(럭스)
달빛
1미터 거리에서의 촛불
박물관 전시실
사무실/
가정
이른 아침
창가
야외 그늘
태양 직광
0.01
0.1
1
10
50
100
300
—
400
3,000
3,000
10,000
100,000
흑백시각
막대세포
색시각
원뿔세포
일주기 조절*
pRGCs
* 빛의 강도와 빛 노출 시간이 상호작용한다.

그림 3 - 환경 속에서 접하는 조도와 사람의 막대세포와 원뿔세포, pRGC 광수용체의 대략적인 감도. 조도는 표준 척도인 럭스로 표시되어 있다. 어둑한 조명에서는 막대세포가 흑백시각을 제공해준다. 색시각이 작동하기 위해서는 더 밝은 빛이 필요하고, 이것은 원뿔세포 광수용체가 담당한다. 10~100럭스에서는 막대세포와 원뿔세포가 모두 작동하지만 조도가 증가하면서 막대세포가 포화되면 원뿔세포가 고대비 색시각을 제공해준다. 약 100럭스 정도부터는 pRGC가 작동하기 시작하지만 몇 분에서 심지어 몇 시간에 이르는 장시간의 빛 노출이 필요하다. 이와 대조적으로 막대세포와 원뿔세포는 밀리초(1000분의 1초) 단위의 빛 노출에도 충분히 민감하게 반응한다. 따라서 가정과 직장의 공간에는 색시각이 작동할 수 있는 충분한 빛(50~400럭스)이 존재하지만 뚜렷한 광동조화가 일어나기에는 불충분할 때가 많다. 97쪽의 '묻고 답하기' 8번 질문도 참고하기 바란다. 요즘에는 저렴한 가격에 조도계를 구입하거나 스마트폰에서 무료 조도계 앱을 다운로드받을 수 있다. 야외의 자연광과 실내의 인공조명 사이의 조도 차이가 얼마나 큰지 직접 확인해봐도 좋겠다.

과가 없다. 사람에게서 광동조화가 일어난다는 것을 처음으로 입증해 보인 실험에서는 5000럭스 조도의 빛을 여러 시간 동안 사용했다.[90] 그림 3에 환경 속 조도의 대략적인 근사치, 그리고 사람의 막대세포와 원뿔세포, pRGC에서 나타나는 반응의 감도가 나와 있다.

우리가 생쥐나 다른 설치류에 비해 빛에 둔감한 것은 주행성 포유류냐, 야행성 포유류냐의 차이에서 기인한 것일 수도 있다. 주행성 포유류는 낮 시간 내내 빛에 노출되는 반면, 황혼이 되어서야 굴에서 나오는 야행성 포유류는 해가 지기 전 비교적 짧은 시간 동안에 아주 낮은 수준의 빛만을 경험한다. 이 때문에 황혼과 새벽에 빛에 더 민감해지는 것이 동굴에 살면서 빛을 감지할 수 있는 기회의 창이 짧은 야행성 동물에게는 유리했을 것이다. 인간의 경우에는 인공조명이라는 추가적인 문제가 있다. 다양한 추정이 나오고 있지만 우리의 조상 호모 에렉투스(직립원인)는 약 60만 년 전에 불을 통제하며 사용하기 시작한 것으로 여겨진다. 만약 우리 조상들이 설치류처럼 빛에 민감했다면 밤에 모닥불을 피울 때 나오는 불빛이 일주기 리듬을 해치는 주요 인자로 작용했을 것이다. 그렇다면 우리 조상들은 불을 사용하기 위해서라도 일주기 광감수성을 낮추도록 진화해야 하지 않았을까?

1800년대에는 유럽과 미국, 그리고 나머지 세계의 인간 사회 대부분이 야외에서 노동을 했기 때문에 명암의 자연적인 주기에 노출됐다. 하지만 영국의 경우 농업과 어업에 종사하는 노동자의 비율이 전체 노동인구의 1퍼센트 정도에 불과하다.[91] 이것은 선진국 및 개발도상국의 노동 인력 대다수가 환경광으로부터 멀어져 약화된 광동조화 명암 신호만을 경험하고 있다는 의미다. 대부분의 시간에 우리는 태양일에 맞추어 생체시계를 뚜렷하게 동조화할 수 있을 정도로 밝은 빛을 충분히 오랜 시간 받지 못하고 있다(그림 3). 특히 겨울에는 더욱 그렇다. 하지만 빛의 강도만 중요한 것이 아니다. 빛 노출의 시간대도 절대적으로 중요한 요소다.

빛 노출의 시간대 – 새벽과 황혼의 중요성

황혼 무렵과 초저녁에 빛을 접하면 SCN의 생체시계를 늦추어 늦게 잠들고 다음 날 늦게 일어나게 하는 효과가 있다. 반대로 이른 아침의 빛은 시계를 앞당겨서 더 일찍 잠자리에 들고 눈을 뜨게 한다. 그 사이 낮에 접하는 빛은 생체시계의 바늘에 거의 혹은 혹자의 말로는 아무런 효과도 없다. 이것은 동조화에 제일 중요한 것은 새벽과 황혼의 빛 감지라는 점을 잘 보여준다. 우리가 모두 농부였을 때는 새벽과 황혼의 주기에 따라 살았고 일주기 시스템은 매일 해가 뜨고 해가 지는 것에 맞추어 뒤로 밀리거나 앞으로 당겨졌다. 하지만 도시 환경에서는 새벽과 황혼의 빛에 아주 다양하게 노출될 수 있다. 전 세계 대학생들을 대상으로 최근에 우리가 연구한 바에 따르면 느린 올빼미형 크로노타입은 저녁에는 빛에 노출됐지만(시계를 늦추는 빛) 아침에는 빛을 거의 접하지 않았다(시계를 앞당기는 빛). 그 결과 전체적으로 생체시계를 뒤로 늦추는 효과가 나타났다.[92]

미국에서 나온, 지금은 유명해진 더 구체적인 연구에서는 일상적인 직장, 학교, 사회적 활동을 유지하면서 전기 조명에 노출된 상태로 일주일을 보낸 후, 그리고 로키산맥에서 텐트를 치고 야외 캠핑을 하면서 자연광에 노출된 상태로 일주일을 보낸 후에 사람들의 수면/각성 시간을 조사해보았다. 야외 자연광, 특히 아침 빛에 노출되면서 일주일을 보낸 후에는 일주기 타이밍과 수면/각성 주기가 두 시간 빨라져 있었다. 사람들은 자연광에 불과 일주일만 노출되어도 두 시간 일찍 일어나고 일찍 잠자리에 들었다.[93] 이 섹션을 마무리하기 전에 생체시계를 동조화하는 주된 신호는 빛이 맞지만, 운동과 특정 시간에 하는 식사도 동조화에 영향을 미칠 수 있다는 점을 지적하고 싶다. 이 내용에 관해서는 이 장 뒷부분에서 다시 이야기하겠다.

발광스크린의 영향은?

이미 했던 이야기지만 황혼과 저녁 무렵에 빛에 노출되면 일주기 시스템이 뒤로 늦춰져 늦게 잠자리에 들고 다음 날 늦게 일어나게 된다. 반면 새벽과 아침에 빛을 접하면 일주기 시스템이 앞당겨져서 일찍 잠자리에 들고 다음 날 일찍 일어나게 된다. 이를 근거로 잠자리에 들기 전의 스마트폰이나 컴퓨터 사용이 수면/각성 시간을 저해해서 잠자리에 드는 시간을 늦출 것이라는 주장이 제기되었다. 이런 장치들에서 방출하는 빛에 pRGC를 최대로 자극하는 파란빛이 상대적으로 풍부하다는 사실도 이런 관점을 뒷받침하는 추가적인 근거로 인용된다.[94, 95] 일부 과학자들의 부추김에 의해 대중매체에서는 잠자리에 들기 전 전자장치의 사용이 일주기 리듬을 깨뜨린다고 이야기한다. 인간의 일주기 시스템은 상대적으로 빛에 둔감하다고 생각하는 연구자가 많다. 그런데 일주기 시스템이 전자장치에서 나오는 어둑한 빛에는 민감하게 반응할 거라는 모순되는 생각을 갖고 있다는 데 나로서는 놀라지 않을 수 없다. 데이터는 이런 주장을 뒷받침하지 않는다. 현재까지 진행된 것 중 가장 자세한 연구에서는 5일 연속 잠자리에 들기 전에 네 시간 동안(오후 6~10시) 어두운 실내조명 아래서 발광 전자책을 읽는 경우와 동일한 조건에서 종이책을 읽는 경우를 비교해보았다. 발광 전자책에서 방출되는 빛은 31럭스 정도인 반면, 종이책에서 반사되는 빛은 1럭스 정도였다. 그 결과 발광 전자책을 사용하는 경우 5일 후에는 종이책을 읽는 경우와 비교해서 잠자리에 드는 시간이 10분 미만으로 늦춰지는 것으로 나왔다. 통계적으로는 간신히 유의미한 정도이지만 10분 지연은 거의 의미가 없다.[96] 그럼에도 이 논문은 잠자리에 들기 전 발광 전자책 사용이 우리의 일주기 리듬에 큰 영향을 미친다는 증거로 인용되고 있다. 최근에는 컴퓨터 스크린을 좀 더 일주기 친화적으로 조정해준다는 컴퓨터 프로그램이 개발됐다. 이 프로그램은 저녁 시간이 되면 스크린에서 나오는 파란빛의 강도와 수준을 낮춰준다. 이렇게 하면 수면의 질을 개선하고 일주기 리듬 저해를 줄일 수 있다는 것이다. 기술 전문 기자나 블로거, 사용자 모두 이런 프로그램에 대해 긍정적인 리뷰를 쏟아냈지만 이 프로그램 자체는 아직 엄격한 검증을 받지 않았다. 하지만 최근의 한 연구에서는 그 영향이 기껏해야 아주 미미한 수준이라고 주장하고 있다.[97] 아마도 이 프로그램이 열렬한 환영을 받은 이유는 눈을 편안하게 해주기 때문일 것이다. 저녁이 되면 우리 눈은 약한 빛에 생물학적으로 적응한다. 따라서 컴퓨터나 스마트폰의 스크린이 어두워지면 눈이 더 편할 수 있다.

스크린 빛 노출이 광동조화에 미치는 영향은 미미할 가능성이 높지만, 밤늦은 시간에 컴퓨터 게임, 이메일, 소셜미디어 같은 기술 관련 활동을 하면 뇌의 각성 수준을 끌어올리고 수면을 지연시켜 다음 날 낮에 졸음과 수행능력 저하로 이어진다는 연구가 있다.[98] 이것이 10대에게는 특히나 문제가 된다.[99] 10대 중에는 새벽까지 소셜미디어나 게임을 하다가 학교에 가서 수업시간에 조는 학생들이 많기 때문이다. 결론적으로 말하면 이런 장치를 잠자리에 들기 최소 30분 전부터는 사용하지 않는 것이 좋다. 거기서 나오는 빛 때문이 아니라 그런 활동이 뇌를 각성시키는 효과가 있기 때문이다.

시각장애에 대한 새로운 이해

우리에게도 일주기 시스템을 조절하는 pRGC가 있다는 발견[100]은 전 세계 안과 의사들에게 아주 중요한 의미가 있다. 시각맹일지언정 생체시계맹은 아닐 수 있기 때문이다. 막대세포와 원뿔세포를 상실해서 시각맹을 일으키는 눈의 유전질환은 여러 가지가 있다. 하지만 이런 질병을 가진 사람도 pRGC는 온전히 보존되는 경우가 많다. 우리가 이 광수용체를 처음 발견했던 그 생쥐처럼 말이다. 이런 상황이라면 눈은 있지만 앞을 보지 못하는 사람이라도 충분한 빛에 눈을 노출시켜 일주기 시스템을 조절하라고 조언해주어야 한다. 눈이 손상되어 앞을 볼 수 없어도 pRGC의 기능이 제대로 작동한다면 그 눈을 보존하는 데 당연히 총력을 기울여야 한다. 눈이 공간에 대한 감각(시각)과 시간에 대한 감각(생체시계를 통한 조절)을 모두 제공한다는 점을 이해하게 됨에 따라 시각장애와 그에 대한 치료도 새로이 정의되고 있다. 부디 오래전에 내게 '헛소리'라고 고함질렀던 그 사람도 지금쯤이면 내게 사과할 마음이 생겼으면 좋겠다!

1. 빛 말고 다른 환경의 신호들도 일주기 리듬을 동조화할 수 있나요?

그렇습니다. 빛이 SCN의 마스터 시계를 동조화하는 가장 강력한 신호이기는 하지만 운동도 그런 효과를 갖고 있습니다(13장 참고). 거기에 덧붙여 특정 시간에 식사를 함으로써 말초시계를 동조화할 수 있습니다(13장 참고).

2. 막대세포와 원뿔세포가 생체시계 조절에 기여할 수 있나요?

그렇습니다. 원래 시각 광수용체는 일주기 동조화에서 별다른 역할을 하지 않는다고 여겨졌습니다. 그것을 상실해도 생쥐가 빛에 맞추어 동조화하는 능력이 달라지지 않았으니까요. 민감도에 변화가 없었던 겁니다. 그렇다 보니 동조화는 전적으로 pRGC에 의해 조절되는 것이라고 여겨졌죠. 하지만 특정 조건에서는 막대세포와 원뿔세포가 빛의 신호를 pRGC로 보내어 동조화에 기여한다는 것이 밝혀졌습니다. 막대세포와 원뿔세포가 어떻게 기여하는지에 대해서는 여전히 연구가 진행 중이지만, 막대세포는 어두운 빛의 감지에 사용되고, 원뿔세포는 고강도의 빛을 감지하고 간헐적으로 깜빡이는 빛 노출을 통합하는 데 사용되고, pRGC는 장시간 노출되는 밝은 빛과 관련된 정보를 제공하는 식으로 pRGC 내부에서 빛 신호들이 통합된다는 것이 현재의 가설입니다.[89]

3. 일주기 시스템을 동조화하려면 꼭 파란빛에 노출되어야 하나요?

아닙니다. 자연에서 접하는 것처럼 빛이 충분히 밝기만 하면(그림 3) 광범위한 스펙트럼의 백색광으로도 충분히 동조화가 일어납니다. pRGC는 파란빛에 제일 민감하지만 이들의 반응은 종 모양의 정규 분포 그래프와 비슷합니다. 그리고 초록빛, 주황빛, 빨간빛에 덜 예민하기는 하지만 충분히 밝기만 하면 이런 파장의 빛도 감지할 수 있습니다. 자연광이든 인공광이든 대부분의 빛은 다중의 색(모든 파장)으로 구성된 백색광입니다. 파란빛은 해 질 무렵처럼 빛의 조도가 낮아졌을 때만 중요해집니다(그림 3).

4. 빛의 각성도를 변화시킬 수 있나요?

그렇습니다. pRGC를 통해 감지된 밝은 빛은 각성의 수준과 기분을 변화시킬 수 있습니다. 생쥐나 쥐 같은 야행성 동물은 빛의 자극을 받으면 피신처를 찾거나 활동량을 줄이고 심지어 잠을 자기도 하는 반면, 우리 같은 주행성 동물의 경우 빛은 반대로 각성과 경계를 촉진합니다.[101] 따라서 활동의 일주기 패턴과 그에 따르는 우리의 수면/각성 주기는 새벽과 황혼에 의해 동조화될 뿐만 아니라 빛 그 자체에도 직접적인 영향을 받습니다. 빛이 활동에 미치는 이런 직접적인 영향을 차폐 효과masking effect(어떤 자극이 다른 자극으로 인해 억제되는 것 – 옮긴이)라고 하며 일주기 시스템과 함께 생존에 최적화된 방식으로 명암 주기에 맞춰 활동을 줄이는 역할을 합니다.[102] 빛의 영향에 대해서는 6장에서 더 자세히 설명하겠습니다.

5. 신생아 집중치료실에서는 거의 항상 불을 켜놓습니다. 명암 주기가 집중치료실의 아기에게도 중요하다는 증거가 혹시 있나요?

신생아 집중치료실에 있는 조산아에게 명암 주기를 제공하는 것이 거의 지속적으로 밝음이나 어둠을 경험하게 하는 것보다 체중 증가와 입원 기간 단축 등 이로운 점이 많다는 증거가 늘어나고 있습니다. SCN과 눈에서 SCN으로 가는 투사 신경은 임신 24주 정도에 형성되는 것으로 보입니다. 따라서 명암 정보가 조산아의 일주기 리듬을 조절해서 태아의 발달에 영향을 미칠 가능성이 있죠. 따라서 신생아 집중치료실의 아기들을 안정적인 24시간 명암 주기에 노출시키는 것이 합리적인 판단으로 보입니다.[103] 물론 이것은 신생아 집중치료실에서 일하는 성인에게도 해당되는 이야기입니다.

6. 사람이 죽을 때는 동공이 풀리잖아요. 이것이 pRGC와 관련이 있나요?

pRGC는 일주기 리듬 말고도 더 많은 것을 조절합니다. 우리는 실제로 pRGC가 동공 크기의 조절에도 중요하다는 것을 입증한 바 있습니다.[86, 100] pRGC는 빛을 감지해서 각성도, 기분, 그리고 다양한 다른 기능도 조절합니다.[89] 하지만 사망 시 동공 확장에는 관여하지 않는다고 생각합니다. 사람이 죽으면 가장 먼저 온몸의 근육이 이완됩니다. 이 상태를 일차 이완이라고 합니다. 동공이 확장되고, 눈꺼풀이 열리고, 턱근육이 이완되어 입이 벌어집니다. 나머지 다른 관절들도 이완되죠. 사망 후 두 시간 정도가 되면 근육이 뻣뻣해지면서 사후경직이 시작되고, 열두 시간 후에 정점에 이릅니다.

7. 우주에서 밤을 맞이할 때는 무슨 일이 일어나나요?
우리의 일주기 시계가 화성 같은 다른 행성에서도 적응할 수 있을까요?

진지하고도 중요한 질문입니다. NASA에서도 구체적으로 연구를 진행하고 있죠. 국제우주정거장은 시속 2만 7520킬로미터로 움직이며 90분마다 지구를 공전합니다. 따라서 해가 90분마다 뜨고, 우주비행사는 24시간마다 열여섯 번의 새벽과 황혼을 경험하게 됩니다. 이런 상황에서는 수면/각성 주기가 크게 교란될 수밖에 없고, 실제로 우주정거장에서 제일 흔히 사용되는 약물이 수면제라는 보고도 있습니다. 저는 1990년대에 NASA로부터 연구비를 지원받은 적이 있고, 휴스턴에서 열린 학회에서 공학자들에게 강연을 했던 기억이 납니다. 이 공학자들은 우주정거장과 화성으로 가는 우주선에서 유리창을 다 떼어내고 그 창을 지구 시간에 맞게 설정한 인공조명으로 대체하고 싶어 했습니다. 하지만 우주비행사들은 유리창을 없애는 것을 단칼에 거부했죠! 이해할 만합니다. 하루의 길이가 지구와 다른 행성에서 사는 것 역시 만만치 않은 과제입니다. 화성은 지구보다 살짝 느리게 자전합니다. 그래서 태양일의 길이가 24시간 39분이죠. 이 정도면 긴 크로노타입을 가진 사람들에게는 적응 가능한 동조화 범위일 것 같습니다. 하지만 크로노타입이 짧은 사람은 화성의 태양일에 동조화하는 데 어려움을 겪을 수도 있겠죠. 새로운 화성 탐사 로봇이 화성에 도착했을 때 과학자와 공학자들은 화성 시간에 맞추어 일을 하려고 했지만 초반에는 지구의 시간을 경험하는 와중에 화성의 시간에 맞추려니 둘 사이에 충돌이 일어나 졸음, 짜증, 집중력과 에너지 저하 등의 큰 문제가 생겨났습니다. 좀 더 최근에는 과학자들에게 지구의 명암 주기로부터 분리되어 완전히 인공적인 화성 태양일에 맞추어 일할 수 있는 기회가 제공됐습니다. 거기에 참가한 사람 중에 87퍼센트는 화성 태양일에 적응했습니다. 따라서 우리들 대부분의 일주기 리듬은 아마도 화성에 적응할 수 있을 것입니다. 수성의 태양일은 1408시간, 금성은 5832시간입니다. 이런 행성은 가혹한 물리적 환경은 차치하더라도 우리의 일주기 리듬이 절대 적응할 수 없기 때문에 가서 살 만한 곳이 못 됩니다.

8. 그렇다면 발광 전자책에서 나오는 빛은 일주기 동조화에 별 영향을 미치지 않는 것으로 보이네요. 하지만 저녁에 켜두는 실내조명은 어떨까요? 이것이 일주기 리듬을 뒤로 늦추는 작용을 하나요?

정말 답하기 어려운 질문입니다. 옥스퍼드대학교에 있는 제 동료 스튜어트 퍼슨과 이 이야기를 꺼내면 끝이 안 납니다. 이 질문에 답을 구할 수 있는 실험도 아직 이루어지지 않았거든요! 제일 먼저 지적하고 싶은 점은 저녁 실내조명은 밝기가 아주 다양해서(50~300럭스, 그림 3 참고) 일반화해서 말하기가 어렵습니다. 조명의 밝기에 더해서 그 빛에 노출되는 시간의 길이, 초저녁이냐 늦은 저녁이냐 등 하루 중 그 빛을 감지하는 시간대, 낮에 노출되는 빛의 양, 여름 혹은 겨울 등의 계절, 그다음 날 아침에 접하는 빛의 강도도 생체시계에 영향을 미치는 요인입니다. 젊은 층을 대상으로 한 실험실 연구에 따르면 저녁에 50~100럭스 정도의 조명에 두 시간 이상 노출되면 생체시계에 작지만 유의미한 영향을 미칩니다. 1000럭스 이상의 조명에서 두 시간 이상 노출됐을 경우에는 큰 영향이 생깁니다. 이런 연구 결과가 현실세계에서 그대로 적용될지, 다른 연령대에서는 어떻게 적용될지는 아직

미지수입니다. 현재는 저녁 시간의 가정 실내조명이 일주기 동조화에 어느 정도 영향을 미쳐 생체시계를 늦출 가능성이 높을 거라는 공감대가 형성되어 있습니다. 이런 빛의 작용 때문에 우리는 조금 늦게 일어나고 조금 늦게 잠자리에 들게 됩니다. 따라서 잠자기 전 몇 시간 동안은 조명의 강도를 100럭스 이하로 꽤 낮게 유지하는 것이 좋습니다. 이 시간대에 조명을 약하게 유지하면 뇌의 각성 수준을 낮추어주는 추가적인 이점도 있습니다. 각성도가 줄어들면 우리는 잠을 잘 준비를 하게 됩니다.

4장

어긋난 박자

스트레스, 교대근무, 시차증의 악몽

과학과 일상은 분리될 수도 없고,

분리되어서도 안 된다.

로절린드 프랭클린

1956년에 미국 국무장관 존 포스터 덜레스는 미국이 아스완 댐 건설에 자금을 지원할지 여부를 논의하기 위해 이집트 카이로로 장거리 비행을 했다. 카이로에 도착한 그는 협상 중에 제대로 집중할 수가 없었다. 그러고는 협상이 끝나자마자 곧장 워싱턴으로 돌아갔다. 워싱턴에 도착한 그는 이집트 정부가 방금 소련의 무기를 대량으로 구입했다는 사실을 알게 됐다. 그러자 덜레스는 이집트 대통령과 댐을 건설하기로 했던 합의를 충분히 고민해보지도 않고 취소해버렸다. 그 바람에 아스완 댐 건설에 소련이 뛰어들게 됐고, 이 일은 냉전기간에 소련이 아프리카에 진출하는 첫 번째 발판이 되어주었다. 덜레스는 동맹관계를 그대로 유지하면서 이집트와 지속적으로 협상을 이어가지 못한 것은 여행 피로감 때문이었다고 말했다. 그때만 해도 시차증이라는 용어가 아직 나오지 않았을 때였다. 이 초기의 유명한 시차증 사례를 보면 워싱턴 덜레스 국제공항의 이름을 존 포스터 덜레스의 이름에서 따왔다는 것이 정말 어울려 보인다.

헨리 키신저는 1969년부터 1977년까지 리처드 닉슨 대통령의 국가안보보좌관과 국무장관을 역임했고 출장을 많이 다녔다. 하지만 덜레스와 달리 그는 시차증의 위험을 잘 알고 있었다. 그는 북베트남과 했던 협상을 떠올리며 이렇게 말했다. "대서양을 가로지르는 장거리 비행 이후에 곧바로 협상하러 갔는데 나는 북베트남의 무례한 태도에 거의 이성을 잃을 지경이었다. 덫에 걸려들어 그들이 짠 시나리오대로 움직일 뻔했던 것이다. 그 후로 나는 절대로 장거리 비행 이후에는 바로 협상을 시작하지 않았다." 1992년 조지 부시 대통령의 아시아 방문 일정을 담당한 사람들은 시차증이 어떤 결과를 낳을 수 있는지 무시했거나, 아니면 제대로 인식하지 못했던 것으로 보인다. 이 가엾은 양반은 12일에 걸쳐 4만 2000킬로미터를 이동하며 아시아 4개국을 순방하는 일정이 끝나갈 때쯤 일본에 도착했다. 국빈 만찬 자리에서 부시 대통령은 갑자기 속이 안 좋아져 자리에서 일어나려다 일본 총리의 무릎에 토하고 말았다. 이 모습이 고스란히 영상에 담겨 전 세계로 방송됐다. 이 기억할 만한 사건이 부시 대통령의 라이벌인 빌 클린턴이 그다음 해에 대통령 선거에서 승리하는 데 도움을 주었다는 주장도 있다. 분명 일주기 리듬을 함부로 무시했다가는 그 대가를 치르게 된다.

시차증은 정치나 비즈니스 부문의 수많은 의사결정자에게는 익숙한 경험이고, 수면 및 일주기 리듬 교란sleep and circadian rhythm disruption(SCRD)의 고전적인 사례다. 서문에서도 언급했듯이 일주기 리듬과 수면 교란이 미치는 영향을 따로 분리하기는 어려울 때가 많다. 그만큼 불가분의 관계로 얽혀 있기에 우리 연구진은 이 현상의 약자로 SCRD라는 용어를 고안하게 된 것이다. 나머지 장에서는 SCRD를 이런 생물학적 시스템이 교란되었을 때 나타나는 총체적인 영향을 의미하는 뜻으로 사용하겠다. 뒤에서 보겠지만 SCRD의 영향은 그냥 원치 않는 시간에 피로를 느끼는 불편함 정도로 그치지 않는다. 단기적, 장기적 SCRD는 건강의 모든 핵심 영역에서 심각한 문제를 일으킬 수 있다.

더 깊이 파고들기 전에 기억을 떠올리는 의미에서 간단히 설명하자면, 일주기 리듬은 하루 24시간의 다양한 요구에 맞추어 우리의 생리학과 행동을 미세조정하는 역할을 한다. 수면은 이 과정의 연장으로서, 우리의 생물학을 개선하고 평형 상태를 회복해서 깨어 있는 동안에 최적의 수행능력을 발휘할 수 있게 해준다. 상호 연결되어 균형을 이루며 작동하는 이 두 가지 시스템이 우리의 기능 수행능력을 상당 부분 정의하며, 이 심오한 생물학을 거스르려 하면 건강의 모든 측면에서 문제가 발생한다. 이제 SCRD에서 발생하는 중요한 결과들, 특히나 SCRD와 스트레스가 어떻게 서로 얽혀 있는지에 대해 탐색해보려고 한다.

스트레스, 코르티솔, 아드레날린

코르티솔은 양쪽 콩팥 꼭대기에 자리잡고 있는 부신(부신겉질)에서 분비된다. 코르티솔은 우리가 탄수화물, 지방, 단백질을 이용하는 방법을 관리함으로써 대사를 조절하는 데 핵심적 역할을 한다

(12장). 코르티솔은 또한 염증반응을 줄이고, 혈압을 올리고, 각성도를 높이는 작용도 한다. 코르티솔은 스트레스 호르몬이라고도 하는데 이것은 조금 오해의 소지가 있다. 스트레스를 받을 때만 분비되는 것이 아니기 때문이다. 일주기 시스템은 코르티솔의 분비를 조절한다(그림 1). 코르티솔은 아침에 활동이 증가할 것을 예측해서 깨어나기 전에 분비가 늘어났다가 취침시간에 가까워지면서, 그리고 한밤에 자는 동안에는 줄어든다. 간단히 말하면 코르티솔 분비의 리듬은 우리 몸이 활동과 수면의 다양한 대사적 요구를 예측할 수 있게 도와준다.[104] 하지만 우리가 스트레스를 받을 때는 코르티솔이 이런 일상적 패턴을 무시하고 분비된다. 하마에게 쫓기거나(1년에 약 3000명이 하마에 물려 죽는다) 노상강도에게 위협을 당하는 등의 단기 스트레스를 받으면 코르티솔 분비량이 일주기 통제를 무시하고 증가해서 우리 몸이 투쟁-도피의 응급 반응(달아나!)을 하도록 준비시킨다. 이보다 긴 장기 스트레스 혹은 해로운 스트레스는 다음과 같이 정의할 수 있다. '건강이나 수행능력의 저하를 불러오는 신체적, 인지적, 혹은 정서적 자극.' 장기 스트레스의 문제점은 응급 반응이 오랜 기간 동안 켜진 상태로 전환되어 있는데 이 상태는 지속 가능하지가 않다는 것이다. 이런 스트레스는 자동차를 1단 기어에 놓고 달리는 것에 비유할 수 있다. 처음에는 가속 효과를 내지만 1단 기어에 놓고 너무 오래 달리면 엔진이 망가진다. 가족에게 운전을 가르쳐본 사람이라면 익숙한 경험일 것이다! 그 또한 무척 스트레스가 심한 일이다. 그러면 스트레스 반응과 관련된 호르몬들을 더 구체적으로 알아보자.

코르티솔과 SCRD

야간 교대근무, 시차증, 만성피로 등의 결과로 나타나는 SCRD는 대단히 강력하고 해로운 스트레스 인자다. 연이은 코르티솔 분비 증가로 이어지는 지속적인 SCRD는 다음과 같은 결과를 유발할 수 있다.

혈당 불균형과 당뇨

오랜 기간에 걸쳐 코르티솔 수치가 높아지면 혈당 수치가 올라간다.[105] 코르티솔은 췌장에서 분비되어 순환되는 혈액으로부터 포도당을 제거하는 인슐린과 반대작용을 함으로써 이런 효과를 나타낸다(12장과 그림 9 참고). 이렇게 인슐린과 반대작용을 하면 간과 다른 기관에서 생산되는 포도당의 양이 증가하고(포도당신생합성), 결국 혈중 포도당, 즉 혈당 수치가 높아진다. 응급 상황에서는 이런 작용이 대단히 유용하다. '투쟁-도피 반응'에 필요한 연료를 근육에 채워주기 때문이다. 하지만 이 포도당이 활동의 연료로 태워지지 않으면 지방으로 전환되어 지방조직에 저장된다. 혈당 수치가 높아지면 췌장은 혈중에서 포도당을 제거하기 위해 더 많은 인슐린을 생산하고, 이것이 다시 더 많은 코르티솔의 생산으로 이어진다. 결국 췌장은 이것을 더 이상 따라잡지 못하게 되어 2형 당뇨병과 비만 같은 주요 대사이상을 일으킬 수 있다.

체중 증가와 비만

높은 코르티솔 수치는 특히 내장 주변에 지방이 저장되는 형태의 체중 증가로 이어진다(12장과 그림 9). 그 이유는 코르티솔이 간에서 더 많은 포도당을 생산하게 만들지만 이 포도당이 대사되지 않으면 지방으로 전환되어 근육과 복부 주변의 지방세포(지방조직)에 저장되기 때문이다. 코르티솔이 비만에 영향을 미치는 두 번째 이유는 코르티솔이 식욕 민감도에 직접 변화를 일으켜 당분이 풍부한 고칼로리 음식에 대한 갈망을 키우기 때문이다.[106] 코르티솔은 렙틴과 그렐린이라는 두 가지 내장 호르몬에도 영향을 미치는 것으로 보인다.[107] 렙틴은 지방세포에서 만들어지며, 배가 고프지 '않다'는 포만 신호를 보낸다. 그렐린은 위에서 만들어지며 배고픔, 특히 단것에 대한 갈망을 전달하는 신호다(12장과 그림 9). 이런 호르몬들이 함께 작용해서 배고픔과 식욕을 조절한다. SCRD는 코르티솔 수치를 증가시켜, 렙틴 수치는 떨어뜨리고 그렐린 수치는 높여 기름지고 달달한 음식에 대한 식욕을 키운다.[108]

면역 억제

코르티솔에 장기간 노출되면 면역계가 억제된다. 그 결과 감염, 감기, 심지어 암 발병의 위험이 높아진다(10장). 또한 음식 알레르기, 소화 문제, 자가면역질환의 위험도 높아진다. 이것은 면역계가 건강해야 장도 건강하다는 사실과 관련이 있다.[109]

위장관 문제

코르티솔은 장의 활동과 소화를 억제한다. 그 결과 소화불량이 생기고 장의 내벽이 자극을 받아 염증이 생긴다. 그럼 궤양이 생길 수 있다. SCRD를 경험하는 사람에게서는 과민성대장증후군과 대장염이 더 흔하게 나타난다.[110] 이런 문제 중 일부는 장내세균의 변화 때문에 생긴다. 이 부분에 대해서는 13장에서 다루겠다.

심혈관 질환

코르티솔은 콩팥과 결장 같은 기관에 주로 작용해서 혈중으로 재흡수되는 염분(나트륨)의 양을 늘리고, 소변을 통해 배출되는 칼륨의 양도 늘리는 방식으로 혈압 조절에서 핵심적인 역할을 한다. 이렇게 하면 물이 혈중으로 재흡수되어 혈액의 부피를 증가시키고, 따라서 혈압도 상승한다. 코르티솔은 혈관도 수축시키기 때문에 혈압이 훨씬 더 높아지게 된다. 투쟁-도피 반응이 필요할 때는 이런 변화가 유용하다. 산소가 혈액과 영양분을 근육과 뇌로 더 많이 운반해주기 때문이다. 하지만 장기적으로 혈관이 수축하고 혈압이 높아져 있으면 혈관이 손상되고, 죽상반(플라크)이 축적된다(10장). 죽상반이란 동맥벽에 쌓이는 기름진 밀랍 같은 침전물을 말한다. 이런 침전물 때문에 동맥이 좁아지고 혈액의 흐름이 줄어든다. 이렇게 동맥이 딱딱해지는 것을 죽상동맥경화증이라고 부른다. 죽상동맥경화증은 심장마비와 뇌졸중의 가장 흔한 원인이며 SCRD와 연관되어 있는 경우가 많다.[111]

기억 인출

일반적인 상황에서는 코르티솔이 기억 습득 능력을 높여줄 수 있지만 코르티솔 수치가 높아지면 그런 기억을 인출하지 못하게, 즉 꺼내오지 못하게 방해한다.[112] 시험이나 면접을 볼 때 이런 경험을 해본 사람이 많을 것이다. 또한 중년에 SCRD 때문에 코르티솔 수치가 높아진 경우에는 나중에 치매를 유발할 수도 있다.[113, 114]

SCRD는 코르티솔과 관련된 건강 위험을 높인다. 하지만 여기에는 개인별로 큰 차이가 있다.[115] 그런 차이 중에는 나이와 관련된 것도 있다. 일례로 나이가 많아지면 코르티솔 수치가 높아진다. 그리고 노년층 남성보다는 노년층 여성에서 더 높다. 노년층의 코르티솔 수치 증가는 사회적 상황에서의 스트레스 증가와 빈약해진 인지 수행능력과 연관되어왔다. 노화와 관련된 코르티솔 증가는 심지어 해마(그림 2)처럼 기억의 저장을 돕는 뇌 구조물의 위축에 영향을 줄 수도 있다.[116] 특히 나이가 들면서 코르티솔 증가와 관련된 문제가 생긴다는 점을 고려하면, 노년기에 교대근무가 더 힘들게 느껴지는 것도 이 때문일 수 있다. 이들에게는 교대근무가 더 큰 스트레스를 주고, 건강에도 해롭게 작용하기 때문이다.[117]

아드레날린과 SCRD

코르티솔이 단독으로 작용하는 경우보다 더 해로운 스트레스가 있다. SCRD는 자율신경계(호흡, 심장 박동, 소화 같은 무의식적인 신체기능의 통제를 담당하는 신경계의 일부분)의 교감신경도 활성화시킨다. 교감신경은 부신의 안쪽 부분인 부신수질과 연결되어 있어 에피네프린으로도 불리는 아드레날린의 분비를 자극한다. 코르티솔처럼 아드레날린의 분비도 일주기 시스템에 의해 조절되어 낮에는 수치가 높아지고 취침시간이 가까워지면서 줄어든다.[118] 그 과정에서 활동, 그리고 이어서 수면에 필요한 서로 다른 요구에 맞추어 몸을 준비시킨다. SCRD는 이런 타이밍을 모두 무시하고 아드레날린의 수치를 높인다. 수치가 높아진 아드레날린과 코르티솔이 함께 작용해서 투쟁-도피 반응을 주도한다. SCRD에 의해 유도된 해로운 스트레스로 인해 아드레날린이 지속적으로 분비되면 이것이 코르티솔의 작용을 강화해서 위에 나열한 문제들을 더욱 키운다. 거기에 더해서 아드레날린은 폐의 공기 통로를 확장시켜 산소가 폐로 더 많이 들어가 혈액을 산화할 수 있게 해준다. 이것을 통해 근육의 활동을 유지할 수 있다. 아드레날린은 또한 코르티솔처럼 혈관을 수축시켜 혈압을 높이고, 혈액이 팔, 다리, 심장, 폐의 근육으로 가게 만든다. 이 모든 작용은 근력과 수행능력의 현저한 상승으로 이어진다. 그리고 통각이 줄어들어 부상을 입은 후에도 계속 달리거나 싸울 수 있게 해준다. 아드레날린은 또한 각성을 끌어올리고 마음을 초조하게 만든다.[119]

앞서 설명한, SCRD를 겪는 사람의 스트레스 반응[120]을 실험실에서 시뮬레이션해볼 수 있다. 예를 들어 한 연구에서는 건강한 젊은 여성들을 6일 밤 연속으로 하루 네 시간만 재웠다. 그러자 6일 만에 코르티솔 수치가 현저하게 증가했다. 특히 코르티솔 수치가 떨어져야 정상인 오후와 초저녁에 증가해 있었다(그림 1).[121, 122] 평소 코르티솔 수치가 더 높은 노년층을 대상으로 실험을 신중하게 다시 진행해서 수면시간 단축이 상황을 훨씬 더 악화하는지 여부를 확인해보면 흥미로울 것이다. 그러면 아무래도 젊은 사람보다는 노년층에서 코르티솔 반응이 더 크게 나타날 것으로 예측된다.

지속적인 SCRD의 결과로 나타나는 코르티솔과 아드레날린의 수치 상승은 심리사회적 스트레스를 유발할 수 있다.[123] 즉 자신에게 부과되는 요구를 감당할 수 없을 것처럼 느껴진다. 삶의 요구를 감당할 수 없을 것처럼 느껴지는 이 인식이 추가적인 스트레스 요

감정적 반응에 미치는 급성 영향		인지 반응에 미치는 급성 영향		생리학과 건강에 미치는 만성적 영향	
다음의 항목이 증가		아래 항목에서 장애 발생		아래 항목의 발생 위험 증가	
• 요동치는 기분	• 짜증	• 인지 수행능력	• 다중작업 능력	• 주간 졸음	• 미세수면
• 불안	• 공감능력 상실	• 기억 응고화	• 주의력	• 심혈관 질환	• 스트레스 반응의 변화
• 좌절	• 위험 감수 행동과 충동성	• 집중력	• 소통	• 감각 역치의 변화	• 면역 저하와 감염
• 부정적 현저성	• 흥분제 사용(카페인)	• 의사결정	• 창의성과 생산성	• 암	• 대사이상
• 진정제 사용(알코올)	• 불법적 약물 사용	• 운동 수행능력	• 사회적 연결성	• 2형 당뇨병	• 우울증과 정신증

표 1 – SCRD가 인간 생물학에 미치는 영향. SCRD가 감정적 반응 및 인지 반응에 미치는 급성 영향과 생리학 및 건강에 미치는 만성 영향이 나와 있다. 이런 영향은 스트레스 축의 활성화와 코르티솔 및 아드레날린의 분비 증가에서 비롯되는 경우가 많다. 며칠 정도의 단기적 수면 손실도 감정적 수행능력과 뇌 기능에 큰 영향을 미칠 수 있다는 점에 주목하자. 일부 교대근무 노동자들이 경험하는 장기적인 수면 손실(몇 달 혹은 몇 년)은 암과 심혈관 질환 등 몇몇 핵심 질환의 위험을 증가시키는 것으로 밝혀졌다. 극단적인 형태의 SCRD를 겪는 교대근무 노동자들에게는 이런 연관성이 오래전부터 우려스러운 점이었다. 참고문헌: 기분의 요동[125~128]; 불안, 짜증, 공감능력 상실, 좌절[129~131]; 위험 감수 행동과 충동성[132~135]; 부정적 현저성[63]; 흥분제, 진정제, 알코올의 남용,[136~140] 불법적 약물 사용[141]; 인지 수행능력과 다중작업 능력의 저하[142~144]; 기억력, 주의력, 집중력[145~148]; 소통과 의사결정[138, 149~152]; 창의성과 생산성[153~156]; 운동 수행능력[144, 157]; 분리/해리[158~159]; 주간 졸음, 미세수면, 의도하지 않은 수면은 단기적 SCRD 이후에도 나타날 수 있지만 만성 SCRD에서 더 흔함[160~163]; 스트레스 반응의 변화[164, 165]; 감각 역치의 변화[166~168]; 면역 저하와 감염,[169, 170] 암,[171~173] 대사이상과 2형 당뇨병[61, 121, 174~176]; 심혈관 질환[176~178]; 우울증과 정신병.[179~182]

인으로 작용해서 코르티솔과 아드레날린의 분비를 더욱 촉진한다 (또 하나의 되먹임 고리). 그리고 이것이 좌절, 자존감 저하, 걱정 증가, 불안, 우울증 같은 행동 변화로 직접 이어질 수 있다.[124] SCRD가 스트레스 축을 지속적으로 활성화해서 감정적, 인지적, 생리학적 건강에 미치는 영향을 표 1에 정리했다.

SCRD로 빠져들기

SCRD는 10대[183]부터 비즈니스 공공 부문, 야간 교대근무 노동자[184, 185]에서 노년층[186]에 이르기까지 사회의 여러 영역에서 나타나는 흔한 특성이다. 부적절한 수면은 SCRD에서 중요한 부분을 차지하고 있으며 성인의 경우 보통 하룻밤에 일곱 시간 미만의 수면을 부적절한 수면으로 정의하고 있다. 하지만 수면 필요량은 개인 간에 상당한 차이가 있다. 자신에게 필요한 수면의 양을 솔직하게 평가하는 것이 SCRD 발생 여부를 확인할 수 있는 최고의 방법이다. 여기서 '솔직한' 평가를 강조하는 이유는 뇌가 피곤한 상태인데도 전혀 그렇지 않고 완벽하게 기능할 수 있다고 스스로를 쉽게 속이기 때문이다. 자신의 능력을 제대로 판단하지 못하고 과대평가하는 경우도 많다.[187] 이런 현상을 더닝-크루거 효과라고 한다. 셰익스피어는 이렇게 말했다. "바보는 자기가 현명하다고 생각하지만, 현명한 사람은 자기가 바보라는 것을 안다." SCRD를 많이 경험할수록 우리는 덜 현명해지고, 더 바보스러워진다.

부록 1에서 자신의 수면 상태를 평가하는 방법을 몇 가지 제안하고 있다. 거기에 더해서 만약 당신이 다음과 같은 증상을 보인다면

SCRD 상태로 빠져들고 있다고 의심할 수 있다.

- 알람시계 소리나 다른 사람이 깨워주어야 일어난다.
- 쉬는 날에는 늦잠을 잔다.
- 휴일이 되면 자는 시간이 길어지는 게 느껴진다.
- 눈을 뜨고 정신을 차릴 때까지 시간이 오래 걸린다.
- 낮에 졸리고 짜증이 난다.
- 제대로 일을 하려면 오후에 낮잠이 필요하다고 느낀다.
- 집중이 안 되고 지나치게 충동적인 행동을 하게 된다.
- 카페인이 필요하고 달달한 음료가 당긴다.
- 가족, 친구, 직장 동료로부터 행동이 변했다는 소리를 듣는다. 특히 다음과 같이 변했다고 한다.
  - 짜증이 많아짐
  - 공감능력이 떨어짐
  - 생각이 깊지 못함
  - 행동이 충동적이고 억제가 잘 안 됨
- 걱정, 불안, 기분 요동, 우울 등을 경험하는 것이 느껴진다.

위의 증상 중 몇 가지를 경험하고 있다면 SCRD가 생기고 있는 건지도 모른다. 6장에서 이 문제에 대처하는 일반적인 전략에 대해 이야기하겠다.

여기에서는 SCRD에 특히나 취약한 두 집단에 대해 좀 더 구체적으로 다루는 것이 좋을 것 같다. 야간 교대근무 노동자 그리고 장시간 비행기를 타면서 반복적으로 시차증을 경험하는 사람들이다.

야간 교대근무의 문제점

"오늘이 수요일 같기도 하고, 금요일 같기도 하고, 어제 같기도 하고. 이젠 나도 잘 모르겠습니다." 일주일 동안 야간 교대근무를 했던 경찰이 내게 했던 말이다. 연속된 야간 교대근무는 심각한 형태의 SCRD로 이어질 수 있다. 자신의 일주기 생물학을 거슬러가며 일해야 할 뿐 아니라 수면의 양도 줄어들고 질도 저하되기 때문이다(2장). 야간 교대근무 노동자는 자야 하는 시간에는 일을 하고, 생물학적으로 활동할 준비가 되어 있는 시간에는 자려고 애쓰다 보니 문제가 생긴다. 아무리 오랫동안 야간 교대근무를 해온 사람이라고 해도 97퍼센트 정도가 여전히 낮 시간에 맞춰 동기화되어 있다.[188] 야간 근무를 오래 해도 일주기 리듬이 바뀌지 않는 이유는 빛 노출과 직접 관련이 있다. 3장에서 이야기했듯이 새벽과 황혼의 빛 노출이 일주기 시계를 지구의 24시간 자전 주기에 맞추어 설정하는 데 필수적이다. 사무실이나 공장의 인공조명은 환경광에 비하면 상대적으로 어둡다(그림 3). 동이 튼 직후 야외에서의 자연광은 2000~3000럭스인 데 비해 집이나 사무실의 밝기는 100~400럭스 정도에 불과하다. 정오의 자연광은 무려 10만 럭스나 나올 수 있다.[189] 야간 교대근무를 마치고 귀가하는 사람은 보통 아침에 밝은 자연광을 경험하게 된다. 이때 일주기 시스템은 빛이 더 밝아지는 것을 낮을 의미하는 신호로 받아들이고(실제로도 그렇다) 일주기 리듬을 낮 상태에 맞춘다. 한 연구에서는 야간 교대근무 노동자를 일터에서 2000럭스의 빛에 노출시키고 낮에는 자연광으로부터 완전히 차단해보았다. 그 결과 이들의 일주기 리듬도 따라 변해서 야행성으로 바뀌었다.[190] 하지만 대부분의 야간 교대근무 노동자에게 이것은 현실적인 해법이 될 수 없다. 이 분야의 선구자인 서리대학교의 조지핀 아렌트가 진행한 연구에서는 북해의 석유 시추시설에서 야간 교대근무를 하는 사람들을 관찰했다. 이 노동자들은 오후 6시부터 다음 날 오전 6시까지 야간 근무를 하는데 모두 생체시계가 바뀌어 있었다. 이것은 밤에 석유 시추시설의 인공조명이 대단히 밝고, 잠자는 곳은 자연광이 전혀 들어오지 않기 때문인 것으로 생각된다.[191] 이 사례는 생체시계 설정에서 빛의 중요성, 그리고 우리 생체시계가 야간 근무의 요구에 적응하지 못하는 이유를 잘 보여주고 있다. 많은 고용주와 관리자들은 오랫동안 우리 생체시계가 야간 근무에 자연스럽게 적응하리라고 가정해왔다. 사실 영국 산업연맹의 전직 의장도 내게 이런 확고한 소신을 보여주었다. 악의 없는 좋은 사람이었지만 그의 생각은 완전히 틀린 것이다. 그래서 나도 정중하게 그 부분을 지적해주었다.

표 1에 요약된 SCRD 관련 건강 문제는 야간 교대근무 노동자들에게서 일상적으로 관찰되는 것들이다. 최근의 한 연구에서는 코로나19에 걸렸을 때 야간 교대근무 노동자의 입원 가능성이 더 높게 나왔다.[192] 간호사는 가장 연구가 잘된 집단 중 하나인데, 여러 해에 걸친 교대근무가 2형 당뇨병, 위장관 장애, 심지어 유방암과 결장암 등 다양한 건강 문제를 일으키는 것으로 나타났다. 암 발병 위험은 교대근무 연수, 교대 일정 로테이션, 주당 야간 근무 시간 등과 관련이 있다.[193] 면역 억제로 이어지는 코르티솔 수치 상승이 이런 암 발병 위험 증가에 기여했을 가능성도 있다.[109] 지금은 야간 교대근무와 암 발병 간의 상관관계가 대단히 강력한 것으로 여겨지기 때문에 세계보건기구(WHO)는 교대근무를 발암 추정물질

2A군(사람을 대상으로 한 연구에서 제한적인 증거가 나왔고, 동물 실험에서 충분한 증거가 나온 경우-옮긴이)으로 공식 분류하고 있다. 교대근무에 대한 다른 연구들을 보면 심장 문제와 뇌졸중, 비만, 우울증 등이 증가하는 것으로 나온다(표 1). 프랑스 남부에서 3000명 이상의 사람을 대상으로 진행한 한 연구에서는 10년 이상 장기간 야간 교대근무를 했던 사람은 야간 교대근무를 한 번도 하지 않은 사람에 비해 전체적인 인지능력과 기억력이 훨씬 떨어졌다.[194] 더욱 우려스러운 부분도 있다. 이 장의 앞부분에서 이야기했듯이 SCRD는 포도당 조절과 대사에 장애를 일으키고 배고픔을 느끼거나 2형 당뇨병, 비만이 생길 위험을 높인다.[121] 야간 교대근무 노동자들은 코르티솔 수치가 높았는데 이것 역시 인슐린의 작용을 억제해서 혈당을 높이는 것으로 밝혀졌다.[122] 또 다른 측면을 보면 SCRD와 흡연 사이에도 상관관계가 높다. 사회적 배경이나 지리적 요인과 상관없이 SCRD 수준이 올라가면 흡연율도 높아진다.[195] 흡연과 함께 알코올 및 카페인의 섭취량도 SCRD 수준이 올라가면 함께 올라간다.[195] 마지막으로 일하는 시간이 생물학적 수면시간과 맞아떨어지지 않으면 우울증의 경향도 높아진다.[196]

항공기 조종사에게는 SCRD가 진짜 심각한 문제가 될 수 있다. 2010년 5월 22일에 두바이에서 망갈로르로 가던 에어인디아 익스프레스 812편 항공기가 착륙 시도 중 추락하는 사고가 났다. 비행기는 활주로를 지나 언덕 아래로 떨어져 불길에 휩싸였다. 이 사고로 비행기에 타고 있던 160명의 승객과 여섯 명의 승무원 중 여덟 명의 승객만 살아남았다. 민간항공국은 조종사 음성기록 장치에 코를 고는 소리가 기록되었다고 보고했다. 아마도 만성피로 상태였던 조종사가 착륙하는 중요한 시간에 깜박 잠이 들었던 것으로 보인다(미세수면). 수면 부족은 체르노빌 원자력발전소 폭발 사고, 엑손발데스 유조선 원유 유출 사고, 우주 왕복선 챌린저호 폭발 사고, 보팔 화학공장 대참사 등 여러 가지 대형 산업재해와 관련되어 있다(9장 참고).[197] 하지만 이런 사고가 새로운 것은 아니다. 1892년 11월 2일 오전 4시 2분, 요크셔 노스라이딩에 있는 서스크 기차역 근처에서 급행열차가 화물열차와 충돌하는 사고가 발생했다. 이 사고로 열 명이 사망하고 서른아홉 명이 부상을 입었다. 궁극적으로 이 재난을 촉발한 사람은 제임스 홈스라는 신호원이었다. 충돌 사고가 있기 전날 밤 그의 어린 딸 로지가 병으로 사망했다. 교대 근무를 하기 전에 홈스는 아이를 간호하며 의사를 찾아다니느라, 그리고 딸을 잃고 비탄에 빠진 아내를 돌보느라 36시간 동안 잠을 자지 못한 상태였다. 제임스는 야간 근무하는 날 오후에 역장에게 아무래도 그날 밤에는 일을 하지 못할 것 같다고 보고했다. 하지만 역장은 그렇게 인정 많은 사람이 아니었고 제임스에게 일을 하든지, 아니면 일을 그만두든지 선택하라고 했다. 새벽 이른 시간에 화물열차가 홈스의 신호소 바로 바깥쪽에 멈췄다. 그즈음 제임스는 깜박 잠이 들었다가 다시 깼다. 하지만 화물열차가 선로에 들어와 있다는 사실을 잊어버렸고, 안개 때문에 그 화물열차가 보이지도 않았다. 그래서 승객열차가 진입하도록 했고, 그 열차는 시속 100킬로미터의 속도로 화물열차 뒤쪽을 그대로 받아버렸다. 홈스는 과실치사 혐의로 기소되어 유죄를 선고받았지만 즉시 석방되었다. 반면 수면 부족에 대한 제임스의 걱정을 깡그리 무시해버린 철도회사 측은 엄청난 비난을 받았다. 이 사건은 흔히 빅토리아 시대를 떠올릴 때 연상되는 것과 달리 당시에도 고용인에 대한 공감대가 대단히 높았음을 보여준다.

시차증의 영향

시간대를 몇 개 가로질러 비행해본 사람이라면 십중팔구 시차증의 증상 가운데 몇 가지는 겪어보았을 것이다. 시차증의 증상으로는 피로감, 새로운 시간대에서 잠들기의 어려움, 인지능력과 기억 손실, 몸살, 소화 문제, 전반적인 정신적 혼란, 그리고 가엾은 부시 대통령처럼 주최 측 주요 인물의 무릎에 토하는 일 등이 있다. 몇몇 항공사에서는 승객에게 심각한 시차증이 생기면 의사결정 능력은 최고 50퍼센트, 소통 능력은 30퍼센트, 기억력은 20퍼센트, 주의력은 75퍼센트가량 떨어질 수 있다고 경고한다. 다소 당황스러운 일이지만 야간 교대근무 노동자에게서 나타나는 인지능력 문제가 장거리를 비행하는 조종사와 승무원에게서도 보인다. 한 연구에서는 여러 시간대를 가로질러 이동하는 경우가 많고, 지속적인 SCRD를 경험하는 승무원은 코르티솔 수치가 높다는 것을 발견했다. 코르티솔 수치 증가는 반응시간 장애를 비롯한 인지 결함과 관련이 있다. 또 다른 연구에서는 국제항공사에서 5년 동안 근무하면서 여러 시간대를 자주 넘나들었고, 왕복 비행 일정이 빡빡하게 잡혀서 중간에 휴식을 취할 시간이 거의 없었던 여성 승무원들을 조사해보았다. 이들을 일정이 덜 빡빡하고 SCRD 수준도 더 낮은 여성 승무원들과 비교해보았다. 뇌 스캔을 이용해서 언어와 기억에서 대단히 중요한 역할을 하는 관자엽(그림 2)의 크기를 측정해보았더니 짧은 회복 시간을 보내고 여러 번의 일정을 소화했던 승무원들의 관자엽은 크기가 유의미하게 작았다. 이들은 타액의 코르티솔 수치도 더 높았고, 흥미롭게도 타액의 코르티솔 수치가 높을수록 관자엽의 크기도 작았다. 이들은 관자엽의 크기가 작은 것에 더해서 인지능력도 손상되어 있고, 반응시간도 느렸다.[198, 199] 그래도 승무원 모집 광고에 다음과 같은 문구가 등장할 일은 없을 것이다. "승무원이 되어 세상을 둘러보며 관자엽의 크기를 줄여보세요."

대부분의 사람은 시간대를 빠르게 가로지를수록 시차증을 더 심하게 겪는다. 그런데 대형 원양 정기선을 운항하던 시절에는 대서양을 가로지르는 승객들이 항해 시차증을 겪었다는 증거가 일부 나와 있다. 1905년부터 1955년까지 대서양을 가로지르는 데는 4~5일 정도가 걸렸다. 요즘에는 제트비행기로 6~7시간이면 건너간다. 우리의 일주기 시스템은 이런 급속한 변화에 충분히 빨리 적응할 수 없다. 평균적으로 한 시간대 차이에 적응하는 데 하루 정도가 걸린다. 다섯 시간대를 가로지른 경우에는 5일이 필요하다. 하지만 개인마다 차이가 나고, 동쪽으로 갔느냐 서쪽으로 갔느냐에 따라서도 큰 차이가 난다. 다음에서 이야기하고 있듯이 느린 크로노타입을 갖고 있는 우리 대부분은 서쪽으로 여행하는 것이 더 편하다.[200]

멜라토닌이 시차증에 효과가 있을까?

멜라토닌은 시차증의 강력한 치료제로 널리 사용되어왔다. 전부는 아니라도 대부분의 연구에서 다섯 시간대 이상을 이동한 사람이 새로운 도착지의 취침시간에 가깝게 멜라토닌을 복용할 경우 시차증을 줄여주는 것으로 나타났다.[201] 하지만 전체적인 효과는 그리 크지 않았다. 멜라토닌에 대한 민감성과 시차증의 효과도 개인마다 현저한 차이가 있다는 점에 주목할 필요가 있다.[202] 요컨대 어떤 사람에게는 시차증에 멜라토닌이 도움이 될 수 있지만, 다른 사람에게는 전혀 도움이 안 된다는 것이다. 일부 민감한 사람에게는 멜라토닌이 졸음을 유발할 수도 있기 때문에 일반적으로 멜라토닌 복용 후 4~5시간 정도는 운전을 하거나 중장비 혹은 위험한 장비를 다루지 말 것을 권고하고 있다. 거기에 더해서 장거리 비행 조종사나 승무원(그리고 반복적으로 여러 시간대를 넘나드는 사람들)은 멜라토닌 복용 시간을 맞추기가 쉽지 않기 때문에 복용하지 말 것을 권고하고 있다. 멜라토닌에 민감한 사람이 엉뚱한 시간에 복용했다면 빛의 영향력을 둔화시켜 일주기 시계를 더 교란할 수 있다. 정신질환이나 편두통이 있거나, 가족 중에 그런 사람이 있다면 멜라토닌을 사용하지 말 것을 권한다.[202, 203] 멜라토닌의 역할에 관한 종합적인 내용은 14장을 참고하라.

시차증을 극복하기 위해 빛을 찾아가거나 피한다?

나는 시차증을 해소할 목적으로 멜라토닌을 복용하지 않는다. 대신 빛을 이용한다. 내가 영국에서 호주 동부로 여러 차례 여행을 다녀온 경험으로 보면 멜라토닌은 상황을 악화시킬 뿐이었다. 하지만 자연광 노출은 도움이 됐다. 장담할 수는 없지만 시차증을 극복하는 좋은 방법은 빛을 이용해 생체시계의 시간을 맞추는 것이다. 기본적인 경험 법칙은 영국에서 서쪽으로 여행을 간 경우에는 새로운 시간대에서 빛을 찾아가는 것이 좋다. 영국에서 6~8시간대 이상 동쪽으로 여행을 간 경우에는 아침 빛은 피하되 오후 빛은 찾아가는 것이 좋다. 황혼 무렵의 빛은 시간을 지연시켜 늦게 잠자리에 들고, 다음 날 늦게 일어나게 한다. 동틀 무렵의 빛은 시계를 앞당겨서 일찍 잠자리에 들고 다음 날 일찍 눈을 뜨게 한다. 하루 중 어느 시간대의 빛이냐에 따라 빛이 생체시계를 앞당길 수도, 뒤로 늦출 수도 있기 때문에 몇 개의 시간대를 가로지를 때는 새로운 시간대에서의 빛 노출이 생체시계를 올바른 방향으로 움직이게 만들어야 한다. 서쪽으로 이동할 때, 예를 들어 영국에서 뉴욕(영국보다 다섯 시간 늦다)으로 갈 때는 도착지의 새로운 시간대에서 빛을 찾아간다. 영국 기준으로 해가 지고 있을 때 빛이 닿으면 생체시계가 뉴욕의 시간대에 맞추어 느려진다. 그러니 뉴욕에 도착하면 밖으로 나가서 산책부터 즐기자! 동쪽으로 이동할 때, 예를 들어 영국에서 시드니(영국보다 열한 시간 빠르다)로 갈 때는 생체시계를 앞당겨야 하는데 이 경우는 약간 더 복잡하다. 빨리 적응하고 싶으면 처음 며칠 동안은 아침 빛을 피하고 늦은 오후에 빛을 찾아가야 한다. 영국에서 해가 지는 시간이 시드니에서는 아침이 될 것이고, 이 시간에 빛에 노출되면 시계를 뒤로 늦추는 역할을 할 뿐, 새로운 시간대에 맞추어 앞당겨주지 않기 때문이다. 하지만 시드니의 늦은 오후는 영국의 아침(새벽)이므로 이 시간에 빛에 노출되면 새로운 시간대에 맞추어 시계를 앞당기는 데 도움이 된다. 부적절한 시간대의 빛 노출을 막는 가장 간단한 방법은 짙은 선글라스를 착용하는 것이다.

요약하면 시차증을 줄이려면 새로운 시간대에서 새벽(시계를 앞당기는 빛)이 언제이고 황혼(시계를 늦추는 빛)은 언제인지 계산해서, 도착하고 처음 며칠 동안은 새로운 시간대에서 빛을 찾아가거나 피해서 생체시계를 늦추거나 앞당기는 것을 목표로 하자. 온라인에서 '빛을 이용해서 시차증을 예방하는 방법'을 검색해보면 도움이 되는 앱을 찾을 수 있다. 앱을 구입하기 전에는 사용자들의 이용 후기를 확인해보고 선택하는 것이 좋다. 시기적절한 빛 노출과 아울러 새로운 시간대의 식사시간에 맞추어 밥을 먹는 것도 말초 일주기 시계를 새로운 시간대에 맞추는 데 도움이 된다. 이것은 간과 췌장의 말초시계, 그리고 대사 조절에서 특히나 중요하다(12장, 13장 참고).[204] 13장에서 이야기하겠지만 다른 시간에 운동을 하는 것도 시차 적응에 도움이 될 수 있다.

영국 서머타임(BST), 일광절약시간제(DST), 일주기 리듬과 사회적 시차증

내부의 일주기 리듬을 설정하기 위해서는 새벽과 황혼의 자연적 주기가 필수적이다. 지구는 자전하면서 서쪽에서 동쪽으로 순행운동을 한다. 지구를 북극에서 아래로 내려다보면 시계 반대 방향으로 돌아간다. 그래서 태양이 동쪽에서 뜨고 서쪽으로 지는 것으로 보인다. 이런 태양일에 덧붙여 우리 사회는 사회적 시간이라는 것도 만들어냈다. 사회적 시간은 지구의 자전을 분 단위, 시간 단위로 체계적으로 쪼개놓은 것이다. 표준시를 도입하게 된 계기가 있다. 철도 시스템이 개발되면서 현지 시간이 아니라 기계 시계를 바탕으로 하는 표준화된 시간표가 필요했기 때문이다. 현지 시간에서는 정오를 태양이 지평선에서 가장 높은 곳에 있을 때로 정의한다. 하지만 같은 시간대에 살더라도 서쪽일수록 현지 시간은 뒤로 늦춰진다. 지구는 경도선으로 나뉘어 있다. 태양이 한 경도선에서 다음 경도선까지 진행하는 데는 4분이 걸린다. 그리고 0도 선은 런던 남동부의 그리니치를 통과한다. 이것은 1884년에 열린 국제자오선회의에서 합의된 내용이다. 하지만 모든 국가가 여기에 합의했던 것은 아니다. 합의 과정에서 토론이 과열됐고, 프랑스 대표단은 그리니치가 아니라 파리가 그 명예를 가져가야 한다고 주장하며 최종 투표에 불참했다. 대부분의 유럽 국가들이 10년 내에 그리니치를 기준으로 자기네 시계를 맞추었지만 프랑스는 1911년까지 파리를 지나는 자오선을 기준으로 표준시를 정했다.

태양이 경도선 열다섯 개를 가로지르는 데 한 시간이 걸린다. 보통 이것을 한 개의 시간대로 정의한다. 하지만 국가나 주 간의 경계가 시간대와 맞아떨어지는 경우가 드물기 때문에 시간대를 인위적으로 조정할 필요가 있다. 중국은 가장 두드러지는 사례다. 중국은 지리적으로 다섯 개의 시간대에 걸쳐져 있지만 베이징을 기준으로 표준시를 하나로 통일하고 있다. 그 결과 신장 서쪽에 있는 카슈가르에서는 태양시의 정오가 시계시clock time로는 무려 오후 3시 10분이다. 중요한 것은 우리의 일주기 시계는 여전히 태양시를 따르고 있다는 점이다. 연구를 통해 나온 증거가 있다. 그 연구에 따르면 수면/각성 주기 같은 일주기 리듬이 같은 시간대에서도 동쪽 가장자리에서는 시계시로 더 빠르고, 더 서쪽에 사는 사람일수록 점차 느려진다.[205] 그래서 알람시계로 비교했을 때 평균적으로 동쪽의 폴란드 사람이 서쪽의 스페인 사람보다 더 일찍 일어난다.

일광절약시간제(DST)는 봄의 따듯한 달에 시계를 한 시간 앞당겨서(한 시간을 건너뜀) 시계시 오전 6시를 오전 7시로, 오후 6시를 오후 7시로 조정하는 것이다(한 시간을 잃음). 봄에 이런 변화를 주고 나면 알람시계로 오전 7시에 잠에서 깨더라도 생체시계는 오전 6시라고 생각할 것이다. 명확히 하기 위해 설명하면 영국에서는 그리니치 표준시(GMT)보다 한 시간 앞당기는 기간을 영국 서머타임(BST)이라고 한다. 가을에는 시계를 다시 한 시간 늦추어(한 시간을 얻음) 오전 7시가 오전 6시, 오후 7시가 오후 6시가 된다. 이렇게 해서 표준시로 돌아온다. 이 제도의 원래 취지는 봄과 여름에 해가 길어질 테니 전등을 덜 켜서 에너지를 절약하자는 것이었다.

독일이 제1차 세계대전 중이던 1916년에 전시의 석탄 부족 사태를 완화하기 위해 일광절약시간제를 선도적으로 도입했다. 곧이어 영국, 프랑스, 벨기에 등이 뒤따랐다. 최근의 일부 연구에 따르면 오늘날의 경제에서는 서머타임의 에너지 절약 효과가 사실상 없다고 한다.[206] 봄에 서머타임을 시행하면 퇴근 후나 방과 후에 한 시간 더 환한 하늘 아래서 여가활동이나 정원 가꾸기 등을 할 수 있지만 여기에는 대가가 따른다. 야간 교대근무 노동자들과 마찬가지로 이 경우에도 일주기 시스템이 여전히 태양 주기에 묶여 있어서 새로 설정한 사회적 시간에 적응하지 못한다.[207] 그래서 사람들은 어쩔 수 없이 자기 내부의 일주기 시간보다 한 시간 일찍 눈을 떠 활동을 시작해야 한다. 이것이 사회적 시차증이다. 이 용어는 독일 루트비히-막시밀리안대학교의 틸 뢰네베르크가 만들었다. 사회적 시차증이란 일주기 시스템이 우리를 깨우고 싶어 하는 시간과 출근, 등교, 일광절약시간제 같은 사회적 요구 때문에 억지로 잠을 깨야 하는 시간 사이의 불일치를 말한다. 원래는 이것이 별로 중요하지 않다고 생각했다. 하지만 시계를 새로 맞추고 처음 며칠 동안은 일광절약시간제 때문에 짜증 증가, 수면시간 단축, 주간 피로, 정신적 문제, 심지어 면역 기능과 수면시간의 감소 등이 나타났다.[206, 208,

[209] 더 큰 문제는 시간을 바꾸고 첫 주 동안에 심장마비,[210] 뇌졸중,[211] 직장에서의 사고와 부상 등이 증가했다는 점이다.[212] 아주 최근의 한 연구에 따르면 봄에 시간을 앞당기고 한 주 동안은 인명사고를 동반한 자동차 추돌사고가 6퍼센트 증가했다고 한다.[213] 그 밖에도 구체적이고 체계적으로 진행된 연구를 찾을 수는 없었지만 노인을 돌보는 인력이나 기관의 말에 따르면 일광시간절약제와 관련된 일광 시간의 변화, 식사시간, 수면 일정의 변화 등이 정서적, 행동학적, 인지적 어려움을 높인다고 한다. 치매 환자나 알츠하이머병 환자는 일주기 리듬이 교란된 후에 황혼증후군이 더 심해지기 때문에 이런 어려움이 특히 커진다.[214] 치매 환자나 알츠하이머 환자의 황혼증후군이란 저녁이나 이른 밤 시간에 발생하는 정신착란, 불안, 공격성, 서성거림과 방황 증상을 말한다.

일주기 리듬, 그리고 태양 주기에 맞춰진 우리의 생체시계와 맞서 싸우려 해서는 '안 된다'는 공감대가 새로운 데이터를 바탕으로 등장했다.[206] 우리는 더 이상 사회적 시차증을 만들 것이 아니라 일광시간절약제를 폐기하고 표준시로 돌아가야 한다. 표준시야말로 태양일, 일주기 리듬, 사회적 하루가 가장 긴밀하게 맞아떨어지는 시간이다. 내 주장에 많은 사람이 고개를 저으리라는 것을 안다. 특히 스코틀랜드의 골프 애호가들이 그럴 것이다. 그들은 늦은 시간까지도 밝은 하늘 아래서 골프를 즐기고 싶다며 내게 분노의 편지를 보낸다. 하지만 골프 클럽 회원들을 적으로 돌릴 위험을 무릅쓰고 말하건대 나는 그들의 주장에 동조할 수 없다.

그럼 일광시간절약제가 폐기될 때까지 우리는 무엇을 할 수 있을까? 현재 봄에는 한 시간을 잃게 되니까 알람시계는 당신을 오전

7시에 깨우겠지만 당신의 몸은 오전 6시라 생각한다. 거꾸로 가을에는 오전 7시가 오전 6시가 되므로 한 시간을 벌게 된다. 그래서 침대에서 한 시간을 더 뒹굴 수 있다. 봄에는 한 시간을 잃고 이것이 교통사고율 증가로 이어질 수 있으므로, 아침 출근 시간에 특히나 조심하는 게 좋다. 아마 시간 조정 이후 첫 일주일 동안에는 아침마다 엑스트라라지 커피 한 잔으로 정신을 차려야겠다고 생각하는 사람도 있을 것이다. 그리고 일광시간절약제가 시작되기 전 며칠 동안은 매일 취침시간을 10~15분씩 앞당기거나(봄) 뒤로 늦추는(가을) 시도를 해보자. 그러면 몸이 새로운 일정에 천천히 적응해서 몸에 가해지는 충격을 완화하는 데 도움이 된다. 봄에는 아침빛에 노출되는 것도 생체시계를 앞당기는 데 도움이 된다(3장). 그러면 일주기 시스템을 앞당겨 일찍 일어날 수 있을 것이다. 6장에서 논의하겠지만 좋은 수면 습관을 유지하는 것은 언제나 중요하다. 6장에서는 일광시간절약제에 대처하는 데 도움이 될 추가적인 팁도 소개할 것이다.

물고 답하기

1. 나이가 들면 왜 교대근무가 더 어려워지는 걸까요?

젊은 사람들이 중년이나 노년층보다 일반적으로 야간 교대근무에 더 잘 적응한다는 연구가 많습니다. 그 이유는 불분명하지만 한 가지 연결고리가 코르티솔일지도 모릅니다. 나이 든 사람은 코르티솔 수치가 높아서 SCRD에 더 취약할 수 있습니다. 그래서 스트레스가 늘고, 인지 수행능력이 떨어지고, 심지어 기억 관련 뇌 영역의 크기가 작아지기도 합니다.[116] 또 하나의 연결고리는 젊은이들은 늦은 크로노타입(올빼미형)의 성향이 강해서 빠른 크로노타입(종달새형)의 성향이 강한 노년층에 비해 야간 근무에 더 잘 적응한다는 것입니다.[215]

2. 교대근무에 도움이 되는 식품 보충제가 있을까요?

종합비타민, 비타민 D, 비타민 B_{12}, 멜라토닌, 마그네슘, 트립토판(세로토닌과 멜라토닌의 전구체)이 야간 교대근무 노동자에게 자주 권장되는 보충제이지만, 이런 보충제가 도움이 된다는 확실한 증거는 없습니다. 현재로서는 개별 보충제보다는 균형 잡힌 식단에 초점을 맞추는 것이 유용하다는 데 공감대가 형성되어 있습니다. 하지만 비타민 D 보충제는 중요할 수 있습니다. 교대근무 노동자와 실내 노동자가 전반적으로 비타민 D 결핍으로 고통받을 가능성이 제일 높은 집단이라는 보고가 계속 나오고 있기 때문입니다.[216]

비타민 D의 약 90퍼센트는 햇빛(UVB 에너지)에 노출된 피부에서 만들어집니다. 비타민 D 결핍은 흔히 뼈 문제와 관련해서 언급되지만 면역 문제, 대사이상, 일부 암, 심지어 정신질환 같은 다른 질병과도 연관이 있습니다.[216] 따라서 적절한 수준의 비타민 D 보충제는 훌륭한 예방 조치가 될 수 있습니다. 특히 임신한 여성에게 좋습니다.[217] 모든 보충제의 경우와 마찬가지로 이 부분도 담당 의사와 상담해야 합니다. 또한 비타민 D 수치가 너무 높으면 독으로 작용해서 메스꺼움과 구토, 칼슘 결석 형성 등의 콩팥 문제를 일으킬 수 있으므로 하루 권장량 이상을 섭취하지 않는 것이 중요합니다.

교대근무 노동자의 또 다른 보충제로 언급되는 것이 트립토판입니다. 트립토판은 여러 가지 단백질의 기본 구성요소인 아미노산입니다. 신경전달물질인 세로토닌, 솔방울샘 호르몬인 멜라토닌, 비타민 B_3의 전구체이기도 하죠. 아직은 의견이 조금 엇갈리고 있지만 트립토판 보충제를 복용하거나 트립토판이 풍부한 음식을 먹으면 잠드는 데 걸리는 시간이 줄어들고 총 수면시간이 늘어나는 등 수면이 조금 개선된다는 증거가 일부 나와 있습니다. 그 이유는 불분명합니다. 어쩌면 불안을 줄여주는 뇌의 세로토닌을 증가시켜줄 수도 있고, 아니면 멜라토닌 수치를 올려주기 때문일 수도 있지만, 아직은 정확한 이유를 알 수 없습니다.[218] 늘 그렇듯이 더 많은 연구가 필요합니다.

3. 하품이 나오는 이유는 무엇인가요?

강연이 끝날 때마다 이 질문이 나올까 봐 무섭습니다. 불안한 마음에 이 질문이 혹시 나에 대한 간접적인 비판이 아닐까 생각하게 되거든요! 대학에서 처음 강의를 하던 경력 초기에 강의실을 가득 채운 학생들을 바라보다가 그중 한 명이 얼굴을 찌푸리더니 크게 하품하는 모습을 본 기억이 있습니다! 그 순간 저는 주눅이 들고 말았죠. 하지만 사람들은 다양한 이유로 하품을 합니다. 피곤할 때, 지루할 때, 불안할 때, 배고플 때, 혹은 새롭거나 어려운 활동을 시작하려 할 때 하품을 합니다.

하품의 진정한 목적은 아직도 수수께끼로 남아 있습니다. 수십 년 전까지만 해도 하품은 산소 부족을 보상하기 위해 대량의 공기를 흡입해서 혈류의 산소 수치를 끌어올리는 것이라 설명했었습니다. 하지만 이 '산소 공급 가설'은 가능성이 희박해 보입니다. 현재는 하품 행동이 뇌를 냉각시켜 각성과 기민함을 끌어올려준다는 설명을 선호하고 있습니다. 하품을 하면 두개골의 혈류가 증가해서 뇌를 식혀주고, 이것이 졸린 느낌을 상쇄해서 기민하게 만들어줍니다. 특히 졸릴 때 효과가 좋죠. 하지만 지금까지 하품의 생리적 효과는 입증된 것이 없고, 하품이 실제로는 아무런 기능도 하지 않을 가능성이 있지만, 직관적으로 볼 때 그럴 가능성은 높지 않다고 생각합니다. 다만 분명한 것은 하품에는 전염성이 있다는 점입니다. 한 사람이 하품을 하면 집단 전체로 퍼져나갑니다. 우리만 그런 것이 아닙니다. 침팬지, 늑대, 개, 양, 돼지, 코끼리, 최근에는 사자에서도 전염성 하품이 보고된 바 있습니다. 현재는 하품이 기민함을 끌어올린다는 것, 그리고 전염성 하품은 협동 생활을 하는 동물들 사이에서 집단 경계를 강화해 위험 감지나 조화된 사회적 행동에 대한 집단적 자각을 끌어올리기 위해 진화했다는 주장이 제기되고 있습니다.[219]

4. 한 시간대의 서쪽 가장자리에서 살면 건강에 문제가 생길 수 있다는 글을 읽은 적이 있습니다. 사실인가요?

미친 소리 같겠지만 사실입니다. 사회적 시차증은 일주기 시스템이 우리를 깨우고 싶어 하는 시간과 출근이나 등교 같은 사회적 요구에 맞춰 우리가 강제로 눈을 떠야 하는 시간의 불일치를 말합니다. 동쪽 지역은 같은 시간대의 서쪽 지역보다 해가 더 빨리 뜹니다. 그래서 동쪽에 사는 사람들의 일주기 시스템은 서쪽 사람들보다 새벽빛에 의해 더 빠른 시간으로 설정되죠. 그 결과 동쪽 사람들은 서쪽 사람들보다 자신의 시간대에 더 수월하게 적응하는 반면, 서쪽 경계의 사람들은 사회적 시차증을 더 많이 겪게 됩니다. 한 시간대의 서쪽 경계에 사는 사람과 인접 시간대의 동쪽 경계에 사는 사람 사이에도 마찬가지 현상이 나타납니다. 놀랍게도 한 시간대의 서쪽 가장자리에 사는 사람들의 건강을 비교해보면 비만, 당뇨, 심혈관계 질환, 우울증, 유방암 등 일주기 리듬의 교란이 훨씬 심하다는 것을 보여주는 증거가 나타납니다.[220]

5장

생물학적 혼돈

수면 및 일주기 리듬 교란(SCRD)의 생성

우리가 지금보다 더 아프지 않고 더 미치지 않은 것은
오로지 자연의 모든 은총 중에서도 가장 큰 축복인
잠 덕분이다.

올더스 헉슬리

사람들은 선천성 대 후천성 논란을 통해 인간의 특성이 어디까지가 후천적이고(엄마 배 속에 있을 때나 살아가는 동안에 접하는 환경적 요인), 어디까지가 선천적인지(개인의 생물학, 구체적으로는 유전자) 알아내고자 했다. 이런 논란은 극단적인 양극화로 큰 오해를 불러올 수 있다. 1980년대에 유전적 결정론(생물학적 결정론이라고도 한다)이 일부 측면에서 인기를 끌면서 인간의 행동은 환경의 영향보다는 개인의 유전자에 의해 직접 통제된다는 믿음이 생겨났다. 이것이 진영 싸움처럼 번지면서 정치적 우파는 유전적 결정론을 수용한 반면, 정치적 좌파 진영은 단호하게 거부했다. 우리의 생물학을 빚어내는 데 있어서 유전자의 역할이 무엇이냐는 생물학적 질문에서 시작된 이 논란은 우리의 행동에 대한 유전자의 기여를 인정하는 것이 정치적으로 혹은 윤리적으로 올바른지를 따지는 문제로 옮겨갔다. 당시 나는 어떻게 선의를 가진 똑똑한 사람들이 이런 식의 양극화로 논란을 더럽힐 수 있는 것인지 항상 의아했다. 당연한 이야기지만 현실에서는 평생 유전자와 환경 사이에 매끄럽고 지속적인 상호작용이 일어난다. 이런 상호작용은 조현병 등의 행동을 연구해서 분명하게 입증되었다. 일반 인구집단에서 평생에 걸쳐 조현병이 발생할 위험은 1퍼센트(100명당 한 명) 정도다. 추정치에서 약간의 차이가 있으나 유전적으로 100퍼센트 동일한 일란성 쌍둥이에서는 한쪽이 조현병에 걸리면 나머지 쌍둥이가 같은 병에 걸릴 확률이 두 명당 한 명꼴이다(50퍼센트). 50퍼센트의 유전자를 공유하는 이란성 쌍둥이가 함께 자랄 경우 한쪽이 조현병에 걸리면 나머지 한 명도 조현병에 걸릴 확률은 여덟 명당 한 명꼴이다(대략 12퍼센트). 따라서 조현병에 유전자가 영향을 미치는 것은 분명하지만 환경 역시 중요한 역할을 한다. 여기에는 다양한 환경적 요인이 작용하고 있고, 그중에는 명확히 정의하기 어려운 것도 많지만, 조현병의 경우 산모의 영양실조나 스트레스, 아동기 또는 10대 시절의 학대나 머리 부상, 약물 남용이나 어려운 사회적 환경 등 몇몇 연결고리가 확인됐다.[221]

요즘 과학자들은 대부분 유전과 환경 모두 우리의 발달에 영향을 미친다고 생각한다. 특히 후성유전학을 통해 이 사실을 더 잘 이해하게 되었다. 후성유전학을 영어로는 'epigenetics'라고 하는데, 이는 유전학보다 위에 있는 무언가를 의미한다. 이것은 외부 요인이 유전자의 발현을 조절하는 일시적 변화를 말한다. 이런 변화가 DNA의 염기서열(유전 암호)을 바꾸지는 않지만 세포가 자신의 유전자를 읽어들이는 방식을 바꾸어놓는다. DNA 혹은 DNA

를 둘러싼 단백질(히스톤)의 접힘 방식이 살짝 바뀌는 것이다. 그러면 특정 유전자의 활성이 증가하거나 감소할 수 있고, 그 결과 그 유전자가 암호화하고 있는 단백질의 수준도 함께 높아지거나 낮아진다. 최근의 연구에서 후성유전학적 변이가 부모에서 자식으로 전달될 수 있음이 밝혀졌다. 즉 어떤 환경 요인이 조부모나 부모의 유전자 발현에 영향을 미치고, 그 유전자를 물려받은 우리는 그런 환경을 직접 경험하지 않았는데도 특정 질병에 취약할 수 있다. 놀랍게도 SCRD도 대사 질환, 비만, 심장 질환, 뇌졸중, 고혈압 등의 발생 가능성을 높이고, 심지어 인지능력에도 영향을 미칠 수 있는 후성유전학적 변이를 일으킨다는 새로운 증거들이 등장하고 있다.[222] 그 구체적인 내용에 대해서는 아직 연구가 진행 중이지만, 이것이 갖는 함축적 의미는 분명 엄청나다.

내가 강조하고 싶은 것은 수면이 엄청나게 복잡한 행동이기 때문에 다른 모든 행동과 마찬가지로 수면 역시 유전자와 환경 간의 정교한 상호작용에 큰 영향을 받는다는 점이다. 자기네 집안사람들의 수면 패턴이 세대를 거치며 비슷해진다는 것을 눈치챈 사람도 많을 것이다. 실제로 수면의 유형에도 가족력이 존재한다는 것을 명확하게 보여주는 연구들이 현재 많이 나와 있다.[223] 하지만 유전과 후성유전학적 변이, 그리고 환경의 직접적인 영향이 생리학에 미치는 정도는 사람마다 큰 차이가 있다. 따라서 앞으로는 복잡하게 뒤엉켜 있는 생물학적 요소들을 풀어서 이해하는 것이 우리의 숙제로 남게 될 것이다. 하지만 그 메커니즘을 연구하려면 그전에 우리가 연구하려는 대상이 무엇인지 알아야 한다. 즉 우리가 경험하는 SCRD의 다양한 패턴을 분류할 수 있어야 한다.

SCRD를 표현하는 데 사용하는 이름과 분류 중에는 혼란스러운 것들이 있다. 특히 그 이름이 어느 정도는 모호한 구석이 있고 도움이 안 되는 역사적 꼬리표를 달고 있는 경우가 많기 때문이다. 많은 사람이 내게 SCRD의 다양한 표현에 대해 묻곤 했기 때문에 짧게 개괄적인 내용을 포함시켰다. 하지만 '자가진단'이 유용한 지침으로서 올바른 행동을 이끌어내는 경우가 많지만 임상적 진단을 대체해서는 안 된다는 점을 강조하고 싶다. 뒤에 이어지는 내용은 당신의 담당 의사가 사용하는 분류와 관련이 있을 수 있다. 부록 1을 참고해 수면일기를 써보거나 다른 가족도 참가시켜 유사점과 차이를 비교해보는 것도 좋을 것이다.

현재 공식적으로 나와 있는 여든세 가지 유형의 수면 및 일주기 리듬 장애를 일곱 가지 범주로 분류할 수 있다.[224] 분류 체계가 다 그렇듯이 이것 역시 완벽하지는 않아서 새로운 앎과 이해가 추가됨에 따라 자주 개정되고 있다. 대부분의 경우에서 이 범주는 그 장애를 일으키는 근본적인 메커니즘이나 문제를 정의하지 않고 있다는 점도 중요하다. 다음 나열된 질환들은 다양한 원인으로 생길 수 있으며, 원인이 중첩되는 경우도 많다. 이런 원인은 뇌에서 일어나는 변화, 노동과 여가활동에서 발생하는 부담, 가정생활에서 발생하는 부담, 유전학/후성유전학적 변이, 나이, 정신질환이나 신체질환으로 인한 결과, 그리고 이 모든 요인에 대한 우리의 감정 반응 및 스트레스 반응 등과 관련이 있을 것이다. 현재 사용하고 있는 SCRD의 일곱 가지 분류[224]를 요약하면 다음과 같다.

1) 불면증

불면증 진단은 잠자리에 들거나 원하는 만큼 충분히 수면을 유지하는 데 따르는 어려움을 서술하는 데 사용된다. 불면증은 낮에 졸리는 원인으로 작용하는 경우도 흔하다(그림 4). 아돌프 히틀러는 지독한 불면증에 시달려서 아침이 다 돼서야 잠들었다고 한다. 1944년 6월 6일 디데이에 연합군이 프랑스로 진격했을 때 히틀러는 자신의 별장 베르크호프에서 깊이 잠들어 있었다고 한다. 그의 장군들은 히틀러의 승인 없이는 노르망디로 증강 병력을 보낼 수 없었는데 누구도 감히 나서서 그를 깨우지 못했다. 결국 그날 히틀러는 정오까지 그대로 잠들어 있었다. 이런 시간 지연이 수많은 목숨을 구하고, 연합군의 침공에서 결정적인 역할을 했다고 여겨지고 있다.

불면증은 아주 광범위한 범주라서 수면장애 중에서 가장 자주 이용되는 범주 중 하나다. 불면증에서는 스트레스, 직장과 여가활동의 부담, 부족한 수면 습관, 약물의 부작용, 과도한 카페인, 니코틴, 알코올, 임신, 나이, 정신질환, 그리고 밤낮없이 돌아가는 사회 등 여러 가지 다양한 이유로 동일한 문제가 일어날 수 있다는 점도 중요하다. 6장에서는 불면증에 대처하는 다양한 조치를 알아보겠다. 다음 소개하는 SCRD의 여러 분류가 불면증과 주간 졸음을 야기할 수 있다는 점도 주목하자. 이는 불면증이 서술적 용어일 뿐 그 원인에 대해서는 어떤 정보도 말해주지 않는다는 것을 반증한다. 그러면 불면증이라는 주제를 둘러싼 몇 가지 쟁점을 살펴보자.

졸음과 피로

불면증에서는 졸음과 피로가 모두 생길 수 있다. 이 둘을 구분하는 것이 중요하다. 불면증의 결과 중 하나가 주간 졸음이지만 이게 피로가 아니라 졸음인지 판단하는 것이 굉장히 중요하다. 피로는 전체적으로 지치고 에너지가 부족한 느낌이 드는 것으로, 졸음과는 다르다. 졸음은 회복 수면으로 해소된다. 심각한 피로를 느낄 때는 무언가 하고자 하는 동기가 생기지 않고, 몸에 에너지가 느껴지지 않고, 특히 지친 느낌에 압도되고 잠을 자도 회복이 안 된다.[225] 피로는 밑바탕에 깔려 있는 심각한 건강 문제에서 나온 결과일 수 있다. 실제로 코로나19와 다른 바이러스 감염의 핵심 증상이 바로 피로다. 피로는 평소보다 더 많이 자도 치유되지 않는다. 코로나19에 감염되었던 사람 가운데 일부는 몇 달이 지난 후에도 여전히 코로나 장기 후유증[226]과 관련된 극심한 피로감과 싸우고 있다. 피로는 만성적 건강 문제의 중요한 증상일 수도 있으므로 피로가 계속 풀리지 않으면 병원에 가봐야 한다.

한밤중에 깨는 것 – 이상수면과 다상수면

불면증과 관련된 또 하나의 쟁점은 그림 4에 나와 있는 것처럼 한밤중에 몇 번 혹은 자주 깨어나는 것이다. 2장에서 이야기했듯이 일주기 시계와 수면 압력 사이의 상호작용에서 만들어지는 켜짐/꺼짐 스위치가 수면/각성 주기를 만든다는 기본 개념은 대체적으로 옳다. 하지만 수면은 분명 그보다 더 복잡해 보인다. 우리가 종종 듣는 것과 달리 수면은 하나의 통합된 덩어리로 나타나지 않는 경우가 많기 때문이다. 수면은 잠의 덩어리와 덩어리 사이에 짧게 깨어나는 시간이 끼어들면서 두 번(이상수면biphasic sleep) 혹은 여러 번(다상수면polyphasic sleep)에 걸쳐 나타날 수 있다.[227] 이런 수면 패턴이 어떻게 만들어지는지는 아직 제대로 밝혀지지 않았지만, 이 패턴을 알고 나면 하룻밤 푹 잔다는 것의 의미를 달리 생각하게 된다. 보통 중간에 깨지 않고 한 번에 쭉 자는 것(단상수면monophasic sleep)을 정상적인 수면이라 생각한다(그림 4). 하지만 실상은 이것이 정상적인 상태가 아닐 수도 있다. 사회가 밤낮 구분 없이 돌아가고 밤에 잘 시간이 줄어들다 보니 수면이 하나의 덩어리로 압축된 것이라는 주장이 있다. 2020년과 2021년의 코로나 팬데믹 기간에 자가격리를 하게 된 많은 사람들이 더 오래 잘 수 있는 기회를 갖게 됐고, 그 결과가 이상수면이나 다상수면으로 나타났다. 흥미롭게도 이렇게 중간에 깨면 제대로 자지 못했다고 자가진단하는 경우가 많다. 실제로 이것이 다른 수면 패턴인 것은 분명하다. 하지만 그렇다고 더 나쁜 것은 아닐지도 모른다. 대부분의 동물에게는 이상수면이나 다상수면이 정상적인 상황이다. 산업혁명 이전의 인류도 그랬을 가능성이 있다.[228]

이상수면이나 다상수면이 정말로 옛날 사람들의 수면 패턴이었는지에 대해서는 의견이 엇갈린다.[229] 원래 이 개념은 역사 연구와 이상수면에 대한 일기 기록을 바탕으로 발전했다.[230, 231] 이것을 연구한 사람은 로저 에커치로 자신의 책 《잃어버린 밤에 대하여》에서 이에 대해 자세히 설명하고 있다. 에커치는 의학 서적, 궁중 기록, 일기 등에 나온 이상수면에 대한 여러 이야기를 보고하면서 산업혁명 이전의 유럽에서는 이상수면이 정상적인 수면으로 여겨졌다는 증거를 발견했다. 당시에는 온 가족이 해가 지고 몇 시간 후에는 잠잘 준비를 했고, 한밤중에 몇 시간 정도 깨어 있다가 다시 새벽까지 두 번째 잠을 잤다. 에커치는 첫 번째 수면과 두 번째 수면에 대한 언급을 여러 곳에서 발견했다. 그가 인용한 15세기 말의 기도문은 수면과 수면 사이의 특별한 기도를 제공하는 것이었고, 16세기 프랑스의 의사용 지침서에서는 부부에게 임신하기 제일 좋은 시간은 고된 하루 일과를 마쳤을 때가 아니라 첫 번째 수면을 취하고 난 후이며, 이때 하면 더 즐겁게, 더 잘할 수 있다고 조언한다.

미구엘 세르반테스는 1615년에 발표한 소설《돈키호테》에서 이렇게 적었다. "돈키호테는 자연을 따랐고 첫 번째 수면에 만족해 더 이상 잠을 청하지 않았다. 산초의 경우는 첫 번째 잠이 밤부터 아침까지 쭉 이어졌기 때문에 두 번째 잠을 청하는 일이 아예 없었다." 하지만 17세기 말부터 이상수면에 대한 언급이 줄어들다가 인공조명과 현대적인 산업 관행이 표준으로 자리잡으면서 1920년대에는 완전히 자취를 감추었다. 이런 역사적 관찰에 자극을 받아 실험실 기반의 연구가 진행됐다. 이 실험은 참가자들에게 열두 시간은 밝고 열두 시간은 어두운 조명 일정을 도입해서 더 오래 잘 수 있는 기회를 제공했다. 그 결과 다상수면과 이상수면이 나타났다.[227, 232] 이것은 역사 연구와 사회과학 덕분에 현대의 과학이 정보를 획득할 수 있었던 보기 좋은 사례다. 어쨌든 결론을 말하자면 더 오래 잘 수 있는 기회가 생기면 많은 사람이 다상수면으로 되돌아간다는 것이다.

여기서 중요한 부분이 등장한다. 만약 우리에게 자연스러운 수면 상태가 다상수면이라면 불면증과 야간 수면장애에 대한 해석을 다시 생각할 필요가 있다. 새로운 연구는 우리가 한밤중에 깨어나도 소셜미디어나 다른 행동으로 잠을 쫓아버리지만 않는다면 다시 잠에 들 가능성이 높다는 것을 암시하고 있다. 여기서 핵심은 밤에 깨어났다고 해서 수면이 끝났다는 의미는 아니라는 점이다. 다만 밤중에 깼을 때는 스트레스 반응을 활성화하지 않는 것이 중요하다(4장). 잠이 안 오는데 다시 자보겠다고 침대에서 버티다가 좌절하지는 말자. 어떤 사람은 침대에서 나와 너무 밝지 않은 조명 아래서 독서나 음악 감상 등 긴장을 풀어주는 활동을 하다가 다시 졸음이 오면 침대로 돌아간다(6장).

자발적 다상수면

혼란을 주는 또 다른 현상으로 자발적 다상수면 혹은 분할수면의 미니 열풍이 있다. 이것은 좋은 아이디어가 아니다. 이상수면이나 다상수면이 정상인 사람이 많고, 렘수면/비렘수면 주기가 밤새 70~90분 간격으로 돌아가기 때문에(2장)[233] 우리가 자발적으로 다상수면 패턴을 만들어야 한다는 개념이 등장했다. 사실상 이것은 주로 밤에 잠을 자되, 낮에도 짧게 시간을 나누어 수면을 취하는 등 수면시간을 24시간 동안 여러 단계로 쪼개어 자는 것을 말한다. 그렇게 되면 전체적으로는 24시간 밤낮 주기에서 수면시간이 크게 줄어드는 결과가 나온다. 여러 가지 다양한 다상수면 일정이 제시되었지만 이런 일정들 모두 전 세계 여러 나라에서 볼 수 있는 낮잠이나 시에스타 패턴과는 완전히 다르다. 종래의 낮잠이나 시에스타는 총 수면시간을 줄이는 것을 목표로 하지 않는다. 반면 예를 들어 위버만Überman 다상수면 일정에서는 20분짜리 수면을 24시간 전체에 골고루 분배해서 하루에 총 두 시간의 수면을 취한다. 에브리맨Everyman 다상수면 일정에서는 밤에 세 시간을 자고 낮에 20분짜리 수면을 세 번 자서 하루에 총 네 시간의 수면을 취한다. 다상수면을 옹호하는 사람들은 이런 수면 패턴이 기억력과 기분을 개선하고, 꿈도 더 잘 기억나고, 수명을 늘려준다고 주장한다. 놀랄 일도 아니지만 이런 주장을 뒷받침하는 증거는 없다. 사실 자발적 다상수면 일정은 수면 손실을 동반하며 신체적, 정신적 건강을 해치고, 주간 수행능력을 떨어뜨린다. 간단히 말해서 언론의 보도에도 불구하고 과학계에서는 이런 과대선전을 지지하지 않으며, 미국수면재단(NSF)에서도 권장하지 않는다.[234]

2) 일주기 리듬 수면/각성 장애

일주기 리듬 수면/각성 장애는 다양한 질환으로 구성된 중요한 그룹으로, 불면증, 주간 졸음, 그리고 표 1에 나열된 문제들도 당연히 일으킬 수 있다. 이런 장애가 발생하는 이유는 수면 조절에서 일주기 시계가 맡는 핵심적 역할 때문이다(2장). 그 원인으로는 비정상적인 빛 노출(이것은 쉽게 바로잡을 수 있다. 6장 참고), 유전적 이상, 그리고 현재로서는 바로잡기가 어렵거나 불가능한 시각장애나 신경발달장애 관련 문제(14장) 등이 있다. 핵심적인 일주기 리듬 장애와 그에 대한 설명은 그림 4에 나와 있다.

수면위상전진장애

수면위상전진장애advanced sleep phase disorder(ASPD)는 저녁에 깨

어 있기 어렵고, 아침 이른 시간에 수면을 유지하기 어려운 것을 말한다. 수면위상전진장애가 있는 사람은 사회적 표준에 비해 서너 시간 일찍 자고, 일찍 일어난다. 수면위상전진장애는 분자시계를 움직이는 유전자에서 일어난 핵심적인 변화와 관련이 있다.[235~237] 노화가 진행되고 있는 일부 사람에서도 나타난다.[238]

수면위상지연장애

수면위상지연장애delayed sleep phase disorder(DSPD)는 수면위상전진장애와 반대로 잠드는 시간과 깨어나는 시간이 세 시간 이상 지연되는 것이 특징이다. 업무에 대한 부담이 원인인 경우 평일에 수면 지속 시간이 크게 줄고, 낮에도 많이 졸리고, 휴일에는 아주 길게 자는 경우가 많다. 수면위상전진장애와 수면위상지연장애는 아침형(종달새형)과 저녁형(올빼미형) 크로노타입의 극단적 형태라고 할 수 있다(부록 1). 이런 질병에서는 적절한 시간에 빛을 받는 것이 큰 도움이 될 수 있다(6장). 수면위상지연장애 역시 분자시계에 관여하는 유전자의 핵심적 변화와 관련이 있다.[239, 240] 유전자와 환경의 상호작용도 다양한 형태의 청소년 수면위상지연장애,[241] 우울증,[242] 정신질환,[243] 신경발달장애[244]를 일으킬 수 있다.

프리러닝 수면(비24시간 수면/각성 장애)

프리러닝 수면은 수면/각성 주기가 매일 다른 사회적 시간에 일어나는 상태를 말한다. 보통은 시간이 매일 뒤로 늦추어진다. 이들의 일주기 리듬은 하루 24시간에 동조화되지 않는다. 이것은 심각한 눈 손상이나 눈 손실,[245] 혹은 조현병,[246] 신경퇴행성 질환이나 뇌의 외상[247] 등의 질환에서 전형적으로 나타난다. 수면, 운동, 식사, 그리고 적절한 상황이라면 조명 등을 대단히 짜임새 있는 일상 루틴으로 구성하여 일주기 시스템을 하루 24시간에 맞춰 동조화하는 데 도움이 되지만, 조정이 어려운 경우가 있고, 기껏 효과가 있다 해도 부분적일 수 있다(14장).

분절수면 혹은 비주기수면

이것은 희귀한 질환이지만 정신질환 환자나 외상, 뇌졸중, 종양 등으로 뇌 손상을 입은 사람에게서 가끔 관찰된다.[247] 비24시간 수면/각성 장애와 마찬가지로 수면, 운동, 식사시간, 아침 빛 등을 대단히 짜임새 있는 일상으로 구성하면 생체시계를 하루 24시간에 맞추어 동조화하는 데 도움이 될 수 있다. 하지만 여기서도 마찬가지로 조정이 어려운 경우가 있고, 부분적으로만 효과가 나타나는 경우도 있다(14장).

3) 수면 관련 호흡장애

이 용어는 불면증을 일으킬 수 있는 다양한 호흡 문제를 지칭하며 그중 가장 익숙한 것은 만성 코골이와 폐쇄성 수면무호흡증이다. 이것은 진짜 문제가 될 수 있다. 영국의 작가 앤서니 버지스는 이런 말을 남겼다고 한다. "웃어라, 세상이 당신과 함께 웃을 것이다. 코를 골아라, 당신은 혼자 자게 될 것이다."

그림 4

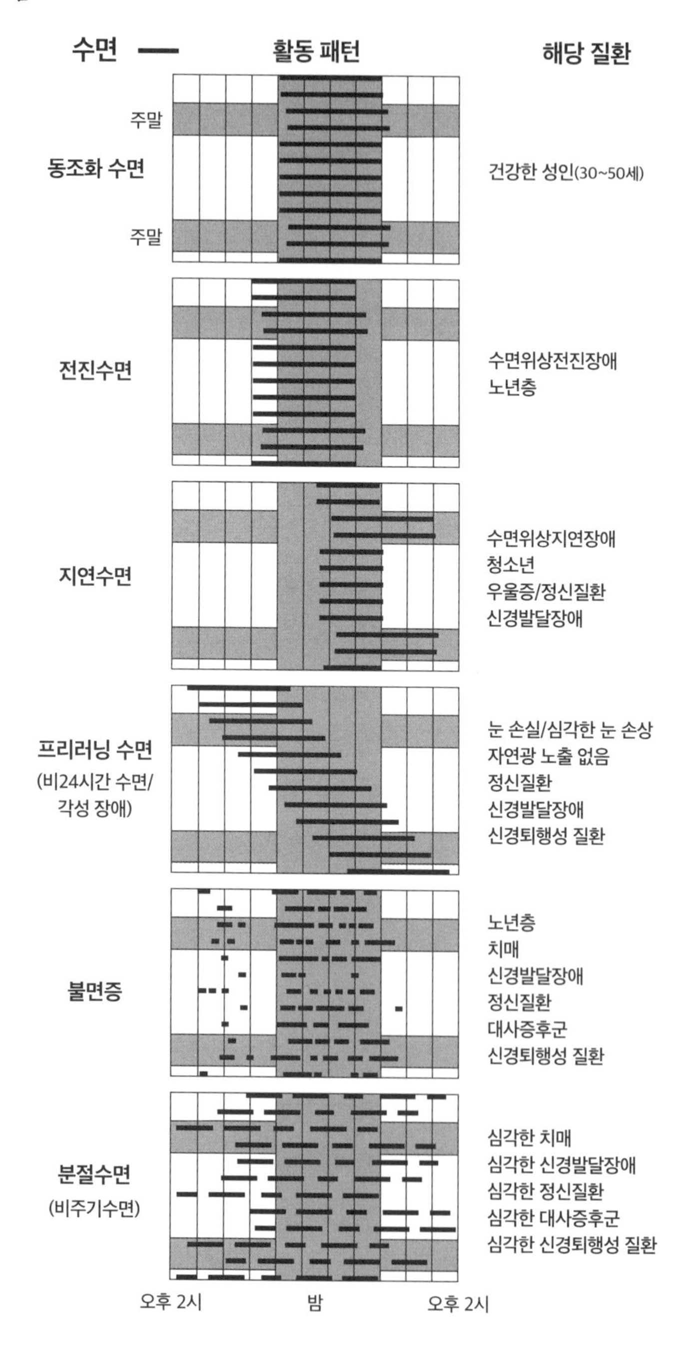
수면
활동 패턴
해당 질환
주말
동조화 수면
주말
건강한 성인(30~50세)
전진수면
수면위상전진장애
노년층
지연수면
수면위상지연장애
청소년
우울증/정신질환
신경발달장애
프리러닝 수면
(비24시간 수면/
각성 장애)
눈 손실/심각한 눈 손상
자연광 노출 없음
정신질환
신경발달장애
신경퇴행성 질환
불면증
노년층
치매
신경발달장애
정신질환
대사증후군
신경퇴행성 질환
분절수면
(비주기수면)
심각한 치매
심각한 신경발달장애
심각한 정신질환
심각한 대사증후군
심각한 신경퇴행성 질환
오후 2시
밤
오후 2시

그림 4 – 수면/각성 패턴의 사례. 비정상적인 수면/각성 패턴은 다양한 유전적, 환경적 요인과 영향력으로부터 생겨난다. 굵은 수평막대는 평일과 주말의 수면시간을 보여준다. **'정상적'인 동조화 수면**entrained sleep(많은 이들에게 이것이 정상이 아니겠지만)은 매일 대략 비슷한 시간에 여덟 시간 정도 나타나는 안정적인 한 덩어리의 수면을 보여준다. 사회적인 이유로 주말에는 수면의 개시와 중단이 살짝 지연될 수 있다. **수면위상전진장애**는 저녁에 깨어 있기 어렵고 이른 새벽에 잠들어 있기 어려운 것이 특징이다. 일반적으로 이들은 사회적 표준보다 세 시간 이상 빨리 잠자리에 들고 깨어난다. 수면위상전진장애는 수면위상전진장애 유전질환[248]과 노년층[238]에서 관찰된다. 반대로 **수면위상지연장애**는 수면의 개시와 중단에서 세 시간 이상 지연이 일어나는 것이 특징이다. 이 경우 수면 지속 시간이 평일에는 크게 줄었다가 휴일에는 크게 늘어나는 결과로 이어질 수 있다. 수면위상전진장애와 수면위상지연장애는 아침형(종달새형) 혹은 저녁형(올빼미형) 크로노타입의 극단적 형태라고 할 수 있다. 수면위상전진장애와 수면위상지연장애 모두 단지 수면/각성 패턴만 바뀌는 것이 아니라 고통과 장애를 일으킬 수 있는 질환이다. 사회적 압력이나 개인적 선호가 요구하는 일정과 충돌하기 때문이다. 수면위상지연장애는 다음과 같은 질환에서 자주 관찰된다. 수면위상지연장애 유전질환,[240] 청소년,[241] 우울증,[242] 정신질환,[243] 신경발달장애.[244] **프리러닝 수면 혹은 비24시간 수면/각성 장애**는 수면이 매일 체계적으로 빨라지거나 늦어지는 상태를 말한다. 대부분의 사람은 생체시계가 24시간보다 약간 길기 때문에 수면/각성이 매일 뒤로 늦춰지는 것이 일반적인 패턴이다. 드물게는 프리러닝 패턴이 반대 방향으로 일어나서 수면이 매일 앞당겨지는 경우도 있다. 프리러닝 패턴은 다음과 같은 경우에서 관찰된다. 눈 손실,[249] 자연광 노출 부족,[250] 정신질환,[246] 신경발달장애,[244] 신경퇴행성 질환[251] 등. 불면증은 잠잘 기회가 있음에도 불구하고 잠들지 못하거나, 잠을 유지하지 못하는 상태로 이어질 수 있는 질병을 기술하는 용어다. 불면증은 수면시간 감소(수면부전hyposomina)를 자주 동반하며 일주기 리듬 교란을 비롯한 다양한 원인으로 발생할 수 있다.[252] 전직 미국 대통령 빌 클린턴은 불면증을 앓았던 것으로 알려져 있으며, 그는 자신이 겪었던 심장마비에 불면증으로 인한 피로도 한몫했다고 생각한다. 불면증은 다음과 같은 경우에서 관찰된다. 노년층,[253] 치매,[254] 우울증,[255] 정신질환,[246] 주의력결핍과잉활동장애(ADHD) 등의 신경발달장애,[244] 신경퇴행성 질환,[256] 대사증후군[257] 등. **분절수면** 혹은 **비주기수면**은 시상하부에 종양이 생긴 사람에서 보듯[89] 보통 일주기 시계가 제대로 기능하지 못하는 사람에게서 관찰된다. 이것은 또한 중증 치매,[258] 정신질환,[246] 신경발달장애,[244] 신경퇴행성 질환,[259] 대사증후군[260] 등의 특성이기도 하다. 이처럼 다양한 유형의 일주기 이상의 기초를 이해하면 이런 결함을 바로잡을 수 있는 신약 개발의 토대를 마련할 수 있다(14장).

폐쇄성 수면무호흡증

폐쇄성 수면무호흡증(OSA)은 아주 흔한 증상으로 자는 동안 목구멍 뒤쪽 근육이 이완돼 정상적인 호흡을 방해해서 생기는 것이다. 이 목구멍 근육들은 입천장 뒤쪽, 즉 연구개를 지지해준다. 연구개는 목젖(삼킬 때 목젖이 움직여 음식과 음료가 비강으로 올라가는 것을 막아준다), 편도, 혀로 구성되어 있다. 폐쇄성 수면무호흡이 일어나는 동안에는 근육이 이완되는데, 그러면 숨을 들이마실 때 기도가 좁아지거나 닫힌다. 이 때문에 10초 이상 호흡이 원활하지 않거나 막힌다. 그 결과 혈중 산소농도가 낮아지면서 이산화탄소가 축적된다. 성인의 폐쇄성 무호흡의 가장 흔한 원인은 비만이다. 나이가 들면 혀에도 지방이 쌓이기 때문에 무거워진 혀가 뒤로 주저앉아 기도를 덮기 쉬워진다는 증거가 있다.[261] 알코올도 목구멍 뒤쪽의 근육을 이완시켜 폐쇄성 무호흡을 유발할 가능성이 있다. 남성의 경우 폐쇄성 무호흡이 생길 가능성이 50퍼센트 더 높다. 갑상선 기능 저하증, 여성의 다낭성 난소증후군처럼 비만과 관련 있는 질환은 폐쇄성 무호흡과 관련이 있다. 폐쇄성 무호흡의 흔한 증상으로는 코골이, 수면 중 일시적 호흡 정지, 야간에 자주 깨기, 일어났을 때 구강 건조증과 목구멍 통증, 아침 두통, 주간 졸음 등이 있다. 무호흡 증상이 일어나는 동안에는 호흡이 멈추고 혈중 이산화탄소 수치가 높아진다. 그러면 뇌에서 산소가 부족하다는 것을 감지하고 각성을 유도하기 때문에 잠에서 깨어 숨을 헐떡이게 된다. 폐쇄성 수면무호흡증은 아주 위험할 수 있다. 특히 심장 문제와 고혈압 문제를 악화시키기 때문에 더 위험하다. 일부 연구에 따르면 녹내장과 시신경 손상 같은 눈 질환이 폐쇄성 수면무호흡증이 있는 사람에게서 더 높은 것으로 나타났다.[262] 폐쇄성 수면무호흡증은 뇌졸중과 심장 질환의 위험인자이기도 하다. 여기에 해당하는 심장 질환으로는 **느린 맥**(심장이 너무 느리게 뛰는 경우), **심실위빠른맥**(심장이 정상보다 갑자기 빨리 뛰는 경우), **심실빠른맥**(심장의 아래쪽 방인 심실이 너무 빨리 뛰어 몸이 충분히 산화된 혈액을 공급받지 못하는 경우), **심방세동**(심장 박동이 불규칙하고, 종종 너무 빨라지는 경우) 등이 있다. 이런 질병 모두 치매의 위험인자다.[254] 또 한 가지 추가적인 문제점은 벤조디아제핀 기반의 수면제(6장)와 전신마취가 상기도의 근육을 이완시켜 폐쇄성 수면무호흡증을 악화함으로써 전신마취 수술의 위험을 높인다는 것이다. 다행히 폐쇄성 수면무호흡증은 부드럽게 지속적으로 기도로 공기를 밀어주는 장치를 이용하면 쉽게 치료가 가능하다. 이 장치를 지속적 기도양압장치(CPAP)라고 부른다. 이런 장치는 적응하는 데 시간이 좀 걸리지만 대부분의 경우에서 폐쇄성 무호흡에 의한 불면증 문제를 해소해준다. 따라서 본인이나 다른 사람의 수면을 방해할 정도로 코골이가 심하거나, 밤중에 자다 말고 숨이 막혀 깨거나, 당신이 자다가 중간에 간헐적으로 호흡이 멈추는 것을 옆에서 자던 배우자가 느끼거나, 일을 하다가 혹은 운전을 하다가 깜빡 잠이 드는 경우에는 반드시 병원을 찾아가 적절한 진단과 치료를 받아야 한다.

주간 졸음을 수치로 측정하는 데 도움이 되는 간단한 온라인 설문이 있다. 엡워스 졸음척도Epworth Sleepiness Scale인데, 원한다면 한번 받아봐도 좋을 것이다. 폐쇄성 수면무호흡증만 치료해도 여러 건의 심각한 교통사고를 예방할 수 있다는 강력한 주장이 있다.[263] 폐쇄성 수면무호흡증 외에도 다음과 같은 수면 관련 호흡장애가 있다.

중추성 수면무호흡증

중추성 수면무호흡증(CSA)은 폐쇄성 수면무호흡증과 아주 비슷하지만 기도가 물리적으로 차단되는 것이 아니라 뇌가 호흡을 조절하는 근육에 신호를 보내지 않거나, 비정상적인 신호를 보내서 발생한다. 마름뇌(호흡에서 중요한 역할을 하는 뇌 부위. 그림 2)에 영향을 미치는 뇌졸중이나 교통사고로 인한 뇌 손상 등이 중추성 수면무호흡증을 일으킬 수 있다.[264]

수면 관련 환기저하장애

이 질환은 폐가 충분히 환기되지 않아 혈중 이산화탄소 수치가 높아질 때 일어난다. 비만, 유전적 이상, 약물 투여(예를 들면 오피오이드, 벤조디아제핀 등), 감염 등이 모두 수면 관련 환기저하와 관련이 있다.[265] 비만성 환기저하증후군obesity hypoventilation syndrome(OHS)은 '픽윅증후군Pickwickian syndrome'이라고도 하며, 찰스 디킨스의 소설《픽윅 클럽 여행기》(1837)의 등장인물 조에게서 비롯한 이름이다. 비교적 최근까지도 의학계에서는 좀 인정 없는 별명을 사용하는 특징이 있었다. 가엾은 조가 그 사례다.《픽윅 클럽 여행기》의 원래 삽화를 보면 알겠지만 조는 비만, 수면무호흡증, 주간 졸음과 피로감, 푸르스름하게 부어오른 손가락과 발가락과 다리(청색증), 높은 혈중 이산화탄소 수치 때문에 생기는 아침 두통 등 우리가 나중에 비만성 환기저하증후군으로 묘사하는 증상을 많이 갖고 있었다. 픽윅증후군이 있는 사람을 '블루 블로터blue bloater'라고도 불렀다. 과체중에 호흡이 가쁘고, 만성 기침을 하는 사람을 묘사하는 용어다. 블루 블로터는 '핑크 퍼퍼pink puffer'와 종종 대비된다. 핑크 퍼퍼는 여위고, 호흡이 빠르고, 피부가 분홍색인 사람을 의미한다. 심각한 폐기종을 묘사하는 옛날 용어다. 결론을 정리하면 블루 블로터와 핑크 퍼퍼는 만성폐쇄성 폐질환의 사례이고, 이런 사람은 어김없이 심각한 수면장애를 겪고 있다.[266]

수면 관련 저산소혈장애

이것은 자는 동안에 혈중산소 수치가 정상 이하로 내려가는 것을 말한다. 폐에 혈액을 공급하는 폐동맥의 혈압이 상승하는 폐고혈압이나 신경퇴행성 질환, 뇌졸중, 심지어 간질 같은 질환의 증상일 수 있다.[267]

4) 과다수면중추장애

과다수면중추장애는 밤에 정상적으로 잠도 잘 자고 잠들거나 잠을 유지하는 데 전혀 어려움(불면증)을 겪지 않음에도 불구하고 낮에 심하게 졸리는 흥미로운 질환군이다. 가장 흔한 형태는 **기면증**이다. 기면증은 미국에서 2000명당 한 명꼴, 따라서 미국에서는 20만 명, 전 세계적으로는 300만 명이 기면증 환자인 것으로 추정된다. 기면증은 그 정도가 다양해서 기면증이 있는 사람 중 정식으로 진단을 받은 사람은 25퍼센트에 불과한 것으로 추정된다. 증상이 심각한 경우에만 병원을 찾기 때문이다. 기면증이 있으면 뇌가 수면/각성 주기를 정상적으로 조절하지 못해 부적절한 시간에 갑자기 잠에 빠진다. 그래서 낮에도 하루 종일 과도한 졸음을 느끼고 집중하거나 깨어 있는 데 어려움을 겪는다. 어떤 사람은 아무런 경고도 없이 갑자기 잠에 빠지는 **탈력발작** 동반 기면증을 경험한다. 이것은 근육의 통제를 일시적으로 상실해서 쓰러지는 것이다. 탈력발작은 웃음이나 분노 같은 감정에 반응해서 촉발될 수 있다. 하지만 기면증이 있는 사람 중에는 **가위눌림**을 경험하는 사람도 있다. 가위눌림은 깨어나거나 잠들어 있을 때 움직이거나 말을 일시적으로 할 수 없는 증상이다. 기면증이 있으면 꿈을 지나치게 많이 꾸기도 한다. 특히 잠에 들 때나(**입면환각**hypnogogic hallucination) 깨어나기 직전, 혹은 깨어나는 동안(**출면환각**hypnopompic hallucination)에 꿈을 꾼다.

기면증의 원인은 복잡하다.[268] 일부 사례에서는(일부라는 점을 강조한다) 하이포크레틴 혹은 오렉신이라고 하는 뇌 신경전달물질이 부족해서 생긴다. 오렉신은 보통 각성 상태를 주도하는 작용을 한다.[269] 오렉신 결핍은 자가면역 반응에 의해 생기는 것으로 보인다. 자가면역 반응이 일어나면 면역계가 시상에서 오렉신을 생산하는 세포를 공격하거나, 오렉신에 반응하는 세포를 공격한다. 일부 기면증이 자가면역에서 기원했음을 뒷받침하는 증거는 2009년 팬데믹 때 생산되어 몇몇 유럽 국가에서 사용된 H1N1 인플루엔자 백신 팬덤릭스 예방접종 이후에 기면증 발병 위험이 증가했다는 연구 결과에서 나왔다.[270] 백신에 사용된 면역증강제(백신에 대한 인체의 면역반응을 증가시키기 위해 백신에 추가하는 물질)가 5만 2000명당 한 명꼴로 소수의 사람에게서 지나치게 공격적인 면역반응을 촉발했던 것으로 보인다.[271, 272] 지금은 이런 유형의 면역증강제를 사용하지 않고 있으며, 다른 H1N1 독감 백신은 기면증을 일으키지 않았다. 이 예상치 못했던 안타까운 사건은 코로나19 백신 같은 새로운 백신을 개발할 때 중요한 교훈을 주었다. 현재는 기면증을 완치할 방법이 없지만 모다피닐 같은 약으로 관리할 수 있다. 이 약은 의사의 처방으로만 구입할 수 있으며 주간 각성을 증가시키고 졸음을 줄이는 데 큰 효과가 있다. 기면증이 아닌 사람도 잠을 쫓고 싶을 때 모다피닐을 자주 복용하고 있다. 이것은 세상에서 가장 안전한 스마트 약물smart drug(소위 '공부 잘하는 약', '똑똑해지는 약' 등으로 불리는 두뇌 활동 촉진 성분–옮긴이)로 불려왔다. 현재는 모다피닐의 단기적, 장기적 부작용이 발견되지 않았지만 잠을 쫓기 위해 온라인으로 이 약품을 구입하는 것은 권장하지 않는다.

5) 수면이상증

수면이상증parasomnia은 잠들 때, 자고 있을 때, 깨어날 때 원치 않는 경험이 수반되는 복잡하고 다양한 수면장애군이다. 수면이상증에는 비정상적인 운동, 행동, 감정, 지각, 꿈 등이 포함된다. 사건이 일어나는 동안에 잠들어 있기 때문에 나중에 물어보면 그런 일이 일어난 줄도 모르는 경우가 많다. 수면이상증은 다양한 유형으로 나타나며 그 예는 다음과 같다.[273]

혼돈 각성

혼돈 각성은 깨어날 때, 혹은 깨어난 직후에 아주 이상하고 혼란스러운 방식으로 행동하는 것을 말한다. 말이 느려지거나, 생각이 혼란스러워지거나, 기억력이 떨어지거나, 정신 상태가 안개 낀 듯 흐려지는 경험을 할 수 있다. 이 증상은 누군가가 당신을 깨우려 할 때, 특히 서파수면에서 깨어날 때 생길 수 있다.

몽유병

수면보행증이라고도 하는 몽유병은 잠든 상태에서 침대에서 일어나 돌아다니는 증상을 말한다. 말을 하기도 하고, 보통은 눈도 뜨고 있다. 혼란스럽고 무표정한 얼굴을 하고 있다. 몽유병 동안에는 내가 어렸을 때 몇 번 그랬던 것처럼 어머니 장바구니에 소변을 보는 등의 조잡하거나 이상한 행동이 나타날 수 있다. 혹은 가구를 옮기기도 하고, 창문 밖으로 기어나가기도 한다. 몽유병은 서파수면 동안에 자주 나타난다. 몽유병으로 돌아다니는 사람을 만나면 부드럽게 다시 침대로 안내해주는 것이 가장 좋다. 몽유병 환자는 자연스럽게 몽유병에서 깨어나 낯선 곳에 있는 자신을 발견하기도 하고, 깨기 전에 다시 침대로 돌아가 무슨 일이 있었는지 전혀 인식하지 못할 때도 있다.

야경증

야경증sleep terror의 전형적인 증상은 침대에서 일어나 앉아 공포에 질린 얼굴로 비명을 지르거나 고함을 치는 것이다. 이런 증상은 보통 서파수면에서 일어난다. 당신의 자녀나 배우자가 야경증을 보일 때는 그 모습을 지켜보는 것이 무척 힘들겠지만 침착함을 유지하고 차분해질 때까지 기다려야 한다. 위험한 경우가 아니면 야경증 환자와 대화를 시도해서는 안 된다. 그런 증상을 겪고 있는 동안에는 그 사람을 깨우려 해서도 안 된다. 당신을 알아보지 못할 수도 있기 때문에 섣부르게 진정시키려고 했다가는 더 흥분할 수 있다. 당사자는 아침에 일어나면 아마도 그 사건을 전혀 기억하지 못하겠지만 불안과 스트레스가 원인일 수 있으므로 그 일에 대해 이야기하면서 혹시나 걱정거리가 있는지 알아보는 것이 도움이 될 수도 있다.

수면 관련 섭식장애

수면 관련 섭식장애(SRED)는 반복적으로 한밤중에 깨어나서 강박적으로 폭식과 폭음을 하는 증상이다. 10분 정도만 지속된다. 증상은 거의 매일 밤 나타나며 한밤에도 여러 번 일어날 수 있다. 아침에 일어나도 폭식에 대한 기억이 없다. 증상이 일어나는 동안에 말리려고 하면 분노와 저항을 촉발하는 경향이 있다.

렘수면행동장애

렘수면행동장애(RBD)는 렘수면 중에 꾸는 생생한 꿈을 행동으로 옮길 때 생긴다. 원래 렘수면 동안에는 몸이 마비되는 것이 정상이다(2장). 하지만 렘수면행동장애에서는 이런 마비가 사라지기 때문에 꿈을 꾸는 동안에 수많은 행동이 동반된다. 이런 행동이 폭력적일 수도 있다. 앞에서도 언급했던 내용이지만 아내에게 헌신적이었던 남편이 꿈 상태에서 아내를 침입자로 착각해 공격해 죽인 사건이 있었다(2장). 살인이 렘수면행동장애 증상 동안에 일어난 경우는 렘수면행동장애 진단이 무죄판결의 근거가 되어왔다.[40] 렘수면행동장애를 몽유병과 혼동하지 말아야 한다. 몽유병은 보통 서파수면 상태에서 일어나기 때문에 자신의 꿈을 행동으로 옮기지 않는다. 렘수면행동장애 증상을 겪다가 깨어난 경우 당사자는 생생한 꿈을 세세한 부분까지 명확하게 기억하는 경우가 많다. 렘수면행동장애는 더 심각한 질병의 전조일 수 있으며 렘수면행동장애가 있는 사람 중 50퍼센트 정도는 렘수면행동장애가 발병하고 10년 안에 파킨슨병이나 치매로 발전한다. 그 메커니즘은 도파민을 생산하는 뉴런의 상실로 인해 뇌에서 신경전달물질 도파민의 수치가 변하기 때문일 가능성이 높다.[274]

가위눌림

가위눌림은 잠들거나, 더 흔하게는 잠에서 깰 때 의식은 깨어 있는데 몸을 움직일 수 없는 경우다. 렘수면 중에는 몸이 마비되는데, 가위눌림의 경우 이런 마비가 깨어난 후에도 지속된다. 가위눌리면 말을 할 수 없거나 팔, 다리, 몸을 움직일 수 없다. 하지만 무슨 일이 일어나고 있는지는 온전히 의식할 수 있다. 이 증상은 몇 초 혹은 몇 분 동안 지속된다.[273] 가위눌림을 겪으면 무척 당혹스럽지만 해를 입는 것은 없고, 대부분의 사람이 평생 한두 번 정도는 이런 증상을 경험한다. 하지만 가위눌림의 확률을 낮추려면 잠을 충분히 자고 6장에서 이야기하는 수면 위생을 잘 지키는 것이 좋다.

이갈이

이갈이는 자는 동안에 불수의적으로 이를 갈거나 꽉 무는 증상으로, 스트레스나 불안과 관련이 있는 경우가 많다. 이것 때문에 어떤 사람은 안면이나 턱의 통증과 두통을 경험한다. 심각한 수준으로 오래 지속되면 치아가 손상될 수 있다. 한 가지 해결책은 의학적으로 승인된 상하 치아 분리 마우스가드를 착용하는 것이다.[275]

그 밖에 **단순한 잠꼬대**, 아주 현실처럼 보이는 상상 속의 사건인 **수면 관련 환각**, 잠을 제대로 이루지 못하게 해서 불면증을 종종 낳는 잦은 **악몽**, **야뇨증** 등이 있다. 야뇨증의 경우 어린아이에게서 흔하고, 자는 동안에 실수로 소변을 보았을 때 일어난다.

이런 다양한 수면이상증은 대체로 뇌의 신경학적 원인으로 일어난다. 이런 증상의 발생 가능성을 높이는 여러 가지 위험인자가 존재한다. 어떤 사람은 스트레스를 받았을 때 몽유병이나 다른 수면이상증을 겪을 가능성이 더 높다. 몽유병과 야뇨증은 아동에게서 자주 일어나고 보통 자라면서 자연스럽게 사라진다. 몽유병이나 야경증이 집안내력인 경우에는 유전적인 기여 인자가 존재할 수 있다. **외상후스트레스장애(PTSD)** 환자의 80퍼센트 정도는 외상 후 3개월 정도는 그 외상이 시각화되어 나타나는 고통스러운 악몽을 꾼다. 항우울제나 혈압약 등 일부 약물의 경우에는 악몽이 흔한 부작용으로 나타나기 때문에 약물에 관한 설명서를 꼼꼼히 읽어보자. 몽유병, 야경증, 기타 수면이상증은 알코올을 과도하게 섭취하거나 신경정신 약물을 복용하는 사람에게서 일어날 가능성이 더 높다.

6) 수면 관련 운동장애

수면 관련 운동장애(SRMD)는 수면을 방해해서 불면증을 일으킬 수 있는 상대적으로 단순한 운동을 말한다. 이것은 전형적인 형태로 일어나는 경우가 많다.[276] 가장 흔한 것은 하지불안증후군이다. 이 경우 다리를 움직이고 싶은 거부할 수 없는 욕망을 느끼게 되고 저녁이나 밤에 그런 감각이 더 악화된다. **하지불안증후군**은 팔과 다리의 불수의적이고 날카로운 움직임과도 관련이 있다. 이것은 **수면 중 주기성 사지운동**periodic limb movement이라고 알려져 있다. 증상은 중등도에서 중증에 이르기까지 다양하고, 매일 일어날 수도, 가끔 일어날 수도 있다. 심각한 사례에서는 하지불안증후군이 당사자뿐만 아니라 함께 자는 배우자의 수면을 방해할 정도로 고통스러울 수 있다. 대부분의 경우에서 뚜렷한 원인은 없지만 일부 신경학자들은 렘수면행동장애와도 관련이 있는 신경전달물질 도파민이 역할을 하고 있는지도 모른다고 주장한다. 주기성 사지운동은 임신기간에 흔히 일어날 수 있으며 그 때문에 수면의 질이 크게 저하되지만 출산 후 머지않아 사라진다. 몇몇 연구에서는 파킨슨병(도파민 결핍과 관련 있는 질병) 환자에게 하지불안증후군이 생길 가능성이 높다는 것을 보여주었다.[277] 일부 사례에서는 철분 결핍 같은 기저질환에 의해 유발되기도 하며, 철분 보충제를 복용하면 일부 사례에서는 증상을 완화하는 데 도움이 되는 것으로 밝혀졌다.[278] 신부전 또한 이 증후군과 관련이 있다.[279]

7) 기타 수면장애

완벽을 기하기 위해 이 마지막 범주를 포함시키기는 했지만, 이 범주는 나머지 여섯 가지 범주에 깔끔하게 들어맞지 않는 수면 질환들을 뭉뚱그려놓은 것이기 때문에 별 도움이 안 될 수 있다. 이것은 최후의 보루에 해당하는 범주다! 예를 들어 **환경성 수면장애**가 여기에 포함되며 항공기 소음, 도로 교통 소음, 심지어 담배 연기 등의 환경 문제로 인해 생기는 수면 방해를 지칭한다. 이런 환경적 요인이 수면을 방해해서 불면증과 과도한 주간 졸음을 유발할 수 있다. 이러한 기타 수면장애들은 아주 희귀해서 제대로 연구가 이루어지지 않아 진단도 하기 어려운 신경학적 문제 때문에 생길 수도 있다.[280]

1. 수면장애가 있는지 어떻게 알 수 있나요?

스스로 알 수 있거나, 배우자나 가족이 알 수 있는 가장 흔한 증상들은 다음과 같습니다. 하루 종일 지나치게 졸리거나 피곤함, 아침에 일어나기 어려움, 낮에 운전을 하거나 일을 하는 중에도 깨어 있기가 힘들고 낮잠이 필요함, 기분의 변화나 잦은 짜증, 일주일에 몇 번 정도 잠들기가 어려움, 밤새 깨지 않고 수면을 유지하기가 어려움, 함께 자는 배우자가 깨어날 정도로 심한 코골이, 잦은 두통 혹은 기상 시 목의 건조함 등등. 이들 정보와 수면일기(부록 1)를 통해 자기에게 있을지 모를 수면 및 일주기 리듬 장애의 유형을 더욱 잘 이해할 수 있을 것입니다. 이렇게 얻은 정보를 바탕으로 담당 주치의와 상담해보세요.

2. 잠에서 깼을 때 눈에 끼는 모래 같은 눈곱은 무엇인가요?

샌드맨은 마법의 모래를 사람들의 눈에 뿌려서 잠들게 하고 아름다운 꿈을 불어넣어준다는 서유럽과 북유럽의 신화 속 인물입니다. 분명 샌드맨은 실제로 존재하지 않지만 아침에 일어날 때 보면 눈구석에 모래 같은 눈곱이 껴 있을 때가 많습니다. 이것을 의학 용어로는 '점막 분비물'이라고 합니다. 점막 분비물은 점액, 눈 표면에서 떨어져나온 죽은 세포, 지방분, 자는 동안 눈에서 만들어지는 눈물 등이 섞여 있는 것입니다. 낮에는 눈 깜박임과 눈물을 통해 눈이 윤활되고 이물질이 눈 표면에서 씻겨나갑니다. 하지만 자는 동안에는 눈을 깜박이지 않기 때문에 눈구석에 점막 분비물이 쌓입니다. 이게 눈 속의 모래처럼 느껴지는 것이죠. 렘수면 중에 눈이 좌우로 빠르게 움직이는 것은 수면 중 눈을 깜박일 수 없는 동안에 눈을 윤활하기 위한 것이라고 추측하는 사람도 있습니다. 점막 분비물이 노란색이나 초록색이면 감염이 일어났다는 신호입니다. 그 색깔이 계속되면 병원에 가보아야 합니다.

3. 수면장애가 있는 것 같은데
의사 선생님한테 구할 수 있는 도움은 수면제밖에 없습니다.
어떻게 해야 할까요?

이것은 다음의 세 가지 핵심 요인 때문에 흔히 일어나는 문제입니다. (1) 당신의 담당 의사가 수면과 일주기 의학 영역에 대해서는 거의 수련을 받지 못해 어떻게 조언을 해주어야 할지 모르는 경우입니다. (2) 의사들도 사정이 있습니다. 약물 치료의 선택지가 아주 제한되어 있거든요. 현재로서는 수면제가 유일한 선택지인 경우가 많습니다. 수면제도 단기적으로는 도움이 될 수 있죠(6장). (3) 수면제 말고도 불면증을 위한 인지행동요법(CBTi) 같은 다른 치료 대안이 있습니다. 이 경우 전문가와의 1:1 치료가 필요하죠. 그런데 이 분야의 전문가들이 대단히 드물고 보건의료 체계에서 이런 치료를 뒷받침할 만한 재원이 마련되지 않은 경우가 많습니다. 하지만 수면의 질을 개선하기 위해 우리가 취할 수 있는 행동이 존재합니다. 식생활 개선과 운동을 통해 건강을 증진할 수 있듯이 좋은 수면 습관을 채용해서 수면의 질을 개선할 수 있습니다. 이것이 다음에 이어지는 6장의 주제입니다.

4. 카바카바가 수면과 긴장 이완에 도움이 된다고 하는 사람이 많습니다. 이런 주장을 뒷받침할 만한 증거가 있나요?

카바카바의 역사는 태평양제도에서 시작되었는데, 폴리네시아, 하와이, 바누아투, 멜라네시아 등의 태평양 문화권 전역에서 소비되고 있습니다. 이 식물의 뿌리를 이용해서 진정 및 마취 효과가 있는 음료수를 생산합니다. 그 유효성분은 '카발락톤'이라 불립니다. 흥미롭게도 카발락톤은 뇌의 GABA(감마아미노뷰티르산) 경로를 강화하는 것으로 보입니다. GABA 경로는 벤조디아제핀(디아제팜[발륨], 클로르디아제폭시드[리브륨], 알프라졸람[자낙스] 등)과 Z-약물(조피클론, 자레프론, 졸피뎀 등) 모두의 표적이기도 합니다. 이 부분에 대해서는 다음 장에서 다루겠습니다. 카바카바 음료는 호주, 뉴질랜드, 미국, 유럽에서 긴장 이완과 수면에 도움을 주는 음료로 인기를 끌게 됐습니다. 좀 오래되긴 했지만 2003년까지 발표된 논문들을 검토한 리뷰 논문에서는 이렇게 결론 내리고 있습니다. "위약placebo과 비교했을 때 카바카바 추출물은 불안 증상을 치료하는 효과적인 대안으로 보인다. 더 많은 정보가 필요하기는 하지만 검토한 연구에서 나온 가용 데이터에 따르면 카바카바가 단기치료(1~24주)에서 상대적으로 안전한 것으로 보인다. 추가적인 엄격한 조사, 특히 카바카바의 장기적 안전에 관한 연구가 필요하다."[281] 쥐를 대상으로 한 연구에서도 카바카바 추출물이 수면이 교란된 동물의 수면을 개선하는 것으로 나왔습니다.[282] 따라서 아직 연구 초기이기는 하지만 카발락톤이 머지않은 미래에 유용한 수면 보조제로 사용될 가능성도 있습니다.

6장

리듬의 뒤에서

수면 및 일주기 리듬 교란(SCRD)의 해결책

어쩌면 모든 교육에서 얻는 가장 소중한 결과는
좋든 싫든 해야 하는 일이면 하는 능력을 배우는 것이다.

토머스 헨리 헉슬리

너무도 많은 사람이 수면의 질이 떨어져도 할 수 있는 일은 없으니 자면 자는 대로 못 자면 못 자는 대로 그냥 받아들여야 한다고 느낀다. 최근까지도 잠을 제대로 못 잔다고 하면 수면제를 처방해주는 것 말고는 별다른 방법이 없었다. 1920년대부터 1950년대 중반까지는 진정제이자 수면제로 사용할 수 있는 약물은 펜토바르비탈(넴뷰탈) 같은 바르비투르산염밖에 없었다. 바르비투르산염은 뇌에서 GABA 시스템이라고 하는 억제성 신경전달물질 시스템을 자극해서 중추신경계를 억제한다. 이런 약물들은 대단히 중독성이 강하고 위험한데도 1960년대부터 1970년대 중반까지 광범위하게 사용되었다. 이 약물이 위험한 이유는 진정 효과를 볼 수 있는 용량과 혼수상태나 사망을 초래할 수 있는 과다 복용량의 차이가 크지 않기 때문이다. 그래서 바르비투르산염은 점차 벤조디아제핀으로 대체됐다.

1955년 호프만라로슈에서 연구 화학자로 일하던 레오 스턴바흐(1941년 나치를 피해 미국으로 망명)는 최초의 벤조디아제핀인 클로르디아제폭시드를 발견했다. 이 약은 1960년에 리브륨으로 판매됐다. 1963년에는 활성이 강화된 클로르디아제폭시드의 변형된 형태인 발륨(디아제팜)이 출시됐다. 벤조디아제핀은 중독성이 적고 우발적 과다 복용으로 인한 사망 가능성이 낮아서 바르비투르산염보다 덜 위험하다. 벤조디아제핀은 바르비투르산염과 마찬가지로 주로 억제성 신경전달물질인 GABA의 분비를 촉진해 진정시키는 작용을 한다. 1970년대 중후반에 벤조디아제핀은 가장 많이 처방된 약물이었다. 벤조디아제핀은 단기간에 간헐적으로 복용하면 도움이 된다. 하지만 15년이 걸려서야 이 약도 만성적으로 복용하면 중독성이 있고 기억 손실과 우울증을 유발할 수 있다는 사실이 밝혀졌다. 그래서 1980년대부터는 인기가 시들해졌다.[283] 불면증 치료제로 승인된 벤조디아제핀으로는 에스타졸람, 플루라제팜(달마네Dalmane), 테마제팜(레스토릴Restoril), 쿠아제팜(도랄Doral), 트리아졸람(할시온Halcion) 등이 있다.

아주 최근에는 벤조디아제핀이 비벤조디아제핀 혹은 Z-약물(졸피뎀, 자레프론, 조피클론 등)로 대체되고 있다. 이 약물들은 다른 화합물을 바탕으로 만든 것이기 때문에 벤조디아제핀이 아니지만 마찬가지로 GABA의 분비를 강화한다. Z-약물은 처음에는 벤조디아제핀보다 안전하다고 여겨졌지만 지금은 장기복용 시 중독, 우울증, 기억 손실 등 벤조디아제핀과 사실상 동일한 문제를 유발하는 것으로 알려졌다. 몽유병, 심지어는 수면 운전 등이 생겼다는 보고

도 있다.[284]

벤조디아제핀과 Z-약물을 단기간 사용하면 불면증 같은 수면 문제를 효과적으로 치료할 수 있지만 장기간 복용해서는 안 된다. 하지만 이런 약물을 처방하기 전에 수면의 질을 개선해줄 대안의 접근방식을 먼저 시도해보아야 한다. 오늘날에는 벤조디아제핀과 Z-약물을 대신하는, 증거에 기반한 대안이 제시되어 있다. 이런 대안의 교정조치를 총칭해서 '불면증을 위한 인지행동요법'(CBTi)이라고 부른다. CBTi의 목표는 SCRD를 수면제를 사용하지 않고 치료하는 것이다. CBTi는 수면을 방해하는 습관을 개선해 쉽게 잠들 수 있고 중간에 잘 깨지 않게 해서 주간 졸음을 예방하는 행동을 하도록 장려해준다. CBTi는 개인이 혼자서 할 수도 있고, 보통 주마다 정기적으로 전문 의료 종사자를 찾아가서 도움을 받으며 할 수도 있고, 슬립스테이션Sleepstation이나 슬리피오Sleepio 같은 앱 기반의 디지털 CBTi를 이용할 수도 있다. 어떤 유형이든 CBTi를 시도하기로 마음먹었다면 수면일기를 작성해서 행동의 변화가 실제로 수면의 질을 개선해주는지 평가해보는 것이 도움이 된다. 수면일기를 작성하는 것은 어렵지 않으며 그 예를 부록 1에 실었다. 사람들은 자신의 수면 상태를 실제보다 더 안 좋게 평가하는 경향이 있기 때문에 수면을 기록으로 남기는 것은 정말 시도할 만한 가치가 있다.[285]

SCRD의 여러 측면을 완화하거나 경감하는 데 도움을 줄 몇 가지 제안을 나열해놓았다. 한 가지 완벽한 해법은 존재하지 않는다는 점을 강조하고 싶다. 이것은 운동과 비슷한 구석이 있어서 여러 가지 접근방법이 있다. 당신은 그저 꾸준히 실천하기만 하면 된다. 운동과 마찬가지로 꾸준함이 중요하다. 안타까운 일이지만 신속한 해결책은 없는 경우가 많다. 다음에 제시하는 제안들은 현재 시점에서 생각할 수 있는 내용을 바탕으로 한 것이며 내가 자주 받는 질문들을 다루고 있다. 질문은 네 항목으로 나뉜다. 낮에는 어떻게 해야 하는가? 잠자리에 들기 전에는 어떻게 해야 하는가? 침실을 어떻게 숙면의 안식처로 만들까? 잠자리에서는 어떻게 해야 하는가? 그리고 그 정보를 표 2에 요약해놓았다. 이런 질문들을 고려한 다음 장의 마지막 부분에서는 직장 유발 SCRD로 인해 직원들이 겪는 몇 가지 문제를 완화하기 위해 고용주가 지금부터라도 할 수 있는 일들을 살펴본다. 일단 제일 먼저 우리가 취할 수 있는 조치가 무엇인지부터 시작해보자.

낮에는 어떻게 해야 하는가?

아침 빛

대부분의 사람은 아침 자연광을 최대한 많이 받아야 한다. 3장에서 논의했듯이 아침 빛은 일주기 시계를 앞당겨준다.[93] 이렇게 되면 더 일찍 졸음을 느끼게 되고, 일찍 잠자리에 들면 더 오래 자는 데 도움이 된다. 전체 인구의 10퍼센트 정도는 아주 이른 종달새형 크로노타입이라 아주 일찍 잠자리에 들고 아주 일찍 일어난다. 이들에게는 늦은 오후와 저녁시간의 빛을 받는 것이 도움이 된다(자신의 크로노타입 평가는 부록 1을 참고하라). 이것은 시계를 뒤로 늦추는 역할을 해서 늦게 일어나고 늦게 잠자리에 들게 한다. 그럼 하루의 일정을 다른 사람들과 좀 더 비슷하게 맞출 수 있을 것이다. 자연광을 받기 힘든 상황이면 라이트박스를 이용해서 아침 시간에 빛에 노출되는 것도 일주기 타이밍 문제에 도움이 되는 것으로 밝혀졌다.[286] 라이트박스를 구입할 때는 2000럭스 이상의 충분히 밝은 빛을 내는지 확인해야 한다(그림 3). 중요한 점은 좀 더 아침형 인간이 되고 싶은 올빼미형이라면 시계를 앞당기는 아침 빛은 찾아 나서되, 시계를 뒤로 늦추는 저녁 빛은 피해야 한다는 것이다.[92]

낮잠 자기

지중해 국가, 남유럽, 중국 중부 곳곳에서는 이른 오후의 시에스타(낮잠을 자는 스페인의 전통적인 습관 – 옮긴이) 혹은 짧은 낮잠이 역사적으로 흔했다. 필리핀, 히스패닉 아메리카 등 스페인이 역사적으로 영향력을 미쳤던 많은 국가에서도 시에스타를 받아들였다. 이 모든 지역을 하나로 아우르는 공통점은 따듯한 기후와 거한 점심 식사다. 스페인과 다른 국가의 도시에서는 현대의 산업 일정에 맞추어 시에스타를 수용하기가 어려운 것으로 입증됐다. 그래서 정부와 비즈니스 부문에서는 시에스타 관행을 아예 폐기해야 한다는 요구가 반복적으로 제기되어왔다. 하지만 스페인 시골 지역에서는 시에스타가 여전히 일상 속에 자리잡고 있으니 그대로 받아들이면 된다! 안타깝게도 대부분의 사람은 그럴 사정이 안 된다. 북아메리카, 북유럽, 그리고 영어를 사용하는 국가들은 대부분 오후 한두 시간 정도의 시에스타가 부적절하며 현대의 산업 일정에 맞추어 수용하기가 불가능하다는 관점을 받아들였다. 여기서는 뭔가 청교도적인 인색함이 느껴진다. 그렇다면 기후가 따듯한 시골 환경에서 살고 있는 경우가 아니면 오후에 피로를 느껴 낮잠이 간절해질 때는 어떻게 해야 할까? 낮잠을 자고 싶다면 밤에 충분히 잠을 못 자고 있다는 의미이므로 제일 먼저 그 부분을 해결해야 한다. 하지만 낮잠을 즐기는 사람이라면 가끔씩 20분이 넘지 않게 낮잠을 자는 것도 괜찮다. 졸음이 쏟아질 때 잠깐 낮잠을 자면 오후 내내 기민성과 수행능력이 개선되는 것으로 밝혀졌다. 그보다 긴 낮잠은 오히려 생산성을 떨어뜨릴 수 있다. 긴 낮잠에서 회복하려면 비몽사몽한 느낌이 들고, 깨고 나서도 한동안은 기민함이 저하될 수 있기 때문이다. 이것을 수면 관성sleep inertia이라고 한다.[287] 그리고 취침시간에 가까운 시점(취침 전 여섯 시간 이내)에 낮잠을 자면 수면 압력을 줄이는 작용을 해서(2장) 취침시간을 뒤로 늦추게 될 것이다. 늦게 잠자리에 들고 아침에 피곤한 상태로 일어나 학교에 가는 일부 10대에게는 이것이 큰 문제가 될 수 있다. 미국 청소년들을 대상으로 한 최근의 연구에서는 학생의 24퍼센트 정도가 SCRD로부터 영향을 받는 것으로 나타났다.[288] 영국에서도 비슷한 수치가 나온다. 오후에 학교를 마치고 집으로 돌아와서 몇 시간 정도 낮잠을 자는 학생이 많다. 이러다 보면 수면 압력이 낮아져 밤에 취침시간이 늦어지고, 다음 날 오후 늦게 더 길게 낮잠을 자게 되고, 취침시간이 또 늦어지는 악순환이 반복된다.[289] 결론적으로 말하면 가끔 낮잠을 자는 것은 괜찮지만 긴 낮잠에 의존하지 않도록 조심해야 한다. 낮잠을 길게 자면 취침시간이 늦추어져 야간 수면시간이 짧아진다. 일을 해야 하는 평일에는 따로 낮잠을 잘 수도 없어 더 큰 문제가 될 수 있다. 모든 사람이 종래의 북유럽식 일/수면 체제를 따를 필요는 없다. 윈스턴 처칠은 스페인 전통의 시에스타를 받아들여 점심을 든든히 먹고 난 후에 4시 30분 정도부터 낮잠을 잤다.

제2차 세계대전 동안에도 그는 옷을 벗고 침대로 가서 두 시간이나 낮잠을 잤다. 그리고 오후 6시 30분경에 깨어 두 번째 목욕을 하고 긴 저녁 식사를 할 준비를 했다. 밤 11시경부터 몇 시간 정도 일을 하다가 마침내 잠자리에 들었다. 당시 영국 총리로서 자신의 업무 일정을 스스로 결정할 수 있었던 그는 미안한 기색도 없이 떳떳하게 올빼미형 인간으로 일을 했다.

운동

운동과 수면 사이의 관계는 복잡하지만 전체적으로 보면 운동은 수면에 좋다.[290] 대부분의 사람에게 특정 형태의 운동은 수면/각성 시간에 도움이 되고 불면증을 줄여준다. 특히 아침에 야외에서 정상적인 자연광을 받으며 운동하면 더욱 좋다. 운동과 빛이 결합되어 수면의 질과 수면/각성 시간을 개선해주는 것인지도 모르겠다.[291] 하지만 취침시간에 가까운 시점(한두 시간 이내)에서 하는 운동은 문제가 될 수 있다. 각성 상태에서 수면 상태로 이행할 때는 심부 체온이 살짝 떨어진다. 체온이 떨어져야 잠을 잘 수 있는 경우도 있다.[292] 중등도의 운동이나 격렬한 운동은 일주기 리듬에 의해 일어나는 체온의 변화를 무시하고 전부는 아닐지언정 일부 사람에게는 수면의 개시를 뒤로 늦출 수 있다.[293,294] 격렬한 운동은 달릴 때 느끼는 도취감인 '러너스 하이Runner's High'를 일으킬 수 있다. 달리기를 하지 않는 사람들을 위해 설명하자면 이것은 '순수한 행복, 기쁨, 자신의 자아나 자연과 하나가 되는 느낌, 끝없는 평화, 내면의 조화, 경계가 없는 에너지, 통증 감소' 등으로 묘사된다. 내가 한 친구에게 이 이야기를 꺼냈더니 그 친구가 조금 옆길로 새서 이렇게 말했다. "그게 바로 내가 초콜릿을 먹을 때 느끼는 기분이야." 어쨌거나 취침시간 직전에 운동에 의해 고양된 기쁨과 경계 없는 에너지는 수면에 도움이 안 될지도 모르지만, 평화와 내면의 조화는 수면에 좋을 수 있다. 원래는 이 도취감을 일으키는 것이 뇌하수체에서 분비되는 엔도르핀이라고 여겼었다. 하지만 최근에는 엔도카나비노이드라고 하는 또 다른 천연 화합물군이 관여하고 있다는 제안이 나왔다. 이것은 전신에서 만들어지는 분자로 대마에서 추출되는 카나비노이드와 비슷한 화학구조를 갖고 있다. 운동을 하면 엔도카나비노이드의 혈중 농도가 올라간다.[295] 흥미롭게도 다크초콜릿도 엔도카나비노이드의 활성을 자극할 수 있다. 결론을 말하자면 운동은 건강에 매우 유익하지만, 경험의 법칙에 따르면 취침이 아주 가까운 시점에서 하는 운동은 일부 사람에게 취침시간을 뒤로 늦출 수 있다. 13장에서 운동에 대해 다시 이야기하고, 적절한 시간대의 운동이 대사 조절에서 어떤 역할을 하는지를 살펴보겠다.

먹는 시간

먹는 시간에 대해서는 13장에서 더 자세히 설명할 것이라 여기서는 간단하게 알아보겠다. 늦은 시간에 식사를 하면 체중 증가 가능성이 올라가고,[296] 2형 당뇨병 같은 대사 문제에 대한 감수성이 높아진다.[297] 5장에서 이야기했듯이 체중 증가는 폐쇄성 수면무호흡증과 그와 관련된 다양한 문제를 일으킬 수 있다.[298] 더군다나 취침시간이 가까워지면 소화 작용도 줄어들기 때문에 잠자리에 들기 전에 거한 식사를 하면 위액의 과다 분비와 위궤양 위험 증가 등

소화 건강의 문제를 야기할 수도 있다.[299] 위통도 수면을 교란할 수 있다. SCRD 역시 위궤양의 위험을 높이기 때문에 악순환의 고리가 만들어질 수 있다.[300]

커피와 차

차(홍차나 녹차)와 커피에 들어 있는 카페인은 아데노신에 반응하는 뇌 수용체를 차단하기 때문에 뇌를 각성시키는 효과가 있다. 2장에서 살펴보았듯이 아데노신은 수면 압력을 높이는 데 도움을 준다. 더군다나 카페인은 투쟁-도피 반응을 촉진하는 아드레날린의 분비를 늘려(4장) 심장 박동 수, 호흡, 각성을 증가시킨다. 카페인에 대한 반응은 체중, 임신 상태, 약 복용 여부, 간 건강, 기존의 카페인 섭취 경험 등에 따라 개인마다 큰 차이가 나타난다. 하지만 건강한 성인의 경우 음료를 마시고 5~6시간 정도는 상당한 양의 카페인이 혈중에 남아 있게 된다. 그래서 오후에 진한 커피나 차를 마시면 밤에 취침시간이 지연될 수 있다.[45] 자신이 얼마나 많은 양의 카페인을 섭취하고 있는지 아는 것이 전체적으로 훌륭한 전략이 될 수 있다. 카페인이 제일 풍부한 음료는 하루를 시작하면서 마시고, 점심 이후로는 카페인의 섭취량을 점진적으로 줄여서 오후 중반이나 말에는 디카페인 음료로 전환하는 것이 좋다. 우리가 마시는 음료에 카페인이 얼마나 많이 들어 있는지 알면 깜짝 놀랄 것이다. 커피 한 잔(240밀리리터)에는 100밀리그램이나 그 이상의 카페인이 들어 있다. 에스프레소 한 잔에는 75밀리그램 정도가 들어 있다. 홍차 한 잔(240밀리리터)에는 40~50밀리그램, 녹차 한 잔(240밀리리터)에는 20~30밀리그램, 330밀리리터 코카콜라 혹은 코카콜라 제로에는 32밀리그램의 카페인이 들어 있다. 따라서 오후 늦은 시간이나 저녁에는 디카페인 음료나 허브 차를 마시는 것이 좋다. 우리 가족은 커피와 차의 열렬한 애호가지만 몇 년 전부터는 오후와 저녁에 마시는 음료를 디카페인으로 바꾸었다. 그 덕분에 모두들 잠자리에 더 일찍 들게 됐다.

스트레스

4장에서 이야기했듯이 낮에 스트레스가 축적되지 않게 해야 한다. 만약 감당 못할 수준의 스트레스를 받고 있다면 스트레스 관리 프로그램이나 마음챙김 명상 등을 고려해볼 만하다. 주간 활동에서 생기는 단기적인 정서적 스트레스는 대단히 강력한 수면 교란 요인이다.[301] 낮에 스트레스를 잘 통제하는 것이 정말 중요하다. 하지만 진정제는 피하자(아래 참고).

잠자리에 들기 전에는 어떻게 해야 하는가?

조도와 컴퓨터 스크린

3장에서 이야기했듯이 일주기 시스템은 100~1000럭스 범주의 상대적으로 밝은 빛과 30분 이상의 긴 시간 노출이 있어야만 생체시계를 확실하게 변화시킬 수 있다(3장, 그림 3). 따라서 정상적인 조건에서는 조도가 낮은 가정용 조명(100~200럭스)이나 대부분 100럭스 미만인 스크린에서 방출되는 빛은 일주기 리듬을 변화시키는 효과가 미미하거나 전혀 없을 것이다. 하지만 빛, 특히 파란빛은 생체시계를 바꾸는 것 말고도 뇌에 직접적인 각성 효과를 나타낸다.

뇌를 각성시키는 데 필요한 조도는 생체시계를 바꾸는 데 필요한 조도보다 낮은 것으로 보인다.[302] 취침 전에 빛에 의한 각성 수준이 높아지면 수면이 지연되지만 실질적인 조도, 그리고 서로 다른 빛이 각성에 미치는 효과에 대해서는 아직 제대로 이해하지 못하고 있다.[303] 정확한 데이터는 없는 실정이지만 취침 두 시간 전부터는 실내조명을 낮추고 컴퓨터 스크린에서 직접 나오는 빛을 피하는 것이 합리적이라 생각한다. 우리가 취침 전에 마지막으로 하는 일 중 하나는 집에서 조명이 제일 밝은 곳인 욕실에서 이를 닦으며 환한 조명이 켜진 거울을 직접 바라보는 것이다! 각성을 줄이는 것에 더해서 취침 전 조도를 낮추는 것도 수면 준비를 위한 심리적 루틴의 일부가 될 수 있다. 이런 조치가 다른 활동들(아래 참고)과 함께 우리가 수면을 준비할 수 있게 해준다.

수면제와 진정제

이 장을 시작하면서 말했듯이 수면을 돕기 위해 단기적으로 처방 진정제를 복용하는 것은 수면 패턴 재조정에 유용하다. 하지만 장기간 사용, 특히 야간 교대근무 노동자의 장기 사용은 부작용 때문에 문제를 일으킬 수 있다. 예를 들어 항불안제로 수면 유도 효과가 있는 벤조디아제핀 계열의 약(자낙스, 발륨, 아티반, 리브륨)을 만성적으로 복용하면 잠재적으로 중독성이 있고, 기억 형성 장애와 주간 주의력 감소로 이어질 수 있다.[304] 3년 이상 장기 복용할 경우 치매 위험이 높아진다는 주장도 있다.[305] 하지만 또 다른 연구에서는 벤조디아제핀 및 Z-약물의 복용과 치매 사이에 그런 상관관계가 발견되지 않았다.[306] 알코올과 항히스타민제 같은 비처방 진정제는 피해야 한다. 특히나 알코올의 경우 그 부작용으로 인해 건강 및 주간 업무 수행능력에 좋지 않은 영향을 미칠 수 있다.[307] 결론적으로 수면제를 복용하지 않는 것이 가장 바람직하지만, 수면제가 수면을 단기적으로 교정하는 데는 도움이 될 수 있다. 하지만 장기간의 사용은 피해야 한다.

골치 아픈 이야기

배우자와 급한 문제에 대해 대화를 나눌 시간이 이때밖에 없을 수도 있다는 것은 나도 이해하지만 취침 직전에는 골치 아픈 문제에 대해 이야기하거나 생각하는 것을 되도록 피해야 한다. 코르티솔과 아드레날린 수치가 급격하게 올라가면서 각성을 높이고 수면을 지연하기 때문이다(4장). 개인적인 경제 문제나 뉴스에 보도된 슬픈 주제 등은 피하는 것이 좋다. 배우자에게 그날 있었던 좋은 일에 대해 물어보거나, 어디서 읽거나 들은 재미있는 이야기를 들려주거나, 배우자가 해주었던 것 중에 즐거웠던 일이나 감사한 일에 대해 언급하는 것이 좋다. 서로를 친절하게 대하는 것이 중요하다! 나는 우리 가족의 오래된 모토를 부활시켰다. "친절의 말이 아니라면 아예 꺼내지도 마라!" 사실 나는 이 모토를 살짝 변형한 버전을 좋아한다. "그 누구에 대해서도 친절의 말을 꺼낼 것이 없다면 와서 내 옆에 앉아보라." 나는 이것이 도러시 파커가 한 말인 줄 알았는데 알고 보니 워싱턴 사교계의 명사였던 앨리스 루스벨트 롱워스의 말이었다.

샤워하기

목욕이나 샤워, 손발 따듯하게 하기[308] 같은 긴장 풀기 행동이 잠들기 전에 아주 유용할 수 있다. 이것 역시 수면 준비의 루틴으로 삼을 수 있지만, 피부를 따듯하게 해주는 것도 피부의 혈관을 확장시키는 데 도움이 된다(말초혈관 확장). 이것은 심부에서 피부로 가는 혈류를 늘려 열을 외부로 발산할 수 있다. 이것이 왜 중요할까? 일부 정말 흥미진진한 연구에 따르면 피부 혈관 확장은 체열 손실을 일으켜 잠드는 데 걸리는 시간을 줄여주는 것으로 밝혀졌다.[309] 그래서 잠자리에 들 때는 손과 발을 따듯하게 해주는 것이 좋다. 레이노증후군이 있는 사람에게는 특히 도움이 된다. 몇 년 전에 레이노증후군이 있는 친구가 잠들기 어렵다고 불평을 하기에 내가 수면용 벙어리장갑과 수면용 양말을 권해주었는데 실제로 수면의 질이 크게 향상됐다고 한다. 나는 앞으로 사치스러운 수면용 장갑과 양말이 시장에 나올 것이라 예상한다. 이런 제품은 손과 발을 따듯하게 유지할 수 있을 정도로 두꺼우면서 열 손실을 아예 막을 정도로 지나치게 두껍지는 않아야 한다.

침실을 어떻게 숙면의 안식처로 만들까?

침실

침실이나 취침 공간을 수면에 적합한 공간으로 만드는 것은 크게 간과되어왔지만 원하는 수면을 취하는 데 있어서 중요한 부분이다. 침실이 너무 더우면 심부 체온을 낮추는 데 어려움을 주어 수면 개시 시간이 늦춰질 수 있다. 이상적으로 보면 침실은 정신을 산만하게 하는 요소나 각성시키는 자극을 최소화해서 수면을 촉진해줄 수 있어야 한다. 수면 공간은 조용하고[310] 어두워야 하며, 텔레비전, 컴퓨터, 스마트폰 같은 장치는 치워야 한다. 요즘에는 스마트폰을 알람시계로 사용하고 있어서 침실에서 치우기 곤란할 수 있다. 하지만 스마트폰 때문에 산만해지는 경우가 생긴다면 알람시계로 대체해야 한다. 물론 이것 역시 그렇게 간단한 문제가 아니다. 많은 사람이 얼마나 더 잘 수 있는지 확인하려고 초조한 마음으로 알람시계를 자꾸 보느라 오히려 더 불안이 심해진다.[311] 이런 경우에는 알람을 설정해놓되 시계를 앞쪽이 보이지 않게 덮어놓으면 된다. 침대 조명은 책을 읽을 수 있을 정도로 충분히 밝으면서도, 각성을 줄이기 위해 최대한 어둡게 유지해야 한다.

수면 앱

수면 앱은 대략 언제 잠이 들었고, 언제 일어났는지, 총 수면시간은 얼마나 되고, 밤중에 몇 번이나 깼는지 기록할 때 유용하고, 이런 목적으로 사용할 때는 괜찮은 정확도를 보여준다. 하지만 현재 나와 있는 장치로는 렘수면과 비렘수면, 또는 깊은 수면을 평가하기가 어렵고, 평가한다고 해도 오해의 여지가 크다. 이론적으로 따지면 이런 관찰 시스템은 당신의 행동 변화가 실제로 수면의 질에 영향을 미치고 개선의 효과가 있는지 확인하는 데 유용할 수 있다. 하지만 현재 나와 있는 상업용 앱 대다수는 전체적인 수면을 정확하게 측정하지 못하기 때문에[312] '편안한 잠이 부족합니다', '렘수면 수준이 낮습니다'[313, 314]라는 식의 부정확한 보고에 오히려 더 불안해질 수 있다. 현재로서는 국립수면학회나 수면 전문가들이 지지하는 수면 앱이 존재하지 않는다.[315] 따라서 수면 앱을 너무 진지하게 받아들이지 않는 것이 현명하다. 수면 앱의 평가 내용 때문에 걱정이 돼서 세미나가 끝나고 나를 찾아온 사람이 정말 많았다. 어떤 사람은 자기가 사용하는 앱에서 '깊은 수면이 매우 부족합니다'라는 알림을 받았다고 했다. 그래서 그 사람은 새벽 3시에 알람을 맞추었다. 그 시간에 일어나서 앱을 확인하고 깊은 수면을 얼마나 잤는지 확인하기 위해서였다. 나는 시간을 내어 그 사람에게 이것이 왜 나쁜 아이디어인지 설명해주었다.

잠자리에서는 어떻게 해야 하는가?

일상 루틴

같은 시간에 일어나고 같은 시간에 잠자리에 드는 취침 루틴을 유지하는 것이 큰 도움이 된다. 특히 수면의 시점과 지속 시간에서 자신에게 필요한 수면의 양에 최적화된 루틴이면 더욱 좋다.[316] 이런 일정은 일주기 시스템을 동조화하는 환경의 신호, 특히 빛에 대한 노출을 강화해준다(3장). 식사와 운동도 역시 효과가 있다(13장). 토요일이나 일요일 아침에 몇 시간 더 늦잠을 자면 주중에 밀린 잠을 보충하는 데 좋을 거라 생각하겠지만 안타깝게도 밀린 잠을 몰아서 자는 것은 일반적으로 도움이 되지 않는다. 그날 하루는 졸음이 덜하고 스트레스도 덜해서 단기적으로는 도움이 되겠지만 수면 손실이 건강에 미치는 누적 효과를 늦잠 한 번 잔다고 지울 수는 없다. 더군다나 늦잠을 자면 일주기 리듬을 설정하는 데 필요한 아침 빛에 노출될 수 없다. 매일 밤 아홉 시간이나 그 이상의 수면

이 필요한 긴 수면자long sleeper에게는 진짜 문제가 있다. 이런 사람들은 직장에도 출근해야 하고, 가족 관련 일이나 다른 일들로 압박을 많이 받기 때문에 평일에는 아홉 시간 자는 것이 불가능할 수 있다. 현재로서는 주말에 늦잠을 자는 것이 그들에게 도움이 되는지, 안 되는지 알 수 없다. 일부 수면 전문가는 몰아서 자기가 긴 수면자에게 도움이 되리라 예측한다.

합의에 의한 섹스

'섹스가 수면에 도움이 되나요?' 많은 사람들이 내게 묻고 싶으면서도 공개적으로 물어보기는 주저하는 질문이다. 하지만 내가 온라인으로 강의할 때는 채팅방에서 익명으로 많이 물어본다. 흥미롭게도 이것은 코로나19 봉쇄 기간에 온라인에서 특히나 흔하게 접할 수 있는 질문이었다. 심지어 일부 영어권 지역에서는 남성이 오르가슴 후에 얼마나 빨리 잠드는지를 의미하는 프랑스어 표현인 '라 프티 모르la petite mort'라는 용어가 사용될 정도였다. 그렇다면 이것을 뒷받침하는 증거가 존재할까? 간단히 말하자면 분명 '그렇다'이다. 수면은 섹스에 좋고, 섹스는 수면에 좋다. 비교적 최근의 한 연구에서는 2주에 걸쳐 여성들을 조사해보았더니 수면시간이 한 시간 늘면 배우자와 합의에 의한 섹스를 할 확률이 14퍼센트 증가하는 것으로 나왔다. 좋다. 좋은 수면은 성생활을 촉진하는 것으로 보인다.[317] 하지만 섹스도 좋은 수면을 촉진해줄까? 언뜻 보면 여기에는 문제가 있는 것 같다. 섹스를 하면 흥분하게 되는데 어떻게 수면을 촉진할 수 있을까? 최근의 대규모 설문조사에서는 성인을 대상으로 성활동과 그 후에 따라오는 수면의 관계에 대해 사람들이 어떻게 인식하고 있는지 검토해보았다. 778명의 참가자(여성 442명, 남성 336명, 평균 나이 35세)가 온라인으로 익명의 설문조사에 응했는데 그 결과를 보면 배우자와 오르가슴을 경험한 경우 좋은 수면이 뒤따랐던 것으로 인식하고 있었다. 거기에 더해서 자위를 통한 오르가슴에도 좋은 수면이 뒤따른 것으로 인식하고 있었다.[318] 이 연구의 저자들은 다음과 같이 결론 내리고 있다. "잠자리에 들기 전에 안전한 성활동을 하는 것이 수면을 촉진하는 새로운 행동학적 전략을 제공해주는 것으로 보인다." 흥미롭다. 하지만 이것이 과연 정말 '새로운' 전략인지는 모르겠다. 어쨌거나 무슨 말을 하려는 것인지는 알겠다.

섹스 후에 졸린 이유는 남성과 여성에서 비슷한 작용을 하는 특정 호르몬 집합의 분비와 관련이 있는 듯하다. 섹스는 뇌하수체 후엽에서 옥시토신 분비를 증가시킨다.[319] 옥시토신은 당신이 무엇을 하고 있느냐에 따라 여러 가지 작용을 하지만 섹스와 수면이라는 맥락에서는 배우자와 더 깊이 연결된 느낌을 주고, 코르티솔 수치도 낮추어 스트레스를 줄여준다.[320] 거기에 더해서 오르가슴을 느끼면 젖분비호르몬(프로락틴)이 분비되는데 이것은 오르가슴 이후에 적어도 한 시간 정도 수치가 높은 상태로 유지되어[321, 322] 긴장이 풀리고 졸린 기분을 느끼게 해준다. 남성과 여성 모두 옥시토신과 젖분비호르몬의 효과가 결합되면 배우자를 부둥켜안고 잠들고 싶은 마음이 커지게 된다.

침대 매트리스

언뜻 생각해도 잘 자려면 좋은 매트리스, 베개, 침구가 중요할 것 같기는 한데 역사적으로 보면 매트리스의 종류와 수면의 질에 관한 과학적으로 잘 통제된 연구는 비교적 드문 편이다.[323, 324] 하지만 연구에 따르면 매트리스와 침구류는 몸에서 열을 빼앗아가 심부 체온을 낮추는 역할을 하기 때문에 잠드는 데 걸리는 시간을 줄이고 깊은 서파수면의 양을 늘려줄 수 있다.[325, 326] 매트리스와 침구류의 종류는 무척 다양하다. 그와 마찬가지로 사람들이 편안하다고 느끼는 매트리스와 침구류의 종류도 아주 다양하다. 그래도 새로운 매트리스가 필요한지 결정하기는 어렵지 않다. 뒤에 나오는 몇몇 질문에 '그렇다'는 대답이 나오면 매트리스, 베개, 침구류의 교체를 생각해볼 수 있다. 매트리스가 몸을 받쳐주지 못하고 처지는 느낌이 듭니까? 아침에 일어났을 때 등이나 팔다리가 쑤시고 아픈 느낌이 듭니까? 밤새 배우자가 몸을 뒤척이는 것이 느껴집니까? 매트리스를 구입한 지 7년이 넘었습니까? 침대에 있을 때 알레르기가 심해지거나 천식 증상이 생깁니까? 섹스를 할 때 불편합니까? 침실 자체는 시원한데 침대가 너무 덥습니까? 잠을 제대로 못 잡니까? 이런 질문을 배우자와 함께 의논해보는 것도 좋다. 우리는 인생의 3분의 1 정도를 침대에서 보내므로 자신과 배우자에게 맞는 침구류를 찾는 것이 무척 중요하다. 친구들에게 어떤 매트리스를 추천하고 싶은지 물어보고 판매점을 찾아가 다른 고객들의 반응도 살펴보고 직접 누워보는 것이 좋다.

라벤더와 긴장 이완 아로마 오일

긴장을 풀어주는 아로마 오일이 수면의 질 개선에 도움이 된다는 말을 자주 듣는다. 하지만 아로마 오일이 실제로 수면에 도움을 준다는 강력한 증거는 없다.[327] 효과가 있다고 해도 위약효과일 것이라는 의심도 있다. 라벤더가 실제로 수면의 질 개선에 위약보다 큰 효과를 나타낸다는 증거도 일부 있고,[328] 공정하게 말하면 증거가 없다고 해서 그것이 효과가 없다는 증거는 아니다. 더 많은 연구가 필요한 상황이지만 일부 사람에게서 아로마 오일이 수면의 질을 개선해준다는 일화를 찾아볼 수 있다. 어쩌면 이것은 라벤더 같은 조건화된 향기를 맡는 것이 심리적으로 수면을 준비하는 취침 전 루틴의 일부가 되었기 때문일 수도 있다. 집이 아닌 다른 곳에서 잘 때는 배우자의 향수 냄새나 면도 크림 냄새가 집을 떠올리게 해 수면에 도움을 줄 수도 있다. 매릴린 먼로는 무엇을 입고 자느냐는 물음에 이런 유명한 대답을 했다. "저는 샤넬 넘버5 향수만 입고 자요." 안타깝게도 매릴린 먼로가 주로 사용한 수면 보조제는 샤넬 넘버5가 아니라 바르비투르산염이었던 것 같다. 결국 그것의 만성적인 복용이 그녀에게 비극적인 결과를 불러왔다.

귀마개

배우자가 코를 곤다거나 외부에서 소음이 들려오는 경우 왁스 귀마개를 비롯한 귀마개가 도움이 될 수 있다.[329] 배우자의 코골이가 너무 심할 경우 다른 방에서 자는 것도 고려해볼 수 있다.[330] 따로 잔다고 해서 두 사람의 관계에 영향을 미치지는 않는다. 오히려 수면의 질을 개선하고 공감, 사랑, 행복을 증진시켜 유대감을 더 끌어올려줄 수도 있다! 그리고 앞에서도 이야기했지만 배우자에게 의사의 진찰을 받게 해서 폐쇄성 수면무호흡증(5장)은 아닌지 확인해보아야 한다.

침대에서 깨어 있는 채로 누워 있기

이 책에서 몇 차례 언급하겠지만 한밤중에 잠을 깨는 이유는 여러 가지가 있으며(8장 참고) 이것이 수면의 끝을 의미하지는 않는다. 그런 상황에서는 침대에 누워 억지로 잠을 청하느라 스트레스를 받지 않는 것이 중요하다. 차라리 침대에서 나와 조명을 어둑하게 유지한 채 책을 읽거나 음악을 듣는 등 긴장을 풀어주는 활동을 하는 것도 좋다. 앞에서도 이야기했지만 합의에 의한 섹스도 추가적인 선택지가 될 수 있다.

꿈에 대한 걱정

아주 초기의 기록부터 살펴봐도 우리 인류는 꿈과 그 꿈의 의미에 크게 매료되었다. 원래 꿈은 영적인 세계와 관련이 있다고 여겨지다가 아리스토텔레스와 플라톤, 그리고 나중에 19세기와 20세기 유럽의 정신분석학자들은 꿈이 현실 세계에서는 용납이 안 되는 무의식적 욕망을 안전한 설정 속에서 표출하는 방법이라 주장하게 됐다.[331] 하지만 안타깝게도 우리는 여전히 꿈을 꾸는 이유를 확실히 알지 못하고 있다(2장). 어떤 수준에서는 꿈이 기억 형성과 관련된 정보를 처리하거나, 자신의 감정 상태나 감정적 문제를 파악하는 데 도움을 줄지도 모른다. 이런 과정의 일부는 청소 및 폐기물 제거와 관련이 있을 수 있다. 아마도 이 과정은 기억을 약화하기보다는 강화하는 방식으로 작용할 것이다. 그리고 이런 기억 강화가 기이한 연상으로 이어질 수 있다.[332] 불안이 커지면 더욱 생생한 꿈의 이미지로 이어질 수 있다는 사실이 알려져 있다.[333] 예를 들면 불안이 고조된 시기에는 더 무섭고, 현실적이고, 생생한 꿈을 꾸었다고 보고하는 사람이 많았다. 9·11 테러로 뉴욕에서 쌍둥이 빌딩이 무너진 이후로 많은 뉴욕 시민들이 파도에 휩쓸리거나, 공격을 받거나, 강도를 당하는 꿈을 꾸었다고 보고했지만, 비행기나 높은 빌딩이 등장하는 꿈의 내용은 증가하지 않았다. 9·11 테러 장면이 미디어에서 반복적으로 등장했음에도 불구하고 9·11의 실제 사건이 꿈의 형태로 정확히 재현되었다는 보고는 없었다.[334] 저자는 이런 연구 결과로부터 꿈의 이미지를 만들어내는 것은 그 개인의 근원적인 감정 상태라는 결론을 내렸다.[334] 사실 일부 꿈은 위협적인 사건을 시뮬레이션해서 우리에게 서로 다른 다양한 반응을 연습할 수 있는 기회를 제공하여 더 창의적인 결정을 내릴 수 있게 해준다.[335] 꿈을 꾸는 것에 대한 걱정을 내려놓으려고 해보자. 꿈을 꿈으로써 뇌가 자기가 할 일, 즉 아주 복잡한 세상을 이해하려는 노력을 제대로 하고 있다는 사실에서 위안을 얻자. 그리고 마지막으로 꿈이 미래를 예측해준다는 많은 사람의 믿음에도 불구하고 이것이 과학적으로 입증된 적은 단 한 번도 없었다.[336] 강조의 차원에서 말하자면 렘수면과 꿈은 우리가 경험했던 감정적이고 스트레스 많은 상황을 확실하게 이해하고 해결하도록 돕고 있는 것일 수 있다. 우리는 꿈의 내용을 95퍼센트 이상 기억하지 못하는 것으로 추정된다. 꿈이 정말 깨어 있는 동안에 우리를 이끌어주는 필수적인 존재라면 그렇게 중요한 것을 대부분 기억하지 못하는 이유가 무엇이겠는가?

외상후스트레스장애와 악몽

악몽은 뇌가 강렬한 감정적 경험을 하고 있는 것이라 여겨지는 대단히 생생한 꿈을 말한다. 그래서 악몽을 꾸다가 잠에서 깨기도 한다. 하지만 악몽은 외상후스트레스장애(PTSD)와는 다르다. 악몽은 본질적으로 추상적이다. 하지만 PTSD는 특정한 정신적 외상 사건을 겪은 이후에 생겨나고, PTSD가 있는 사람은 낮에 플래시백(과거가 선명하게 회상되는 것-옮긴이)의 형태로, 또는 자는 동안에 그 사건이 시각화되는 악몽의 형태로 의지와 상관없이 반복적으로 그 끔찍한 사건 자체를 회상하게 된다.[337] 정신적 외상 사건을 경험한 사람 가운데 PTSD가 생기는 사람은 10퍼센트 미만인 것으로 여겨진다. 하지만 PTSD를 정신적 외상 사건 이후의 감정적 장애를 묘사하는 용어로 사용하는 경우가 많아지고 있다. 그러다 보니 이것이 PTSD를 앓고 있는 사람들의 심각한 고통을 폄하하는 작용을 하고 있다. 수면이 기억의 응고화를 강화하고(10장), 특히 렘수면은 감정적 기억의 응고화와 관련이 있기 때문에[338] 현재 정신적 외상 사건 이후에 당사자를 재워야 하는지, 깨워두어야 하는지에 대해 논란이 있다. 일부에서는 정신적 외상 사건 이후의 수면 박탈이 플래시백을 줄이는 데 도움이 된다는 데이터도 있지만, 이런 방식을 임상에 도입할지 여부를 결정하기 위해서는 더 많은 연구가 필요하다.[339, 340] PTSD가 있는 사람은 보통 시간이 지나면서 회복된다. 특히 이 장에서 소개하는 좋은 수면을 위한 조언을 따른다면 효과가 있다. 그래도 PTSD가 지속된다면 병원에 가보아야 한다.

위에 나온 논의는 수면의 질 개선에 도움이 될 여러 가지 방법을 다루고 있다. 하지만 수면의 지속 시간, 시간대, 구조는 개인차가 크지만 한 개인의 삶에서도 수명 전체에 걸쳐 큰 변화가 있음을 강

주간	취침 전	침실	침대에서
• 대부분의 경우 최대한 아침 빛을 많이 받는 것이 좋다. 아침에 라이트박스를 사용하는 것도 수면 조절에 도움이 된다.	• 대략 취침 두 시간 전에는 조명의 강도를 낮춘다.	• 너무 덥지 않게 섭씨 18~22도를 유지한다.	• 루틴을 준수하자. 주말과 휴일에도 매일 항상 같은 시간에 잠자리에 들고 잠에서 깬다.
• 낮잠을 잘 경우 20분을 넘지 않게 하고, 취침 여섯 시간 전부터는 낮잠을 자지 않도록 한다.	• 대략 취침 30분 전에는 전자장치의 사용을 멈춘다.	• 조용하게 유지하거나 백색소음이나 바다 소리와 같이 긴장을 풀어주는 소리를 틀어놓는다.	• 좋은 매트리스와 베개를 사용하고 침대는 충분히 큰 것으로.
• 운동은 좋지만 취침시간에 너무 가까운 시간은 피한다.	• 이상적으로는 처방 진정제와 수면제를 피하는 것이 좋다.	• 어둡게 유지한다. 길거리 불빛이 문제가 된다면 암막 커튼을 친다.	• 침대 맡 조명은 어둡게.
• 음식은 아침과 점심시간에 집중적으로 섭취한다.	• 알코올, 항히스타민제, 처방받지 않은 진정제를 피한다.	• 침실에서 텔레비전, 컴퓨터, 태블릿, 스마트폰 등을 치운다.	• 긴장을 풀어주는 아로마 오일 사용을 고려해본다(예: 라벤더).
• 카페인이 많이 든 음료는 과도하게 마시지 않도록 한다. 특히 오후와 저녁에는 피한다.	• 취침 직전에는 스트레스를 유발하는 주제에 대해 이야기하거나 생각하는 것을 피한다.	• 시계를 보지 않는다. 조명이 들어간 시계를 치우는 것도 고려할 만하다.	• 배우자가 코를 고는 경우 귀마개를 사용하거나, 다른 방에서 자는 것을 고려한다. 코골이가 수면무호흡증 때문이 아닌지 확인한다.
• 스트레스 상황에서 한발 물러날 수 있는 시간을 가진다. 스트레스가 쌓이게 하지 않는다. 일과가 끝난 후에 바로 이완기법을 사용하는 것을 고려한다.	• 취침 전에는 서서히 긴장을 푼다. 몸의 긴장을 풀어주는 행동을 채택한다. 음악 듣기, 독서, 마음챙김 명상, 따듯한 물로 샤워하기 등이 유용하다.	• 렘수면과 비렘수면을 측정하는 수면 앱을 너무 진지하게 받아들이지 않는다. 현재로서는 주요 수면 관련 학회에서 보증하는 앱이 없다.	• 중간에 깨더라도 침착함을 유지한다. 침대에서 나와 조명을 어둡게 유지한 채 긴장을 풀어주는 활동을 한 다음 피곤해지면 다시 침대에 눕는다.
자신에게 맞는 일상 루틴을 찾아서 고수하는 것이 가장 중요하다.			

표 2 – SCRD를 완화하기 위해 취할 수 있는 행동

조하고 싶다(8장). 따라서 자신에게 제일 잘 맞는 것이 무엇인지 확인한 다음 그런 행동을 지켜나가야 한다!

직장에서의 SCRD – 몇 가지 쉬운 해결책

고용주는 직장에서 SCRD 관련 문제를 해결할 간단한 조치를 도입할 수 있다. 야간 교대근무만 따져봐도 영국의 노동자 여덟 명 중 한 명은 야간 근무를 하고 있으며, 노동자 수도 지난 5년 동안 25만 명이 늘어서 300만 명을 넘어섰고, 앞으로도 계속 증가할 것으로 예상된다. 그럼 SCRD를 완화하고 직원들의 안전, 건강, 안녕을 증진할 수 있는 최고의 실천 방안을 어떻게 하면 개발할 수 있을까? 쉽게 시행할 수 있는 몇 가지 제안을 소개한다.

차량 퇴근 중 경계 소홀 예방법

야간 교대근무 및 그와 관련된 일주기 리듬 불균형과 수면 손실은 주의력 결핍과 졸음 증가 등의 심각한 문제를 일으킨다. 하지만 야간 교대근무만 문제가 아니다. 많은 직원들이 정규 근무 시간(오전 9시~오후 5시) 외에도 연장 근무를 하고 있으며, 집에 가서도 해야 할 일이 많다. 직장 일과 가정생활에는 종종 피로와 주의력 결핍, 그리고 미세수면(통제 불가능하게 잠에 빠져드는 것)이 동반되는 경우가 많은데 이는 근무 환경 안에서도 위험하지만 업무에 운전이 포함된 경우에는 특히나 위험하다. 운전 피로는 오랫동안 교통사고의 주요 원인으로 여겨져왔다.[341] 미국 고속도로교통안전국의 최근 보고서에 따르면 매년 경찰에서 보고한 10만 건 정도의 충돌사고가 졸음운전 때문이었다고 한다. 이런 충돌사고로 인해 1550명 이상이 사망하고, 7만 1000명이 부상을 당했다. 하지만 실제 수치는 이보다 더 높을 것이다. 충돌사고 당시 운전자가 졸음 상태였는지 확인하기가 어렵기 때문이다. 실제로 미국 자동차협회교통안전재단이 의뢰한 또 다른 연구에서는 그럴 가능성이 강력하게 제기되었다. 이 기관이 추정한 바에 따르면 경찰에서 보고하는 수치보다 세 배나 많은 매년 32만 8000건의 졸음운전 충돌사고가 발생하고 있다. 이 중에 10만 9000건이 부상으로, 6400건 정도가 사망으로 이어지고 있다. 이런 이유로 독일 바이에른주의 일부 자동차 공장에서는 야간 교대근무 노동자들이 안전하게 귀가할 수 있도록 통근버스를 제공하고 있다. 여러 해 동안 철도산업에서는 일종의 데드먼 장치(열차 주행 중 운전자가 어떤 원인으로든 의식을 잃고 핸들을 놓았을 때 자동적으로 브레이크가 걸리도록 되어 있는 안전장치 – 옮긴이) 혹은 운전자 안전장치를 이용해서 운전 중 방심했거나 깜박 잠이 든 운전자에게 경고를 해주고 있지만 최근까지도 가정용 차량과 상업용 자동차에서는 이와 비슷한 예방조치가 널리 채택되지 않았다. 현재 비침습적인 운전자 졸음 감지 기술이 없다는 것도 문제였다. 하지만 운전 패턴 감시 기술, 차선 내 차량 위치 감시 기술, 운전자 눈/안면 감시 기술 등 졸음을 감지하는 다양한 장치가 새로운 차량에 더 많이 통합되고 있다.[342] 고용주 측에서 그런 장비를 제공하거나 보조금을 지급할 수 있을 것이다.

작업장에서의 경계 소홀 예방법

저녁이나 야간 근무 동안에 증가하는 피로감과 경계 소홀은 사고의 증가로 이어진다. 한 연구에서는 4일 연속 주간 근무와 비교했을 때 4일 연속 야간 근무에서는 평균 부상 위험이 36퍼센트 높았다. 또 다른 연구에서는 작업과 관련된 부상이 첫 번째 야간 교대근무와 비교했을 때 연속 두 번째 야간 근무에서는 15퍼센트 이상, 연속 세 번째 야간 근무에서는 30퍼센트 이상 증가했다. 휴식 횟수가 감소하면 부상 위험도 올라갔다.[197] 이 경우도 역시 운전자의 고개가 까딱이는 것을 포착하는 기술 같은 일종의 졸음 감지 기술을 이용하면 사람들에게 졸음을 경고해줄 수 있다. 거기에 더해서 작업장 환경을 충분히 밝게 해주면 각성이 개선되는 것으로 밝혀졌다. 대부분의 권장사항에서는 실내 조도가 300럭스 정도면 사물을 보는 데 충분하다고 말한다. 하지만 이 정도의 조명이면 어두운 조명에 비해 각성을 높여주기는 하지만 최고의 각성을 달성하기에는 충분하지 않다. 최고의 각성에 도달하기 위해서는 1000럭스 이상이 필요하다. 서로 다른 상황에서 언제, 얼마나 많은 빛이 필요한지 정확하게 파악하기 위해서는 더 많은 연구가 필요하지만,[343] 고용주는 조도가 각성에 영향을 미친다는 것을 이해하고 작업장 환경의 조도를 300럭스가 아닌 1000럭스에 가깝게 유지해야 할 것이다. 지금은 여러 번에 걸쳐 연속으로 이루어지는 야간 교대근무, 휴식시간이 부족한 야간 교대근무, 어두운 조명의 작업장 모두 업무 수행능력의 저하와 높은 사고 위험을 야기한다는 것이 분명해졌다.

질병 예방법

SCRD는 다양한 신체적, 정신적 건강 문제와 연관되어 있으며

(표 1), 그런 문제는 조기에 발견할수록 더 일찍 개입해서 만성적인 건강 문제가 발생하는 것을 막을 수 있다. 따라서 SCRD 위험이 높은 사람은 건강 검진을 더 자주 받아야 한다. 암을 조기에 발견할 경우 효과적인 치료를 통해 생존율을 극적으로 높일 수 있다. 마찬가지로 2형 당뇨병이나 우울증 같은 질환도 조기에 발견해서 치료하면 통제 불가능한 상태로 빠져드는 것을 막을 수 있다.

SCRD가 있는 사람은 대사이상과 심혈관 질환의 위험이 더 높기 때문에 직장에서 이런 질병이 촉진되는 것을 줄이기 위해서라도 적절한 영양을 공급해야 한다. 자판기와 매점에서는 하나같이 당분과 지방 성분이 가득한 음식을 판다. 12장에서도 살펴보겠지만 이런 음식은 정말 도움이 되지 않는다. 야간 교대근무를 시작하기 전에 설탕이 많이 들어간 음식이나 달달한 음료를 섭취하면 혈당이 급격히 상승한다. 하지만 이어서 인슐린이 혈중 포도당 수치를 급속히 낮추기 때문에 이번에는 혈당 급저하가 일어난다(그림 9). 이런 것들 모두 피로감을 높이는 역할을 한다. 따라서 일을 시작하기 전에 자판기나 매점에서 허기를 달래는 일은 삼가야 한다. 매점에서는 수프, 견과류, 땅콩버터, 삶은 달걀, 닭고기, 생선 등 단백질이 풍부해서 소화가 편한 간식과 음식을 제공하는 것이 좋다. 이런 음식이 따분한 음식이라는 것은 나도 안다. 하지만 그 선택의 결과는 분명하다. 따분한 음식을 먹고 건강하게 살거나, 달달한 음식에 빠져 일찍 죽거나.

부부관계에 미치는 영향

야간 교대근무 노동자가 이혼율이 더 높다는 것은 여러 연구를 통해 밝혀진 사실이다. 미국 연구자들이 진행한 한 조사에서는 야간 교대근무를 하고 자녀가 있는 남성들은 주간 교대근무를 하는 사람과 비교할 때 결혼 후 5년 안에 별거하거나 이혼하는 경우가 여섯 배 더 높았다. 코로나19 전에 미국의 한 법률 사무소는 지난 3년간 야간 교대근무 노동자들의 이혼율이 35퍼센트 증가했다고 주장했다. 이것이 얼마나 폭넓게 일어나고 있는 문제인지 잘 보여주는 수치다.[344] SCRD가 행동에 미치는 해로운 영향을 배우자가 제대로 이해하지 못하는 것도 이런 문제에 한몫을 할 수 있다. 이 부분에 대한 정보와 교육 자료를 제공함으로써 직원들, 그리고 그 직원들과 함께 살아가는 사람들에게 큰 도움이 될 것이다.

크로노타입과 일하기 가장 좋은 시간

크로노타입은 사람에 따라 상당한 차이가 있다(1장). 다시 정리해보자면 크로노타입이란 사람이 24시간 중 특정 시간대에 잠드는 성향을 말하며, 인구 집단을 아침형 혹은 종달새형(전체 인구의 10퍼센트), 저녁형 혹은 올빼미형(전체 인구의 25퍼센트), 중간형 혹은 비둘기형(전체 인구의 65퍼센트)으로 나눌 수 있다. 연구에 따르면 일주기 수면/각성 시간과 일을 하는 시간 사이의 불일치가 클수록 건강 문제가 생길 위험도 커진다. 4장에서 언급했듯이 이런 불일치를 설명하기 위해 내 오랜 친구 틸 뢰네베르크가 사회적 시차증이라는 용어를 만들었다.[345] 고용주는 직원의 크로노타입에 맞추어 업무시간을 할당해줄 수 있다. 종달새형은 오전 근무에 더 적합하고, 올빼미형은 야간 근무에 더 적합할 것이다. 이것이 야간 교대근무에 대한 완벽한 해결책은 될 수 없지만 사회적 시차증과, 내부 시계를 거슬러 일하는 데서 생기는 심각한 문제를 덜어줄 수는 있다.

사회는 왜 SCRD를 무시하고 있는가?

수면의 중요성과 SCRD의 결과에 대한 인식이 크게 높아지고 있음에도 불구하고 이 문제를 해결하기 위한 조치는 거의 이루어지지 않고 있어 나는 정말 걱정이 많다. 사회적으로 봐도 보건의료 종사자들은 이 중요한 의학 분야에 대해 제대로 수련을 받지 못하고 있다. 최근 보험회사 아비바Aviva에서 내놓은 설문조사 결과에 따르면 영국 인구 중 무려 31퍼센트가 불면증을 겪고 있다. 영국 성인 중 3분의 2(67퍼센트)가 수면장애로 고통받고 있고, 거의 4분의 1(23퍼센트)이 하룻밤 수면시간이 다섯 시간이 안 된다. 이것은 분명한 문제인데도 의대생은 5년의 기본 교육 기간 중 수면에 대한 강의는 운이 좋아야 한두 번 듣는 수준이고, 일주기 리듬에 대한 강의는 아마도 전혀 듣지 못하고 있을 것이다. 의료 종사자 중 상당수가 수면에 대한 수련을 받은 적이 없기 때문에 일주기 리듬이 우리 생물학에 얼마나 중요한지 인식하지 못하고 있다. 수련의 기회가 지극히 제한되어 있어 수면과 일주기 의학 분야에서 임상 자격을 갖추고 있는 사람이 거의 없다. 정부도 피상적인 수준에서는 이 문제를 인식하고 있지만 입법이나 명확한 증거에 기반한 지침을 통해 이 광범위한 문제에 대처하는 데는 실패하고 있다. 연구비 지원 기관에서도 SCRD를 이해하는 새로운 지식을 발전시키기 위한 구체적이고 장기적인 연구에 필요한 자금을 제공할 의향이 없어 보인다. 심지어 현재 알려진 내용을 적용해서 사회 각 부문에서 건강과 부를 증진하는 문제에 대해서도 관심이 없다.

현재는 사람들이 SCRD, 특히 일주기 리듬의 중요성에 대해 별로 관심이 없지만 그래도 나는 낙관적으로 바라보고 있다. 비유해 보자면 30년 전만 해도 영국에서는 다이어트와 운동을 건강 광신도들이나 신경 쓰는 문제라 여겨 의료 종사자나 정부에서도 그 문제에 대해 논의하는 경우가 드물었다. 하지만 지금은 이런 주제들이 영국 국민보건서비스(NHS)에서 제공하는 조언과 업무에서 큰 비중을 차지하고 있다. 나는 수면과 일주기 리듬에 대한 태도에서도 이와 비슷한 변화가 있으리라 생각한다. 특히 건강을 증진하기 위해 우리 모두가 취할 수 있는 실용적인 행동들이 존재하기 때문에 더욱 그렇다. 일주기 리듬의 과학에 대해 점점 더 이해하게 됨에 따라 건강의 여러 영역에서 실질적인 차이를 만들어낼 수 있는 다양한 기회가 생겨나고 있다. 이런 지식을 강조하고 우리 각자가 정보를 받아들여 활용할 수 있도록 고취하는 것이 뒤에 이어지는 장들의 주제가 될 것이다.

1. 장거리 비행을 해도 결국 도착지 시간대에 맞추어 적응하는 것처럼 우리 내부의 생체시계도 야간 교대근무에 맞추어 적응할 수 있다는 게 사실인가요?

안타깝게도 북해의 석유 굴착시설에서 일하는 야간 교대근무 노동자 같은 몇 가지 예외적인 상황을 제외하면(3장), 사실이 아닙니다. 야간 교대근무 노동자에 관한 한 연구를 보면 97퍼센트가 야간 업무에 적응하지 못하는 것으로 나옵니다.[188] 유일한 해결책은 낮에는 자연광을 피하고, 야간 근무 동안에는 빛의 양을 늘리는 것입니다. 하지만 대부분의 사람은 이런 환경을 조성하기가 불가능합니다.

2. 알람시계를 치워야 할까요?

해가 뜨고 지는 것에 삶의 리듬을 맞추었던 우리 선조들처럼 알람시계에 의존하지 않고 렘수면에서 자연스럽게 깨는 것이 이상적이기는 합니다. 하지만 직장에 다니는 사람에게는 아예 불가능한 경우가 많습니다. 제 알람시계는 제가 은퇴할 때나 되어야 10대 청소년에게 물려줄 수 있을 것 같습니다!

3. 야간 교대근무를 마치고 집에 오면 바로 밀린 일을 해치워버릴까 하는데, 이게 좋은 생각인가요?

야간 교대근무를 마치고 집에 돌아오자마자 잠을 청하는 것이 좋습니다. 아침에는 수면 압력이 대단히 높고 깨어 있음의 일주기 동인은 낮아진 상태지만, 낮이 되면 이 동인이 높아져서 잠을 청하기 어려워집니다. 야간 교대근무를 묘지 근무라고도 부르는데 괜히 생긴 말이 아닙니다(표 1). 야간 근무를 마치고 퇴근할 시간이면 주변 사람들은 잠에서 깨기 때문에 그들과 같은 시간에 밀린 허드렛일도 처리하고 싶고, 못 보았던 텔레비전 프로그램도 보고 싶고, 친구와 통화도 하고 싶은 유혹을 느끼게 됩니다. 하지만 되도록 그러지 않는 것이 좋습니다. 이런 활동이 각성을 높여 잠드는 것을 방해하기 때문입니다.

4. 야간 교대근무를 하면서 부부관계를 어떻게 유지할 수 있을까요?

높은 이혼율을 봐도 알 수 있듯이 야간 근무 때문에 부부관계 유지가 어렵다는 것은 분명하지만 다음과 같은 시도를 해볼 가치가 있습니다.

- 말하기 전에 먼저 생각하기: 피곤하면 짜증이 늘고, 충동적으로 행동하게 되고, 공감능력도 떨어집니다. 따라서 말하기 전에는 한 번 더 신중하게 생각하는 것이 좋습니다. 진지한 가족 문제를 꺼내야 할 때는 두 사람 다 충분히 휴식을 취할 때까지 기다리는 것이 좋습니다.
- 피곤할 때는 부정적인 문제가 아닌 긍정적인 경험에 대해 이야기

하기.

- 일정을 함께 정하기: 오전 9시부터 오후 5시까지 일하는 경우라면 저녁시간을 함께 보낼 수 있습니다. 하지만 둘 중 한 명, 혹은 두 명 모두 야간 교대근무를 하는 경우라면 이것이 불가능합니다. 따라서 두 사람 모두 언제 시간이 나는지 파악해서 함께 즐길 수 있는 일정이나 활동을 정하세요.
- 집안일의 일정을 정하기: 이것 역시 문제가 될 수 있습니다. 두 사람 사이에 갈등이 생기거나, 막판에 가서 스트레스를 받으며 허드렛일을 몰아서 해야 하는 상황을 피하기 위해서라도 쇼핑, 청소, 식사 준비, 자동차 주유 등의 집안일을 미리 시간표로 정리해두어야 합니다.
- 소통 채널을 열어두기: 서로 얼굴을 볼 날이 많지 않을 수도 있습니다. 따라서 제일 잘 맞는 소셜미디어를 통해 정기적으로 접촉을 유지하고, 행복한 소통을 유지하세요.
- 건강을 유지하기: 야간 교대근무 노동자는 질병에 더 취약해지고, 이것이 인간관계에 영향을 미칠 수 있습니다.
- 가능하면 함께 운동하려고 노력하기: 함께할 수 없는 경우라면 혼자만의 운동이라도 일정을 계획하세요. 이것도 긴장을 푸는 데 도움이 됩니다.
- 정기적인 휴일을 계획하기: 휴가를 떠나 스트레스가 없고 긴장이 풀리는 환경에서 함께 시간을 보내세요. 이 경우도 두 사람 각자 기대하는 바가 있을 테니 미리 계획을 세우는 것이 중요합니다.

5. 자각몽이 무엇인가요? 걱정해야 할 부분인가요?

자각몽lucid dream이란 자신이 꿈을 꾸고 있음을 인식하는 상태를 말합니다. 경우에 따라서는 등장인물, 꿈의 형태, 혹은 꿈이 펼쳐지는 환경 등 꿈의 내용을 통제할 수도 있습니다. 자각몽은 렘수면에서 제일 자주 발생하는 것으로 보이지만 완전히 깨어 있지도 않고 잠들어 있지도 않은 중간 상태라는 주장도 있습니다. 렘수면에서 깨어 방금 꾼 꿈의 경험에 집중한 후에 다시 렘수면으로 들기를 바라면서 잠을 청해 자각몽을 유도하려는 사람도 있습니다. 자각몽이 어떤 이로운 점이 있는지는 분명하지 않지만, 조현병 같은 정신적 문제에 취약한 사람이라면 자각몽으로 인해 현실과 꿈 경험 사이의 경계가 흐려져 더 큰 혼란을 유발할 잠재적 위험이 있습니다. 최근의 연구에 따르면 앞이마겉질의 활성(그림 2)이 자각몽의 발생과 관련이 있는 것으로 보입니다.[346]

7장

삶의 리듬

일주기 리듬과 섹스

물리학은 섹스와 비슷합니다.
물리학도 어떤 실질적인 결과를 내놓으니까요.
하지만 그것이 물리학을 하는 이유는 아닙니다.

리처드 파인먼

사람으로 태어나 연애하기가 참 어렵고 복잡하다는 생각도 들지만 솔직히 수컷 사마귀의 연애에 비하면 힘든 것도 아니다. 수컷 사마귀는 암컷을 유혹하기 위해 배를 크게 흔들며 날개를 힘차게 퍼덕이는 짝짓기 춤을 춘다. 수컷이 암컷을 유혹하는 데 성공하면 암컷은 그에 대한 반응으로 교미를 허락한다. 여기까지는 좋다. 하지만 이것은 달콤하면서도 씁쓸한 성공이다. 성공해서 좋기는 한데 단점이 있다. 교미를 하는 동안 암컷이 수컷의 머리를 물어뜯기 때문이다. 수컷은 머리가 잘려나간 상황에서도 계속 교미를 하지만 어느 시점에 가면 암컷은 이제 이만하면 충분하다고 판단해 아직도 교미 중인 파트너의 남은 몸뚱이마저 먹어치운다. 수정은 자손을 잉태하는 행위이며, 생물학의 세계에서 수정은 복잡하고 때로는 위험한 비즈니스다. 수정에서는 올바른 재료를, 올바른 장소에, 올바른 양으로, 올바른 시간에 공급하는 것이 관건이다. 수정은 정교하게 조율된 오케스트라의 극적인 사례이며, 우리의 생명을 출발시키기 위해 우리 부모님이 해야 했던 일을 생각하면 조금 겸손해진다. 그런데… 부모님이 대체 무엇을 하셨기에? 여러분도 생명 탄생의 기본적인 사실을 잘 알고 있을 테니 그런 기초적인 지식은 건너뛰고 월경주기와 배란에 관한 내용으로 곧장 넘어가겠다. 배란은 난소에서 난자가 나팔관으로 배출되는 현상이다. 난자는 이 나팔관 안에서 수정이 될 수도 있고 안 될 수도 있다.

섹스하는 시간

배란은 두 개의 난소 중 한쪽에서 난자가 하나 방출되는 것으로, 일주기 리듬과 여러 가지 호르몬 체계가 상호작용해서 난소로부터 에스트로겐과 황체호르몬(프로게스테론)의 분비를 자극하는 등 배란이라는 사건을 둘러싸고 모든 일들이 놀라운 타이밍으로 이루어진다. 월경주기는 생리혈이 나오는 월경 첫날부터 시작한다. 월경은 자궁내막이 수정된 난자(수정란)를 받아서 키우려고 모든 준비를 마쳤지만 수정란이 도착하지 않아서 탈락하는 현상이다(그림 5).

월경주기는 21일에서 40일 정도로 다양하게 나타나며, 28일 주기가 정상이라고는 하지만 사실 그런 여성은 15퍼센트에 불과하다(그림 5). 이것은 평균값이 사람들에게 오해를 불러일으키고 불필요한 걱정을 야기할 수 있음을 보여주는 좋은 사례다. 월경주기는 28일이 아니어도 '정상'이다. 약 20퍼센트 정도의 여성에서는 다양한 요인 때문에 주기가 불규칙할 수 있다. 뒤에서도 살펴보겠지만

그림 5

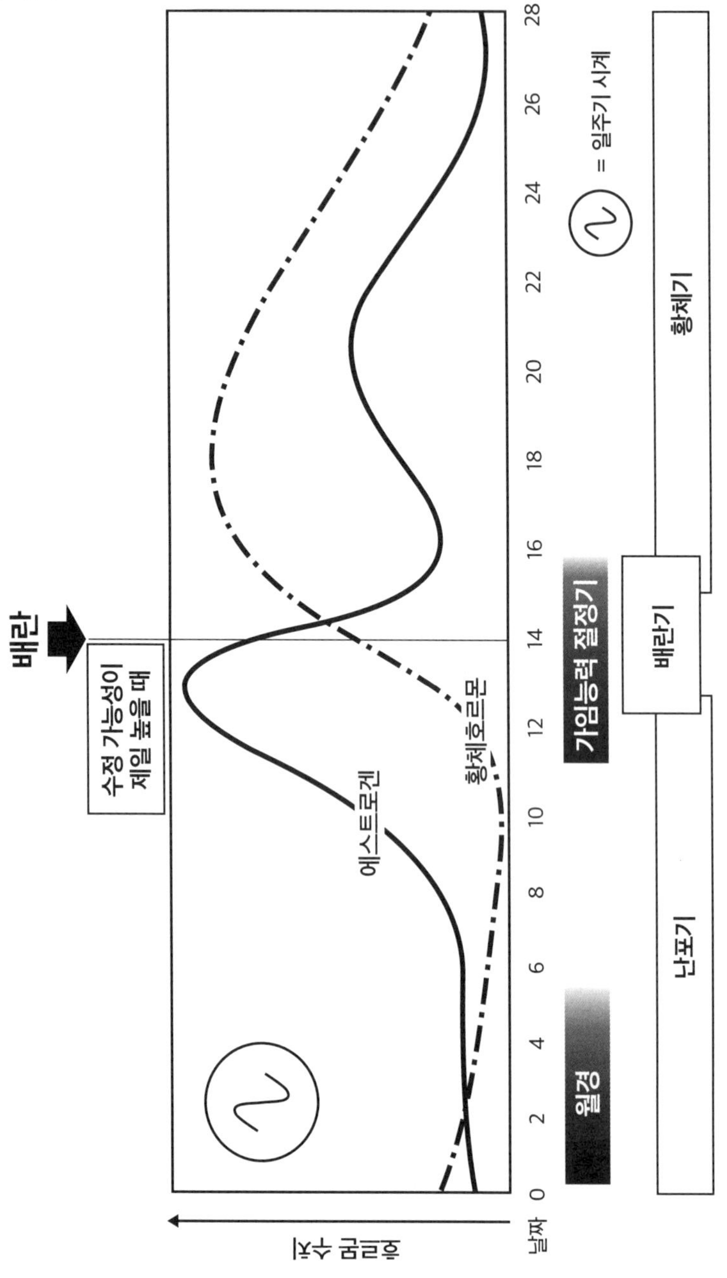

배란
수정 가능성이
제일 높을 때
에스트로겐
황체호르몬
호르몬 수치
날짜
0
2
4
6
8
10
12
14
16
18
20
22
24
26
28
= 일주기 시계
월경
가임능력 절정기
난포기
배란기
황체기

그림 5 - 여성의 월경주기 전체에 걸쳐 일어나는 에스트로겐과 황체호르몬의 변화가 배란으로 이어진다. 수정 가능한 성숙한 난자가 배출되는 배란의 시점은 시상하부, 뇌하수체, 난소, 그리고 이 모든 조직과 기관에 자리잡은 일주기 시계 사이의 복잡한 상호작용으로부터 영향을 받는다. 이 말초 일주기 시계의 활성은 SCN에 자리잡은 마스터 생체시계에 의해 조정된다. 성공적인 생식을 위해서는 이런 복잡한 시스템들의 동기화가 필수적이다. 난자의 수정 가능성은 배란 3~4일 전에 제일 높다. 야간 교대근무의 경우처럼 여성의 일주기 리듬이 교란된 경우에는 월경주기가 불규칙하고 길어지며, 가임능력이 떨어지고, 유산의 위험은 높아진다.[347, 348]

이런 불규칙성 중에는 SCRD와 관련된 것도 있다.[347, 348] 월경출혈은 3~7일 정도 지속되며 평균 지속 기간은 5일이다. 월경주기(그림 5)는 세 단계로 구성되어 있다. 우선 난자가 배출되기 전에 난소와 자궁을 준비시키는 **난포기**가 있다. 그다음에는 성숙한 난자가 배출되는 **배란기**가 있다. 나팔관에서 정자가 성숙한 난자를 수정시키는 시기다.[349] 배란 이후에 정자가 여성의 생식관(나팔관)에서 난자를 수정시킬 수 있는 기간은 4일 정도다. 정자가 이미 나팔관 안에 존재하는 경우가 수정 가능성이 제일 높지만, 임신 가능성은 배란 3일 '전' 정도에 성관계를 가졌을 때가 제일 높다. 그런데 배란과 관련된 성관계의 시점이 아기의 성별에 영향을 미친다는 증거는 없다.[350] 여기서 핵심은 수정 가능성이 가장 높은 며칠이라는 비교적 좁은 시간의 창이 존재하며, 이상적으로는 배란 3일 전에 여성의 생식관에 정자가 이미 존재해야 한다는 것이다. 그다음에는 수정란을 받아들일 수 있게 자궁을 준비시키는 **황체기**가 있다. 난자가 수정되면 그 수정란이 자궁내벽에 착상해서 발달을 시작한다. 난자가 수정되지 않았을 경우에는 자궁내막이 탈락해서 떨어져 나오면서 생리혈이 나오고(멘스), 새로운 월경주기가 시작된다. 수정란이 착상한 경우에는 발달 중인 배아 주변의 세포들이 '사람 융모막 생식샘자극호르몬'(hCG)을 생산한다. 임신 검사는 hCG 수치의 증가를 감지해서 이루어진다.

일주기 시스템은 모든 주요 호르몬의 분비 시점에서 난소 등의 다양한 표적조직에서 나타나는 이 호르몬에 대한 반응에 이르기까지 이 과정의 모든 단계에 관여한다.[351, 352] SCN에 있는 마스터 생체시계와 시상하부에 있는 생식샘자극호르몬분비호르몬(GnRH) 세포의 분비 사이에는 일주기 동기화가 일어난다. 이 호르몬은 다시 뇌하수체를 자극해서 황체형성호르몬(LH)과 난포자극호르몬(FSH)을 분비하게 한다. 이 LH와 FSH는 혈중에서 난소로 이동해서 에스트로겐과 황체호르몬의 분비를 자극한다. 여기서 중요한 점은 시상하부, 뇌하수체, 난소에 존재하는 서로 다른 일주기 시계 사이에서 동기화가 교란되거나 동기화가 이루어지지 않으면 생식에 문제가 생길 수 있다는 점이다. 생식에서 일주기 타이밍 시스템의 중요성은 생체시계 돌연변이 생쥐를 통해 입증됐다. 이 생쥐는 일주기 시계가 작동하지 않거나 서로 다른 시간에 따라 움직인다(1장). 이런 생체시계 돌연변이들은 배란 주기와 생식 주기가 현저하게 교란되어 가임능력이 떨어지고, 낳는 새끼의 수도 적다.[353] 생쥐에서의 이런 발견이 야간 교대근무나 반복적인 시차증으로 SCRD를 경험하는 여성에게서 관찰되는 내용을 설명하는 데 도움이 될 수도 있다. 이런 교란은 불규칙적이고 길어진 월경주기, 비정상적인 생식호르몬 수치, 가임능력 저하로 이어진다. 예를 들어 장기 야간 교대근무 노동자에게서 불규칙하고 긴(40일 이상) 월경주기와 함께 임신 가능성의 저하가 관찰됐다.[347, 354, 355] 교대근무가 가임능력에 미치는 영향은 개인차가 크지만, 그래도 일부 여성에서는 교대근무와 시차증을 가임능력에 영향을 미치는 잠재적 위험인자로 고려해야 할 것이다. 그래서 시험관 아기 시술을 시도하고 있는 경우에는 교대근무나 잦은 장거리 비행을 삼갈 것을 조언하는 의사가 많다.

임신에 대해 생각해보기 전에 달이 월경주기에 미치는 영향을 좀 살펴보아야겠다. 이것은 내가 가장 자주 받는 질문 중 하나다. 민간에 전해지는 이야기에 따르면 여성의 월경주기가 달의 주기와 연결되어 있다고 한다. 이런 이야기가 나온 이유는 아마도 평균 월경주기가 28일 정도이고 달의 주기도 약 29.53일이기 때문일 것이다. 하지만 위에서도 이야기했듯이 월경주기는 21일에서 40일까지 다양하게 나타나고 28일 주기인 여성은 15퍼센트밖에 안 된다. 실용주의적 사고를 추구하는 나로서는 달이 월경주기에 강력한 영향을 미친다면 29일에 가까운 주기를 갖는 여성이 더 많아야 합리적이지 않을까 생각한다. 그리고 월경주기와 달의 위상이 동기화되어 있다는 이야기도 있지만 이것은 사실이 아니다. 달의 위상과 월경주기 사이의 연관성을 부정하는 최초의 보고서는 1806년으로 거슬러 올라간다.[356] 하지만 둘 사이의 상관관계를 입증했다고 주장하는 글이 오늘날에도 가끔씩 등장한다. 예를 들어 1980년대의 한 연구는 보름달일 때 여성이 월경을 할 가능성이 더 높아진다고 주장한 반면, 또 다른 연구는 초승달이 떴을 때 배란 가능성이 더 높다고 주장했다! 더 구체적으로 장기간에 걸쳐 진행된 연구에서도 상관관계를 찾아내는 데 실패했다. 2013년에 발표된 한 논문에서는

1년에 걸쳐 74명의 여성을 대상으로 연구한 결과를 발표했는데 여성들의 월경주기와 달의 위상 간에 아무런 상관관계도 드러나지 않았다.[357] 베를린에 본사를 둔 기술기업 바이오윙크BioWink에서 개발한 월경 건강관리 앱 클루Clue의 최근 연구에서도 아무런 상관관계를 발견하지 못했다. 클루 연구진은 이 앱을 이용해서 자신의 월경주기를 추적한 150만 명의 여성을 대상으로 750만 번의 월경주기를 분석해보았지만 달의 위상과 월경주기, 혹은 생리 시작일 사이에 아무런 상관관계도 발견하지 못했다. 생리 시작일은 달의 위상과 상관없이 무작위로 흩어져 있었다. 안타깝게도 이 주요 연구의 결과들은 블로그 게시물로만 나와 있고, 아직 동료 심사를 받지 못했다. 하지만 이런 점을 감안하더라도 전체적인 연구 결과로 보아서는 달의 주기가 월경주기에 미치는 예측 가능한 영향력은 없는 것으로 보인다. 마지막으로 위에서 설명한 연구들과는 달리 최근의 한 보고서는 월경주기가 27일보다 긴 여성의 경우는 달의 위상과 간헐적으로 동기화될 수 있다고 주장했다.[358] 이 주장이 맞을 수도 있지만 어쩌면 달과 우리 생물학 사이의 관계에 대한 다른 주장들과 마찬가지로 더 자세히 조사하고, 다른 통계를 적용해보면 이런 상관관계가 사라질 수도 있다.[25, 359] 달의 위상과 출산의 빈도, 출산 합병증, 아기의 성별 사이에도 아무런 상관관계가 존재하지 않는다.[360] 그리고 아마도 달의 위상과 그것이 현대 인류의 수면에 미치는 영향 사이에도 명확한 상관관계가 존재하지 않을 것으로 보인다.[359] 하지만 월경주기는 수면에 영향을 미친다. 여기에 대해서는 이 장의 뒷부분에서 더 이야기하겠다.

인간의 생식에 달이 영향을 미친다는 확실한 증거는 없지만, 다른 동물의 경우 사정이 다르다. 아마도 가장 잘 보고된 사례는 사모아와 피지제도 근처의 몇몇 산호섬에서 발견되는 팔롤로*Eunice viridis*일 것이다. 이 갯지렁이는 산호초 속의 틈새와 구멍 안에서 산다. 10월과 11월의 특정한 달의 위상에 맞추어 떼로 번식한다. 이 갯지렁이들은 하현달이 뜰 때 몸이 절반으로 나뉜다. 그리고 그중 난자와 정자가 들어 있는 긴 꼬리 부분(에피토크epitoke, 생식형개체)은 표면으로 헤엄쳐 올라온다. 아마도 달빛에 이끌려 위로 올라오는 듯하다. 표면에 올라온 꼬리는 난자와 정자를 배출한다. 이때는 수만 마리의 에피토크가 동시에 떼지어 모인다. 갯지렁이의 앞부분(아토크atoke)은 아래 남아서 그다음 해에 새로운 에피토크를 키워낸다. 사모아제도 사람들은 수 세기 전부터 이 현상을 잘 알고 있었고, 이 갯지렁이들이 등장하는 날짜와 시간을 예상해서 그 꼬리 부분들을 채집해 식량으로 이용한다. 팔롤로는 환경과 달로부터 고립시켜놓아도 달의 위상과 관련된 리듬을 따라 행동한다. 이는 우리가 하루의 시간을 예측하는 일주기 시계를 갖고 있는 것처럼, 이 갯지렁이도 달의 시간을 예측하는 내부 생체시계를 갖고 있음을 암시한다. 사실 바닷가 조간대에 서식하는 여러 동물에게서 이런 월주기 시계가 발견됐다.[361, 362]

다시 사람으로 돌아오자. 임신에 성공하려면 타이밍이 최대 관건이다. 최적의 시간에 맞추어 성숙한 난자를 생산하는 것도 필수적이지만 그것만으로는 충분하지 않다. 난자가 수정되어야 한다. 수정이 이루어지는 최적의 시기는 배란 직전에 성관계를 하는 경우이고(그림 5), 임신 가능성이 제일 높은 시기는 배란 3일 전 정도에 성관계를 하는 경우다. 적절한 시점에 배란이 일어나게 만들려고 생물학적으로 막대한 노력이 투입되었으니 이런 의문이 생긴다. "섹스 역시 수정 가능성을 극대화하기 위해 그와 비슷하게 타이밍이 맞춰져 있지 않을까?" 1982년에 48명의 젊은 부부를 대상으로 이루어진 연구[363]와 좀 더 최근인 2005년에 38명의 대학생을 대상으로 한 연구[364]에서 사람들이 언제, 왜 섹스를 하는지 조사해 보았다. 이 연구들은 규모가 꽤 작은 편이었지만 양쪽 모두 비슷한 결과가 나왔다. 섹스는 하루 종일 어느 때고 이루어졌지만 취침시간 전후에 제일 많았고(오후 11시~오전 1시), 그보다는 적지만 아침 기상시간 즈음에도 꽤 많았다. 2005년 연구에서는 참가자에게 이런 질문도 던졌다. "그 시간에 섹스를 하는 이유는 무엇입니까?" 그에 대한 대답은 다음과 같았다. 23퍼센트는 그때가 배우자가 응할 수 있는 시간이어서, 33퍼센트는 근무 일정 때문에 그때밖에 시간이 안 돼서, 16퍼센트는 어차피 이미 침대에 누워 있기 때문이라고 대답했고, 28퍼센트만이 그때가 성욕을 느낄 때이기 때문이라고 대답했다. 1982년 연구에 따르면 부부가 섹스를 제일 많이 하는 때는 주말이었고, 주말에는 취침시간과 모닝 섹스가 늘어났다. 이 모든 것은 섹스가 내부의 생물학적 동인보다는 근무 일정과 배우자의 형편을 바탕으로 하는 강력한 환경적 요인에 의해 이루어짐을 시사한다.

이런 연구 결과는 섹스가 배란과는 상관없이 기본적으로 아무 때나 이루어진다는 결론으로 이어졌다. 하지만 이것은 너무 단순화된 결론이다. 임신 가능성은 배란 3일 전 무렵에 성관계를 했을 때 제일 높다. 배란 12~24시간 후에는 수정 가능성이 낮아진다. 성공적인 수정을 위한 기회의 창이 이렇게 좁은데 우리의 생물학이 어떤 식으로든 그 기회에 맞춰 행동에 나서도록 우리를 준비시키지 않는다면 그것이 오히려 놀랄 일이다. 현재는 인간의 성적 행동이 가임 절정기를 중심으로 변화한다는 훌륭한 증거들이 나와 있다. 여성이 느끼는 이성애자 남성의 매력과 남성이 느끼는 여성의 매력 모두 월경주기를 거치며 무의식적으로 변화한다. 그리고 용감한 연구자들이 그 증거를 제시했다. 한 연구에서는 이성애자 여성이 가임능력 절정기에는 강한 남성적 특성에 더 끌린다는 것을 보여주었다. 얼굴에서 느껴지는 강한 남성적 특성, 굵은 목소리, 지배적인 행동, 큰 키 등이 그런 특성에 해당한다. 가임능력 절정기에는 여성도 성욕을 더 강하게 느끼고 성관계를 가질 가능성도 더 높다.[365~368] 이런 변화의 생리학적 기반이 무엇인지는 분명하지 않다. 하지만 이성애자 남성은 여성이 분비하는 체취인 코퓰린copulin에 영향을 받는다. 코퓰린은 배란을 기다리는 난포기에는 농도가 증가하고, 황체기에는 농도가 낮아진다(그림 5). 코퓰린에 노출된 남성은 테스토스테론 분비가 많아지고, 여성의 얼굴이 예쁜지 안 예쁜지 덜 따지고, 덜 협조적으로 행동한다. 그 효과가 큰 것은 아니지만 통계적으로 유의미하다.[369] 예를 들어 이성애자 남성들에게 월경주기의 여러 단계에 있던 여성들이 입었던 티셔츠의 냄새를 맡게 한 뒤 냄새의 강도와 성적 매력을 평가하게 했다. 그 결과 남성들은 가임능력이 절정에 이른 월경주기 중간의 여성이 입었던 티셔츠의 냄새를 가장 매력적이라고 평가했다. 이 실험의 대조군은 이성애자 여성이었다. 이 여성들도 티셔츠의 냄새를 맡아보았는데 냄새의 매력에서 아무런 변화도 보고하지 않았다. 이 연구 결과는 이성애자 남성들이 체취라는 단서를 이용해서 배란 중인 여성과 아닌 여성을 구분하며, 이것이 잠재적으로 남성의 행동을 변화시킬 수 있음을 시사한다.[370] 이것이 새로운 발견은 아니다. 일찍이 1975년에도 한 연구에서 배란전기와 배란기의 질 분비물이 황체기의 질 분비물에 비해 냄새가 덜 불쾌하게 느껴진다는 것이 밝혀졌다.[371] 따라서 배란의 타이밍은 이성애적 행동의 타이밍에 영향을 미친다. 현재까지 남성이나 여성의 동성애적 매력에 대한 연구는 진행된 바 없다.

행동의 변화뿐만 아니라 생리학적 변화도 가임능력 절정기 동안에 수정을 촉진한다. 자궁경관 점액은 월경주기 내내 변화하며 배란 직전에는 달걀흰자 날것과 비슷해진다. 이때가 임신을 위한 성관계에 가장 좋은 시기다. 이 단계에서의 점액은 정자가 자궁경관을 따라 올라가 난자를 수정시키는 것을 돕는 것으로 보인다. 이 점액은 정자가 기나긴 여정을 따르는 동안 건강을 유지할 수 있게 돕는 역할도 한다. 험한 하이킹을 위해 푸짐하게 싸준 도시락과 비슷한 셈이다. 배란기를 알려주는 또 다른 생리학적 지표는 배란할 때 여성의 심부 체온이 섭씨 0.5도 정도 올라간다는 것이다. 이것은 황체호르몬 수치 상승에서 비롯된다. 황체호르몬은 난자를 배출하는 난소의 난포 세포에서 나온다. 이런 체온 상승이 수정에 도움이 되는지는 아직 모르지만 수정이 잘되도록 임신을 계획할 때 배란일을 추적하는 용도로 사용되어왔다. 하지만 다양한 연구에 따르면 그 신뢰성이 겨우 22퍼센트 정도에 불과해서 배란일을 판단할 수 있는 믿을 만한 방법은 못 된다.[372]

흥미롭게도 남성의 고환에서 분비되는 테스토스테론도 일주기 리듬을 타서, 한밤중부터 높아지기 시작해 아침에 깨어나기 직전에 정점을 찍는다(그림 1).[373] 그래서 젊은 남성의 테스토스테론 수치는 하루 중 이때가 25~50퍼센트 정도 높다. 남성의 성욕과 테스토스테론 사이에는 상관관계가 존재하기 때문에,[4] 테스토스테론 수치가 아침에 정점을 찍는 것이 모닝 섹스 횟수가 증가하는 데 기여하는지도 모른다. 또 다른 연구에서는 오전 7시 30분 이전 이른 아침에 채취한 정액이 하루 중 다른 시간에 채취한 것과 비교해보았을 때 정자의 농도가 최고치를 찍는 것으로 나왔다.[374] 이 연구 결과는 남성이 하루 중 특정 시간에 제일 우수한 정자들을 생산함으로써 난자를 수정시킬 확률을 높일지도 모른다는 점을 암시한다. 따라서 섹스, 그러니까 성공적인 수정도 다른 것과 똑같다. 결국은 올바른 재료를, 올바른 장소에, 올바른 양으로, 올바른 시간에 공급하는 문제인 것이다. 우리 부모님들에게 감사의 박수를 보내자. 우리가 존재하는 것을 보면 부모님들의 생물학이 그 일을 제대로 해낸 것이 분명하니까 말이다!

태어나는 시간

아기가 분만 동안에 사망 위험이 상대적으로 높기 때문에 태어나는 날을 '우리 삶에서 가장 위험한 날'이라 부르게 됐다. 나도 이 말의 논리를 인정하기는 하지만, 그래도 통계적으로 굳이 따지면 우리 삶에서 가장 위험한 날은 사망률 100퍼센트인 죽는 날이 아닌가 싶다. 어쨌든 전 세계적으로 자연분만, 즉 약물이나 수술에 의존하지 않은 분만이 제일 많이 이루어지는 시간은 오전 1시에서 7시 사이이고, 정점은 오전 4~5시 정도다.[375, 376] 분명 아기는 하루 중 밤낮 어느 때고 태어날 수 있지만 출생 시간이 이른 아침에 가장 많다는 것은 어떤 일주기 조절이 이루어지고 있음을 강하게 암시한다. 그렇다면 이런 의문이 떠오른다. 대체 왜? 이런 타이밍을 통해 얻는 진화적 이점이 뭐기에? 수렵채집 사회에서는 밤에 아기를 낳는 것이 산모에게 유리했을 것이라는 주장이 있다. 밤에는 집단 구성원들이 모두 한자리에 모여 보호와 사회적 지지를 제공해주었을 것이기 때문이다. 낮이었다면 집단의 사람들이 먹을 것을 찾아 뿔뿔이 흩어져 있어서 이런 것을 제공하기가 힘들었을 것이다. 거기에 더해서 한밤중에는 포식자의 활동도 줄어들고, 한낮의 열기도 식었을 것이다. 따라서 이른 아침에 사람의 분만이 정점을 찍는 것은 진화의 역사가 남긴 흔적인지도 모른다. 이 시간에 분만해야 생존 가능성이 높아졌을 테니까 말이다.[376]

이런 진화적 설명은 호르몬 수치의 주요 변화와 연결되어 있다. 멜라토닌은 밤중에 솔방울샘에서 분비되므로(그림 1) 자궁의 수축을 촉진하는 옥시토신 같은 호르몬의 생산을 지시하는 야간 신호로 작용할 수 있다. 이를 뒷받침하는 연구들이 있다. 연구에 따르면 멜라토닌은 임신 말기에 수치가 더 높아지며, 자궁의 옥시토신 감수성을 높일 수 있다. 이것은 자궁에 강력한 수축을 자극해서 아기를 산도를 따라 밖으로 밀어내는 역할을 한다.[377] 현대 인류에서는 아침 이른 시간에 아기를 낳는 것이 유리하다는 진화적 압력이 사라지고 없지만, 타이밍을 맞춘 분만을 유도하는 생리학은 그대로 남아 있다. 멜라토닌이 원래 밤을 알려주는 생물학적 지표로 채용된 것이라면 현대 인류의 분만도 여전히 이 야간 멜라토닌 신호와 묶여 있을 수 있다.

이런 주장도 모두 설득력이 있지만 이 책의 사실 확인에 도움을 준 옥스퍼드대학교의 내 동료 앨러스테어 버컨 교수는 동의하지 않았다. 그는 신생아 사망과 장애의 가장 흔한 원인은 분만 시 발생하는 산소 결핍, 즉 저산소증-허혈증이라는 점을 지적한다.[378] 따라서 한밤중의 분만, 그리고 이 시간에 태어나는 아기의 저산소증 가능성을 낮추는 보호 메커니즘 사이에 관계가 있는지 조사해보아야 할 것이다. 이것은 정말 흥미로운 아이디어다. 혹시 한밤중에 살짝 낮아지는 온도가 신생아의 저산소증 발생 가능성을 줄여주는 것은 아닐까?

일주기 성적 이형

남성과 여성은 생물학적으로 다르다. 남자와 여자는 폭넓은 성적 이형sexual dimorphism(동일 종의 두 성이 생식기관의 차이 말고도 다른 형질에서 차이가 나타나는 것-옮긴이)을 보이며 이것은 일주기 시스템에서 몇몇 주목할 만한 차이로 이어진다. 다음 섹션에서는 이성애자 남녀에게서 나타나는 일주기 패턴의 차이에 관해 다룬다. 성소수자 분들에게는 미리 사과의 말을 드린다. 성소수자들에게서 나타나는 일주기 행동 패턴의 잠재적 차이에 대한 과학적 연구는 아직 부족한 상황이기 때문이다. 사람과 동물 연구 모두에서 가장 먼저 명확하게 드러난 성적 이형의 증거는 크로노타입의 차이, 그리고 아침형 혹은 저녁형이 더 강하게 나타나는 경향이었다(1장). 남성과 여성에서 나타나는 크로노타입의 차이는 원래 설치류를 대상으로 한 연구에서 발견됐다. 초기의 한 연구에서는 수컷 햄스터와 암컷 햄스터를 개별 우리에 집어넣고 쳇바퀴를 제공해주었다. 조명을 꺼서 명암 주기가 존재하지 않는 상태였기 때문에 동조화는 불가능했다. 이런 조건에서 활동과 휴식의 프리러닝 내부 일주기 리듬을 기록해보았다. 그 결과 암컷 햄스터는 프리러닝 리듬이 더 짧았다. 즉 시계가 수컷 햄스터에 비해 더 빨랐다. 설치류를 대상으로 한 다른 연구에서도 같은 결과를 확인할 수 있었다.[379] 놀랍게도 사람에서도 비슷한 결과가 나왔다. 한 연구에서는 남녀의 심부 체온, 수면/각성, 기민함의 일주기 리듬을 비교해보았다. 그 결과 모든 리듬이 여성에서 더 빨랐다.[380] 2003년에서 2014년 사이에 미국인들의 시간 사용 설문조사에서 수집한 일기 자료를 보면 남성은 전형적으로 늦은 크로노타입이었고, 남녀 간의 가장 큰 차이는 만 15세에서 25세 사이에서 나타났다.[381] 40세 이후에는 남성과 여성의 크로노타입이 좀 더 비슷해지지만 남성이 더 가변적이었다.[382] 이 연구 결과는 아주 최근에 5만 3000명의 사람을 대상으로 한 연구에서도 확인됐다. 평균적으로 여성은 역시나 남성에 비해 아침형이 더 많은 반면, 남성은 늦은 크로노타입이 많았다.[379] 크로노타입에서 나타나는 이런 성적 이형은 당연히 성호르몬인 에스트로겐(난소에서 분비) 및 테스토스테론(고환에서 분비)과 연관되어왔다. 어째서 이런 크로노타입의 차이가 존재하는지는 여전히 불분명하지만 결론적으로 여성은 남성에 비해 아침에 더 일찍 일어나는 경향이 있다.

에스트로겐과 테스토스테론이 미치는 영향은 크로노타입에서 그치지 않는다. 예를 들어 여성에서 에스트로겐은 진폭(골과 마루의 높이 차)이 더 크고 뚜렷한 일주기 리듬과 관련이 있다.[379] 한마디로

에스트로겐이 일주기 리듬을 더 뚜렷하게 만든다는 이야기다. 흥미롭게도 여성은 나이가 들면서 에스트로겐 수치가 낮아진다. 어쩌면 이것이 많은 여성이 보고하는 노화 관련 불면증 증가에 기여하는 요인인지도 모른다(8장).

수컷 생쥐와 남성에서 테스토스테론은 일주기 동조화를 위한 빛 감수성의 감소와 연관되어 있다. 예를 들어 시차증 시뮬레이션(명암 주기를 여덟 시간 이동)을 했을 때 암컷 생쥐는 수컷 생쥐보다 신속하게 적응했다. 암컷은 6일 후에 적응을 완료한 반면, 수컷은 열흘이 걸렸다.[383] 일주기 성적 이형의 이런 측면도 설명이 가능할지 모른다. 뇌, 특히 SCN에서 에스트로겐 수용체와 테스토스테론 수용체의 분포에 성차가 존재한다. SCN은 크게 두 부분, 즉 심부와 외피로 나뉜다. SCN의 심부는 눈으로부터 투사된 입력을 받는다(망막시상하부로). 이 신경로는 SCN을 명암 주기에 동조화하는 데 사용된다(3장). 남성의 SCN 심부에는 테스토스테론 수용체가 많다. 어쩌면 이 수용체가 남성의 생체시계가 빛에 둔감해지게 만드는 작용을 하는지도 모른다. 여성은 SCN에 이런 테스토스테론 감지 메커니즘이 결여되어 있고, 테스토스테론을 훨씬 적게 생산하기 때문에 빛에 더 신속하게 반응할 수 있다. 거기에 더해서 SCN의 외피는 몸의 나머지 영역에 일주기 출력 메시지를 보낸다. 여성은 이 영역에 에스트로겐 수용체가 많다. 에스트로겐은 진폭이 더 크고 뚜렷한 일주기 리듬을 만들어내기 때문에 어쩌면 SCN 외피에 있는 에스트로겐 수용체가 개별 SCN 뉴런들 간에 더 긴밀한 결합을 촉진해서 생체시계로부터 뚜렷한 출력 리듬을 만들어내는지도 모른다.[379] 에스트로겐이 여성에서 더 강화된 일주기 리듬을 만들어내는 이유를 이런 메커니즘으로 설명할 수도 있다.

월경주기의 영향

여성은 남성보다 평생 우울증 같은 기분장애를 겪을 가능성이 두 배 높고, SCRD가 생길 확률도 25퍼센트 높다는 보고가 있다.[384] 기분과 우울증에서 이런 성차가 나타나는 이유는 월경주기와 폐경기에 걸친 여성의 생식호르몬(주로 에스트로겐과 황체호르몬)의 변화 때문이라고 가정했다. 이런 개념은 민간 속설 혹은 가부장적 태도에서 기원한 것으로 보이지만 여성의 생식호르몬 변화가 실제로 SCRD, 기분 변화, 우울증의 발생에 기여하는 중요한 요인이라는 증거가 늘어나고 있다. 그럼 월경주기에 따른 기분 변화부터 알아보자.

기분 변화

추정치는 다양하게 나오고 있지만 여성의 20~80퍼센트가 월경전 단계(황체기의 후반부 절반과 생리혈 직전의 시기)에 기분의 급격한 변화나 짜증 같은 감정의 변화, 그리고 수면의 질적 저하를 경험한다. 일단 생리혈(멘스)이 시작되고 나면 이런 변화가 서서히 사라진다. 고통이나 불편을 일으키는 감정적 변화를 월경전증후군으로 분류하고 있다. 월경전증후군의 원인은 아직 제대로 밝혀지지 않았다. 하지만 시상하부, 편도체, 해마 등(그림 2) 감정 및 기분과 관련된 뇌의 주요 구조물은 에스트로겐과 황체호르몬을 감지하는 수용체를 갖고 있다. 전체적으로 볼 때 에스트로겐은 긍정적인 기분을 이끌어낸다. 에스트로겐의 작용 중 하나는 행복감을 불러일으키는 호르몬인 세로토닌의 수치를 끌어올리는 것이다. 높은 수치의 황체호르몬은 항불안 효과 및 졸음과 관련이 있다.[385] 에스트로겐과 황체호르몬의 이런 작용은 월경주기와 월경전증후군 시점에 걸쳐 나타나는 호르몬들의 역동적인 변화와 잘 맞아떨어진다(그림 5). 배란 전 난포기 동안에는 에스트로겐 수치가 올라가며, 에스트로겐은 긍정적인 기분과 연결되어 있다. 배란 후 황체기 전반에는 황체호르몬의 수치가 높아 수면을 촉진하고 불안을 줄여준다. 하지만 황체기 후반에는 황체호르몬 수치가 낮아진다. 이미 에스트로겐의 수치가 낮아진 상태에서 황제호르몬 수치까지 떨어지다 보니 월경 전 황체기에 기분 저하와 수면 감소가 나타나는 것으로 보인다. 이것이 이른바 월경전증후군이다.

일주기와 수면의 변화

기분의 변화에 더해서 월경 전 단계에는 여성의 일주기 리듬이 직접적으로 변한다는 강력한 증거가 존재한다. 앞서 말했듯이 에스트로겐은 일주기 리듬을 더 강화하는 역할을 한다. 그런데 월경 전 단계에는 에스트로겐의 수치가 훨씬 낮아지기 때문에(그림 5) 이것이 수면을 유도하는 일주기 동인을 약화시켜 수면의 질을 떨어뜨리는 것일 수 있다.[386, 387] 흥미롭게도 월경 전 단계에는 아침 빛에 대한 여성의 일주기 반응이 줄어든다는 보고가 있다.[388] 이것이 황체호르몬이 증가해서 생긴 결과인지, 에스트로겐이 감소해서 생긴 증상인지는 분명하지 않다. 하지만 최종적으로 동조화 신호가 약해지는 결과를 낳고, 따라서 수면/각성 교란에 더 취약해진다. 특히 자연광 노출이 없으면 더욱 취약해진다(3장). 월경 전 단계에 추가적으로 작용하는 SCRD 요인은 황체호르몬 수치의 저하다. 황체호르몬 수치가 높으면 불안을 줄이고 잠을 촉진하는 반면, 월경 전 단계에는 황체호르몬 수치가 낮아지기 때문에 정반대의 효과가 나타난다.[385]

기분, 일주기, 수면의 상호작용

3~8퍼센트의 여성에서는 월경전불쾌장애premenstrual dysphoric disorder라는 우울증 진단이 가능할 정도로 월경전증후군이 심해진다. 월경전불쾌장애가 생기면 짜증, 분노, 우울, 불안, 그리고 현저한 불면증을 경험한다. 실제로 주간 졸음과 결합된 불면증, 그리고 월경전불쾌장애에서의 월경 전 기분 변화 사이에는 강력한 상관관계가 존재한다. 불면증이 심해질수록 기분 변화도 심해진다.[354, 389] 황체기 후반에는 SCRD와 기분이 분명히 서로 연결되어 있다. 거기에 더해서 SCRD는 스트레스 축을 활성화할 수 있고, 스트레스 반응이 커지면 SCRD의 위험도 더 커진다. 요약하자면 SCRD는 기분 저하,[390, 391] 우울증[392]과 관련되어 있다. 월경 전 단계에는 황체호르몬과 에스트로겐의 수치가 낮아지고 이 두 가지가 결합해 SCRD와 기분 저하를 촉진할 가능성이 높다. SCRD는 스트레스 축을 활성화하고, 이것은 다시 기분 저하와 SCRD의 악화를 촉진한다. 황체기 후반에 많은 여성이 고생하는 이유는 월경 전 단계에서 일어나는 호르몬, SCRD, 스트레스 간의 이런 삼각 상호작용으로 설명할 수 있을 것이다. 월경주기가 멈추면, 폐경기가 새로운 SCRD의 잠재적 요인으로 등장한다.

폐경기의 영향

여성에게 폐경기란 월경과 월경주기의 끝을 말한다(그림 5). 하지만 폐경은 갑자기 일어나는 변화가 아니다. 월경이 완전히 끝나기 4~6년 전부터 폐경 이행기가 시작된다. 이것은 평균 나이 51세에 일어난다. 폐경 이행기에는 난소에서 분비되는 에스트로겐과 황체호르몬의 수치가 요동친다. 여기에다 다른 호르몬들의 변화가 겹쳐 수면 방해, 안면홍조, 기분의 변덕 등 다양한 증상을 일으킨다. 호르몬 수치와 수면 방해 사이의 구체적인 관계를 정확히 정의하기는 어렵지만 몇몇 연구에서 에스트로겐과 황체호르몬 수치의 저하가 강력하게 연관된 것으로 나왔다.[393, 394] 여기에 수면 방해의 병력이 더해지면 폐경기 동안 SCRD의 가능성이 더 높아진다.[395] 많은 여성에게서 수면 방해가 심각한 수준으로 나타나고 주간 졸음과 기분 변화가 수반된다.[396] 폐경 이행기 동안의 자가보고 수면장애는 40~56퍼센트로, 폐경 전 여성의 31퍼센트보다 높게 나온다.[397] 가장 흔히 보고되는 불면증의 형태는 한밤중에 여러 번 깨기, 잠들기 어려움, 아침에 일찍 일어나기 어려움 등이다.[398] 이 정도면 불면증에 대한 교과서적인 설명이라 할 수 있다(그림 4).

안면홍조는 폐경 이행기의 독특한 특성이며 높게는 80퍼센트의 여성에게서 보고된다. 열감을 느꼈다가 불안감과 함께 땀을 흘린 다음 다시 추워지는 상황이 3분에서 10분간 지속될 수 있고, 낮이나 밤에 일어날 수 있다(자면서 흘리는 식은땀).[399] 안면홍조는 에스트로겐 수치 저하와 연관이 있지만 그게 전부는 아니다. 최근의 연구에서는 노르아드레날린, 세로토닌을 비롯한 시상하부 신경전달물질의 변화도 안면홍조를 일으킬 수 있음이 밝혀졌다.[400] 여기서 중요한 점은 한밤중의 안면홍조가 거의 항상 불면증과 연관되어 있고, 특히 밤늦도록 잠을 이루지 못하는 것과 연관이 있다는 점이다.[401] 보통 에스트로겐과 황체호르몬을 이용한 호르몬 대체요법으로 안면홍조를 치료하면 수면도 함께 개선된다는 점 역시 중요하다.[402] 이런 데이터는 에스트로겐과 황체호르몬의 수치 저하, 안면홍조 증가, 수면의 질 저하 사이에 호르몬이라는 명확한 연결고리가 존재한다는 점을 강력히 시사한다. 폐경 이행기에 걸쳐 SCRD가 개인에 따라 다양하게 나타나지만 불면증이 만성적으로 이어지면 우울증, 불안, 신체건강 저하가 늘어나고, 인지능력이 떨어진다.[400]

슬프게도 불면증을 일으키는 안면홍조는 문제의 일부에 불과하다. 수면호흡장애는 주기성 사지운동장애, 폐쇄성 수면무호흡증(5장)과 함께 폐경 이행기에 발생할 가능성이 더 높다.[403] 수면 문제를 겪고 있는 여성 코호트 집단(특정한 경험이나 행동양식을 공유하는 집단 – 옮긴이)에서 53퍼센트가 수면호흡장애나 주기성 사지운동장애를 갖고 있었다. 에스트로겐과 황체호르몬의 감소가 다시 수면호흡장애와 관련이 있고, 두 호르몬 모두 수면 중 호흡 개선과 연관되어 있다.[404] 이는 잘 알려진 기능 말고도 여러 가지 역할을 동시에 수행하는 호르몬이 많다는 점을 떠올리게 한다. 폐경 이행기에 불면증을 일으키는 원인은 분명 복잡하지만, 안면홍조를 줄여주는 호르몬 대체요법이 일부 여성에게는 효과가 있다.[405] 담당 의사와 상담하여 호르몬 대체요법을 고려할 수는 있지만, 이 방법은 CBTi와 병행해서 사용해야 한다(6장). 사실 CBTi 단독으로도 폐경 이행

기에 SCRD를 개선하는 데 효과가 있는 것으로 밝혀졌다.[406]

이 섹션의 첫 부분에서 제기했던 의문으로 돌아가보자. 여성이 평생에 걸쳐 우울증과 불면증의 발병률이 더 높은 것이 정말 월경주기 및 폐경기의 호르몬 수치 변화와 관련이 있을까? 위에서 검토한 증거는 분명 그렇게 시사하는 것 같다. 여성에게서 불면증과 우울증의 발병률이 높아지는 시기가 사춘기 이후라는 점 또한 이런 결론에 힘을 실어준다.[407] 이는 남성보다 여성에서 우울증과 수면장애 발병률이 높은 이유를 에스트로겐과 황체호르몬의 역동적인 변화로 설명할 수 있음을 시사한다. 혹시나 소외감을 느낄 남성들을 위해 한마디 하자면 나이가 들면서 테스토스테론의 수치가 떨어지는 것도 야간에 잠 깨기, 수면의 질 저하, 우울증 증상 같은 수면 문제와 관련이 있다.[408] 하지만 그 인과관계는 명확하게 밝혀지지 않았다.

남성과 여성의 일주기 생물학 연구하기

일주기 연구자와 수면 연구자들도 일주기 성적 이형이라는 주제를 인식하고는 있었지만 최근까지도 이 분야에 대한 연구는 빈약했다. 생쥐를 대상으로 하는 일주기 실험은 대부분 수컷 쥐만을 연구한다. 왜냐하면 암컷 생쥐의 경우 4일 간격으로 찾아오는 발정주기가 에스트로겐과 황체호르몬 수치를 변화시켜 활성의 일주기 타이밍을 살짝 바꾸어놓기 때문이다. 이런 상황에서는 약물이나 다른 인자가 일주기 시스템에 미치는 영향을 연구하기가 더 까다롭다. 특히 약물의 효과가 크지 않은 경우에는 더욱 그렇다. 이것은 사람에게도 해당된다. 여성의 월경주기가 미치는 영향으로부터 사람의 일주기 시스템에서 일어나는 미묘한 변화를 따로 분리하기 어려운 경우가 있다. 하지만 남성만을 연구하고, 그것도 젊은 남자 대학생만을 대상으로 연구할 경우 실험 대상이 지나치게 선별적이어서 사람의 생물학을 곡해할 수도 있다는 인식이 커지고 있다. 여성은 생물학적으로 더 복잡해서 그것까지 모두 고려하는 실험을 설계하기가 더 어려운 것이 사실이지만 피해서는 안 될 일이다. 실제로 일부 연구비 지원 단체는 인간의 일주기 연구에 남성과 여성을 모두 포함할 것을 요구하고 있다. 그리고 이제는 일주기 생물학과 성차에 대한 탐구가 이루어지고 있지만 성 정체성이나 성적 지향에 일주기 생물학이 미치는 영향은 크로노타입(부록 1) 같은 행동학적 수준에서 전혀 연구가 이루어지지 않고 있다는 점도 지적하고 싶다. 이 부분에서 지금까지 진행된 연구는 뇌의 해부학에 관한 것밖에 없었다. 예를 들어 동성애자 남성의 뇌 표본을 사후에 살펴보았더니 SCN의 세포 수가 이성애자 남성보다 두 배나 많았다.[409] 하지만 이런 연구에는 문제점이 있다. 특히 에이즈로 사망한 남성을 동성애자로 분류했다는 것도 그렇고, 동성애자 남성의 SCN 크기가 워낙 다양해서 이성애자 남성과 크게 겹친다는 점도 문제였다.[410]

임신과 초기 육아가 미치는 영향

이것은 새로운 생명의 탄생이 SCRD와 긴밀하게 연관되어 있음을 냉정하게 상기시켜준다. SCRD가 심해질 경우 임상 전 단계와 임상 단계의 우울증으로 이어질 수도 있다. 임신 초기부터 40퍼센트의 임산부가 어떤 형태로든 불면증을 경험하고, 임신 후기에는

60퍼센트까지 증가한다.[411] 분만 이후에는 분만 방식과 상관없이 수면의 질이 떨어지며 신생아의 수유와 수면 패턴 때문에 야간 수면 손실이 커진다. 낮잠을 자면 총 수면시간을 늘릴 수 있지만 밤에 분절수면을 하면 십중팔구는 주간 졸음이 많아진다.[242] 출산 3개월 후부터는 수면의 질이 개선되기 시작하지만 일반적으로 임신 전의 수면으로 되돌아가지는 않는다.

지금 내가 하려는 주장은 아직 뒷받침할 만한 데이터가 없는 상태라 그냥 논의해볼 만한 주제 정도로 생각해주었으면 한다. 지금은 많은 사회에서 대가족이 해체되고 부모와 자녀만으로 구성된 핵가족으로 바뀌었다. 이런 변화는 경제적 부의 증가와 삶의 방식을 선택할 수 있는 자유와 더불어 생겨났다. 그런데 의도하지 않았던 결과도 생겨났다. 새로 엄마가 된 산모의 수면의 질이 훨씬 악화된 것이다. 대가족 시절에는 훨씬 많은 가족이 한 공간에서 같이 살았기 때문에 아기 돌보는 일을 여럿이 분담했고, 그 덕에 산모는 부족한 잠을 보충할 수 있었다. 하지만 요즘 산모들은 수면 손실을 감당하기 어려워 죄책감을 느끼는 경우가 많다. 인간 종은 부모 중 어느 한쪽이 육아를 전담하도록 진화하지 않았다. 우리의 가까운 친척인 유인원과 원숭이들을 봐도 육아는 가족 구성원들이 공동으로 담당한다. 따라서 새로 아기가 태어났을 때 엄마가 다른 사람에게 도움을 구하는 것은 절대로 죄책감을 느낄 일이 아니다. 특히 개인적으로 SCRD나 정신적 문제를 경험한 병력이 있는 사람에게는 이 부분이 더욱 중요하다.[412] 신생아를 둔 산모에게서 우울증, 조증, 불안, 자살충동, 정신병, 강박장애 등이 보고되고 있다.[242] 우울증 증상이 있는 산모는 분만 3개월 후에도 잠들기 어렵고, 더 이른 시간에 깨고, 낮에 졸리는 등의 수면 방해가 더 커진다고 보고했다.[413] 신생아 육아에 대한 부담에 더해서 분만 후에 즉각적으로 나타나는 호르몬의 변화, 특히 황체호르몬 수치의 저하도 중요할 수 있다. 황체호르몬은 임신의 유지를 돕고, 임신 기간에 미약하게나마 긴장을 이완시키고 수면을 촉진해주는 효과가 있다. 정상적인 상황에서는 황체호르몬의 저하가 젖분비호르몬으로 보상될 수 있다. 젖분비호르몬은 모유를 수유할 때 분비되어 수면을 촉진하는 데 도움을 준다. 연구에 따르면 모유 수유만 하는 여성은 분유를 먹이는 여성보다 밤에 평균 30분 정도 더 잤다.[414] SCRD는 엄마에게서 더 심하게 나타나지만,[415, 416] 아빠도 완전히 자유롭지는 않다. 새로 아빠가 된 남성들도 분만 후 첫 한 달 동안 주간 졸음이 늘었다는 보고가 있다.[416] 종달새형과 올빼미형처럼 크로노타입이 서로 다른 부모라면 첫 몇 달에서 몇 년 동안은 이런 차이가 육아에 분명 유리하게 작용할 것이다.

신생아의 산모에게서 SCRD와 우울증이 빈발하고 있음에도 불구하고 증거에 입각한 치료법은 제한되어 있다. 앞에서 이야기했듯이 모유 수유는 수면의 질을 개선하는 것으로 보이며,[414] CBTi 역시 그런 효과가 있다.[417] 낮에 아기가 잘 때 엄마도 함께 낮잠을 자는 것도 도움이 된다. 우울증의 위험이 높은 여성의 경우 한 보고서에 따르면 산모가 낮에 짜놓은 모유를 병에 담아 의료진이 밤에 먹이는 방식으로 최고 5일까지 입원 기간을 늘리면 산후우울증 발생 가능성을 줄일 수 있다고 한다.[418] 분만 전 교육과 초기 육아에서 겪을 수 있는 수면 손실에 대한 인식 개선도 새로 엄마가 된 산모에게 도움이 되는 것으로 밝혀졌다.[419] 일부 계몽된 사회에서는 부부가 산후 육아 부담을 실질적으로 함께 나누는 경우가 많아지고 있다. 누가 무엇을 하고, 얼마나 자주 하며, 집안일은 어떻게 관리할지, 누구를 육아에 참여시킬지에 대해 미리 계획을 세워두면 이런 활동 모두 불안과 스트레스를 줄이는 역할을 한다. 하지만 수면 부족과 정신질환에 취약해지는 산후 초기가 많은 이에게 큰 문제가 되고 있다는 사실은 여전히 남아 있다. 현재는 뾰족한 치료법이 별로 없다. 특히나 젊은 산모는 이 중요한 시기에 타인의 도움을 구하는 것을 두려워해서는 안 된다.

1. 임산부는 왼쪽으로 돌아누워 자야 하나요?

이 질문을 자주 받는데 그에 관한 조언이 오락가락합니다. 최근의 한 연구에서는 왼쪽으로 눕거나 오른쪽으로 눕는 것 모두 사산의 위험이라는 측면에서는 동일하게 안전한 것으로 나왔습니다. 하지만 등을 대고 똑바로 눕는 것은 임신 후기 사산에 기여하는 요인으로 작용합니다. 구체적으로 말하면 임신 기간이 28주 이상인 임산부가 똑바로 눕지 않고 옆으로 누워서 잘 경우 사산의 가능성이 5.8퍼센트 '낮게' 나왔습니다.[420]

2. 사람도 계절번식을 하나요?

사람도 자살, 심장 질환, 일부 암, 출산율 등 생물학의 여러 측면에서 연간 리듬을 나타냅니다.[25] 출산율의 경우 산업화 이전 사회에서는 가장 높은 출산율과 가장 낮은 출산율 사이의 범위가 60퍼센트 이상으로 기록에 남아 있습니다. 요즘에는 이런 차이가 현저히 줄어들어서 아예 감지되지 않거나, 진폭이 5퍼센트 정도로 아주 낮게 나옵니다. 과거에 이런 계절성을 만들어낸 메커니즘이 무엇이었고, 최근에 계절에 따른 출산율의 변화가 현저히 줄어든 이유가 무엇인지는 불분명합니다. 사회적 관습과 지역 경제의 변화, 일광 같은 계절성 주기에 대한 노출 부족, 최근에는 효과적인 피임법 등이 모두 중요하게 작용하는 듯싶습니다.[25, 421]

3. 피임약을 복용하면 월경전증후군에 도움이 되나요?

분명 그렇지 않겠느냐는 생각이 들 것입니다. 에스트로겐과 황체호르몬, 혹은 황체호르몬이 단독으로 들어간 피임약은 배란과 관련된 호르몬의 변화를 막아주니까요. 하지만 어떤 여성은 증상 악화를 경험하고, 어떤 여성은 증상 완화를 경험합니다.[422, 423] 기분의 악화 때문에 피임약 복용을 중단했다는 보고도 많습니다.[424] 이것을 어떻게 설명해야 할지는 불분명하지만 합성 프로제스틴 기반의 호르몬 피임약을 복용하는 것이 연관이 있을지도 모르겠습니다. 이 피임약이 수면과 긴장 이완을 촉진하는 대신 실제로는 우울증을 키우고,[425] 감정을 악화시킬 수도 있습니다.[426]

4. 크로노타입의 차이가 부부관계에 영향을 미칠까요?

최근의 연구에 따르면 성관계의 빈도는 일반적으로 배우자의 크로노타입과는 관련이 없었습니다. 다만 동일한 연구에서 여성들은 배우자와 크로노타입이 같을 때 부부관계에서 더 행복감을 느낀다고 보고했습니다.[427] 하지만 크로노타입, 성관계, 결혼 사이의 관계는 사회적, 경제적, 성격적 요인의 상호작용에 따라 아주 복잡하고 다양하게 나타납니다.[428]

5. 여성의 월경주기와 생쥐 같은 다른 포유류에서 나타나는 발정주기의 차이가 무엇인가요?

발정주기는 고등 영장류를 제외한 모든 포유류에서 나타나는 성활동의 주기적 발생(발정)을 일컫는 이름입니다. 고등 영장류에서만 나타나는 월경주기는 자궁내막이 떨어져 나오면서 주기적으로 발생하는 월경(생리혈)을 따서 지어진 이름이죠. 발정주기를 갖고 있는 포유류에서는 자궁내막이 떨어져 나오지 않고 흡수됩니다. 대부분의 포유류는 발정주기를 나타내고, 일반적으로 암컷은 배란에 즈음해서만 짝짓기를 할 준비가 됩니다. 이것을 발정이 났다고 합니다. 반면 인간을 포함한 고등 영장류 암컷은 월경주기 언제라도 성적으로 활발할 수 있습니다. 수정에 최적의 시기가 아닌 때에도 성관계를 할 수 있는 것은 수컷과 암컷 사이의 파트너십을 강화하는 것과 연관되어 있다고 보는 견해가 일반적입니다.

6. 남자도 에스트로겐을 만드나요?

테스토스테론은 남자의 성호르몬이고, 에스트로겐은 여자의 성호르몬이라 여기지만 사실이 아닙니다. 테스토스테론으로부터 일종의 에스트로겐인 에스트라디올이 생산되며, 테스토스테론을 에스트라디올로 전환하는 효소가 남성의 뇌, 음경, 고환에 풍부하게 들어 있습니다. 뇌에서는 성욕과 관련된 영역에서 테스토스테론으로부터 에스트라디올로 전환됩니다. 에스트라디올은 성욕, 음경의 발기, 정자 생산의 조절을 돕습니다.[429] 따라서 어쩌면 놀랄 일도 아니지만 고환에서 만들어지는 테스토스테론이 뇌, 음경, 고환에서 국소적으로 에스트라디올로 전환된 '후'에는 남성 생리학과 행동의 핵심적인 측면들을 주도합니다.[429] 과거에 동성애자 남성들은 성욕을 억누르기 위해 스틸베스트롤이라는 합성 여성 호르몬 에스트로겐으로 치료를 받았습니다. 이것을 화학적 거세라고 불렀죠. 이 합성 에스트로겐은 뇌하수체에 작용해서 호르몬(황체형성호르몬과 난포자극호르몬)을 억제합니다. 이것은 정상적으로 고환에서 테스토스테론의 생산을 자극하는 호르몬들이죠. 그 결과 스틸베스트롤에 의해 남성 성욕, 음경 발기, 정자 생산이 억제되고, 그와 함께 유방 확대 등 다른 불쾌한 일련의 부작용이 생겼습니다.

7. 여성에게는 일주기 시계가 배란의 시점에 중요하다고 하는데, 일주기 리듬이 정자 생산에도 중요한가요?

한 주요 연구에서 7068명의 남성으로부터 채취한 총 1만 2245개의 정액 표본을 검사해보았습니다. 이 표본을 가지고 정자의 농도, 정자의 수, 운동성, 정상적 형태를 조사했습니다. 그 결과 오전 7시 30분 이전 이른 아침에 채취한 정액 표본에서 정자의 농도가 최고치로 나왔지만 운동성은 일주기 리듬을 보이지 않았습니다.[374] 정자 생산이 왜 이른 아침에 정점에 이르는지는 아직 불분명합니다.

8장

수면의 인생 단계

나이가 들면서 변화하는
일주기 리듬과 수면

변화는 피할 수 없다.
자판기만 빼고.

로버트 C. 갤러거

그럴 리는 없다고 확신하지만 만약 남극 유리해면이 사람 수준의 의식을 갖고 있다고 하더라도 아마 늙는 데 대한 걱정은 별로 없었을 것이다. 남극 유리해면은 세상에서 제일 오래 사는 동물로 여겨지고 있으며 예상 수명은 1만 5000년이다. 현재 살아 있는 해면 중에는 사하라사막에 물이 넘치고 풍요로웠던 시절에 살았던 것도 있을 것이다. 하지만 이런 해면도 변화에서 자유롭지 않다. 이 해면은 깊이 300미터 미만의 남극 얕은 바다에서 살고 있다. 이곳은 최근까지만 해도 햇빛을 차단해주는 계절성 해빙이 넓게 펼쳐져 있었다. 해면은 주변 물에서 걸러낸 작은 세균과 플랑크톤을 먹고 산다.

최근의 한 연구에 따르면 이 고대의 해면은 지구온난화로 이득을 볼 몇 안 되는 종 중 하나가 될지도 모르겠다. 최근에 남극 주변의 기온이 따듯해지면서 남극 빙붕이 무너져 내리는 바람에 드넓은 해저가 햇빛에 노출되었고, 그로 인해 조류藻類가 폭발적으로 성장했다. 조류는 남극 생태계의 주요 먹이 공급원이다. 4년에 걸쳐 연구한 결과 북극의 얼음이 사라진 곳에서는 남극 유리해면이 두세 배 증가했다. 이들은 아마도 풍부해진 조류 덕분에 번성하게 됐을 것이다.[430] 우리는 남극 유리해면에 비하면 훨씬 짧은 삶을 산다. 유대교, 기독교, 이슬람교에 등장하는 인물인 므두셀라는 969세까지 살아서 가장 오래 산 인간으로 기록되었다. 적어도 〈창세기〉에 따르면 그렇다. 안타깝게도 이 기록은 독립적으로 검증된 바가 없다. 어떤 사람은 위키피디아보다 〈창세기〉가 훨씬 권위가 있다고 생각하겠지만 위키피디아(2021년 7월)에 따르면 지금까지 기록으로 남은 가장 장수한 사람은 프랑스의 잔 칼망(1875~1997)이다. 이 여성은 122세까지 살았다. 한편 제일 장수한 남성은 일본의 기무라 지로에몬(1897~2013)이다. 그는 116세까지 살았다. 여기서 얻을 수 있는 결론은 경제가 발전한 국가에 사는 사람들은 대부분 100세 가까이 살 수 있기를 희망하고, 실제로도 그렇게 되리라는 것이다. 어쨌든 한 가지 확실한 점은 수명이 길어짐에 따라 우리는 사회적, 정치적, 환경적, 그리고 당연히 생물학적 변화까지 온갖 변화를 경험하게 되리라는 것이다.

나이가 들면서 일주기 리듬과 수면은 심오한 변화를 겪는다. 이런 변화는 개인차가 크지만 보편적인 추세도 나타난다. 나이가 들면서 수면시간이 짧아진다. 일주기 리듬이 덜 뚜렷해지면서 수면을 비롯한 24시간 생물학의 동인이 약해진다. 그래서 분절수면이 더 심해질 수 있다. 일주기 타이밍에도 변화가 생겨서 10대를 거쳐 성인 초기로 진입하면서는 늦은 크로노타입 성향을 보이다가, 20대부터는 빠른 크로노타입으로 변하기 시작해 이런 추세가 노년까지 이어진다. 나이가 들면서 원하는 만큼, 혹은 필요한 만큼 잠을 충분히 자지 못하고 있다고 느끼는 사람이 많다.

우리는 수면과 생물학적 시간에서 나타나는 노화 관련 변화를 피할 수 없지만, 패턴이 바뀐다고 해서 꼭 나빠진다는 의미는 아니다. 여기서는 개인의 기대치를 관리하는 것이 가장 중요하다. 앞으로 일어날 가능성이 높은 것이 무엇인지 알고 신체적으로, 감정적으로 준비할 필요가 있다. 이번 장에서는 우리가 미리 알아두어야 할 정보에 대해 이야기한다. 쉽게 접근할 수 있도록 이 장을 한입에 베어물기 좋게 세 개의 덩어리로 나누었다. 첫 번째는 '어린 시절의 수면'－출생과 청소년기 사이의 기간으로, 수면과 일주기 리듬에서 가장 크고 가장 빠른 변화가 일어나는 시기다. 이것은 교육과 안녕에도 중요한 영향을 미친다. 두 번째는 '청소년기 이후의 수면'－청소년기에 뒤따라오는 시기로, 이때도 수면에서 분명한 변화가 일어난다. 이 변화는 더 느리게 찾아오는 경향이 있으며 업무, 스트레스, 부모로서의 역할, 잠재적 질병 등 다양한 부담과 함께 우리의 생물학이 만들어내는 복잡한 산물이다. 세 번째는 '수면과 신경퇴행성 질환의 영향'으로, 나이가 들면서 우리는 알츠하이머병이나 파킨슨병 같은 주요 질병에 더욱 취약해진다. 이런 질병이 노년에 필연적으로 생기는 것은 아니지만 더 자주 나타나게 되고, 개인의 수면, 그리고 같이 살아가는 사람의 수면에도 아주 큰 영향을 미친다.

어린 시절의 수면(유아기~청소년기)

임신기간의 수면

우리가 아는 한 아기들은 엄마 배 속에서 대부분의 시간을 잠으로 보낸다. 임신 38주와 40주 정도에는(분만은 임신 40주경) 아기가 95퍼센트의 시간을 잠으로 보내는 것으로 보인다.[431] 반면 엄마의 입장에서는 임신기간에 수면을 취하기가 어려울 수 있다. 특히 임신 후기에는 더욱 어려워진다. 임신에 따른 신체적 불편함에 더해서 호르몬의 변화도 생기고, 아기가 방광을 압박해서 한밤중에도 소변을 보아야 하고, 다리에 쥐가 나고, 위산이 역류하고, 아기가 발로 차는 등의 모든 행동이 불면증을 키우는 역할을 한다(5장). 임신 초기에는 잠을 더 많이 잘 수도 있다. 하지만 이 사실이 당사자가 인식하는 수면에는 거의 영향을 미치지 못한다. 예비 엄마는 오히려 졸음과 피로감을 보고하는 경우가 많아진다. 임신을 유지하는 데 필요한 hCG(7장)와 황체호르몬이 약간 졸음을 유도한다. 하지만 hCG와 황체호르몬은 체온을 살짝 올리는 역할을 하는데, 이것은 수면에 도움이 되지 않는 경우가 많다.[432] 임신 중기부터 후기까지는 거의 50퍼센트의 여성이 수면의 질 저하를 호소한다.[433] 코골이와 폐쇄성 수면무호흡(5장)이 생길 위험이 높은 여성은 실제로 이런 증상이 늘어나는데[433] 잠재적 위험 때문에 치료가 필요하다. 임신기간 중에는 하지불안증과 주기성 사지운동장애도 늘어나며 임신한 여성의 20퍼센트 정도에서 나타난다. 주치의와 상의해서 하지불안증과 주기성 사지운동을 철분 보충제로 치료할 수도 있다(5장).[278] 나의 어머니는 임신

했을 때 철분 보충을 위해 매일 기네스 맥주를 마시라는 이야기를 들었다고 한다. 하지만 기네스 맥주에는 철분이 거의 없는 것으로 밝혀졌다. 철분이 없는 것도 문제지만 알코올 때문에라도 요즘에는 임신 중에 이런 음료를 권하지 않는다. 어머니는 기네스 맥주를 마시면 역겨운 느낌이 들어서 더 이상은 마시지 않았다고 하니 나로서는 다행이다.

유아(만 0~1세)와 부모의 수면

7장에서 이야기했듯이 핵가족이 등장하기 전에는 육아를 온 가족이 나누어 담당했다. 요즘에는 육아의 모든 책임이 보통 엄마에게 돌아가고 아빠나 배우자 중에는 열심히 돕는 사람도 있지만 그렇지 않은 사람도 있다. 엄마가 만성 피로에 빠졌더라도 육아는 엄마의 몫으로 여겨진다. 하지만 우리 인간은 육아의 책임을 오롯이 혼자 감당하도록 진화하지 않았다.[434] 따라서 필요할 때는 엄마들도 도움을 구해야 한다. 아이가 태어났을 때는 가족의 새로운 삶에서 수면이 모든 측면을 지배한다. 갓 태어난 아기는 일주기 리듬이 확립되어 있지 않아서 밤낮을 가리지 않고 들쭉날쭉한 간격으로 짧게 여러 번 나누어 잠을 잔다. 이것은 아마도 이 시기에 수유의 필요성이 높은 것과 관련이 있을 것이다. 생후 10~12주경이 되면 일주기 리듬의 첫 신호가 등장하기 시작해서 밤에 자는 시간이 점점 늘어난다. 이 시기를 거치는 동안에는 수면시간이 신생아는 하루 16~17시간, 생후 16주에는 14~15시간, 생후 6개월에는 13~14시간으로 줄어든다.[415, 435] 생후 1년이 지나면서 낮에 잠을 자야 할 필요성은 줄어들고 밤잠은 늘어나 만 한 살 즈음에는 대부분 밤에 잠을 자고 낮에는 깨어 있는 시간이 많게 된다.[436] 하지만 전체 아동 중 20~30퍼센트 정도가 생후 첫 2년 동안에는 밤에 자다가 깨는 경험을 한다.[437] 뚜렷한 24시간 수면/각성 패턴이 완전히 발달하는 데는 6~12개월이 걸리지만 수면을 촉진하고 결국에는 일주기 시스템의 동기화에 도움이 되도록 처음부터 수면 환경을 좋게 유지해주어야 한다. 아기를 안정적이고 충분히 밝은 명암 주기에 노출시켜주어야 한다. 우리 가족사진을 보면 옛날에는 아기를 낮에 유모차에 태워서 집 밖에 두었던 것 같다! 밤에는 암막 커튼을 쳐서 침실을 최대한 어둡게 유지하고, 최대한 조용하게 해야 한다. 아이가 어느 정도 자라면 식사시간을 일정하게 유지하고, 낮에는 밝게, 밤에는 어둡게 해서 강력한 24시간 패턴을 만들어주어야 한다.[438] 인과관계는 아직 불분명하지만 연구에 따르면 유아기의 좋은 수면과 이 발달 초기 단계의 인지적, 신체적 성장 사이에 중요한 상관관계가 있는 것으로 보인다.[437] 하지만 인간은 다른 대부분의 동물과 마찬가지로 현저한 발달 가소성developmental plasticity과 다양한 방식으로 발달할 수 있는 능력을 보인다는 점을 강조해야겠다.[439] 따라서 유아기에 수면의 질이 낮다고 해서 나중에 꼭 인지능력과 성장에 영구적인 문제가 생기는 것은 아니다. 유아에게서 심각한 수면 교란이 나타난다면 신경학적 문제일 수 있으므로 걱정이 된다면 의사에게 조언을 구해야 한다.

부모가 되면 가족, 친구, 언론으로부터 아이를 재우는 방법에 대해 온갖 조언을 듣게 된다. 사실 최고의 조언은 직접 해보고 효과가 있는 방법을 선택하라는 것이다. 그러기 위해서는 여러 가지 방법을 시도해볼 필요가 있다. 우리 집 세 아이에게는 4~6개월 정도

'스스로 달래기'를 적용했었다. 아이가 울기 시작할 때 당장 달려가지 않고 스스로 진정할 시간을 점점 늘려가는 것이다. 처음에는 짧게 몇 분 정도만 기다리고, 점점 더 시간을 늘린다.[440] 친구들은 이 방법이 아이나 부모에게 모두 스트레스를 준다며 '스스로 달래기' 대신 '부모가 달래기'를 적용해서 아이가 깼을 때는 침대를 부드럽게 흔들어주거나 자장가를 불러 다시 재워줬다. 여기서 핵심은 자신이 해보고 효과가 있었던 방법을 써서 부모와 아기 모두 잠을 제대로 잘 수 있어야 한다는 것이다. 물론 여기에도 지켜야 할 선이 있다. 18세기에는 독한 술인 진에 적신 천을 아기에게 물리는 방법을 썼는데 지금은 좋지 않은 방법으로 보고 있다.

새로 부모가 된 사람들은 SCRD를 경험하게 되기 때문에 이 사실을 잘 인식하고 있어야 한다. 가정이나 직장에서 일어날 수 있는 잠재적 사고의 위험을 생각하면 특히 그렇다. 피곤할 때는 운전을 하지 말자. 가족과 친구의 방문은 자신에게 편한 시간에 잡자! 불면증은 감정적 반응에도 영향을 미치기 때문에 부부관계도 압박을 받을 수 있다. 거기에 더해서 인지능력과 의사결정 능력에도 문제가 생긴다(9장). 이런 상황에서 부모가 취할 수 있는 대응 전략 중 하나가 이른 시간에 규칙적으로 자는 것이다. 일찍 자는 것에 대해 죄책감을 느낄 필요가 없다. 아기가 낮잠을 잘 때는 같이 낮잠을 자고 당신이 자는 몇 시간 동안은 가족이나 친구에게 아기를 봐달라고 요청하자. 새로 부모가 됐을 때는 시간과 장소만 허락한다면 수면을 최우선으로 해야 한다. 아기가 태어나기 전에 미리 수면 문제와 다양한 대처 전략에 대해 이야기해두는 것도 유용하다. 이미 피곤해진 상태에서 전략을 수립하려고 들면 그것 자체가 스트레스가 된다.

아동(만 1~10세)

아이를 몇 시간이나 재워야 하는지 신경 쓰는 부모가 많다. 답은 '필요한 만큼'이다. 이번에도 역시 수면을 제일 우선시해야 한다. 약 15~35퍼센트의 아동이 생후 첫 5년 동안 일종의 수면장애를 보이는데, 이 현상은 시간이 지나면서 보통 사라진다.[441] 성인과 마찬가지로 아동에게도 수면은 건강과 인지능력에 무척 중요하다.[442] 예를 들어 아동이 수면 문제를 겪을 경우 학업 성취도가 분명하게 떨어지는 것으로 나왔고,[443] 비만과도 강력한 상관관계가 있었다.[444] 아동기의 불충분한 수면으로 인한 장기적인 영향에 대해서는 여전히 논란이 있지만, 현재로서는 나중에 어떤 문제가 생길지 정확히 알 수 없다. 아동기를 거치면서 수면시간이 줄어들어, 어린 아동은 16시간 정도였다가 10대에는 평균 8~9시간 정도가 된다. 비렘수면/렘수면 주기(2장)도 신생아는 60분 정도였다가 만 2세에는 75분, 만 6세에는 90분 정도로 증가한다. 이 정도면 성인과 비슷한 수준이다. 비렘수면/렘수면 주기의 변화가 실제로 무엇을 의미하는지도 불분명하다. 어쩌면 나이가 들면서 새로운 경험이 줄어들기 때문에 정보를 처리하고 기억을 응고화하는 데 필요한 시간도 줄어드는 건지 모르겠다. 하지만 직관적으로는 말이 돼도 아직 증명되지 않은 이야기다.

아이가 쉽게 잠들지 못하고, 잠자리에 들기도 싫어하는 것은 아이나 그 아이를 돌보는 사람 모두에게 문제가 된다.[445] 좋은 수면 습관을 길러주는 것이 필수적이다. 목욕, 책 읽어주기, 자장가, 껴안

기나 흔들어주기 같은 취침 루틴은 아이를 심리적으로 잘 준비시켜준다.[446] 자기 전과 자는 동안의 조명 조건 역시 중요하다. 취침 직전의 밝은 조명은 뇌를 각성시키고,[447] 일주기 시스템을 뒤로 늦출 가능성이 있다.[448] 이 두 가지 조절 인자 모두 아이가 잠드는 것을 방해한다. 취침 전의 수면 루틴은 어둑한 조명 아래서 진행해야 하고, 자는 동안에는 모든 조명을 끄는 것이 이상적이다. 아이가 어둠을 무서워해서 야간 조명을 켜주어야 안심한다면 5럭스 이하의 조명은 문제없을 것이다. 아동도 성인과 마찬가지로 카페인 섭취나 뇌를 각성시키는 다른 활동을 삼가야 한다.[447]

그런데 아이가 잠이 부족하다는 것을 어떻게 알 수 있을까? 아이가 말을 잘 듣지 않거나 변덕스러운 것으로도 파악할 수 있다. 다른 신호도 있을 수 있다. 지난 20년간 아동의 비만과 폐쇄성 수면 무호흡증이 증가한 것이 아동의 불면증과 관련이 있는 것으로 밝혀졌으며, 불면증은 앞에서 살펴본 바와 같이 주간 졸음으로 이어진다. 주간 졸음은 공격성, 불안, 우울증, 과다활동, 학습 및 기억 장애 등을 일으킬 수 있다. 이런 것들은 수면 문제가 있음을 알려주는 중요한 신호다.[445]

청소년(만 10~18세)

청소년기는 사춘기와 함께 시작해서 성인이 되면서 끝난다. 그렇긴 해도 이런 변화가 일어나는 나이는 사람마다 다르고, 청소년기라는 개념 자체도 문화권마다 다르다.[449] 앞에서 언급했듯이 아동기에서 청소년 후기로 가면서 야간 수면의 양이 줄어든다. 하지만 필요한 수면의 양도 함께 줄어드는 것인지는 명확하지 않다.[450] 따라서 청소년은 수면시간이 줄어들기는 하지만 어쩌면 사춘기 이전 만큼의 수면시간이 필요할 수도 있다. 요즘 청소년은 기존 세대보다 수면시간이 줄어든 것 같다. 특히 지난 20~30년 동안 현저하게 줄어들었다.[451] 하룻밤에 자는 시간이 지난 100년 동안 무려 한 시간 정도 줄어든 것으로 보인다.[452] 하지만 청소년에게 실제로 필요한 수면의 양은 얼마나 될까? 개인별로 차이는 있겠지만(5장) 미국 수면재단은 만 14~17세의 청소년에게는 8~10시간의 수면을 권장하고 있다.[453] 미국수면의학회 역시 만 13~18세 청소년의 최적의 수면시간을 8~10시간 정도로 결론 내리고 있다.[454] 하지만 권장량만큼 잠을 자지 못하는 청소년이 많다.[183] 예를 들어 10대의 수면에 대한 주요 설문조사를 보면 청소년은 등교일 밤에는 일반적으로 수면시간이 여덟 시간에 한참 못 미치며[455] 다섯 시간도 못 자는 경우도 있다[456]고 결론을 내리고 있다.

미국에서는 청소년의 수면 손실이 '유행병'으로 부각되고 있고,[457] 영국에서도 공공의 관심사로 떠오르고 있다. 이 사안을 심각하게 바라보는 이유는 청소년기의 부족한 수면이 나중에 신체 건강과 정신 건강의 악화라는 중대한 결과를 초래할 수 있기 때문이다.[458] 등교일에 8시간 미만의 수면은 담배나 마리화나 흡연, 알코올 섭취, 싸움, 슬픈 느낌, 심지어는 심각한 자살 고려 등 다양한 부정적 행동으로 이어진다.[459] 짧은 수면은 비만 위험의 증가와도 관련이 있다(12장, 13장).[444] 수면이 짧아지면 학업 성취도 또한 떨어진다는 것이 일관된 연구 결과였다.[460, 461] 실험실 연구에서는 5일에 걸쳐 침대에서 10시간을 자게 한 청소년과 6.5시간만 자게 한 청소년의 학업 성취도를 비교해보았다. 그 결과 6.5시간만 잔 청소년은 학업 성취도가 현저히 떨어졌다.[462] 청소년이 일반적으로 수면이 부족하면 기분이 처지고, 집중력과 의사결정 능력 또한 떨어진다는 것을 인식하는 것이 중요하다.[463] 최근의 한 리뷰 논문에서는 SCRD로 진단받은 청소년 중 75퍼센트가 정신적 문제도 함께 갖고 있는 것으로 나왔다.[464] 청소년의 수면 부족에 대해 무언가 조치를 취해야 한다고 설득하는 것은 부모, 보호자, 사회 모두에게 중요한 문제다(14장). 하지만 그에 앞서 청소년이 잠들기 어려운 이유에 대해 먼저 생각해보자.

청소년 수면의 생물학적 동인

청소년기에는 수면/각성 주기를 뒤로 늦춰 늦은 크로노타입으로 만들어주는 생물학적 동인의 변화가 일어난다. 그 결과 잠자리에 드는 시간은 점점 더 늦어지고 기상시간도 아침 늦은 시간, 혹은 아예 오후로 늦춰진다. 휴일에는 더 늦어진다. 수면이 제일 늦어지는 시기는 여성은 만 19.5세, 남성은 21세다. 이는 50대 후반이나 60대 초반 성인에 비해 대략 두 시간 정도 늦은 것이다.[381] 이런 차이가 부모와 사회의 기대와 달라서 청소년에게 게으르다는 비난의 화살이 향하는 경우가 많다. 1~3장에서 배웠듯이 우리의 크로노타입은 유전자, 발달 과정, 빛 노출 시간에 따라 달라진다. 저녁 빛에 더 많이 노출되면 생체시계를 뒤로 미루는 작용을 해서 늦은 크로노타입을 갖게 된다. 그리고 늦은 크로노타입의 청소년은 아침 빛보다 저녁 빛을 더 많이 받는다는 증거가 있다.[92] 물론 이것은 아침 빛을 더 많이 쪼이려 노력하면 바꿀 수 있다(3장). 거기에 더해서 청소년이 점점 늦은 크로노타입으로 변해가는 것은 사춘기의 호르몬 변화와 밀접한 관계가 있다. 성호르몬(에스트로겐, 황체호르몬, 테스토스테론)이 SCN의 마스터 생체시계와 상호작용해서 수면 시간대를 바꾸어놓을 공산이 크다. 7장에서 이야기했지만 에스트로겐과 황체호르몬이 월경주기와 임신기간에 걸쳐 일주기 시스템과 상호작용한다는 증거가 있다. 따라서 사춘기 여성에게 이런 호르몬들이 생체시계에 영향을 줄 가능성이 있다. 최근의 연구들도 남성의 경우 테스토스테론 수치가 생체시계를 늦은 크로노타입으로 바꾸는 데 기여한다는 증거를 제시하고 있다.[465]

사춘기에는 일주기 변화와 아울러 수면 압력(2장)에도 변화가 찾아온다. 청소년기 말에는 사춘기 이전이나 사춘기 초기 아동에 비해 수면 압력이 더 늦게 축적된다는 것이 밝혀졌다.[466] 이는 청소년기 후반에는 피로를 느끼지 않고 더 오래 깨어 있을 수 있다는 의미다. 이런 연구 결과는 각각 14.5시간, 16.5시간, 18.5시간 동안 깨어 있다가 잠드는 데 걸리는 시간을 측정해본 실험에 의해서도 뒷받침되고 있다. 사춘기 이전의 청소년은 성숙한 청소년에 비해 훨씬 빨리 잠들었다.[467] 이것은 이 시기에 수면 압력에 대한 반응이 감소한다는 것을 다시 한번 암시하고 있다. 따라서 데이터에 따르면 청소년기 후반에는 늦은 저녁 시간까지 생물학적으로 더 오래 깨어 있을 수 있는 것으로 보인다. 하지만 청소년기 동안의 수면 압력과 수면의 일주기 동인이 단독으로 작용하는 것은 아니다. 크로노타입이 늦어지는 생물학적 경향과 아울러 다음에 나오는 다양한 환경의 수면 조절 인자들도 반드시 함께 고려해야 할 것이다.

청소년에서의 환경적 수면 조절 인자

청소년의 수면에 변화가 생기는 핵심적인 이유는 다음과 같다.

카페인의 영향: 2장에서도 이야기했듯이 졸음을 쫓는 용도로 카페인을 섭취하는 경우가 많다. 카페인은 신경화학물질인 아데노신을 감지하는 수용체를 차단한다. 아데노신은 각성에 따르는 결과로 뇌 속에서 증가하며, 수면 압력을 주도하는 핵심 인자 중 하나로 여겨지고 있다.[468] 커피 같은 음료에 들어 있는 카페인은 체내에 남아 있다가 한참 후에야 분해된다. 따라서 늦은 오후나 초저녁에 카페인을 섭취하면 수면을 뒤로 늦추는 작용을 한다.[468] 광고회사에서 청소년을 대상으로 선전하는 '에너지' 음료 혹은 에너지 샷에 들어 있는 카페인의 양은 70~240밀리그램 정도다. 영국에서는 만 10~17세 청소년의 70퍼센트가 이런 음료를 섭취한다는 보고가 있다.[469] 청소년들은 주간 졸음을 쫓고 각성도를 높이기 위해 카페인이 많이 들어 있는 음료를 마시는 것으로 보인다. 실제로 각성 효과가 있을지는 모르지만 카페인은 몸속에 여러 시간 동안 남아 있기 때문에 오후나 초저녁의 카페인 음료는 취침시간을 뒤로 늦추는 작용을 한다. 카페인 때문에 유도된 취침시간 지연은 수면을 유발하는 생물학적 동인을 더욱 지연시킨다.

소셜미디어의 사용: 최근에는 전자장치 사용 증가가 수면 지연의 요인으로 걱정을 사고 있다(그림 4). 이런 장치는 잠잘 시간을 뺏는 역할도 하고, 인지와 감정을 각성시키는 메커니즘으로도 작용해서 취침을 지연시키는 것으로 보인다.[470] 데이터도 이런 우려를 뒷받침하고 있다. 예를 들면 미국에서 진행된 한 대규모 설문조사에서는 청소년의 수면시간 감소가 전자장치 사용, 소셜미디어, 스크린 노

출 시간과 상관관계가 있는지 알아보았다. 이 구체적인 연구는 실제로 그렇다는 결론을 내렸다.[471] 또 다른 설문조사에서는 게임, 휴대폰, 컴퓨터, 인터넷 사용이 청소년 취침시간의 현저한 지연으로 이어지는 것으로 나왔다.[472] 휴대폰의 사용만으로도 취침시간 지연,[474] 감정적 각성 증가[475] 등 수면 행동의 질적 저하를 유발하는 것으로 나왔다.[473]

학교 시작 시간: 대부분의 학교는 학사 일정을 잡을 때 청소년의 늦은 크로노타입을 고려하지 않는다. 그래서 많은 청소년이 지각하지 않기 위해 자신의 생물학적 하루가 시작되는 시간보다 더 일찍 일어나야 한다. 이렇게 생물학적 하루와 사회적 요구 사이의 불일치를 사회적 시차증이라고 한다.[195] 사회적 시차증은 청소년이 일어나고 싶은 시간(휴일의 경우)과 억지로 일어나야 하는 시간(등교일의 경우) 사이의 차이를 말한다. 등교하는 주중에는 수면 필요량(수면 부채)이 축적되었다가 주말에는 아주 늦은 시간까지 한꺼번에 몰아서 늦잠을 자게 된다. 그러면 특히나 아침 빛에 대한 노출이 부족해서 수면이 오히려 더욱 뒤로 늦춰진다. 그 결과 월요일부터 잠이 부족한 상태로 등교하게 된다.[241] 학교 시작 시간은 늦은 크로노타입에는 불리하게 작용하지만 이른 크로노타입을 가진 사람에게는 유리하게 작용한다. 당연히 이들은 학업 성취도가 높고 수업시간에 주의력도 좋아진다.[476]

청소년의 지연된 크로노타입에 대응하고 사회적 시차증의 영향을 상쇄하는 한 가지 방법은 등교 시간을 늦추는 것이다. 미국에서는 스타트 스쿨 레이터Start School Later 같은 지지 단체의 주도 아래 이 방안을 적극적으로 수용했다. 이 단체는 중학교와 고등학교가 오전 8시 30분 이전에는 시작하지 말아야 한다고 주장한다. 미국의 중고등학교 대다수는 오전 8시 30분보다 한참 전인 오전 7시경에 시작한다는 점을 주목하자.[477] 미국에서 나온 연구 결과를 보면 학교 시작 시간을 늦추면 수면 지속 시간이 늘어나고 주간 졸음, 우울증, 카페인 섭취량이 줄어들고, 지각, 결석, 성적이 개선되고, 자동차 교통사고도 줄어드는 결과가 일관되게 나왔다.[478~480] 미국, 싱가포르, 독일 등 일반적으로 8시 30분 전에 학교가 시작되는 상황에서는 등교 시간 늦추기가 대단히 이롭게 작용하는 것으로 보인다. 하지만 영국 등 여러 국가에서는 전통적으로 오전 7시보다 한참 늦은 오전 9시 정도에 학교가 시작된다. 이런 상황에서도 학교 시작 시간을 훨씬 더 늦추는 것이 이로울지, 아니면 '수면 교육'이 답일지는 아직 불분명한 상태로 남아 있다. 흥미롭게도 영국의 많은 사립학교에서는 오전 10시나 그 이후에 학교를 시작하기로 결정했다.

수면 교육과 불면증을 위한 인지행동요법: 수면 교육은 취침시간을 늦추는 사회적 인자와 생활방식 인자의 해결을 목표로 한다. 수면 교육, 즉 좋은 수면 위생은 아주 유익할 수 있다. 청소년을 설득해서 규칙적인 수면 일정, 수면을 촉진하는 취침 루틴, 아침 빛 노출 등을 지키게 한다면 정말 큰 도움이 된다(6장).[481] 하지만 청소년은 조언을 따르지 않는 것으로 악명이 높다.[482] 그래서 수면 교육 프로그램이 수면에 관한 지식을 증진해주지만 수면 행동의 변화가 항상 뒤따르지는 않는 것으로 밝혀졌다.[483, 484] 하지만 가정에서 좋은 수면 습관을 장려하고 함께 논의함으로써 수면 교육을 우선하면 청소년의 건강과 안녕에서 믿기 어려울 정도로 유용한 역할을 할 수 있다.[485] 청소년의 수면의 양을 늘리기 위해 취침시간을 앞당기는 등의 간단한 접근방식도 효과가 있는 것으로 나타났다.[486] 청소년의 수면 문제를 해결하기 위해서는 청소년과 학교에서의 수면 교육 사이에 협력이 이루어져야 한다. 이와 함께 가정에서는 부모나 보호자를 통한 수면 강화가 수반되어야 한다. 하지만 안타깝게도 그런 협력관계를 찾아보기는 힘들다. 특히 청소년의 수면 행동을 지도하는 데 필요한 정보가 표준화되어 있지 않고, 쉽게 접근하기도 힘들기 때문이다. 이 주제에 대해서는 14장에서 다시 이야기하겠다.

청소년기 이후의 수면(성인기에서 건강한 노년기까지)

벤저민 프랭클린은 이렇게 말했다. "이 세상에서 죽음과 세금 빼고는 확실하다고 말할 수 있는 게 없다." 그래도 인생에서 또 한 가지 확실하다고 말할 수 있는 것은 젊은 시절을 보내고 나이가 들면서 수면과 일주기 리듬의 패턴이 다시 한번 변한다는 것이다. 이런 변화로 걱정할 사람도 많겠지만 그 변화가 항상 나쁜 것만은 아니다. 결국은 변화된 수면/각성 패턴에 당신이 어떻게 반응하느냐가 중요하다. 전 세계적으로 인구집단은 노화되고 있으며 세계보건기구의 예측에 따르면 2050년 즈음에는 만 60세 이상의 인구가 두 배로 늘어나고, 80세 이상의 인구는 4억 명에 이를 것이다. 기대수명이 늘면서 중년과 노년의 범주에도 변화가 생겼다. 최근에 선도적인 의학 학술지인 〈랜싯〉은 중년을 45~65세로 정의했다.[487] 이 정의에 따르면 노년은 65세 이상이 된다. 현재 상황에서는 노년층의 절반 정도가 수면의 변화나 교란을 보고하고 있다.[254] 내가 강조하고 싶은 점은 '많은' 사람들이 수면과 일주기 리듬에서 현저한 변화를 경험할 것이기 때문에 앞으로 일어날 변화가 어떤 것인지 알아둘 필요가 있다는 것이다.

우리가 청년기에서 중년기, 그리고 그 이후로 넘어가면서 겪게 될 수면의 변화는 다음과 같다.

- 야간 수면시간이 짧아진다(총 수면시간의 감소).
- 렘수면의 양이 감소한다.
- 얕은 수면 단계가 증가한다(비렘수면 1, 2단계).
- 그에 따라 깊은 수면이 감소한다(비렘수면 3단계/서파수면).
- 잠드는 데 걸리는 시간이 길어진다(수면 잠복기 증가).[488]
- 한밤중에 더 자주 깨고 주간 졸음이 심해진다.

노년층의 3분의 1은 너무 일찍 깨거나, 수면을 유지하기가 어려우며 이런 일이 일주일에 몇 번 정도 규칙적으로 일어난다고 보고한다.[489] 수면의 변화가 노년층에서 수면제 복용 증가의 중요한 이유가 되고 있다.[490] 2003년 미국수면재단의 '미국의 수면' 여론조사를 보면 만 55세 이상의 인구 중 15퍼센트가 일주일에 며칠 정도는 낮에 졸며, 그 정도가 너무 심해서 주간 활동에 지장을 받는다고 응답했다. 같은 조사에서 놀랍게도 인터뷰에 응한 만 55~64세의 사람들 중 27퍼센트가 그 전해에 졸린 상태에서 자동차를 운전해 본 적이 있다고 보고했고, 8퍼센트는 운전대를 잡은 상태에서 잠든 적이 있으며, 1퍼센트는 운전하다 잠들어 교통사고를 낸 적이 있다고 했다. 이것은 노화와 관련된 SCRD가 당사자의 건강과 삶의 질에만 영향을 미치는 것이 아니라 공동체의 안전에도 영향을 미친다는 점을 보여준다.

수면 압력의 변화와 함께 수면의 일주기 동인의 점진적인 변화가 노화에 따른 수면 패턴 변화의 주요 원인으로 작용한다. 여기에 해당하는 것은 다음과 같다.

일주기 타이밍(단계)

나이가 들면서 일주기 시스템에서 일어나는 가장 눈에 띄는 변화는 수면/각성 행동이 앞당겨지면서 수면 개시 시간도 빨라지는 것이다. 젊은 성인(20~30대)과 비교했을 때 심부 체온의 일주기 리듬 타이밍이 중년층과 노년층에서 모두 빨라진다.[491] 멜라토닌의 일주기 리듬도 나이가 들면서 빨라지고,[492] 코르티솔 리듬의 시간도 빨라진다(그림 1).[493] 하지만 이 일주기 리듬이 모두 똑같은 방식으로 빨라지는 것은 아니다. 심부 체온과 멜라토닌의 리듬 타이밍은 수면/각성 주기보다 뒤처진다.[492] 이 때문에 나이가 들면 내부 비동기화가 커진다. 그래서 올바른 재료를, 올바른 장소에, 올바른 양으로, 올바른 시간에 공급하지 못하는 일이 벌어진다. 놀랄 일도 아니지만 대부분의 노년층은 이렇게 일찍 깨고, 일찍 자는 것을 긍정적인 경험으로 여기지 않는다.[494]

일주기 진폭

나이가 들면서 일주기 리듬의 진폭이 줄어든다는, 즉 밋밋해진다는 증거가 나와 있다. 예를 들어 나이가 들면서 호르몬 주기[495]와 함께 체온 주기의 일주기 리듬이 평평해진다.[491] 하지만 여기서도 개인차가 크다.[496] 7장에서도 이야기했듯이 여성은 에스트로겐의 감소에, 남성은 테스토스테론의 감소 때문일 수 있다. 나이가 들면서 SCN의 활성에 변화가 생긴다는 증거도 있다. 아마도 이것은 개개의 SCN 생체시계 세포들이 긴밀하게 맞물리지 않아 일주기 출력 리듬이 평평해지기 때문일 것이다.[497] SCN도 뉴런의 상실로 적절한 수준의 일주기 동인을 유지할 수 없게 되는지도 모른다.[498]

젊은 층과 노년층 참가자들에게서 피부 세포를 채취해 일주기 시계 특성(말초시계)을 조사한 다음 신선한 배지에서 배양해본 흥미로운 실험이 있었다. 그 결과 두 집단의 수면/각성 행동에는 큰 차이가 있어서 고령 참가자들은 일주기 리듬이 시간적으로 더 빠르고 평평해졌지만 그럼에도 불구하고 생체시계 세포 리듬의 길이, 진폭, 시간은 젊은 층과 동일한 것으로 나타났다. 이는 젊은 세포와 늙은 세포를 따로 떼어 배지에서 배양했을 때 그 일주기 리듬이 동일한 방식으로 반응하는 것으로 보아 말초시계의 기본적 특성은 나이가 든다고 해서 변화하지 않음을 시사한다. 그런데 놀랍게도 젊은 세포들을 신선한 인공 혈청이 아니라 나이 든 참가자에게서 채취한 혈청에서 배양했더니 피부 세포의 시계가 나이 든 생체시계처럼 시간적으로 앞당겨지고 리듬의 진폭도 작아졌다. 이 연구 결과는 나이 든 참가자들의 혈액 속에 있는 무언가가 세포의 일주기 특성을 변화시키고 있음을 암시한다.[499] 이 놀라운 연구를 보고 바토리 에르제베트 백작부인(1560~1614)이 생각났다. 헝가리의 이 귀족 여성은 처녀의 피가 아름다움과 젊음을 지켜준다고 믿고서는 그 피를 즐겨 마셨다고 한다. 이 문제에 대해 내 입장을 분명하게 밝히자면, 그것은 아주 나쁜 아이디어다.

빛에 대한 일주기 반응의 변화

어린 청소년은 저녁 빛에 대한 감수성이 증가하고, 이것이 청소년의 생체시계를 늦춘다는 증거가 있다.[500] 반면 노인들은 황혼 빛에 대한 일주기 광감수성이 떨어진다.[501] 그래서 생체시계가 앞당겨진다. 이런 광감수성의 감소가 백내장 같은 눈 질환 때문에 생긴다는 주장도 있다. 백내장이 생기면 일주기 동조화를 해주는 빛, 특히 파란빛이 걸러지기 때문이다(3장).[502] 우리는 이 아이디어를 검증하기 위해 유해한 자외선만 차단하는 투명 대체렌즈와 파란빛을 차단해주는 대체렌즈를 이용해서 백내장 수술을 하고 그 전후의 수면/각성 주기를 조사해보았다. 수술 6개월 후 양쪽 환자군 모두에서 수면의 질이 개선됐다. 이는 백내장으로 인해 수정체를 통과해 들어오는 빛이 줄어드는 것이 실제로 일주기 광감수성 저하에 기여할지도 모른다는 것을 암시한다. 하지만 파란빛 차단 렌즈를 통해 파란빛 투과가 줄어든 것이 일주기 동조화에 영향을 미칠 정도는 아니었다.[503] 따라서 적어도 일주기 시스템이라는 측면에서 보면 언론의 호들갑에도 불구하고 백내장 수술을 받을 때 어떤 유형의 렌즈를 사용했는지에 대해서는 걱정할 필요가 없다.

수면의 일주기 조절

2장에서 이야기했듯이 수면의 타이밍은 일주기 시스템과 수면의 항상성 동인, 즉 수면 압력 사이의 상호작용에 달려 있다. 이 두 가지 생물학적 타이머가 제대로 맞물려 있어야 수면/각성 패턴이 안정된다. 정상적인 상황에서는 낮 동안에 수면 압력이 쌓인다. 한편 깨어 있음의 일주기 동인도 증가해서 수면 압력이 제일 높은 저녁 시간에 최대치에 도달한다. 우리를 깨어 있게 만드는 이런 상호작용을 각성유지대wake-maintenance zone라고 한다. 일주기 시스템은 우리를 늦은 시간까지 각성 상태로 유지할 뿐만 아니라, 밤에는 활발한 수면 동인을 제공한다. 이 동인은 수면 압력이 낮은 깨어나기 직전 이른 아침에 최대치에 도달한다. 일주기 시스템과 수면 압력이 상호작용해서 확실한 수면과 각성을 이끌어주는 것이 가장 바람직하지만 나이가 들면 일주기 시스템이 변화하면서 이런 상호작용이 덜 뚜렷해진다. 예를 들어 나이가 들어서 일주기 시계가 빨라지면 이른 아침에 수면의 일주기 동인이 약해져 기상시간이 빨라진다. 마찬가지로 저녁에는 깨어 있음과 수면의 일주기 동인이 일찍 생겨나 취침시간을 앞당긴다. 여기에 더해서 수면과 각성을 위한 일주기 동인의 진폭도 평평해지기 때문에 수면과 각성의 유지가 어려워지고, 이것이 결국 주간 졸음(낮잠)과 밤 시간의 각성으로 이어진다. 마지막으로 일주기 타이밍 시스템은 렘수면과 비렘수면의 타이밍과 지속 시간에도 영향을 미치는 것으로 여겨진다.[504] 나이가 들면 렘수면/비렘수면 패턴이 바뀌는 이유를 이해하는 데 이것이 도움이 될 것이다.

앞서 설명한 동인과 메커니즘을 염두에 두고 수면에서 청소년기 이후에 나타나는 변화, 그리고 이런 변화가 SCRD와 어떤 관련이 있는지 좀 더 구체적으로 살펴보자. 전체적으로 보면 SCRD를 덜 경험할수록 나이가 들어도 정신, 인지기능, 신체건강을 유지할 가능성이 높아진다.[505]

성인/중년(만 19~65세)

SCRD의 사회적, 생물학적 원인은 다양하지만, 중년의 경우에는 특히 자세히 살펴볼 필요가 있는 몇몇 동인이 존재한다. 행복한 가정생활과 직장에서의 포부 사이에서 균형을 잡으려 하다 보면 수면은 우선순위에서 밀려나는 경우가 많다. 임상적인 수면장애가 발생할 위험도 커진다. 특히 체중 증가(폐쇄성 수면무호흡증)나 높아진 만성 스트레스와 관련된 장애가 많다. 나이가 들면서 우리는 점점 아침형 인간으로 변하고 수면 지속 시간도 줄어든다. 수면의 일주기 동인과 수면 압력을 발생시키는 과정이 허술해져서[506] 수면/각성 주기를 예전만큼 정확하게 통제하지 못하는 것 같다. 수면의 성차가 더욱 분명해지며, 특히 폐경기는 수면에 큰 영향을 미쳐 한밤중의 식은땀, 기분 변화, 잠들기의 어려움 등을 유발한다(7장 참고). 폐경 후 여성은 폐경 전 여성에 비해 불면증을 보고하는 비율이 거의 두 배나 높다. 하지만 객관적으로 측정해보면 폐경기 이전의 수면 상태가 더 안 좋아 보인다. 그래서 호르몬의 변화가 수면에 대한 인식에도 영향을 미친다는 주장이 나온다. 폐경기 이후에는 폐쇄성 수면무호흡증의 위험이 세 배나 높아지는데, 여기에는 폐경기 동안에 일어나는 호르몬의 변화로 인한 지방의 재분포도 한몫을 한다. 일부 여성은 호르몬 대체요법 이후에 폐쇄성 수면무호흡증이 줄었다는 보고가 있다.[507]

건강한 노년층(만 65~100세)과 수면 교란

많은 사람이 노화와 함께 수면 패턴이 현저하게 바뀌는 것을 경험하고 이것을 나이가 들면 어쩔 수 없이 찾아오는 일로 받아들인다. 하지만 수면 패턴이 바뀌었다고 해서 꼭 나빠진다는 의미는 아니다. 일이나 다른 압박의 제약으로부터 자유로워진 노년층은 긴장을 풀고, 수면에 대한 걱정은 그만하고 잠이 오면 오는 대로 즐기면 된다. 나는 80대에도 지금처럼 잠을 잘 자본 적이 없다고 말하는 사람들을 알고 있다. 그들은 친구와 가족에게 정오 전에는 절대로 전화하지 말라고 당부한다. 이들에게는 정오가 새로운 아침 식사시간이 된 것이다! 흔히 나이가 들면 잠을 덜 자도 된다거나, 잠을 제대로 자지 못한다고 생각한다. 하지만 이 두 가지 가정 모두 사실이 아닐지도 모른다.[238] 고연령층은 보통 잠드는 데 걸리는 시간이 더 길고 분절수면도 더 많아지고, 밤잠 시간이 짧아진다. 이 때문에 낮잠을 잘 확률이 높아진다. 하지만 일상의 활동에 지장을 주지 않는다면 문제 될 것이 없다.[238] 나이 든 사람들이 솔방울샘에서 나오는 호르몬인 멜라토닌을 덜 생산하기 때문에 수면 문제가 더 많이 생긴다는 주장을 두고 많은 토론이 벌어졌다. 나이가 들면 멜라토닌 생산이 줄어드는 것은 사실이지만 수면 보조제로 멜라토닌을 복용하는 멜라토닌 보충요법이 수면의 질을 개선하는 데는 그리 성공적이지 않다.[254] 이것은 멜라토닌 수치 저하가 나이가 들면서 관찰되는 수면 변화의 원인이 아님을 강력하게 시사한다. 또한 멜라토닌이 수면 호르몬이 아니라는 주장도 강화해준다(2장). 건강한 노년층에서 생길 수 있는 또 다른 잠재적 문제는 체온 조절이다. 잠을 촉진하려면 심부 체온이 살짝 떨어져야 한다. 혈액순환이 잘 안 돼서 손발이 찬 사람은 사지말단에서 체온 손실이 잘 일어나지 않아 심부 체온도 잘 안 떨어진다. 이럴 때 손발을 따듯하게 해주면 혈관이 확장되어 체열 손실이 늘어나서[508] 졸음이 많아지고 더 쉽게 잠들 가능성이 높아진다.[509] 로즈 할머니가 옳았다. 수면용 벙어리장갑과 수면 양말은 꿀잠을 자게 도와준다!

한밤중의 소변 마려움(야뇨증)

노년층을 대상으로 강의할 때 제일 많이 받는 질문은 이것이다. “왜 한밤중에 일어나서 소변을 보러 가고 싶을까요?” 이것을 더 격식을 차려 표현하면 야뇨증이라고 한다. 콩팥은 보통 밤사이에 250~300밀리리터의 소변을 생산하고, 정상적인 방광은 보통 소변을 350밀리리터까지 저장할 수 있다. 따라서 이상적으로 보면 잠들기 전에 소변을 보면 한밤중에 일어나서 화장실에 가지 않아도 된다. 그런데 안타깝게도 소변 저장 능력은 나이가 들면서 줄어든다. 오랫동안 야뇨증은 남성만의 문제이며, 전립선이 비대해진 결과(양성전립선비대증)로 생겨난다고 생각했었다. 하지만 최근의 몇몇 연구를 통해 남성과 여성 모두 야뇨증을 겪는 것으로 밝혀졌다.[510, 511] 연령대별로 자가보고를 통해 조사한 결과에 따르면 젊은 성인 중 야뇨증을 경험하는 사람은 5퍼센트 미만이었다. 하지만 이 수치가 60대에서는 50퍼센트, 70대 후반에서는 80퍼센트 정도로 올라간다.[512] 그리고 야뇨증은 수면 교란과 주간 졸음의 주요 원인으로 여겨진다.[513]

나이가 들면 예전만큼 깊은 잠을 자지 못해서 수면 방해의 가능성도 높아진다. 자다 깼을 때 자신의 방광 상태를 인식하고 소변을 보러 가고 싶은 욕구가 생긴다. 얕은 수면도 방광의 뻗침수용기에서 오는 신호를 더 잘 인식하게 하는 요인이다. 그러면 더 잘 깨게 된다. 실제로 노년층에게 수면제를 주면 야뇨증이 줄어든다.[514] 얕은 수면 외에도 야뇨증의 추가적 원인으로 다음 몇 가지가 있다.

방광 용량 감소

한 연구에서는 노인 남녀의 방광 용량이 젊은 성인의 거의 절반이라는 것이 밝혀졌다.[515] 그 원인은 방광출구폐색, 염증, 암 등 다양하다. 하지만 앞에서 언급했듯이 방광이 차는 것이 중간에 깨는 실제 원인이 아닐 수도 있다. 야뇨증은 수면 방해로 깼을 때 소변을 봐야겠다고 마음먹어서 생기는 이차적 결과다.[513]

양성전립선비대증

20년 전에는 양성전립선비대증이 야뇨증의 원인으로 여겨졌지만, 지금은 남성의 기여 요인에 불과하다는 것이 일반적인 생각이다.[516] 대부분의 남성에서 전립선은 평생 자라고, 많은 경우 이런 지속적인 성장 때문에 소변의 흐름을 현저히 차단할 정도로 커진다. 전립선은 방광 바로 아래 자리잡고 있고, 방광에서 오줌을 운반하는 요도가 전립선을 통과해서 지나간다. 전립선이 비대해지면 소변의 흐름을 막기 시작한다. 그럼 요도가 눌리기 때문에 오줌을 배출하기 위해서는 방광이 더 많은 압력을 가해야 한다. 이 때문에 방광의 벽이 두꺼워져 탄력을 잃게 되고, 방광을 완전히 비울 정도로 충분히 수축할 수 없게 된다.[516]

바소프레신의 일주기 조절

통제된 실험실 조건에서는 젊은 성인에 비해 노년층은 밤중에 소변을 더 많이 생산하며, 소변 생산의 일주기 리듬이 밋밋해지는 것으로 보인다.[513] 소변 생산은 두 가지 핵심 호르몬, 바소프레신과 심방나트륨이뇨펩티드에 의해 조절된다. 먼저 바소프레신을 살펴보자. 바소프레신을 아르기닌바소프레신(AVP)이라고도 한다. 바소프레신은 뇌하수체 후엽에서 순환계로 분비된다. 바소프레신의 핵심 기능은 콩팥이 혈액에서 수분을 재흡수해 순환계로 되돌려주도록 하는 것이다. 이런 작용의 결과로 소변의 농도가 짙어지고 생산량은 줄어든다. 이것은 자는 동안에 몸이 탈수되지 않게 보호해준다. 밤중(오후 10시~오전 8시)에는 낮아지고 낮(오전 8시~오후 10시)에는 높아지는 소변 양의 일주기 리듬은 만 5세 정도에 자리를 잡는다. 젊은 성인에서는 바소프레신이 밤중에 정점을 찍어 소변 생산을 줄이는 주행성 리듬을 보인다. 하지만 노년층에서는 바소프레신의 리듬이 사라지거나 평평해진다는 주장이 있다.[517] 야뇨증과 수면 방해를 개선하기 위해 취침 전에 바소프레신의 합성 대체제인 데스모프레신을 투여하면 야간 소변 생산량과 수면 방해를 줄이는 데 효과적인 것으로 밝혀졌다.[518, 519] 따라서 바소프레신의 일주기 리듬이 평평해지는 것이 야뇨증의 기여 요인 중 하나일 수도 있다.

소변 생산과 심방나트륨이뇨펩티드

소변 생산에 관여하는 두 번째 핵심 호르몬은 심방나트륨이뇨펩티드(ANP)다. ANP는 심장 근육세포가 혈액 부피 및 압력의 증가로 심장 벽이 더 많이 늘어나는 것을 감지했을 때 분비된다. ANP는 콩팥에서의 나트륨과 수분 배출을 증가시키는 신체 시스템에 작용한다. 이것이 소변의 생산을 늘리고(이뇨), 혈액의 부피를 감소시켜 혈압을 낮춘다. 낮에 별다른 활동을 하지 않으면 혈액에서 빠져나온 체액이 다리와 발목에 축적된다. 밤에 자려고 누우면 다리와 발목에 고여 있던 체액이 몸으로 다시 흡수된다. 그러면 혈압이 상승하고, 이에 대한 반응으로 ANP가 분비되어 소변이 만들어진다. 어떤 사람은 밤에 자려고 누웠을 때 1000밀리리터 이상의 소변이 만들어지기도 한다. 이 경우 일반적으로 방광이 저장할 수 있는 소변의 양은 350밀리리터이기 때문에 야뇨증을 유발할 수 있다. 혈압과 야뇨증 사이의 또 다른 상관관계를 고혈압으로 이어질 수 있는 질환인 폐쇄성 수면무호흡증이 있는 사람에게서 찾아볼 수 있다. 수면무호흡증 증상 증가는 한밤중의 ANP 분비 증가와 직접적인 상관관계가 있다. 이것이 소변 양과 야뇨증의 증가로 이어진다.[520] 지속적 기도양압장치(CPAP)로 폐쇄성 수면무호흡증을 치료하면 야뇨증이 줄어드는 것으로 밝혀졌다(5장).[521] 따라서 폐쇄성 수면무호흡증을 야뇨증 진단의 일부로 삼고 치료의 대상으로 바라보아야 할 것이다.

소변 생산, ANP, 알도스테론

ANP의 중요한 작용은 부신겉질의 알도스테론 분비를 억제하는 것이다. 알도스테론은 신장에 작용해서 나트륨을 혈액 내로 다시 흡수해 혈압을 높이는 역할을 한다. 일반적으로 알도스테론 분비는 수면/각성 주기와 긴밀하게 연결되어 있고, 자는 동안에는 수치가 높아져 소변 생산을 줄인다. 잠을 못 자면 알도스테론의 리듬이 둔해지는 것으로 보아[522] 이런 밤낮의 차이는 일주기 시스템이 아니라 주로 수면 그 자체에 의해 일어나는 것 같다. 따라서 ANP, 알도스테론, 고혈압, 수면 교란 모두가 야뇨증에 기여할 수 있다. 야뇨증은 그 원인이 무엇이든 간에 개인의 실제 건강과 인식하는 건강, 삶의 질 모두에 심각한 영향을 미칠 수 있다. 야뇨증은 과도한 주간 졸음, 야간에 낙상으로 인한 부상 위험의 증가,[523] 우울증,[524] 심지어는 조기사망[525]과도 상관관계가 깊다. 시중에 다양한 소변통이 나와 있으니 침대 가까운 곳에 구비해두면 밤에 일어나서 화장실에 가느라 잠이 달아날 가능성을 최소화할 수 있다. 정원이 있으면 이렇게 모은 소변을 멀리 가서 내다버릴 필요도 없다. 퇴비 더미에 붓거나 흙에 뿌리면 질소 같은 식물 영양소를 공급해줄 수 있다. 온라인에서 찾아보면 이런 방법에 대한 정보가 많이 나와 있다. 놀랍게도 이와 관련된 동호회도 찾을 수 있다.

혈압약과 소변 생산

혈압약은 취침 전에 복용하는 것이 뇌졸중의 가능성을 낮추는데 좋다. 이 점에 대해서는 10장에서 다시 이야기하고, 여기서는 그 단점에 대해 알아보려고 한다. 일부 혈압약은 소변 생산을 늘린다.[526] 이뇨제는 콩팥을 자극해서 혈액에 들어 있는 수분과 염분을 소변으로 배출하는 역할을 한다. 이렇게 하면 혈액의 부피가 줄어들어 혈압이 함께 낮아지지만 취침 전에 푸로세미드(라식스®) 같은 이뇨제를 복용하면 소변의 생산이 늘어난다. 암로디핀 같은 칼슘채널 차단제도 야뇨증을 증가시킨다.[527] 칼슘채널 차단제는 혈관을 이완시켜 혈압을 낮춘다. 하지만 이것은 방광의 수축을 방해해서 방광이 제대로 비워지지 않기 때문에 소변의 양도 많아지고, 밤에 소변을 보는 횟수도 필연적으로 늘어난다.[528]

수면과 신경퇴행성 질환의 영향

노년층, 치매, 알츠하이머병(만 65~100세)

치매는 일상생활에 지장을 줄 정도로 정신 능력이 심하게 저하되는 것을 총칭하는 용어다. 치매의 가장 흔한 형태가 알츠하이머병이다(아래). 치매는 노화의 필연적 결과는 아니지만 85세 이상 노인의 50퍼센트는 어느 정도 그 영향에 노출되어 있고,[254] SCRD와의 관련성으로 따져보면 현실은 참으로 가혹하다. SCRD의 한 형태는 초기 단계의 치매 환자 중 적어도 70퍼센트에서 보고되었고,[529] 치매 환자가 SCRD를 겪고 있는 경우는 인지기능의 증상과 신경정신병적 장애가 더 심하고 삶의 질도 낮을 것이라고 예측할 수 있다.[530] 놀랍게도 치매 환자의 70~80퍼센트 정도가 폐쇄성 수면무호흡증(5장) 등의 수면 관련 호흡장애를 갖고 있고, 수면 관련 호흡장애가 심할수록 치매의 심각성도 더 높은 것으로 추정된다.[254] 그렇다면 수면 관련 호흡장애가 치매성 질환의 진행을 촉진하고, 이는 다시 수면 관련 호흡장애를 악화할 가능성이 높아진다.[531] 수면 관련 호흡장애가 주의력, 인지기능, 반응 속도의 저하와 관련이 있기 때문에 이것은 가능성이 높은 이야기다. 수면 관련 호흡장애는 또한 경증의 인지장애와 조기 발생 치매의 위험을 2~6배 높인다.[532] 폐쇄성 수면무호흡증 같은 수면 관련 호흡장애가 어떻게 치매로 이어지는지는 불분명하지만, 뇌에 공급되는 산소의 부족(저산소증)이 기여 요인, 더 나아가 주요 요인으로 작용할 가능성이 있다. 수면 관련 호흡장애와 전반적인 수면시간 단축이 뇌 겉질이 얇아지고 뇌실이 확장되는 현상과 관련이 있다는 점도 주목하자. 둘 다인지기능 저하와 치매에서 나타나는 특성이다.[254] 정말 중요한 점은 수면 관련 호흡장애는 치료가 가능한 경우가 많기 때문에 폐쇄성 수면무호흡증 같은 질병을 찾아내서 치료하면 노년층의 인지기능 저하와 치매 예방에 큰 도움을 줄 수 있다는 것이다. 수면 관련 호흡장애가 있는 사람 중에 경증 치매 환자는 치매가 없는 환자와 마찬가지로 지속적 기도양압장치를 감당할 수 있다. 따라서 이 치료법을 강력히 권장해야 한다. 하지만 본격적인 치매 증상과 신경정신병적 증상이 함께 있는 사람들은 지속적 기도양압장치 치료에 협조하기 어렵다.[533]

알츠하이머병

앞에서 이야기했듯이 알츠하이머병은 치매의 가장 흔한 형태로서 전체 사례 중 80퍼센트 정도를 차지한다. 2020년에는 대략 550만 명의 미국인이 알츠하이머병에 걸린 것으로 여겨지고 있고, 2050년에는 그 수가 1380만 명에 이를 것으로 추정된다. 이들을 돌보는 데 가족과 국가가 감당하는 경제적 비용도 미국에서만 수천억 달러에 이르는 것으로 추정된다.[534] 알츠하이머병의 정확한 원인에 대해서는 아직도 논란이 계속되고 있지만 아밀로이드(신경반plaque)와 타우단백질(신경섬유다발)이라는 두 가지 단백질 때문에 뇌에 신경반과 신경섬유다발이 축적되는 것이 특징이다.[535] 이 단백질들이 뇌세포의 작동을 막아서 죽게 만든다. 그 결과 중 하나가 아세틸콜린을 생산하는 바닥앞뇌 뉴런의 죽음이다. 이 뉴런들은 일반적으로 해마와 대뇌겉질에 투사되어 그 뇌 영역을 자극한다(그림 2). 이 뇌 영역들은 기억 형성과 인지기능에 관여한다.[536, 537]

이런 관찰 내용은 알츠하이머병의 특징이 아세틸콜린 소실이라는 점과도 일맥상통한다. 진행성 알츠하이머병의 증상은 다음과 같다. 오래전의 사건은 잘 기억하는 반면 최근의 사건을 잘 기억하지 못함, 사람이나 사물을 알아보는 데 어려움이 있음, 정리 능력의 저하, 정신착란, 방향 감각 상실, 말이 느려지고 갈피를 못 잡고 같은 말을 반복함, 친구나 가족과 멀어짐, 의사결정, 문제 해결, 계획 수립, 정리정돈 과제 등에서의 문제 등. 거기에 더해서 아세틸콜린은 각성을 촉진하는 신경전달물질 중 하나이므로 이것이 소실되면 낮에 졸리고, 인지기능도 떨어진다. 도네페질, 리바스티그민, 갈란타민 같은 약물은 모두 아세틸콜린 분해효소가 뇌 속의 아세틸콜린을 분해하지 못하게 막는 작용을 한다. 그 결과 아세틸콜린의 수치가 올라가고, 인지기능과 수면/각성 주기에서 작지만 유의미한 개선을 보인다. 일부 사람에게서는 아세틸콜린 분해효소 억제제가 몇 달 동안 인지기능 저하 속도를 늦춰줄 수 있다. 하지만 이 약물과 관련해서 자주 간과되는 중요한 쟁점이 있다. 아세틸콜린 분해효소 억제제는 알츠하이머병 환자에게 렘수면과 악몽을 증가시킨다. 그래서 이 약물은 밤이 아니라 반드시 아침에 복용해야 한다.[538] 안타깝게도 이 사실을 이해하지 못하고 취침 전에 복용하라고 처방하는 의사가 많다. 그 바람에 환자가 심각한 수면 교란과 생생한 악몽을 경험하는 경우가 많다. 생생한 악몽은 환자들이 이 약물의 복용을 중단하는 중요한 이유다.

알츠하이머병을 앓는 사람 중 70퍼센트 정도가 밤 시간에 깨어 있고, 리듬이 지연되고, 심부 체온 리듬이 교란되고, 낮에 자주 조는 등 일주기 리듬의 교란과 분절화를 보고한다(그림 4). 많은 사람이 '황혼증후군'도 보인다. 이 증후군의 특징은 저녁이나 밤에 불안과 분열적 행동을 보이는 것이다(그림 8). 일주기 교란은 질병 초기에 시작되어 죽을 때까지 계속 악화된다.[539] 놀랄 일도 아니지만 심각한 수준의 SCRD는 주간 인지기능 저하와 함께 공격성과 불안을 수반한다.[254] 이런 분열은 알츠하이머병 환자의 SCN 퇴행과 관련이 있다. 이는 SCN의 퇴행이 SCRD를 일으키는 직접적인 요인일지도 모른다는 점을 시사한다.[254]

젊은 시절 겪는 SCRD는 알츠하이머병 발병의 위험을 알려주는 좋은 예측 변수로 보인다.[540] 한 연구에 따르면 수면 지속 시간이 다섯 시간 이하인 경우와 아홉 시간 이상인 경우는 치매 발병 위험 증가와 연관이 있었다.[541] 또 다른 연구에서는 수면/각성 행동 일주기 패턴의 현저한 분절화가 알츠하이머병 발병 위험을 50퍼센트 높이는 것으로 나타났다.[542] 하지만 최근까지도 그 인과관계를 확립하기가 어려웠다. SCRD는 알츠하이머병 진단이 나오기 전에 이미 발생하는 경우가 많기 때문에 SCRD가 알츠하이머병의 발병을 촉진하는지, 아니면 초기 알츠하이머병의 결과인지 구분하기 어렵다는 것이 문제였다. 최근에는 SCRD, 그리고 뇌척수액과 뇌의 아밀로이드베타 수치의 증가 사이에 강한 상관관계가 드러나고 있다.[543] 신경반은 이 잘못 접힌 단백질의 집합체로부터 형성되어 신경세포 사이의 공간에 축적된다. SCRD는 최근에 발견된 글림프 시스템의 교란과 관련이 있다. 글림프 시스템은 일종의 폐기물 청소 시스템으로 뇌척수액에서 아밀로이드베타를 비롯한 독성물질을 제거해준다. 이 글림프 시스템이 자는 동안에 가장 활발하게 작용한다는 점이 중요하다.[544] 이것은 수면이 아밀로이드베타가 축적되지 않게 해서 알츠하이머병을 예방하는 데 도움이 될지도 모른다는 것을 시사한다.[545] 뇌 스캔 접근방식을 이용한 최근의 한 연구는 건강한 사람에게서 하루만 수면을 박탈해도 뇌에서 아밀로이드베타 침착이 증가한다는 것을 보여주었다.[62] 더 최근의 또 다른 연구는 폐쇄성 수면무호흡증이 뇌 속 아밀로이드베타 수치의 증가와 관련이 있음을 입증해 보였다.[546] 알츠하이머병의 생쥐 모형에서는 일주기 분자 생체시계를 만들어내는 핵심 유전자의 일부에 이상이 생기면 아밀로이드베타 수치가 증가하고 인지기능이 손상되는 것으로 나타났다.[547] 따라서 SCRD, 글림프 시스템, 분자시계, 치매 사이의 메커니즘이 드러나고 있다. 이미 강력한 증거들이 나와 있지만 이런 연관성이 사실로 밝혀진다면 SCRD를 조기에 치료함으로써 알츠하이머병의 진행 속도를 늦출 수도 있을 것이다.

파킨슨병

파킨슨병은 뇌의 신경전달물질인 도파민의 결핍으로 발생하는 신경퇴행성 질환이다. 주요 증상은 신체부위의 불수의적 떨림, 느린 움직임, 뻣뻣하게 유연성 없는 근육 등이다. 파킨슨병 환자는 우울증과 불안, 균형감각의 문제, 후각 상실, 기억 문제 등의 증상을 보이며 전체 환자의 60~95퍼센트 정도는 SCRD를 굉장히 흔하게 경험한다.[548] 파킨슨병은 대부분 50대에 증상이 발현되기 시작하고, 만 65세 이상 성인의 2퍼센트 정도가 걸린다.[549] 파킨슨병은 알파시누클레인α-synuclein이라는 잘못 접힌 단백질의 축적 때문에 일종의 치매로 진행된다. 이 단백질은 한데 모여 '루이소체Lewy bodies'라는 것을 만들어내는데, 이것이 뇌 기능 퇴행의 중요한 메커니즘으로 여겨진다. 여기에 더해서 알츠하이머병에서처럼 파킨슨병에서도 아밀로이드베타 침착으로 인한 신경반의 형성이 인지기능 저하와 연관이 있다.

파킨슨병 환자들에게서 나타나는 SCRD의 특성으로는 주간 졸음, 불면증, 렘수면행동장애 등이 있다. 치매의 경우와 마찬가지로 SCRD가 파킨슨병의 증상을 악화시키고, 파킨슨병의 주요 증상이 다시 SCRD를 악화시킬 수 있다. 도파민은 수면/각성 주기를 유지하는 데 중요한 역할을 하는 신경전달물질이다. 따라서 파킨슨병에서의 도파민 수치 저하가 이 질병과 관련된 여러 가지 수면 문제의 원인임은 거의 확실하다. 렘수면행동장애(5장)는 파킨슨병 및 치매와 강력한 상관관계가 있다. 렘수면 중에 일어나는 정상적인 근육 무긴장증(마비)(2장)이 파킨슨병 환자에서는 소실되거나 문제가 될 수 있기 때문에 렘수면 중에 폭력적인 꿈을 행동으로 옮기는 등의 신체활동이 일어난다. 렘수면행동장애는 파킨슨병의 발병을 예측하는 조기 생물지표가 될 수 있다. 이것은 아주 중요한 부분이다. 이 신경퇴행성 질환 예방을 위해 앞으로 나올 약물은 증상이 시작되기 전에 투여해야 하기 때문이다. 렘수면행동장애 진단 이후에 파킨슨병 같은 신경퇴행성 질환에 걸릴 위험은 5년 후 20퍼센트, 10년 후 40퍼센트, 12년 후 52퍼센트에 이른다.[40] SCN에서 루이소체가 형성되는 바람에 SCN의 처리능력이 떨어져 더 이상 강력한 일주기 동인을 제공하지 못하고, 그래서 렘수면을 비롯한 수면의 여러 가지 측면을 제대로 조절하지 못하는 것이라는 주장도 있다.[550, 551]

치매와 파킨슨병에서 SCRD에 어떻게 대처할 수 있을까?

SCRD가 치매와 파킨슨병의 증상을 악화시킬 수 있기 때문에 SCRD 안정화를 치료 목표로 삼는 것이 중요하다. 6장에서 SCRD에 대처하는 일반적인 방법을 살펴보았지만, 여기서는 이런 파괴적인 신경퇴행성 질환에서 나타나는 SCRD에 대처하는 구체적인 접근방법을 검토해보자. 건강한 노년층을 비롯한 일반 인구집단과 마찬가지로 치매에 걸린 사람도 산책 등의 야외 운동을 하면 SCRD의 증상과 주간 졸음을 개선할 수 있다.[552] 운동은 질병이 진행되면서 제일 먼저 줄어들거나 사라지는 활동 중 하나다. 요양원에서는 돌봄 활동을 편하게 하기 위해 낮에도 환자들을 침대에 눕혀놓곤 한다. 그래서 어떤 운동도 할 수 없게 되고, 결국 SCRD를 개선할 방법도 함께 사라져버린다. 특히 취침시간이 가까웠을 때 카페인 음료의 섭취를 줄이거나 끊고, 알코올 섭취를 줄이는 것도 도움이 된다.[254] 추가로 구체적인 언급이 필요한 두 가지 영역에 대한 설명을 아래 이어가겠다.

치매와 파킨슨병에서의 수면 약제

치매 환자에게서 나타나는 SCRD를 해결하기 위해 수면제부터 시도하는 것은 바람직하지 않다. 치매나 파킨슨병 환자에게 벤조디아제핀 약물은 권장하지 않는다. 인지기능과 기분을 저하시키고 주간 졸음을 유발하고, 낙상 위험을 증가시킬 수 있기 때문이다. 거기에 더해서 중독과 약물 간 상호작용이라는 문제도 있다. 치매 환자의 불면증을 치료하기 위해 새로 나온 Z-약물(조피클론, 자레프론, 졸피뎀)을 사용하는 것에 대해 검토한 리뷰 논문이 근래에 나왔는

데 이점보다는 위험이 훨씬 크다고 결론을 내리고 있다.[553] 신경퇴행성 질환이 있는 사람의 불면증을 치료하기 위해 선택적 세로토닌 재흡수 억제제(SSRI)나 트라조돈 같은 항우울제를 저용량으로 종종 사용하는데 이런 접근방식을 뒷받침해줄 데이터가 거의 없고, 이 약물들 역시 주간 졸음, 체중 증가 등의 부작용을 일으켜 폐쇄성 수면무호흡증을 유발할 수 있다.[554] 항히스타민제는 여러 비처방 수면 보조제에 들어 있지만(예를 들면 베나드릴) 알츠하이머병 환자의 경우는 이 약이 뇌 속의 아세틸콜린을 감소시켜 인지기능 손상을 악화시킬 수 있으므로 피해야 한다.[555] 치매 환자의 수면 개선을 위해 멜라토닌도 사용되어왔다. 하지만 그 효과는 미미하거나 없다.[254] 지금까지의 연구 결과를 보면 치매와 파킨슨병 환자의 SCRD를 치료할 때는 기존 수면 약제의 사용을 피하거나, 최후의 보루로 생각하는 것이 옳다.

치매와 파킨슨병에서의 빛 노출

밝은 자연광에 노출되거나 밝은 빛 요법(6장)을 사용하는 것은 두 가지 이유로 특히나 유용한 접근방식으로 보인다. 우선 노년층은 일주기 광감수성이 떨어지는 것으로 보인다.[501] 그리고 치매나 파킨슨병을 앓는 사람들은 야외에 나갈 일이 별로 없어서 자연광을 거의 받지 못한다. 특히 요양원 환경에서는 더욱 그렇다. 한 초기 연구에서는 요양원에 있는 사람들이 하루에 노출되는 평균 빛의 조도가 54럭스에 불과하고, 1000럭스 이상에서 보내는 시간도 10분 30초에 불과한 것으로 나왔다.[556] 그림 3을 보며 자연광 노출은 어느 수준인지 감을 잡아보자. 최근의 한 보고서에서는 요양원에 있는 노인들과 시설에 들어가지 않은 노인들을 비교해보았다. 그 결과 요양원에 있는 노인들은 전반적인 수면의 질 저하와 주간 졸음 증가, 우울증 증상 증가 등을 보였다.[557] 한 핵심 연구에서는 몇 년에 걸쳐 요양원 환경에서 밝은 빛(~1000럭스)이나 어두운 빛(~300럭스)으로 장기간 매일 치료를 해보았는데 밝은 빛이 수면/각성 주기를 부분적으로 강화해주고, 주간 졸음을 줄여주고, 치매 환자의 인지기능 저하와 우울증 증상도 모두 줄여주는 것으로 나왔다.[558] 따라서 밝은 빛 요법은 이제 수면/각성 주기를 강화하고, 주간 각성을 올려주고, 저녁 시간의 불안을 줄여주고, 인지기능을 개선해주는 것으로 밝혀졌다.[559] 약물 기반의 접근방식과 달리 밝은 빛 요법은 노년층과 치매 환자들의 건강과 안녕을 개선할 수 있는 잠재적으로 대단히 막강한 치료법이다. 다음 세대의 요양원을 설계하고 건축할 때는 이런 정보를 적극적으로 반영해야 할 것이다.

1. 아이들은 낮잠을 자야 하나요?

어른과 마찬가지로 낮잠을 자면 밤에 자는 시간이 줄어들 수 있지만 대부분의 아동은 잠이 많이 필요하기 때문에 그럴 가능성은 낮아 보입니다. 낮잠을 막으면 야간 수면만으로는 잠이 부족한 아동들에게 절실히 필요한 회복 수면을 막게 됩니다. 그럼에도 낮잠은 나이에 따라 적절하게 조절해야 합니다. 그리고 취침시간에 맞춰 잠드는 데 어려움이 있다면 낮잠시간을 줄일 필요가 있습니다.

2. 야간 빛 노출과 근시 사이에 관련성이 있나요?

이 부분은 조금 논란이 있습니다. 근시는 여러 선진국과 개발도상국에서 심각한 공중보건 문제로 대두하고 있습니다. 2050년 즈음에는 전 세계 인구의 50퍼센트 정도가 근시일 것으로 예측됩니다. 근시가 있는 아동과 없는 아동을 비교한 자료는 야외에서 밝은 자연광에 노출되는 시간이 부족하면 근시 발생의 잠재적 위험이 높아진다는 것을 강력히 시사하고 있습니다. 그런데 아이가 어둠을 무서워해서 침실에 야간 조명을 켜두는 경우는 어떨까요? 출생 후 첫 2년 동안 밤에 인공조명에 노출되면 근시가 생긴다는 보고가 있었습니다. 하지만 이를 뒷받침하는 확실한 데이터는 나와 있지 않습니다. 한 대규모 연구에서는 만 0세에서 2세까지 어두운 침실과 야간 조명 침실에서 잔 아동의 근시 발생률을 조사해보니 차이가 없었습니다.[560] 후속 연구도 이를 확인해

주었습니다.[561] 지금은 야간 조명 사용이 근시를 유발하지 않는다는 데 의견이 모아지고 있습니다. 하지만 어릴 때 낮 동안 밝은 자연광을 받는 시간이 부족하면 근시의 위험인자로 작용할 수 있습니다.

3. 무거운 담요가 자폐증 아동에게 수면을 촉진해주나요?

자폐증은 복잡한 신경발달질환으로서 전형적이지 않은 의사소통 능력, 빈약한 사회적 상호작용, 정보 처리 능력과 운동 기능 장애, 수면의 질 저하 등의 증상을 보입니다. 추정치에 따르면 성인과 아동 모두 자폐증이 있는 사람 중 44~83퍼센트는 수면 방해를 경험한다고 합니다. 자폐증 아동의 수면 문제를 개선하기 위해 무거운 담요가 사용되어왔습니다. 하지만 아주 최근의 연구[562]는 무거운 담요를 덮는 것이 자폐증 아동의 수면에 거의 영향을 미치지 않는다고 했던 앞선 연구 결과에 힘을 실어주고 있습니다.

4. 나이가 들면서 베개에 침이 흥건하게 묻어 있을 때가 있습니다. 걱정해야 할 일인가요?

자는 중에 일어나는 타액 분비 과다는 꽤 흔한 현상입니다. 자는 동안에 입안에 타액이 고일 수 있습니다. 일반적으로 타액은 목구멍 뒤쪽에 고이기 때문에 이것이 자동적으로 삼킴 반사를 촉발합니다. 하지만 옆으로 누워서 자면 타액이 입 구석에서 조금씩 흘러나와 베개를 적실 수 있죠. 기분 좋은 일은 아닙니다만 걱정할 일도 아닙니다.

9장

마음의 타임아웃

시간이 인지, 기분, 정신질환에
미치는 영향

우리는 뇌의 점도가
식은 죽과 비슷하다는 사실에는
관심이 없다.

앨런 튜링

알베르트 아인슈타인은 천재성과 수면 모두에서 상징적인 인물이다. 나는 강의할 때 규칙적이고 충분한 수면을 발판 삼아 지성을 꽃피운 사례로 그를 자주 인용한다. 그가 그 유명한 일반상대성이론을 발표하고, 광전효과 연구로 노벨물리학상을 받은 것은 짜임새 있는 하루를 보낸 후에 밤에 열 시간 정도 푹 잔 덕분에 생긴 결과물이었다. 강의를 하다가 이 시점이 되면 누군가가 손을 들고 이렇게 물어본다. “그럼 살바도르 달리는 뭔가요? 그 사람은 잠을 자지 않았지만, 그래도 그가 천재라는 것을 부정할 수는 없잖아요!” 나는 이렇게 대답한다. “좋은 지적입니다!” 전해지는 이야기에 따르면 달리는 한 손에 열쇠나 숟가락을 들고, 그 손 아래쪽 바닥에 금속 접시를 갖다놓은 채 앉아 있었다고 한다. 그러다 잠이 들면 손에 힘이 풀리면서 숟가락이 바닥으로 떨어져 쨍그랑 소리가 났고, 그 소리에 달리는 다시 잠에서 깼다고 한다. 달리는 잠을 시간 낭비라고 생각했다. 그리고 달리의 경우에는 특히 예술 창작에 있어서 잠이 정말로 시간 낭비였던 것 같다. 그는 늘 잠이 부족해서 편집증, 환영, 변성의식 상태altered state of consciousness를 달고 살았다. 그런 생생한 지각은 후각이나 미각 같은 감각으로도 나타났지만 보통 추상적인 이미지나 소리로 나타났다. 환영은 환각이다. 달리는 자신의 유명한 그림 〈기억의 지속〉에 나오는 녹아내린 시계가 스스로 수면 부족을 통해 유도한 환각에서 나온 것이라고 주장했다. 달리와 달리 아인슈타인은 우주의 본질을 이해하기 위해 비판적이고 냉철한 사고가 필요했고, 수면은 그가 수정처럼 맑게 현실을 인식할 수 있게 도와주었다. 반면 달리는 우주에 대한 초현실적인 비전을 원했기에 그에게는 수면 박탈과 변성의식이라는 왜곡된 렌즈가 예술적 관점을 달성하는 데 도움이 됐다. 이것으로 '잠을 자지 않는 천재 달리'에 대한 질문에 답이 되었기를 바란다. 하지만 짧은 시간을 쪼개 조지 오웰의 말을 한 마디 인용하고 싶다. 그는 1944년에 달리의 작품은 '역겹고 병든 예술'이며 달리라는 인물은 '잔인하고 혐오스러운 사람'이라고 말했다. 실제로 달리의 자서전을 읽어보면 아주 충격적인 경험을 할 수 있다.

의식consciousness은 자기 고유의 생각, 기억, 느낌, 감각, 환경에 대한 개인의 인식이라고 다양하게 정의되어왔다. 본질적으로 의식이란 자아, 그리고 자신을 둘러싼 세상에 대한 인식이라 할 수 있다. 대부분의 사람에게 의식은 아인슈타인과 달리라는 양극단 사이의 어딘가에 자리잡고 있을 것이다. 이곳은 하루 중 시간대, 그리고 우리가 어쩔 수 없이 견뎌야 할 SCRD의 수준에 심오한 영향을 받는 영역이다. 나는 뒤에 이어질 논의를 두 부분으로 나누었다. 먼저 '인지, 하루 중 시간대 그리고 SCRD'에 대해, 이어서 '기분, 정신질환 그리고 SCRD'에 대해 이야기하겠다. 자신의 의식과 타인의 의식에 대한 통찰을 제공하고 그 둘을 모두 개선하는 방법에 대해 이야기하는 것이 이번 논의의 목표다.

인지, 하루 중 시간대 그리고 SCRD

'인지능력'이라는 말을 많이 쓰면서도 '인지cognition'가 무엇인지 제대로 이해하지 못하는 경우가 많다. 먼저 인지의 정의부터 시작해보자. 당연한 말이지만 인지는 의식에도 크게 기여한다. 인지는 뇌에서 정보를 취합하고 이해한 다음, 그 정보를 저장하고, 그것을 바탕으로 적절히 반응하는 데 필요한 다양한 과정을 말한다. 많은 경우 행동은 과거의 기억과 경험을 바탕으로 한다. 인지에는 세 가지 핵심 요소가 있다. 우선 환경에 존재하는 중요한 정보를 알아차리고 관련 없는 정보는 걸러내는 **주의력**이 있다. 그리고 정보를 저장해두었다가 인출하는 능력인 **기억력**이 있다. 기억은 처음에는 일시적인 단기기억으로 존재하다가 장기기억으로 자리잡게 된다. 마지막으로 계획을 수립하고 추적하다가 복잡한 행동을 통제하여 특정 목표를 달성하거나 특정 과제를 마무리하는 능력인 **집행기능**이 있다. 본질적으로 집행기능은 예를 들어 아인슈타인의 $E=mc^2$ 같은 방정식이나, 냉장고에 있는 식재료를 어떻게 저녁 식사로 바꾸어놓을 것인가 하는 등의 문제를 해결하기 위해 뇌에서 일어나는 과정이다. 종합적으로 보면 인지 과정은 의식적일 수도 있고, 무의식적일 수도 있다. 의식적인 경우는 우리가 의도적으로 어떤 문제나 사안을 해결하려는 것이고, 무의식적인 경우는 우리도 모르는 사이에 뇌가 문제를 해결하기 위해 주변 환경 속의 특성에 주의를 기울이거나 기억을 동원하다가 그 해결책이 어떤 영감이나 번뜩이는 통찰의 형태로 떠오르는 것이다(아래 참고).

제일 먼저 지적할 부분은 우리의 전체적인 인지능력이 하루 24시간을 거치는 동안 크게 변화한다는 점이다. 이 하루 동안의 변화는 일주기 시스템, 크로노타입, 수면 필요량, 나이 등의 상호작용에 의해 결정된다. 이 각각의 과정이 개별적으로 기여하는 부분들을 분리해서 생각하기는 어렵지만 그 최종적인 결과로 대부분의 성인의 인지능력은 깨어나는 순간부터 급속히 올라가서 늦은 오전과 이른 오후에 정점을 찍는다(그림 6). 호주의 연구자 드루 도슨이 진행한 유명한 연구를 보면 이른 새벽 4~6시 사이의 인지능력이 법적으로 음주 상태에 해당하는 알코올 섭취 수준에서 생기는 인지장애보다도 더 안 좋은 것으로 나타났다.[563] 이렇게 하루 중 시간대가 미치는 영향 때문에 어떤 활동이든, 특히 운전은 이른 아침 시간에 특히나 위험해진다. 하지만 이런 하루 중 인지능력 변화가 늦은 크로노타입의 성향이 있는 10대와 젊은 성인에게서는 살짝 다르게 나타난다. 그들의 인지능력은 하루 중 늦은 시간에 올라가 정점에 도달하는 경향이 있다. 평균적으로는 두 시간 정도 지연되어 오후 중반에 정점을 찍는다(그림 6).[3] 이런 연구 결과를 바탕으로 10대, 특히 아주 늦은 크로노타입의 10대는 일반적 관행처럼 아침 일찍이 아니라 오후에 시험을 보게 해야 한다는 주장이 나왔다.[564~566] 이 연구 결과는 흥미로운 딜레마를 보여준다. 일반적으로 청소년과 10대를 가르치는 교사들은 나이 때문에 오전에 인지능력이 제일 좋다. 하지만 10대 학생들은 오전 중에는 인지능력이 제대로 올라오지 않은 상태다. 그러다가 오후 중반이 되면 교사의 인지능력은 점점 떨어지는 반면, 학생들의 인지능력은 정점을 찍게 된다. 이런 불일치 때문에 교사와 학생들이 최적의 교육을 경험하기 힘들어진다. 물론 교사가 아주 젊거나 늦은 크로노타입을 갖고 있는 경우라면 사정이 달라지겠지만 말이다. 이것은 우리의 인지능력이 고정되어 있지 않고 하루를 거치는 동안 다양한 변화를 겪는다는 것을 보여준다. 살다 보면 자신의 뇌로 끌어 모을 수 있는 인지자원을 총동원해야 하는 결정의 순간을 맞이하게 된다. 따라서 성인이라면 오후 늦은 시간보다는 오전 이른 시간에 그런 결정을 내리는 것이 좋을 수도 있다.

인지능력의 하루 중 변화에 대해서는 여기까지 살펴보고 이번에는 SCRD가 인지의 세 가지 요소, 즉 주의력, 기억력, 집행기능에 미치는 영향에 대해 생각해보자.

주의력과 SCRD

주의력은 특히나 수면 손실에 취약하다. 1986년 체르노빌 원자력발전소의 재앙은 오전 1시 23분에 순전히 사람의 오류로 시작됐다. 조사한 바에 따르면 발전소 운전 담당자가 잠이 크게 부족한 상태에서 일을 하다 보니 발전소가 재앙을 향해가고 있다는 사실을 미처 알아차리지 못했던 것으로 밝혀졌다. 시간이 흐르면서 수면 손실은 과제에 대한 집중력을 크게 떨어뜨린다. 예를 들어 매일 밤 아홉 시간을 잔 사람은 그렇게 7일이 지난 후에도 주의력 과실을 경험하지 않았다. 하지만 7일 동안 매일 일곱 시간을 잔 사람은 연구 기간 동안 다섯 번에 걸쳐 주의력 과실이 있었고, 7일 동안 매일 다섯 시간 잔 사람은 일곱 번의 주의력 과실, 7일 동안 매일 세 시간씩 잔 사람은 열일곱 번의 주의력 과실이 발생했다.[567, 568] 이런 연구 결과는 최적의 수면시간에서 조금만 줄어들어도 시간이 지나면 그 효과가 누적되어 주의력에 문제가 생길 수 있음을 말해준다. 1986년 우주왕복선 챌린저호 폭발 사고는 복잡한 문제에 온전히 주의를 기울이지 못한 경우를 보여주는 고전적인 사례다. 재앙 이후에 이루어진 조사에서 야간 교대근무(이것이 집행기능 장애와 더불어 주의력 상실을 낳았다)로 누적된 수면 부족과 수면 박탈이 우주왕복선을 발사할 때 판단력 저하에 기여했던 것으로 드러났다. 엑손발데스 유조선이 알래스카 프린스윌리엄사운드에 좌초해 대량의 원유를 유출한 사고도 이와 비슷한 문제에서 비롯됐다. 1990년에 발표된 알래스카 원유 유출 사고 조사위원회의 최종 보고서는 과로와 장기간 누적된 수면 부족이 1989년 엑손발데스 유조선 사고를 일으킨 큰 기여 요인이었다고 판단했다.

경계심을 늦추지 않고 수행해야 하는 단순하고 반복적인 과제는 수면 손실에 크게 영향을 받는다. 복잡한 과제보다 단조로운 과제를 수행할 때 주의력 과실이 더 많다는 것이 여러 편의 연구를 통해 입증됐다.[569] 이런 경계 과실은 불수의적으로 잠깐 일어나는 미세수면 때문일 수 있다. 미세수면에서는 3초에서 30초간 순간적인 의식 상실이 일어난다. 이 시간에 당사자는 대체로 반응이 사라지고 자신이 미세수면에 빠졌다는 사실도 인식하지 못한다.[570] 비극적이게도 내 뛰어난 학부 교수 중 한 명인 토머스 톰슨은 집으로 가

그림 6

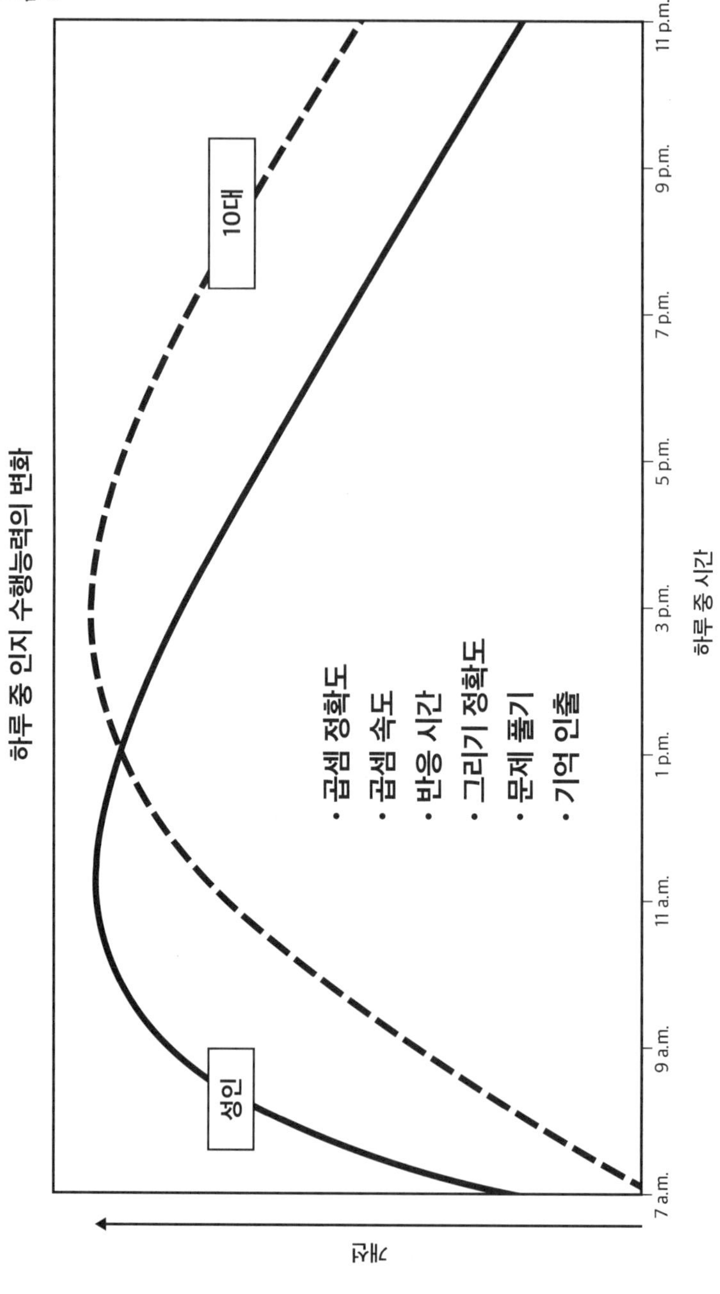

하루 중 인지 수행능력의 변화

성인
10대
· 곱셈 정확도
· 곱셈 속도
· 반응 시간
· 그리기 정확도
· 문제 풀기
· 기억 인출

개선

7 a.m.
9 a.m.
11 a.m.
1 p.m.
3 p.m.
5 p.m.
7 p.m.
9 p.m.
11 p.m.

하루 중 시간

그림 6 – 성인과 10대의 하루 중 인지 수행능력 변화. 평균적으로 인지능력은 깨어난 후부터 급격히 향상되어 성인은 늦은 오전이나 이른 오후에, 10대는 오후 중반에 정점에 이른다. 만성적으로 수면을 박탈당한 경우가 아니면 성인과 비교했을 때 10대는 오후 내내 더 뛰어난 인지능력을 보인다. 인지능력 측정은 곱셈의 속도와 정확도, 경보에 대한 반응 혹은 반사 속도, 베껴 그리는 데 걸리는 시간, 도형을 재배열해서 새로운 도형 만들기 같은 문제 풀이, 기억 인출 능력 등의 다양한 검사를 통해 이루어진다.[3] 흥미롭게도 기분 역시 하루를 거치는 동안 이와 비슷한 변화를 보여준다.

기 위해 고속도로를 운전하다가 미세수면 때문에 사망했다. 전 세계적으로 고속도로 졸음운전 사고 중 상당수는 아마도 수면 손실과 지루한 작업으로 인한 미세수면 때문에 발생했을 것이다.[571] 2001년 영국 셀비에서 일어난 열차 충돌사고는 미세수면의 위험을 보여주는 끔찍한 사례다. 게리 하트는 자신의 랜드로버 차량을 운전하다가 깜박 졸아 고속도로를 벗어나 노스요크셔 셀비 근처 그레이트헥의 철도로 진입했다. 이 미세수면으로 시속 200킬로미터로 달리던 런던 급행열차와 1800톤 화물열차가 충돌해 승객 여섯 명과 철도 직원 네 명이 사망하고, 80명 이상이 부상을 당했다. 하트는 잠이 부족한 상태였고, 아침 충돌사고가 있기 전날 밤에는 거의 잠을 못 잔 상태였다. 그는 위험한 운전으로 열 명의 목숨을 앗아간 것에 대해 유죄 판결을 받고 징역 5년을 선고받았다. 미세수면 전에는 거의 항상 고개를 까딱거리고 눈꺼풀이 감기는 증상이 찾아온다. 이런 움직임이 '눈 감김 영상 감지 장치'의 기초를 형성한다. 이 장치는 운전자에게 미세수면이 일어나고 있음을 경고해준다. 아마도 몇 년 안으로 새로 출시되는 차는 대부분 이런 기술을 장착하게 될 가능성이 높다.

뇌에서 우리의 주의력을 이끌어내는 메커니즘은 각성 수준과 강력한 상관관계가 있다. 각성은 뇌에서 분비되는 흥분성 신경전달물질에서 기원한다. 각성도는 뇌의 깨어 있는 정도를 말한다. 일반적으로 낮에는 일주기 시스템에 의해 흥분성 신경전달물질의 분비가 증가한다. 그리고 이것이 낮에 깨어 있음의 동인을 높여준다. 이 깨어 있음의 일주기 동인은 수면 동인과 하루를 보내는 동안 축적되는 수면 압력에 의해 상쇄된다. 이것은 그 자체로 각성도를 낮추고 수면을 촉진한다(2장). 정상적으로는 이 두 가지 동인이 균형을 이루어 수면/각성 주기를 만들어낸다. 하지만 수면 손실은 수면 압력을 높이고, 수면 압력이 점점 쌓이다가 깨어 있음의 일주기 동인을 넘어서면 각성도가 현저히 떨어진다. 결론을 말하자면 수면 손실은 주의력과 경계심을 떨어뜨려 인지기능 장애로 이어질 수 있다.

수면 손실은 주의력, 각성도, 전체적인 경계심을 떨어뜨릴 뿐 아니라 인지 수행능력도 더욱 가변적이고 불규칙하게 만든다. 밤이 되어 정상적인 취침시간에 가까워지면 이런 가변성이 더욱 커진다는 것이 중요하다. 우리 몸은 졸음을 감지하면 스트레스 축을 활성화하고 뇌에서 흥분성 신경전달물질의 분비를 늘려 각성을 유지하려 한다. 하지만 저녁에는 수면 압력이 높기 때문에 이것이 각성을 수면으로 더 신속하게 전환하는 작용을 한다.[572] 이런 가변성이 특히나 위험할 수 있다. 한 시점에서는 주의력이 괜찮아 보여서 이대로 버틸 수 있을 거라 착각하지만, 뒤이어 갑작스레 주의력을 상실해 재앙이 닥칠 수 있기 때문이다.[197] 1979년 펜실베이니아의 스리마일섬 원자력발전소에서도 이것이 중요한 문제였던 것으로 보인다. 오전 4시부터 6시까지 근무하는 노동자가 원자력발전소에 일어난 심각한 변화를 알아차리지 못하는 바람에 그다음 날 원자로가 거의 용융될 뻔한 대형 사고가 일어났다.

기억과 SCRD

기억은 며칠, 몇 달, 몇 년에 걸쳐 경험을 학습하고 유지하는 능력이다. 수면은 새로운 기억을 응고화(확립)하는 데 결정적인 역할을 하고, 해마라는 뇌 영역(2장)이 새로운 기억의 초기 형성과 조직화에서 대단히 중요한 역할을 하는 것으로 밝혀졌다. 정보를 모을 때(획득할 때) 처음에는 해마에서 발생되는 신경 활성의 패턴과 순서가 자는 동안에 부분적으로 재생되는 것으로 보인다. 이런 재생을 통해 신경세포들 사이의 연결이 강화되어 기억 형성의 첫 단계(응고화)가 전개된다.[573] 수면을 박탈하면 해마의 활성이 줄어들고, 이것은 다음 날에 새로운 사건을 기억하지 못하는 결과로 직접 이어진다.[574] 반면 수면은 해마의 활성과 그에 따른 기억의 형성을 촉진한다(2장).[575]

기억의 발달은 세 단계로 이루어진다. 첫째, **획득** 혹은 부호화는 새로운 기억을 형성하는 과정이다. 하지만 이 단계에서는 기억이 잊히기 쉽다. 그다음 단계인 **응고화**에서는 새로운 기억이 점차 안정적인 장기기억으로 바뀐다. 그다음으로는 응고화된 기억을 **인출** 혹은 떠올리는 과정이 있다. 응고화 기억 혹은 장기기억은 서술기억과 절차기억, 두 유형으로 나뉜다. **서술기억**declarative memory은 의식적인 통제 아래 있고, 우리가 흔히 '상식'이라 말하는 사실과 개념의 형태로 떠올리는 기억을 말한다. 예를 들면 개와 고양이의 차이를 이해하는 것이나, 〈니벨룽의 반지〉를 작곡한 사람이 리하르트 바그너라는 사실을 아는 것이 여기에 해당한다. **절차기억** procedural memory은 우리가 서로 다른 행동과 기술을 수행하는 방식과 관련된 기억이다. 자전거 타는 법, 신발 끈 묶는 법, 비프웰링턴 같은 음식을 요리하는 법에 관한 기억이 여기에 해당한다. 서술기억과 절차기억의 차이가 조금 애매하기는 하지만 이런 구분이 그냥 의미의 차이만 있는 것은 아니다. 이 두 유형의 기억은 자는 동안에 다른 방식으로 부호화되는 것 같다. 다양한 연구에 따르면 서술기억은 서파수면과 더 관련이 깊고 관자엽에 장기저장되는 반면, 절차기억은 렘수면과 더 관련이 깊고 소뇌(그림 2)라는 뇌 영역에 저장된다.[576] 정확히 말하자면 렘수면은 절차기억뿐만 아니라 감정적 기억과도 관련이 있다. 특히 PTSD[338]와 관련이 있다(6장 참고).

새로운 경험을 하고 난 후에 이루어지는 수면의 핵심적 기능 중 하나는 새로운 기억을 획득하고 응고화하는 것이다. 흥미롭게도 수면 손실 및 뇌의 수면 상태가 어떤 '유형'의 서술기억을 더 잘 유지하는지에 영향을 미칠 수 있다. 한 고전적 연구에서 정상적으로 수면을 취한 집단과 36시간 동안 수면을 박탈당한 집단으로 나누어 부정적(미움, 전쟁, 살인 등), 긍정적(기쁨, 행복, 사랑 등), 중립적(목화 등)인 서로 다른 감정을 연상시키는 단어들을 암기하라고 요청했다. 그리고 이틀 밤에 걸쳐 잠을 재운 후에 기억나는 단어가 무엇인지 물어보았다. 수면 박탈 집단은 기억하는 단어가 전체적으로 40퍼센트 감소했다. 이는 기억 습득을 방해하는 데 수면 박탈이 중요한 역할을 한다는 점을 보여준다. 하지만 눈에 띄는 발견이 있었다. 연구 결과를 세 가지 감정적 범주(긍정적, 부정적, 중립적)로 나누어 보니 긍정적인 단어에 대한 기억은 유의미하게 크게 감소한 반면, 부정적이거나 중립적인 감정을 연상시키는 단어는 잠깐 까먹는 경향만 나타났다는 점이다.[63] 이 데이터는 뇌가 피곤해지면 긍정적인 감정보다 부정적인 감정을 연상시키는 단어를 기억할 가능성이 더 높다는 점을 보여준다. 이것을 비롯한 다른 데이터들도 수면 손실이 긍정적인 기억보다는 부정적인 기억의 습득과 유지를 촉진한다는 개념을 뒷받침하고 있다. 수면 손실은 세상에 대한 '부정적 현저성negative salience'을 강화한다.

그렇다면 어째서 긍정적인 연상은 잊어버리고 부정적인 연상을 더 잘 기억하는 것일까? 우리 인간은 다른 사람들과의 만남과 경험이 즐겁거나 적어도 중립적일 것이라 기대하도록 프로그램되어 있는 것으로 보인다. 부정적인 행동이나 경험은 예상치 못한 특성이기에 주목할 만한 가치가 있다(현저성 증가). 여기서 핵심은 피곤한 뇌는 긍정적 경험보다 부정적 경험을 훨씬 선호한다는 것이다. 즉 부정적인 기억이 우리의 판단 과정에 더 큰 영향을 미친다는 의미다. 일반적인 상황에서는 이것이 유리하게 작용한다. 부정적인 경험은 우리에게 해를 입힐 가능성이 높은 것이므로 기억할 가치가 있다. 하지만 부정적인 경험이 우리의 전체적 세계관을 지배하게 되면 문제가 생긴다. 실제로 부정적 현저성은 여러 가지 정신건강 문제에서 핵심적인 특성이다.

수면이 서술기억(사실과 기억을 떠올리는 것)의 유지만 돕는 것이 아니라 특정 기술을 학습한 내용 같은 절차기억의 유지에도 관여한다는 강력한 증거들이 나와 있다. 이것은 수많은 연구를 통해 입증됐다.[577] 그런 연구 중 하나에서는 참가자들에게 키보드에서 키를 특정 순서대로 누르도록 학습시켰다. 이들이 각각의 키를 누를 때마다 특정 소리가 났다. 습득 과정을 거친 후에는 잠을 재우거나, 깨어 있는 상태를 유지해서 이 기억을 응고화할 수 있게 했다. 응고화 과정을 진행하는 동안에는 키를 누르는 올바른 순서로 해당 소리를 참가자들에게 들려주어 학습한 순서를 뇌에 재활성화해주었다. 그 결과 수면을 취한 참가자들이 학습한 순서를 더 잘 기억했다.[578] 수면 박탈이 절차기억의 형성과 과제 학습을 방해한다는 것이 여러 연구를 통해 입증됐다. 최근의 한 실험에서는 과제를 학습한 이후에 수면을 완전히 박탈하면 과제 수행능력이 훨씬 형편없었으며, 낮잠을 자거나 과제 수행 연습을 더 해도 수행능력이 향상되지 않았다.[579] 이것은 야간 수면의 손실이 과제 학습을 크게 저해하고, 낮잠이나 추가 학습으로도 그것을 보상할 수 없다는 사실을 잘 보여준다. 지금 누구에게 하는 말인지 잘 알 것이다. 그래! 바로 너! 거기 청소년들 말이야!

집행기능과 SCRD

주의력과 기억력에 이어 인지의 세 번째 요소는 집행기능이다. 이것은 문제 해결 능력을 말한다. 이 경우는 수면이 그냥 기억 형성을 돕는 수준을 넘어 복잡한 문제에 대한 새로운 해결책을 찾을 수 있게 도와준다. '오늘은 일단 자고 내일 결정하자'라는 말을 자주 한다. 할머니도 내게 이런 말을 자주 하셨는데 할머니의 이 직관적 지혜는 절대적으로 옳은 것이었다. 수면 양말에 대해서도 로즈 할머니의 말이 옳았다는 것을 명심하자. 하룻밤 자고 나서 통찰을 얻어 문제를 해결했다는 말은 여기저기서 들리고 유명한 사례도 많다. 노벨상 수상자 오토 뢰비는 뇌에서 일어나는 화학적 신경전달이론에 관한 자신의 이론을 입증할 아이디어를 잠에서 깼을 때 떠올렸다. 화학원소 주기율표를 고안한 드미트리 멘델레예프는 밤잠을 자고 난 후에 이 업적을 달성하게 해줄 통찰을 얻었다고 한다. 아우구스트 케쿨레는 벤젠 분자 속의 원자들이 어떻게 배열되어 있는지 고민 중이었지만 그 답을 찾지 못하고 있었다. 그러다 잠이 들었고 나중에 깼는데 뱀이 자기 꼬리를 물고 있던 꿈이 기억났다. 그리고 벤젠 분자가 탄소 원자의 고리로 만들어져 있음을 깨달았다. 잠을 자고 나서 통찰을 얻은 경우가 과학만의 이야기는 아니다. 비틀스의 전설 폴 매카트니는 1964년에 잠에서 깨어났을 때 명곡 〈예스터데이〉의 멜로디가 이미 머릿속에 완성되어 있었다. 〈예스터데이〉는 현재까지 2000개 이상의 버전이 만들어진 역사상 가장 많이 녹음된 노래 중 하나다. 그 한 번의 통찰로 대체 얼마나 많은 돈을 번 것인지 궁금해진다.

하지만 그런 일화적 경험을 실험실에서 검증할 수 있을까? 수면이 정말로 문제를 풀거나 새로운 아디이어를 떠올리는 데 도움이 될까? 지금은 고전적인 연구로 간주되는 한 실험에서 이것을 검증해보았다. 여기서 고전적이라는 말은 내가 학생들에게 가르치는 연구라는 의미다. 그 실험은 참가자들에게 복잡한 인지 과제를 제시해주었다. 이 과제에는 패턴이 숨겨져 있어서 이 규칙을 발견하고 나면, 즉 통찰을 얻고 나면 과제를 금방 풀 수 있다. 참가자들에게 오전에 몇 시간에 걸쳐 초기 훈련을 시킨 다음 세 집단으로 나누었다. 첫 번째 집단은 과제를 같은 날 오후에 진행했고, 20퍼센트 정도가 숨은 패턴을 찾아냈다. 두 번째 집단은 다음 날 오후에 과제를 수행했지만 잠을 잘 수 없게 했다. 그들도 마찬가지로 20퍼센트 정도가 숨은 패턴을 찾아냈다. 세 번째 집단은 다음 날 오후에 과제를 수행했는데 이번에는 정상적으로 잠자게 했다. 그들은 60퍼센트 이상이 숨은 패턴을 찾아냈다. 잠을 잔 후에 통찰을 얻은 것이다.[580] 이 놀라운 연구는 수면이 지식을 추출하고 통찰력 있는 행동을 가능하게 한다는 것을 보여준다.

전체적으로 보면 우리는 인지능력 덕분에 정보를 수집하고, 그 정보를 유지하면서 적절히 반응할 수 있다. 인지는 선택적 주의, 기억 형성, 적절한 집행 행동으로 이루어져 있다. 뇌에서 이 각각의 과정이 제대로 진행되려면 수면이 필수적이며, 다양한 형태의 SCRD가 전체적인 인지기능을 크게 저해한다. 이제 수면이 인간이 취할 수 있는 최고이자, 분명 가장 안전한 인지기능 개선제임을 독자들도 분명히 느꼈을 것이다.

기분, 정신질환 그리고 SCRD

영어에는 "오늘 아침에 침대에서 엉뚱한 쪽으로 나왔어?Did you get out on the wrong side of the bed this morning?"라는 오래된 표현이 있다. 적어도 우리 세대에서는 누군가에게 혹시 기분이 안 좋으냐고 물어볼 때 사용하는 표현이다. 여기에는 수면과 기분이 긴밀하게 연결되어 있다는 일상의 경험이 넌지시 반영되어 있다. 기분이란 좋거나, 나쁘거나, 중립적인 마음이나 감정의 일시적인 상태를 의미한다. 이 기분은 하루 종일 변화한다. 일반적으로 건강한 사람은 깨어나서 오전을 지나는 동안 기분이 급격히 좋아져서 오후 초반에 정점을 찍고 저녁에는 서서히 가라앉아 밤에는 더 나빠진다.[581, 582] 이런 면에서 볼 때 기분은 인지 수행능력과 비슷한 일일 프로필을 갖고 있다(그림 6). 인지기능과 기분이 저녁과 취침 전에 저하되는 것을 감안하더라도 역시나 중요한 논의는 저녁에 하지 말고 다음 날까지 기다렸다 하는 것이 좋다(6장)!

기분 기복은 기분이 좋았다가, 나빴다가 변하는 것을 말한다. 모든 사람이 어느 정도는 기분의 기복을 경험하지만 극단적인 기분 기복은 양극성장애 같은 정신질환의 특성일 수 있고, 조현병을 비롯한 다른 정신질환의 증상이다. 눈에 띄는 부분은 특정 형태의 SCRD(그림 4)가 정신질환에서 아주 흔히 보이는 특성이라는 것이다.[247] 이것은 아주 광범위한 주제이므로 여기서는 개략적으로만 살펴볼 수 있다. 기분장애와 정신병적 장애에 대해 많은 것을 알아갈수록 둘 사이의 경계가 점점 모호해지기는 하지만 두 장애의 차이를 구분하기 전에 몇 가지 정의를 소개하는 것이 좋겠다.

기분장애

사람의 감정 상태에 영향을 미쳐 긴 기간 극단적인 행복이나 극단적인 슬픔, 혹은 두 감정 상태 사이를 오락가락하게 만드는 정신건강 문제들이 있다. 기분장애에는 여러 가지 유형이 있다. 가장 익숙한 것은 **우울증**이다. 주요우울증major depression 혹은 임상적 우울증이라고도 한다. 사랑하는 사람의 죽음, 실직, 큰 병 같은 인생의 큰 사건에 대한 반응으로 비탄이나 슬픔의 감정이 발생한다. 이런 상황에서 정신적 외상 사건이 끝나고, 추가적인 원인이 없는데도 2주 이상 우울증이 지속되면 일반적으로 임상적 우울증으로 분류한다. 흥미롭게도 우울증이 있는 사람의 경우 심부 체온, 멜라토닌, 코르티솔의 일주기 리듬이 평평해진다. 즉 진폭이 작아진다. 코르티솔 분비의 일주기 리듬은 평평해지지만 전체적인 수치는 더 높아져 있다.[581] 이런 내용은 평평해진 일주기 리듬이 하나의 증상이며, 어쩌면 우울증의 기여 요인일지도 모른다는 점을 시사한다. 우울증에서는 일주기 리듬의 진폭이 줄어드는 것으로 보아 일주기 동인을 강화하는 접근법이 유용한 치료 표적이 되어줄지도 모른다(14장). 아래서 설명하는 **산후우울증**은 아이를 출산한 후에 생긴다. **계절성 우울증**은 연중 특정 계절에 일어나는데, 보통 늦가을에 시작해서 봄이나 여름이 올 때까지 지속된다. **정신병적 우울증**은 환각(다른 사람에게는 보이거나 들리지 않는 것을 보고 듣는 현상)이나 망상(잘못된 신념을 강력하게 믿는 것) 같은 정신병적 에피소드에서 일어나는 심각한 유형의 우울증이다. **양극성장애**(조울증)는 기분이 우울증과 조증 사이를 오가며 변덕스럽게 바뀌는 것을 말한다. 기분이 가라앉았을 때는 그 증상이 임상적 우울증과 비슷하다. 조증 에피소드 동안에는 기분이 고조되거나, 짜증이 올라오거나, 활성의 수준이 높아질 수 있다.

정신병적 장애

SCRD는 정신병적 장애의 한 특성이다. 정신병적 장애란 명료하게 생각하고, 미묘한 판단을 내리고, 적절한 감정과 행동으로 반응하고, 일관되게 소통하고, 현실을 평가해서 적절하게 행동하기 어려워지는 질환을 말한다. 증상이 심각한 경우에는 일상생활을 감당하기 어려워질 수도 있다. 비정상적 현저성aberrant salience은 정신병적 장애 발달에서 중요한 요소로 여겨진다. 비정상적 현저성이란 뇌 신경전달물질의 분비가 비정상적인 패턴으로 일어나서 정상적으로는 중요하지 않게 여겨질 환경의 자극에 지나친 중요성(인지적 주의)을 부여하는 것을 말한다.[583] 한 가지 사례가 대중교통에서 다른 승객과 잠깐 시선이 마주쳤을 경우다. 정상적인 상황이라면 무시하고 넘어가지만 정신질환이 있는 경우에는 우연한 시선 마주침을 위협으로 느끼고 자기가 미행당하고 있다고 해석할 수 있다. 정신병적 장애에는 다음과 같이 여러 가지 유형이 존재한다.[584]

조현병: 6개월 이상 지속되는 망상과 환각을 보이는 질환으로, 직장이나 학교생활, 대인관계 유지에 매우 심각한 지장을 줄 수 있다.

조현정동장애: 이것은 조현병과 함께 우울증, 양극성장애 같은 기분장애가 함께 나타나는 질환이다.

단기 정신병적 장애: 짧은 기간에 걸쳐 정신병적 행동이 나타나는 것으로 사랑하는 이의 죽음과 같이 스트레스가 극심한 사건에 대한 반응으로 나타나는 경우가 많다. 이런 경우에는 회복 시간이 통상 한 달 미만으로 빠르다.

망상장애: 자기가 미행을 당하고 있다거나, 누군가 자기를 대상으로 음모를 꾸미고 있다는 둥 그럴듯하지만 사실이 아닌 거짓된 믿음을 철석같이 믿는 상황을 말한다.

물질유발 정신병적 장애: 환각제나 코카인 등의 약물을 사용할 때, 혹은 중단해서 금단증상이 나타날 때 생기는 장애다.

살다 보면 한번쯤은 기분장애나 정신병적 장애를 경험할 가능성이 높다. 이런 장애를 가진 사람이 주위에 분명히 한 명 정도는 있을 것이다.[585] 몇몇 정신건강 자선단체에서 보고한 통계가 눈에 띈다. 예를 들어 정신건강구급처치Mental Health First Aid(MHFA) 영국 지부의 발표에 따르면 네 명당 한 명꼴로 매년 정신건강 문제를 경험하고 있으며, 전 세계적으로 7억 9200만 명이 정신건강 문제로 영향을 받고 있고, 경제활동이 가능한 나이의 성인 여섯 명 중 한 명이 정신적 건강 악화와 관련된 증상을 갖고 있다. 또한 정신질환은 영국에서 질병으로 인한 부담에서 두 번째로 큰 원인이다. 정신질환 때문에 매년 7200만 일의 근무일 상실과 349억 파운드(한화 약 57조 원)의 비용이 발생하고 있다. 자가보고 우울증도 늘어나고 있다. 이것이 실제로 증가하고 있는 것인지 정신질환에 대한 사회적 인식이 높아짐에 따라 생기는 결과인지에 대해서는 논란이 있다. 사회적 인식이 개선되어 우울증을 판단하는 기준에 변화가 생겼기 때문이다. 간단히 말해 우리가 갖는 느낌에 대한 인식이 바뀌었다. 자기가 당연히 행복해야 한다고 기대하는 사람이 많고, 그런 사람들은 행복하다는 느낌을 받지 못하면 자동으로 우울한 상태라고 판단한다. 행복감이 결여된 상황이 중요하지 않다고 무시하려는 것은 아니다. 다만 그냥 행복감이 결여되어 있다고 해서 그것이 곧 우울증은 아님을 상기할 필요가 있다. 우울증은 슬픔과 흥미 상실이 지속되어 정상적인 활동을 영위하지 못하는 상태를 말한다.

정신질환의 유형이 다양함에도 불구하고 이런 질환들 '모두' SCRD와 관련이 있고, 경우에 따라서는 SCRD가 대단히 심하게 올 수 있다.[246] SCRD와 정신질환 사이의 관련성은 오래전부터 알려져 있었다. 조현병의 경우 독일의 정신과 의사 에밀 크레펠린(1856~1926)이 19세기 말에 처음으로 SCRD에 대해 묘사했다.[586] 크레펠린은 '현대 정신의학의 아버지'로 종종 불린다. 그는 정신질환이 생물학적, 유전적 기반을 갖고 있기 때문에 중요한 정신병적 장애의 원인이 밝혀지면 결국 치료법도 찾아낼 수 있을 것이라 믿었다. 그는 또한 그 당시 정신병원에서 환자들이 겪어야 했던 잔인한 치료법을 반대했다. 이런 면에서는 그를 개척자라 할 수 있지만, 19세기 말과 20세기 초의 수많은 과학자, 예술가, 정책 입안자와 마찬가지로 그 또한 우생학과 인종위생학의 열렬한 옹호자였다. 그래서 필연적으로 이런 의문이 따라온다. 어떻게 한 사람의 머릿속에 기발하면서도 친절한 생각과 불쾌하고 혐오스럽기 그지없는 생각이 동시에 들어 있을 수 있을까? 한 분야에서 똑똑하다고 해서 그가 품위 있는 사람이라는 보장은 없다.

요즘에는 조현병 환자 중 80퍼센트 이상에서 심각한 수준의 SCRD가 보고되고 있으며 SCRD는 조현병의 주요 특성으로 인식되고 있지만, SCRD를 치료하는 경우는 드물다.[587] 정신병과 기분장애에서 나타나는 SCRD의 특성은 대단히 다양하고, 그림 4에 나오는 수면/각성 패턴이 모두 관찰된 바 있다. 이렇게 수면/각성 패턴이 현저하게 다양하다는 사실은 유전, 그리고 업무 부담이나 정서적 압박, 신체질환 같은 환경 간의 복잡한 상호작용에서 생기는 정신질환의 메커니즘 자체가 다양하다는 사실을 반영하고 있다(5장).[586~591] 정신질환과 관련된 SCRD가 정신질환으로 고통받는 대다수의 사람이 경험하는 건강 악화, 삶의 질 저하, 사회적 고립에 크게 기여한다는 사실이 중요하다. 세계보건기구는 중증의 정신장애 환자들의 기대수명이 10~25년 '줄어든다'고 보고했다. 이는 SCRD로 인해 사람들이 어떤 대가를 치러야 하는지 잘 보여주고 있다.[587, 592, 593] 조현병 환자 치료에서 가장 우선시하는 것 중 하나가 수면 개선이라는 점도 주목할 필요가 있다.[594] SCRD가 정신질환의 촉발, 진행, 재발, 차도에 영향을 미친다는 점도 분명해지고 있다.[595, 596]

정신질환과 SCRD가 서로 관련이 있음은 분명하지만, SCRD를 정신질환과 이어주는 메커니즘은 계속 수수께끼로 남아 있다. 그에 대한 고민도 별로 없었지만, 설사 고민한다고 해도 SCRD는 그저 사회적 고립과 실직 등의 외부 요인 때문에 정신질환에 따라오는 안타까운 부작용 정도로만 여겨졌다. 조현병 같은 질환이 생기면 고정된 업무 패턴 등의 사회적 구조가 사라지기 때문에 수면 패턴도 망가진다. 거기에 더해 일부 정신과 의사는 SCRD가 전적으로 항정신병 약물 때문에 생긴다고 생각한다.[247] 정말 당황스러운 설명이 아닐 수 없다. 조현병 같은 정신질환에서의 SCRD는 1970년대에 항정신병 약물이 도입되기 한참 전부터 거의 150년 동안 보고되어왔기 때문이다. 이런 식의 설명은 수십 년 동안 정신의학 분야에서 사람들의 생각을 지배했던 '마음 대 몸' 논쟁의 맥락에서 보면 더 쉽게 이해할 수 있다. '마음'은 정신적 사고와 의식에 관한 것인 반면, '몸'은 뇌 기능을 뒷받침하는 신체적 과정으로 여겨진다. 신경과학자로서 나는 과연 애초에 그런 구분이 필요한 이유를 모르겠다. 나도 그렇지만 크레펠린부터 시작해서 요즘의 많은 정신과 의사들도 마음은 뇌의 신경회로와 물리적 구조가 만들어내는 산물이며 마음이 존재하는 신비한 또 다른 장소가 뇌 바깥에 존재한다고는 생각하지 않는다. 하지만 과거에 정신의학 분야에서는 수면이 정신으로부터 생겨나는 것이라 간주했기 때문에 정신질환에서 나타나는 SCRD의 설명을 뇌가 아니라 환경에서 찾으려 했다. 참 당혹스러운 일이었다!

새롭고 신선한 관점이 필요했다. 사회적 루틴이나 항정신병 약제의 사용이 SCRD에 기여할 가능성은 있지만 이런 요인들이 SCRD의 직접적이고 유일한 원인이라는 주장은 터무니없어 보였다. 옥스퍼드의 우리 연구진은 SCRD가 사회적 제약의 부재로 생겨난다는 개념을 조사해보기로 마음먹고 조현병 환자의 수면/각성 패턴을 살펴보고, 이들의 SCRD 수준을 실업자 대조군과 비교해보았다.[246] 연구 결과 조현병 환자에서는 심각한 SCRD가 존재하지만, 실업자 대조군의 수면/각성 패턴은 안정적이며 본질적으로 정상인 것으로 나왔다. 따라서 조현병 환자의 SCRD를 적어도 실업 문제로 설명할 수 없다는 것을 확인할 수 있었다. 조현병 환자의 SCRD가 항정신병 약제와 관련이 없었다는 점도 중요하다.[246] 이런 연구 결과와 아울러 수면과 일주기 리듬이 어떻게 뇌에서 발생하고 조절되는지 더 많이 이해하게 됨에 따라 우리는 대안의 개념을 제시하게 됐다. 정신질환과 SCRD가 뇌에서 중첩되는 공통의 경로를 공유한다는 개념이었다.[597] 2장에서 이야기했듯이 수면/각성 주기는 여러 유전자, 뇌 영역, 모든 핵심 신경전달물질, 여러 호르몬 간의 복잡한 상호작용에서 생겨난다. 따라서 이 경로 중 어느 하나에서라도 문제가 생겨 정신질환을 일으킨다면 십중팔구 수면/각성 주기에도 영향을 미치리라는 결론을 자연스럽게 내릴 수 있다. 사실 우리는 기분 및 정신병적 장애와 관련된 뇌 회로가 정상적인 수면/각성 리듬의 발생과 조절에 관여하는 회로와 중첩된다는 것을 입증할 수 있었다.[597-599] 그렇다면 정신질환에서 SCRD가 대단히 흔하다는 것도 놀랄 일이 아니다. 뇌 속의 여러 경로들은 서로

'연결되어' 있기 때문이다! 더 나아가 SCRD는 정신질환을 악화시키는 작용을 하고, 정신질환 역시 SCRD를 악화시킨다. 정신질환과 SCRD 사이의 중첩되는 관계를 그림 7에 제시했다. 단기적, 장기적 SCRD에 의해 생기는 여러 질병이 신경정신질환에서 매우 흔하게 나타난다는 점도 주목할 필요가 있다(표 1). 따라서 정신질환을 오래 앓은 사람에게서 보이는 건강 악화 중 많은 부분이 SCRD에 의해 생겨나거나 악화되는 것일 수 있다. 하지만 안타깝게도 그런 악화된 건강을 SCRD와 연관지어 생각하거나 치료하는 경우는 드물고, 그냥 정신질환에 따라오는 정체불명의 부산물 정도로 여겨 무시해버리는 경우가 많다.[600, 601]

그림 7의 모형을 뒷받침해줄 좋은 증거가 있을까? 한마디로 대답하자면, 확실히 그렇다! 앞에서 언급했듯이 현재는 정신질환과 관련 있는 유전자가 수면 및 일주기 리듬에서도 역할을 한다는 것을 알고 있고,[597, 602] 기존에 수면 및 일주기 리듬과 연관지어 생각했던 유전자들이 다양한 형태의 정신질환에 관여한다는 것도 알고 있다(그림 7).[597] 그럼 다른 연관성은 어떨까? 오랫동안 정신질환이 SCRD를 유발한다고 가정했었다. 하지만 SCRD와 정신질환 사이에 회로가 중첩된다면 임상적으로 정신질환 진단이 나오기 전에 SCRD가 먼저 일어날 것이라 추측해볼 수 있다. 실제로도 그렇다.[602] 양극성장애 발생 위험이 높은 사람은 양극성장애로 진단받기 '전에' SCRD의 증상이 나타난다. 마지막으로 이 모형에서는 SCRD의 수준을 낮추어주면 정신질환의 심각성도 줄어든다고 예측하고 있다. 비교적 최근에 내 동료 댄 프리먼이 이끄는 옥스퍼드 대학교 연구진의 실험에서는 SCRD를 치료하면 SCRD가 있는 사

그림 7

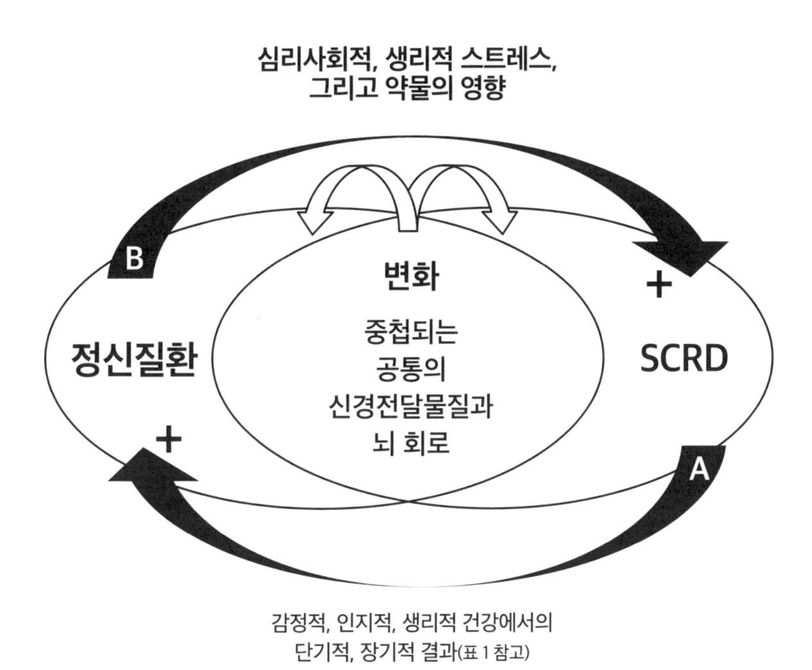

그림 7 – 정신질환과 SCRD의 관계를 보여주는 모형. 이 모형은 정신질환과 SCRD가 뇌에서 공통의 경로를 공유하고 있다는 새로운 관점을 보여준다. 이것이 사실이라면 정신질환에 취약하게 만드는 뇌 신경전달물질의 분비 패턴 변화가 수면과 일주기 시스템에도 그와 유사한 영향을 미치게 될 것이다. 수면의 교란(화살표 A)도 마찬가지로 뇌 기능의 여러 측면에 영향을 미쳐서 감정적, 인지적, 생리적 건강에 장단기적 영향을 미치며(표 1 참고), 어린이에게는 심지어 뇌의 발달에 영향을 미칠 수 있다. 심리사회적 스트레스(예를 들면 사회적 고립)와 생리적 스트레스(스트레스 호르몬의 변화, 4장 참고)를 만들어내는 정신질환(화살표 B)이 약물의 잠재적 영향력과 함께 작용해서 수면과 일주기 시스템을 침해할 것이다. 이것이 일단 시작되고 나면 양성 되먹임 고리가 급속히 자리잡아서 신경전달물질 분비에서 나타나는 작은 변화가 양성 되먹임 고리로 증폭되어 SCRD를 악화시키고, 이것이 다시 정신건강을 악화시키게 된다.

람에서 편집증과 환각의 수준이 실제로 낮아지는지 조사해보았다. 이 실험은 영국의 26개 대학교에서 무작위 대조군 실험으로 진행됐고, 불면증이 있는 학생들을 무작위로 배정해서 디지털로 CBTi를 받거나(1891명) 아무런 치료도 받지 않게 했다(1864명). 6장에서 이야기했듯이 CBTi는 불면증 증상에 기여하는 생각, 느낌, 행동을 확인하게 돕고, 그런 문제를 올바르게 교정하는 방법을 제시해준다. 이 연구는 SCRD, 편집증, 환각 경험의 수준을 측정했다. 그 결과를 보면 디지털 CBTi를 이용한 SCRD 완화가 편집증과 환각의 현저한 감소와 상관관계가 있는 것으로 나타났다. 이 연구에서는 SCRD가 정신병적 경험과 다른 정신건강 문제의 원인 인자라고 결론 내리고 있다.[603] 나는 이것이 대단히 중요한 연구 결과라고 생각한다. 잠재적으로 SCRD 치료가 정신질환의 증상을 완화하는 새롭고 강력한 치료 표적임을 말해주기 때문이다.

1. 불안, 우울증, 수면 손실이 어떻게 연관되어 있나요?

이들 사이에는 대단히 중요한 상호작용이 있다고 생각합니다. 그 상관관계를 간단히 설명하자면 다음과 같습니다. 불안이 코르티솔과 아드레날린 같은 스트레스 호르몬의 분비를 늘립니다. 스트레스가 수면과 일주기 리듬을 교란하면 이것이 두 가지 핵심 영역에 영향을 미칩니다. 우선 SCRD가 인지를 변화시키고 부정적 현저성을 촉진합니다. 그럼 세상이 실제보다 더 안 좋은 상황으로 보여 우울증이 생기게 되죠. SCRD 역시 정신건강을 조절하는 뇌 속의 여러 가지 신경전달물질 경로를 교란합니다. 이런 교란이 생기면 정신건강 상태가 더 악화됩니다.[604]

2. 청소년의 자살과 SCRD 사이에 상관관계가 있나요?

모든 정신질환의 절반이 만 14세 정도에 시작됩니다. 미국에서 자살은 만 15~19세 청소년의 세 번째 사망 원인입니다. 일련의 연구를 통해 자살을 시도하거나 실제로 자살이 일어나기 몇 주 전에 수면 방해의 수준이 상당했던 것으로 관찰됐습니다. 이 연구 결과는 자살 예방을 위해서는 청소년의 수면장애를 꼼꼼하게 감시해야 함을 보여줍니다.[605] 흥미롭게도 하루 중 시간대가 자살에 영향을 미치는 것으로 보입니다. 늦은 오후나 초저녁에 더 많이 자살하는 경향이 있습니다(그림 8).[606]

3. 양극성장애가 있으면 수면에 어떤 일이 벌어지나요?

양극성장애의 조증기에는 아주 높은 수준의 에너지와 활성을 보입니다. 조증기에 있는 사람은 생각이 끝없이 이어지고 집중하는 데 어려움을 겪는 경우도 흔합니다. 조증이 있는 사람은 잠을 자는 데 어려움을 겪거나 잠이 덜 필요하다고 느낄 수 있습니다. 어떤 사람은 24시간 이상 깨어 있거나 밤에 세 시간밖에 못 자기도 하는데 정작 본인은 잘 잤다고 말하기도 합니다. 이런 수면 손실이 조증 동안에 보이는 감정적, 인지적 변화에 기여할 수도 있습니다(표 1). 마약 사용, 콘돔을 사용하지 않은 성관계, 과도한 소비나 난폭운전처럼 충동적이고 위험한 행동의 증가 등이 그 예입니다. 수면 패턴에서 나타나는 그런 변화는 양극성장애의 특징적인 증상이지만, 수면시간 감소도 이 질환을 촉발할 수 있습니다. 예를 들어 교대근무 노동자, 장시간 노동하는 사람, 여러 시간대를 가로지르며 여행하는 사람, 시험 기간에 잠이 부족한 학생 모두 기분 에피소드가 재발할 위험이 있습니다. 이런 것에 취약한 사람이 수면의 양을 지키기 위해 적극적으로 노력해야 하는 이유가 바로 여기에 있습니다(6장).[607] 자신이 양극성장애 등의 정신건강 질환에 걸릴 위험이 있다고 생각하면 바로 의사와 상담해보아야 합니다.

4. 사랑하는 이를 잃었을 때의 비탄이 수면에는 어떤 영향을 미치나요?

비탄은 아직 제대로 이해하지 못하고 있는 복잡한 감정입니다. 많은 사람이 알고 있듯이 비탄에는 SCRD가 동반됩니다. SCRD는 신체적, 정신적 건강의 저하로 이어질 수 있고요. 우울증 같은 정신적, 감정적 증상이 예상되지만, 여러 가지 신체적 증상도 일어날 수 있습니다. 예를 들면 어떤 사람은 낮에 몸이 쑤시거나, 통증이나 피로를 느끼기도 합니다. 구강 건조, 호흡 곤란, 불안증이 생길 수도 있습니다. 식사 습관도 변할 수 있고, 소음에 더 민감해지기도 합니다. 이 모든 것이 SCRD의 결과로 발생할 수 있지만 역으로 SCRD를 악화시킬 수도 있습니다. 악순환의 고리가 생기는 거죠. 인생의 어느 시점에 가서는 필연적으로 사랑하는 이를 잃는 경험을 하게 됩니다. 이런 상실에 대한 정상적인 반응은 회복탄력성입니다. 눈앞에 닥친 상실의 아픔을 견뎌내고 시간이 지나면 다시 원래의 모습으로 돌아가죠. 대부분의 사람은 외부의 개입 없이도 그 시간을 잘 버텨냅니다. 하지만 SCRD가 정신건강과 신체건강에 그런 큰 영향을 미친다면 사별 이후에 혹시 수면에 어려움을 겪고 있는지 관심을 가져야 할 것입니다. 수면제 처방은 단기적으로는 유용하지만 특히나 나이 든 성인에서는 낙상이나 주간 인지기능장애 같은 부작용이 발생할 수 있습니다. 아니면 6장에서 대략적으로 설명한 적절한 행동학적 접근방법이 사별 이후 야간 수면과 주간 졸음을 개선하는 데 도움이 되는 것으로 밝혀졌습니다.[608] 비탄과 SCRD는 분명히 연관되어 있습니다. 따라서 이 취약한 시기에 SCRD를 최소화할 수 있게 노력을 아끼지 않아야 합니다.

5. 리튬 치료가 정신질환 및 SCRD와 어떻게 관련되어 있나요?

정말 흥미로운 질문입니다. 리튬은 기분 안정제로 작용하기 때문에 조증(굉장히 흥분하고, 과활성화되어 있고, 산만한 상태), 정기적으로 찾아오는 우울증 시기, 양극성장애(기분이 긍정적인 조증과 가라앉은 우울증 사이를 오가는 상태) 같은 기분장애의 치료에 사용합니다. 리튬이 어떻게 이런 증상을 개선해주는지는 불분명합니다. 하지만 리튬은 두 가지 핵심 단백질 GSK3B와 IMPA1이 관여하는 신호 경로에 작용해서 세포에서 일주기 리듬의 시간을 늘리고,[609] 진폭을 키우는 것으로 알려져 있습니다. 그래서 리튬이 양극성장애 같은 질환에서 일주기 리듬 교란을 바로잡아주어 효과를 나타낸다는 주장도 있습니다. 많은 사람들이 기분 안정제로서 리튬의 효과를 보고 있지만 모두에게 효과가 있는 것은 아닙니다. 우리 연구진이 아주 최근에 진행한 연구에서는 일주기 시간의 변동이 심하거나 긴 사람에게서는 리튬 치료가 실패할 확률이 높은 것으로 나왔습니다.[610] 이 연구와 다른 연구에서 나온 결론에 따르면 크로노타입도 리튬에 대한 반응에 영향을 미칠 가능성이 있습니다. 그 정확한 상관관계에 대해서는 아직도 연구가 진행 중입니다.

10장

약을 복용할 시간

뇌졸중, 심장마비, 두통, 통증, 암

나는 할아버지처럼 자다가 평화롭게 죽고 싶다.
(…) 할아버지의 차에 탄 승객들처럼
비명 지르고 소리 지르며 죽고 싶지 않다.

윌 로저스

미국식품의약국(FDA)은 지금까지 2만 가지 이상의 처방약의 판매를 승인했고, 유럽의약품청(EMA)도 비슷한 수의 약을 판매 허용했다. 현재 매년 50가지 정도의 신약이 등록되고 있지만 사용 기간과 양으로 따지면 약물에 관한 기록은 대부분 아스피린이 갖고 있다. 매년 1000억 개 정도의 표준 아스피린 정제가 생산되고 있으며 추정치에 따르면 지난 100년간 판매된 아스피린 정제는 1조 개가 넘는다. 아세틸살리실산이라고도 부르는 아스피린은 원래 버드나무 껍질, 그리고 머틀, 메도스위트와 같이 살리실산이 풍부한 다른 식물에서 추출한 살리실산의 합성 버전이다. 아스피린 사용의 역사는 정말이지 놀랍다. 약 4000년 전에 수메르 사람들이 남긴 점토판을 보면 버드나무 이파리가 관절통(류마티스 질환)에 효과가 있다고 기록되어 있다. 이집트인들은 버드나무 이파리나 머틀을 관절통에 사용한다고 기록했고, 히포크라테스(기원전 460~377)는 열, 통증, 분만에 버드나무 껍질 추출물을 권했다. 고대 중국, 로마, 아메리카 원주민 문명에서는 살리실산이 들어 있는 식물이 의학적으로 유익하다는 것을 오래전부터 알고 있었다. 현대로 넘어오면 1758년에 내가 사는 곳에서 멀지 않은 옥스퍼드셔 치핑노턴 출신의 에드워드 스톤 목사(1702~1768)가 발열과 오한의 치료에 사용하던 값비싼 페루산 기나피보다 저렴한 치료법을 찾기 위해 버드나무 껍질의 속성을 연구했다. 11장에서도 이야기하겠지만 기나피에는 퀴닌이 들어 있다. 퀴닌은 말라리아 치료에 사용하는 약으로 살리실산과는 다르다. 스톤이 버드나무 껍질 추출액을 열이 나는 교구 주민들에게 주었더니 열이 뚝 떨어졌다. 그는 이 연구 결과를 1763년에 런던왕립학회에 발표했고, 그 후 버드나무 껍질은 열이 날 때 제일 먼저 찾는 치료법으로 자리잡았다. 1828년에는 버드나무 껍질에서 추출한 살리실산을 정제하는 데 성공했다. 1859년에는 살리실산을 합성하는 데 성공했고, 1876년에는 토머스 매클래건이 처음으로 임상시험을 진행했다. 그는 살리실산을 이용해 급성 류마티스 환자의 관절 염증을 치료했다. 1897년에 바이엘 제약회사가 아세틸 살리실산 형태의 순수하고 안정적인 살리실산을 개발한 이래 아스피린이 세상을 지배하면서 현대적인 제약산업이 탄생했다.[611] 오늘날 전 세계 제약시장의 규모는 약 1조 2700억 달러에 달한다. 나는 일주기 생물학까지 포함시키면 이 글로벌 산업이 또 다른 성장과 발전 단계에 진입할 것이라 예상하고 있다.

우리의 생물학과 생화학은 하루 24시간을 따라 크게 출렁거리며 변한다. 따라서 여러 가지 질병의 다양한 조건과 증상이 하루 종일 변화하는 것도 당연하다. 이런 증상이 언제 최고조에 도달하는지를 그림 8에 요약해놓았다.

질병의 증상이 하루 중 시간대에 따라 달라진다는 점을 고려하면 우리가 복용하는 약물도 당연히 밤낮 주기에 따라 다양한 수준의 효과를 보일 것이다. 이상적으로 보면 그림 8에 나온 질병의 심각성을 예측해서 약물 복용과 치료를 하루 중 가장 필요하고, 가장 효과적인 시간에 적용하는 것이 좋다. 이것이 시간약학chronopharmacology이라는 개념이다. 하지만 대부분의 사람은 최적의 효과를 보는 시간이 아니라 까먹지 않고 복용하기 좋은 시간에 약을 복용한다. 이 시간이 최적의 약물 효과를 보는 타이밍이 아닐 수도 있는데 말이다. 약의 종류에 따라 반감기half-life가 다르다. 약물의 반감기란 그 이름이 암시하는 바와 같이 체내에 들어온 약물의 양이 절반으로 줄어드는 데 걸리는 시간이고, 이것은 몸이 약물을 어떻게 처리하고 배출하는지에 달려 있다. 이것을 약물동태학pharmacokinetics이라고 한다. 약물동태학은 기본적으로 몸이 약물에게 하는 일을 의미한다. 약물의 반감기는 몇 시간에서 며칠까지 다양하다. 약물의 반감기는 약물의 작용이 끝나는 시간이 아니라, 약물의 수치가 원래 농도의 절반에 도달하는 데까지 걸리는 시간임을 다시 한번 강조하고 싶다.

약물 복용 시간과 반감기에 더해서 약물의 효과도 사람마다 큰 차이가 난다. 이런 차이는 우리 몸이 약물을 처리하는 방식의 변화 때문에 생긴다. 우리는 각자 모르는 사이에 약물동태학을 변화시킨다. 나이가 들면서 콩팥과 간 기능이 변화해서 약물 처리에도 변화가 찾아온다. 축적된 지방도 지용성 약물을 흡수해서 체내 반감

그림 8

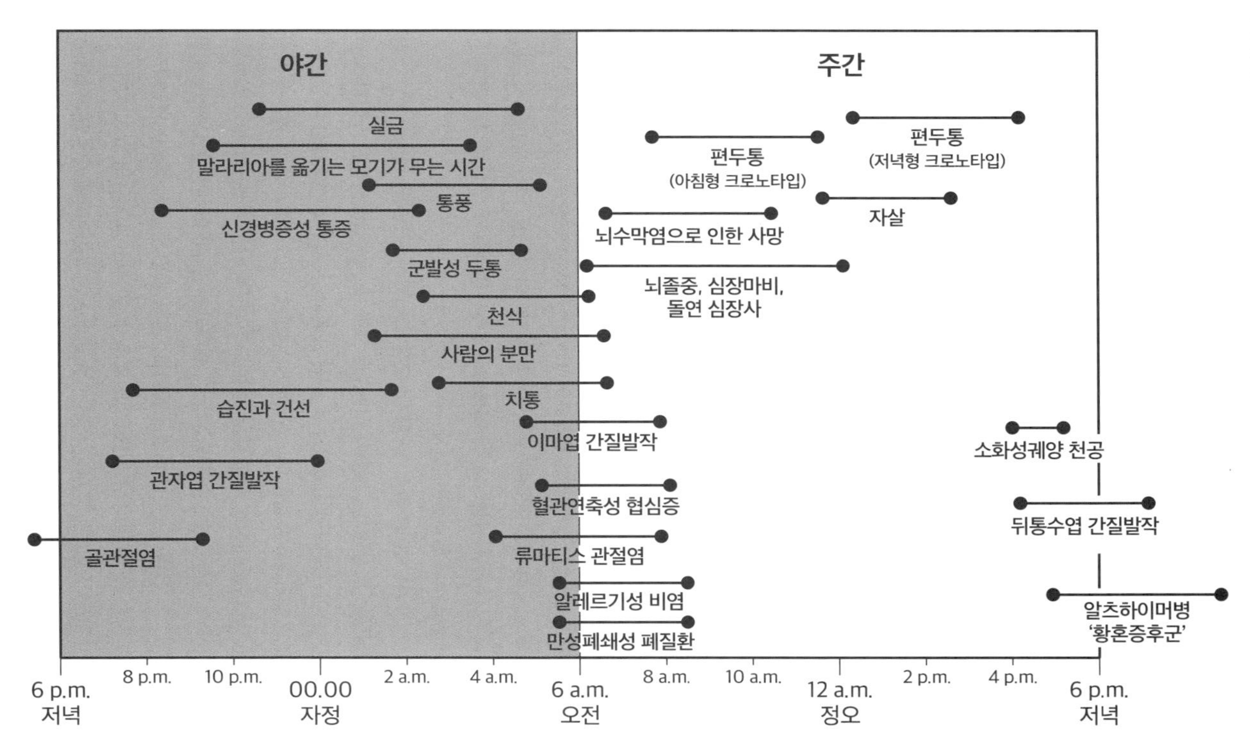
야간
주간
실금
말라리아를 옮기는 모기가 무는 시간
통풍
신경병증성 통증
군발성 두통
천식
사람의 분만
습진과 건선
치통
관자엽 간질발작
골관절염
편두통
(아침형 크로노타입)
편두통
(저녁형 크로노타입)
자살
뇌수막염으로 인한 사망
뇌졸중, 심장마비,
돌연 심장사
이마엽 간질발작
소화성궤양 천공
혈관연축성 협심증
뒤통수엽 간질발작
류마티스 관절염
알레르기성 비염
만성폐쇄성 폐질환
알츠하이머병
'황혼증후군'
6 p.m.
저녁
8 p.m.
10 p.m.
00.00
자정
2 a.m.
4 a.m.
6 a.m.
오전
8 a.m.
10 a.m.
12 a.m.
정오
2 p.m.
4 p.m.
6 p.m.
저녁

그림 8 – 질병 발생 및 질병 중증도의 일주기 변화. 질병 상태의 타이밍은 하루를 따라 다양하게 변화한다. 개인차도 존재하고, 과학 연구도 항상 일치하는 것은 아니지만, 이를 염두에 두고 질병이 발생하거나 증상이 가장 심해지는 평균 최고조 시간을 표시해 놓았다. **골관절염** 통증과 관절 강직은 하루 일과를 마친 초저녁에 최고조에 달한다.[612] **습진과 건선**은 엄청나게 가려운데 늦은 저녁과 한밤중에 최고조에 달하기 때문에 수면을 교란할 수 있다. 새벽이 다가오면서 가려움은 잦아든다.[613] **신경병증성 통증**은 타들어가거나 쏘는 듯한 통증이 느껴지고 늦은 저녁과 이른 아침에 가장 고통스럽다.[614] **말라리아를 옮기는 모기**는 종류에 따라 다르지만 보통 밤중에 사람을 물며 해가 진 이후에 인간 희생자를 찾아다니는 특징이 있다. 모기 물림은 자정 무렵에 최고조에 이르며 그중 60~80퍼센트는 오후 9시와 새벽 3시 사이에 일어나는 것으로 추정된다.[615] **치통**은 오전 3시부터 7시 사이에 최고조에 이른다.[616] **간질발작**은 유형이 다양하고 최고조에 이르는 시간도 각자 다르다. **이마엽** 간질발작은 오전 5시~7시 30분, **뒤통수엽** 간질발작은 오후 4~7시, **관자엽** 간질발작은 오후 7시~자정 사이에 최고조에 이른다.[616] **소화성궤양 천공**은 위벽에 구멍이 나면서 소화액이 복강으로 빠져나가는 것을 말한다. 천공이 일어나는 최고조 시간은 오후 4~5시이고, 그보다 낮은 확률로 오전 10시에서 낮 12시 사이에, 그다음으로 오후 10시에 고조를 이룬다.[617] 노년층의 **실금**(야뇨증)은 밤과 새벽에 일어난다.[618] **군발성 두통**은 오전 2시경에 시작된다.[619] 엄지발가락, 발목, 무릎, 손목과 같은 관절에 요산 결정이 축적되어 발생하는 **통풍에 의한 통증**은 오전 3~4시경에 최고조에 달한다.[616] **천식**은 오전 4시경에 최악의 증상을 나타내고, 천식으로 인한 돌연사도 이 무렵에 발생한다.[620] 이것은 침실에서 알레르기 유발 물질에 얼마나 노출되는가에 따라서도 달라질 수 있다.

분만은 오전 1~7시 사이에 주로 발생하며 오전 4~5시에 최고조에 달한다.[375, 376] **혈관연축성 협심증**은 협심증(가슴 통증)의 일종으로 보통 오전 6시를 중심으로 이른 오전에 발생한다. 가슴이 수축하거나 조이는 것 같은 느낌이 든다.[621] **만성폐쇄성 폐질환**은 만성기관지염과 폐기종을 포함한다. 이는 흡연의 결과로 많이 생기는 만성 염증성 폐질환으로, 폐의 기도를 좁아지게 해서 호흡 곤란, 기침, 점액(가래), 쌕쌕거림 등의 증상을 일으킨다. 증상은 이른 오전에 더 나빠진다.[622] **류마티스 관절염**의 통증은 오전 중에 최고조에 달한다.[623, 624] **알레르기성 비염**은 꽃가루, 먼지, 곰팡이, 특정 동물에서 떨어져 나온 피부 조각 같은 알레르기 유발 물질에 의해 코 안쪽에 생기는 염증이다. 재채기의 빈도와 손수건 사용 빈도는 잠에서 깨어난 후 이른 시간에 제일 높다.[625] **뇌수막염**은 뇌와 척수를 둘러싸고 있는 보호막(뇌수막)이 감염되는 것이다. 이로 인한 사망은 대부분 오전 7~11시에 일어난다.[616] **편두통**의 개시는 크로노타입에 따라 다양하게 나타난다.

오전형은 오전에 편두통이 생기는 경향이 있는 반면, 저녁형은 오후와 저녁에 편두통을 앓는다.[626] **뇌졸중**은 오전 6시에서 정오 사이에 최고조에 달한다.[627] **심장마비**와 **돌연 심장사**는 뇌졸중처럼 오전 6시에서 정오 사이에 최고조에 달한다.[628, 629] 초조, 정신 착란, 불안, 공격성 등의 증상을 보이는 **알츠하이머병의 황혼증후군**은 보통 늦은 오후와 저녁에 나타나지만 밤중에 생길 수도 있다.[630] **자살**은 늦은 오전과 이른 오후 사이에 제일 자주 일어난다.[631] 더 구체적인 내용은 이 리뷰 논문들을 참고하라.[616, 632, 633]

기를 연장할 수 있다. 또한 약물에 대한 감수성도 변할 수 있다. 특히 동일한 약물을 오랜 기간 복용한 경우에는 더 그렇다.[634] 반감기가 긴 약물을 매일 복용할 경우 그 약물이 체내에 고농도로 축적될 수 있다는 점도 중요하다. 많다고 늘 더 좋은 것은 아니다. 언뜻 직관과 모순되어 보이지만 일부 약물은 고농도에서 오히려 효과가 떨어질 수도 있다. 게다가 고농도의 약물은 메스꺼움, 배탈, 피부 발진 같은 알레르기, 그 외의 원치 않는 부작용으로 이어질 수 있다.[635] 항알레르기 약물인 베나드릴(화학명은 디펜히드라민)의 부작용은 잘 보고되어 있다. 이 약은 복용 두 시간 후에 혈중 농도가 최고조에 달하고 반감기는 3.5시간에서 9시간 정도다. 디펜히드라민은 알레르기 반응을 완화하는 데 사용하지만 각성을 촉진하는 신경화학물질인 아세틸콜린의 작용을 감소시켜(2장) 졸음을 유발할 수 있다. 이런 이유로 베나드릴은 치매나 다른 신경퇴행성 질환이 있는 사람에게는 권장하지 않는다(9장). 거기에 더해서 디펜히드라민은 구강 건조 같은 다른 부작용도 있다. 자는 동안에 구강 건조 증상이 나타나면 한밤중에 일어나 물을 마시러 가야 할 수도 있다. 서로 다른 약물들이 상호작용하는 경우에도 부작용이 나타날 수 있다. 약물의 상호작용은 알코올이나 특정 진통제(모르핀이나 코데인 같은 마약성 진통제)와 일어날 수도 있고, 우발적 과다 복용으로 사망에 이르는 경우도 있다. 놀랍게도 자몽주스가 특정 약물의 혈중 농도를 변화시킬 수 있다. 간에 있는 핵심 효소를 차단해서 약물의 분해를 막기 때문이다. 그래서 더 많은 약물이 대사되지 않고 혈중으로 유입되어 체내에 더 오랜 시간 머물고, 결국에는 혈중 수치도 너무 올라간다. 자몽주스의 작용으로 일부 핵심 약물에 변화가 생길 수도 있다. 예를 들면 혈압을 조절하는 약물(암로디핀 같은 일부 고혈압 약)과 콜레스테롤을 낮추는 약물(심바스타틴 같은 일부 스타틴 계열 약물) 등이 있다. 이 때문에 약을 복용할 때는 함께 따라오는 정보를 '항상' 확인해야 한다. 하지만 그러지 않는 사람이 많다. 거기에 더해서 일부 보충제(예를 들면 서양고추나물이나 북미황련 성분 등) 처방약과 상호작용을 일으킬 수 있다. 따라서 어떤 보충제든 복용하기 전에는 의사와 상담해서 복용 중인 약물과 상호작용이 있는지 확인해야 한다.[636]

이런 다양한 상호작용을 고려할 때 일주기 리듬에 의한 약물동태학의 변화가 약효에 큰 영향을 미치며, 다른 모든 상호작용으로 인해 발생하는 잡음 속에서도 그 효과가 전혀 소실되지 않는다는 것이 참으로 놀랍다. 이것은 일주기 리듬이 주도하는 약물동태학의 변화가 대단히 강력하고 중요하다는 의미이며, 이를 환자에게 제공하는 의학적 조언에 적극적으로 반영해야 한다. 사실 100개가 넘는 약물의 일주기 변화에 대한 이해를 바탕으로 특정 질병, 특히 암과 심혈관 질환 치료 목적의 약물 복용 시간에 대한 지침이 개발되었다.[637] 안타깝게도 이런 정보가 일관되게 반영되는 것은 아니다.

우리 각자가 약을 언제 복용해야 하는지 개인적으로 파악하기도 어렵다. 따라서 담당 의사와 상담해 확인하는 것이 좋다. 부디 다음 소개하는 사례들이 지침이 되어주었으면 한다. 일주기 리듬에 의한 약물동태학의 변화가 얼마나 중요한지 보여주기 위해 '뇌졸중과 심장마비', '통증, 편두통, 두통', '암' 이렇게 세 가지 주요 건강 분야에서 약물 복용 시간의 중요성을 살펴보았다.

뇌졸중과 심장마비

머리부터 시작해서 사망과 장애의 주요 원인을 살펴보자. 뇌졸중은 뇌의 혈관이 터져서 출혈이 일어나거나(출혈성 뇌졸중), 뇌로 가는 혈액 공급이 차단되었을 때(허혈성 뇌졸중) 생긴다. 그리고 일과성 허혈 발작(TIA)은 뇌로 가는 혈액 공급이 잠시 막혔지만(허혈) 뇌졸중으로 진행되지는 않는 경우다. 많은 정치인이 뇌졸중이나 일과성 허혈 발작을 겪거나 그로 인해 사망하는 것으로 보인다. 미국의 역대 대통령 마흔여섯 명 중 열 명이 재임기간 중에 혹은 퇴임 직후에 뇌졸중을 앓았다. 연합군 전쟁 지도자였던 루스벨트, 스탈린, 처칠은 각각 1945년, 1953년, 1965년에 일종의 뇌졸중으로 사망했다. 2013년 4월 8일에는 영국의 전직 총리 마거릿 대처가 87세의 나이에 뇌졸중으로 사망했다. 앞으로 설명하겠지만 SCRD가 정치인의 높은 뇌졸중 빈도에 기여했고, 지금까지도 계속 역할을 하고 있을 가능성이 높다. 뇌졸중을 의미하는 영어 'stroke'는 1500년대에 '신의 손에 맞다Struck by God's hand'의 약자로 쓰이면서 의학 용어로 자리잡았다. 공산주의 이론가이자 혁명가였던 레온트로츠키가 떠오른다. 트로츠키는 혈압이 높아서 뇌졸중으로 죽을까봐 걱정했다. 그리고 실제로 뇌의 혈액 손실로 사망했다. 다만 그의 '뇌졸중'의 원인은 신의 손이 아니었다. 그는 1940년에 스탈린의 명령을 받은 암살자에게 멕시코시티에서 얼음도끼에 맞아 두개골에 구멍이 났다. 멕시코에서 왜 얼음도끼가 등장하느냐고 이상하게 생각할지도 모르겠다. 멕시코의 제일 높은 산 정상에는 빙하가 있고, 암살자 라몬 메르카데르는 숙련된 산악인이었다는 주장이 있다.

관상동맥심장병은 관상동맥(심장에 혈액을 공급하는 혈관)이 지방성 물질의 축적으로 좁아지는 것을 말한다. 관상동맥심장병을 허혈성 심장 질환이라고도 하며, 심장마비(심근경색증)는 심장으로 가는 혈액 공급이 갑자기 차단됐을 때 일어난다. 뇌나 심장의 혈관이 막히거나 터지면 대사 활성이 높은 이 기관들을 유지하는 데 필요한 포도당과 산소가 공급되지 못한다. 삶을 바꿔놓는 이런 사건에도 하루의 일주기 변화가 나타난다. 1만 1816명의 뇌졸중 환자를 대상으로 한 서른한 편의 리뷰 논문에 따르면 모든 유형의 뇌졸중에서 하루 중 시간대의 효과가 현저하게 나타났다. 나머지 시간대와 비교했을 때 오전 6시에서 정오 사이에 모든 하위유형에서 뇌졸중 발생 가능성이 49퍼센트 증가했다. 뇌졸중의 세 가지 하위유형 중 하나인 허혈성 뇌졸중의 경우는 55퍼센트, 출혈성 뇌졸중의 경우 34퍼센트, 일과성 허혈 발작의 경우 50퍼센트의 위험도 증가를 나타냈다.[627] 심장마비에서도 비슷한 연구 결과가 반복적으로 보고되었다.[638] 이 데이터를 종합하면 뇌졸중이나 허혈성 심장 질환으로 사망할 가능성이 오전에 제일 높다는 것을 분명하게 알 수 있다(그림 8). 정오를 지나 오후 12시 1분이 되면 하루 중 가장 위험한 시간을 무사히 넘겼다는 사실에 감사하며 안도할 수 있을 것 같다!

이렇게 오전 6시에서 낮 12시 사이라는 위험과 사망의 '창'이 생기는 것은 여러 가지 사건이 복합적으로 작용한 결과다. 핵심적인 기여자는 일주기 리듬에 의한 심장 박동 수와 혈압의 상승이다. 이것은 수면 상태에서 의식 상태로 전환할 때 활동의 부담이 커지고 산소와 영양분이 더 많이 필요해질 것을 예상해서 생기는 현상이다. 혈압 상승은 대체로 자율신경계의 중재로 이루어진다. 자율신경계는 신체 기능의 무의식적 통제를 담당하는 신경계의 일부다. 교감신경계와 부교감신경계, 두 부분으로 이루어져 있다. 교감신경계는 심장 박동 수의 증가를 주도하는 반면, 부교감신경은 반대로 심장 박동 수를 낮춘다. 양쪽 모두 일주기 시스템에 의해 조절되며 밤에는 부교감신경계가 더 활성화되지만 오전에는 교감신경계의 활성이 최고조에 달하기 때문에 혈압과 심장 박동 수가 증가한다. 기상 후에 활동량이나 자세에 큰 변동이 생기는 등의 행동 변화도 혈압을 높이는 작용을 한다.[639] 신체 활동이 증가하면 코르티솔, 테스토스테론(그림 1), 인슐린과 포도당의 분비가 일주기 리듬에 의해 증가하는 등의 생리학적 변화가 수반되며, 이것들 모두 대사율을 높이고 활동을 늘리는 역할을 한다. 대사율이 높아지면 산소와 포도당이 더 많이 필요해지는데, 혈압이 높아지면 이런 필수 요소를 제대로 전달해줄 수 있다. 대단히 중요한 점이 또 있다. 오전에는 혈소판이 활성화되고, 혈액 중의 응고 촉진 인자가 증가한다는 것이다.[640] 혈소판은 정상적으로 한데 모여 혈전(피떡)을 형성함으로써 상처를 통한 혈액의 손실을 막는다. 하지만 이 혈전이 혈관을 막아 허혈성 뇌졸중을 일으키는 식으로 불리하게 작용할 수도 있다. 혈전 형성은 오전에 최고조에 이른다. 이것은 뇌졸중이나 심장마비의 가능성이 제일 높아지는 시간과 일치한다(오전 6시~낮 12시).[641] 건강한 사람에게는 이런 역동적인 변화가 아무런 문제가 되지 않지만 SCRD와 허약한 건강이 여기에 결합되면 치명적인 결과를 부를 수 있다.

리듬을 따르는 우리의 생리학이 올바른 재료를, 올바른 장소에, 올바른 양으로, 하루 중 올바른 시간에 공급하지 못한다면 건강을 위협하게 된다. 지속된 야간 교대근무, 시차증, 현저한 수면/각성 교란(4장)은 뇌졸중과 심장마비의 가능성을 높일 수 있다. SCRD는 임상적으로 높은 혈압과 더 높은 중성지방 수치로 이어질 수 있다. 중성지방 수치가 높아지면 동맥벽이 딱딱하고 두꺼워진다. 그러면 뇌졸중, 심장마비, 심장 질환의 위험이 높아진다. SCRD에 의해 생기는 염증반응과 2형 당뇨병 위험 증가도 역시나 뇌졸중과 심장 질환의 위험인자다.[642, 643] 오전 시간(오전 6시~낮 12시)에는 뇌졸중에 더해서 심실부정맥이나 돌연 심장사 등 다른 심장 관련 문제도 많아진다(그림 8).[644~646] '오전 위험의 창'이 열렸을 때 심장마비를 앓았던 사람은 다른 시간대에 앓았던 사람에 비해 심장 손상이 더 크고, 회복 가능성도 떨어진다.[628] 독일의 내 동료들은 이 시간의 창을 '죽음의 지대Todesstreifen'라고 부른다. 이 단어는 원래 서독과 동독 사이의 완충지대를 지칭하는 말이었다. 당시 이곳에 발을 들인 사람은 십중팔구 저격수의 총탄에 맞아 죽었다.

SCRD는 뇌졸중이나 심장마비로부터 회복하는 데도 영향을 미치는 것으로 보인다. 이것에 대해 더 상세하게 다뤄보고 싶다. 불면증, 폐쇄성 수면무호흡증, 하지불안증(5장) 등의 수면장애는 모두 뇌졸중 이후의 회복 부진 및 사망과 관련이 있다.[647] 뇌졸중이나 심장마비 이후의 치료에서 수면과 수면/각성 패턴의 안정성은 회복에 도움이 된다.[648~651] 따라서 아래 설명하는 약물과 함께 SCRD 개선을 뇌졸중과 심장마비의 예방 및 회복 관리 프로그램의 일부로 삼아야 할 것이다.

요즘에는 뇌졸중 및 심혈관 질환 관련 신약을 개발하거나 기존 약물의 투여 방식을 개발할 때 이런 하루 중 변화를 함께 고려한다. 예를 들어 고혈압을 치료하는 약물인 항고혈압제는 아침보다 취침 전에 복용하면 혈압 수치를 조절하고 뇌졸중 및 심장마비를 줄이는 데 더 효과적이다.[652] 또한 취침 전에 아스피린을 복용하는 것도 혈소판이 뭉쳐서 원치 않는 혈전을 형성할 가능성을 줄여 심장마비와 뇌졸중 예방에 도움을 준다.[653] 아스피린도 아침보다는 저녁에 복용할 경우에 다음 날 오전의 혈소판 활성이 크게 줄어든다.[654, 655] 현재까지 진행된 가장 대규모의 실험에서는 항고혈압제를 취침 전에 복용하는 경우 오전에 복용하는 경우에 비해 혈압 조절이 개선되고 심혈관 문제와 그로 인한 사망이 거의 절반으로 줄어들었다. 이 연구는 조금 더 자세하게 들여다볼 가치가 있다. 이 실험에서는 평균 나이 60.5세의 고혈압 환자 거의 2만 명을 무작위로 나누어 한 집단은 하나 이상의 항고혈압제 하루 분 전체를 취침 전에 복용하게 하고, 한 집단은 아침에 일어나서 복용하게 했다. 6년 동안 1년마다 후속 관찰과 정밀한 건강 검진이 이루어졌다. 그 결과 저녁에 항고혈압제를 복용한 환자는 심부전, 뇌졸중을 비롯한 심혈관질환 관련 사망 위험이 거의 절반 정도 줄어들었다.[656] 이 연구를 주도한 과학자 라몬 에르미다는 이렇게 말했다.

> 현재 고혈압 치료에 관한 지침에는 치료 시간에 대한 언급이나 권고가 포함되어 있지 않다. 의사들은 오전 혈압 수치를 내린다는 명분 아래 아침 복용을 권하는 경우가 제일 흔하다. 하지만 이 연구의 결과에 따르면 항고혈압제를 기상 시에 복용한 사람보다 취침 전에 정기적으로 복용한 환자가 혈압 조절이 더 잘되었고, 심장과 혈관 문제로 인한 질병이나 사망 위험 역시 현저하게 줄어들었다.[657]

현재는 혈압약이나 아스피린을 언제 복용해야 하는지에 관한 공식적인 지침이 나와 있지 않다. 라몬 에르미다와 그 동료들의 연구 결과를 뒷받침하기 위해 새로운 연구들이 진행 중이다. 검증이 이루어지는 즉시 일반의들에게 그와 관련된 지침이 신속하게 보급되기를 바란다. 물론 우리 각자가 현재 나와 있는 증거를 지침으로 삼을 수도 있다. 나에게 기존의 데이터를 바탕으로 선택하라고 한다면 나는 혈압약을 취침 전에 복용하는 쪽을 택하겠다. 호주에 있는 동료들이 내게 말하길 호주에서는 약을 처방할 때 일반적으로 취침 전 복용을 권장한다고 했다. 그럼 이런 의문이 떠오른다.

오전 중에 제일 위험하다면서 항고혈압제는 왜 밤에 복용하라는 것일까?

이것은 항고혈압제가 어떻게 흡수, 분배, 대사되고 마침내 어떻게 분해, 배출되느냐는 약물동태학과 관련이 있다. 이 과정은 모두 시간이 걸린다.[658] 취침 전에 항고혈압제를 복용하면 약물의 혈중 수치가 높아져 체내에 상대적으로 높은 수치로 남아 있게 되므로(긴 반감기) 혈압이 정상적으로 급격히 상승하는 오전 6시에서 정오 사이에 혈압을 낮추는 작용을 하게 된다. 항고혈압제를 아침에 복용하면 혈압이 상승하고 난 '이후'에야 약물의 효과가 최고조에 도달하게 된다.

8장에서 이야기했듯이 일부 항고혈압제는 소변의 생산을 늘릴 수 있다.[526] 항고혈압 이뇨제는 콩팥을 자극해서 혈액으로부터 수분과 염분을 제거해서 소변을 만들게 한다. 이렇게 하면 혈액의 부피가 줄어들어 혈압이 낮아지지만 소변의 생산이 늘어난다. 칼슘채널 차단제는 혈관을 이완시켜 혈압을 낮춘다. 하지만 이 약물도 방광의 수축을 방해해서 그 속을 제대로 비워내지 못하게 만들기 때문에 소변이 더 자주 마렵고, 밤중에도 마렵게 된다.[528] 따라서 야뇨증이 문제가 된다면 자신에게 어떤 항고혈압제가 잘 맞는지 담당의사와 상담해보는 것이 좋다.

아스피린은 어떨까?

아스피린은 혈액 중의 응고 촉진 인자를 억제하고 혈소판의 활성을 줄인다. 그래서 아스피린이 피를 묽게 해준다는 말이 나온 것이다. 하지만 혈중 아스피린 수치는 급속히 올라갔다가 몇 시간 안에 꽤 신속하게 다시 떨어진다(짧은 반감기). 그렇다면 어떻게 취침 시 복용하는 아스피린이 아침에 혈소판이 끈적해지는 것을 줄일 수 있다는 말일까? 흥미롭게도 아스피린은 혈소판의 수명인 10일 정도 혈소판의 혈전 형성 능력을 차단한다. 즉 한 번 아스피린에 노출된 혈소판은 영구적으로 기능이 꺼지는 것이다.[659] 하지만 매일 저녁에 수천억 개의 혈소판이 새로 만들어진다.[640] 따라서 저녁에 아스피린을 복용하면 새로 만들어진 혈소판을 다음 날 아침 뇌졸중 위험의 창(오전 6시부터 낮 12시)이 열리기 전에 효과적으로 비활성화할 수 있다. 아침에 복용하는 아스피린은 효과가 훨씬 덜할 것이다. 전날 저녁에 새로 만들어진 혈소판이 아스피린과 접촉해서 비활성화되기 전에 이미 혈전 형성을 촉진하고 있을 것이기 때문이다. 더군다나 아침에 복용한 아스피린은 다시 저녁이 찾아와 새로운 혈소판이 형성되기 전에 이미 대사되어 몸에서 사라진다. 하지만 저녁 복용에도 단점이 있다. 취침 전에 아스피린을 복용하면 위와 장의 내벽이 손상을 입어 크고 작은 궤양이 생길 가능성이 높아진다. 궤양은 출혈이나 천공으로 이어질 수 있다. 하지만 위산분비억제제와 위장관계를 보호하는 약물을 사용하면 이 문제를 해결할 수 있다.[660]

스타틴은 언제 복용하는 게 좋을까?

심장마비와 뇌졸중의 또 다른 위험인자는 혈중 콜레스테롤 수치의 증가다. 콜레스테롤은 건강한 세포와 핵심 호르몬을 만드는 필수 재료지만 콜레스테롤 수치가 높아지면 혈관 벽에 지방 침착물이 낄 수 있다. 침착물이 점점 쌓이면 심장과 뇌를 비롯한 기관들에 충분한 양의 혈액을 공급하기가 어려워진다. 침착물이 끼어 혈관이 좁아진 것을 협착증이라고 한다. 협착증이 생기면 풍부한 산소를 실어 나르는 혈액이 심장이나 뇌에 도달하지 못해 심장마비나 뇌졸중으로 이어질 수 있다. 콜레스테롤은 혈액 속에서 단백질 복합체(지질단백질)의 형태로 운반되는데 두 종류의 지질단백질이 콜레스테롤과 결합해서 세포의 안팎으로 콜레스테롤을 운반한다. 하나는 LDL, 즉 저밀도 지질단백질이다. 다른 하나는 HDL, 즉 고밀도 지질단백질이다. LDL은 나쁜 콜레스테롤로 여겨진다. 이 지질단백질-콜레스테롤 복합체가 심장마비와 뇌졸중의 위험을 증가시키기 때문이다. HDL 지질단백질-콜레스테롤 복합체는 좋은 콜레스테롤로 여겨진다. 이것이 나쁜 LDL을 동맥에서 다시 간으로 돌려보내고, 간은 LDL-콜레스테롤 복합체를 분해해서 배출하기 때문이다. 하지만 HDL 콜레스테롤이 LDL 콜레스테롤을 완전히 제거하지는 못한다. HDL에 의해 간으로 운반되는 LDL 콜레스테롤은 30퍼센트에 불과하다. 하지만 여기서 약이 도움을 줄 수 있다. 심바스타틴, 로바스타틴, 프라바스타틴, 아토르바스타틴 등의 스타틴 계열 약물이 LDL 콜레스테롤을 낮추는 데 특히나 효과적이다. 스타틴은 간에서 LDL 콜레스테롤이 생산되는 속도를 늦추어 혈중 콜레스테롤 수치를 낮춘다. 스타틴은 HMG-CoA 환원효소를 차단함으로써 LDL 콜레스테롤 생산 속도를 늦춘다(HMG-CoA 환원효소 저해제). 그럼 스타틴도 최적의 복용 시간이 따로 있을까?

혈중 콜레스테롤의 농도도 일주기 리듬을 따르며, 정상적으로는 한밤중인 자정 12시부터 오전 6시 사이에 콜레스테롤이 생산된다. 스타틴은 여러 시간 동안 혈중 활성을 보인다. 어떤 스타틴은 4~6시간 동안 효과를 나타내는 반면, 어떤 스타틴은 20시간, 심지어 30시간 동안 효과를 낸다. 이것이 중요한 점이다. 당신이 복용하는 스타틴이 작용 시간이 짧아 4~6시간 정도(심바스타틴 등)라면 스타틴을 취침 전에 복용해야 콜레스테롤 야간 생산 시간에 맞추어 효과를 높일 수 있다. 하지만 20~30시간 정도로 작용 시간이 훨씬 긴 스타틴(아토르바스타틴 등)을 복용한다면 어느 시간에 복용해도 상관없다. 효과를 보는 시간이 밤중에 콜레스테롤 생산이 증가하는 시간과 항상 겹칠 것이기 때문이다.[661] 자신이 복용하는 스타틴의 작용 시간을 모르겠다면 담당 의사와 상담해서 그 약이 단기 작용인지, 장기 작용인지 확인해보는 것이 좋다.

이 세 가지 사례(항고혈압제, 아스피린, 스타틴)는 복용 시간을 결정할 때 우리 생리학과 약물동태학에서 나타나는 일주기 변동을 고려해야 한다는 것을 보여준다. 하지만 반드시 고려해야 할 또 다른 중요한 요인이 있다. 동물 연구의 결과에서 추론한 내용을 인간에게 적용할 때 생길 수 있는 문제점이다.

약물 개발, 그리고 동물 실험에서 추론한 결과를 인간에게 적용할 때 생기는 문제점

생쥐는 의학 연구에서 제일 먼저 선택되는 동물이고, 분명 그럴 만한 이유도 있다. 우리는 생쥐의 유전학을 잘 이해하고 있고, 생쥐는 돌보기가 쉽고 상대적으로 저렴하다. 게다가 생쥐의 기본적인 생물학은 인간과 아주 유사하다. 다만 종종 간과되는 중요한 측면이 있다. 생쥐는 밤에 활동하는 야행성인 반면, 우리는 낮에 활동하는 주행성이라는 점이다. 정상적으로 쥐는 낮에는 활동을 하지 않거나 잠을 잔다. 하지만 동물 실험 기관은 일반적으로 오전 7시부터 오후 5시까지 운영되기 때문에 약의 효과에 관한 결과도 그 시간에 수집된다. 하지만 이 시간은 우리는 깨어 있지만 생쥐는 생물학적으로 잠들 준비를 하는 시간이다.[662] 그리고 이렇게 생쥐 연구에서 얻은 결과로부터 추론한 내용을 인간에 적용한다. 그런데 이것을 인간의 수면이 아니라 엉뚱하게도 인간의 각성에 적용하게 된다는 것이 문제다. 생쥐는 수면과 각성의 일주기 변화가 매우 뚜렷하다. 약이 미치는 효과와 독성 역시 마찬가지다.[663] 이 사실을 안 지 수십 년이 지났지만 생쥐를 이용한 약물 검사 초기 단계에서는 종종 잊어버린다.

최근에 세 종류의 약물이 생쥐의 뇌졸중 치료에 미치는 영향을 관찰하는 연구를 통해 이 중요한 쟁점에 대한 조사가 이루어졌다. 이 치료는 하루 중 서로 다른 시간대에 이루어졌다. 생쥐의 뇌졸중은 뇌로 공급되는 혈액의 양을 감소시켜 시뮬레이션했다. 이 세 가지 약물 모두 생쥐가 생물학적으로 수면 준비가 되어 있는 낮에 투여하면 조직이 죽는 것을 줄여주었지만 생쥐가 깨어 있는 밤에 투여했을 때는 효과가 없었다.[664] 이 연구 결과는 생쥐에서는 성공적이었던 치료가 인체 실험에서는 실패하는 이유를 설명해준다. 사람에게도 생쥐와 마찬가지로 낮에 약을 투여했지만 생물학적으로는 엉뚱한 시간에 투여한 것이다. 이 약은 취침 전에 투여해 우리가 밤잠을 자는 시간 동안에 작용했어야 했다! 이 연구는 뇌졸중 예방약을 복용할 때는 하루 중 시간대가 정말 중요하며, 생쥐의 생물학적 시간과 사람의 생물학적 시간을 적절하게 맞추어야만 제대로 된 비교가 가능함을 보여준다.[664] 연구자들은 나일강풀밭쥐*Arvicanthis niloticus*[665] 등을 이용해 주행성 설치류 모형을 개발하는 것을 고려하고 있지만 이 역시 만만치 않은 일로 밝혀졌다.

통증, 편두통, 두통

통증을 일으키는 온갖 다양한 질병에서도 통증 강도의 24시간 변화 패턴이 나타난다.[666] 류마티스 관절염은 몸이 스스로를 공격하는 자가면역질환이며, 관절 강직과 통증을 유발한다. 류마티스 관절염의 통증은 오전에 나타난다(그림 8). 골관절염은 관절의 완충제 역할을 해주는 연골이 파괴되는 퇴행성 관절 질환이다. 골관절염의 관절통은 저녁과 밤에 나타난다(그림 8). 이 사실은 수십 년 전부터 알려져 있었고, 아침에 발생하는 관절 강직과 관절통은 류마티스 관절염(아침)을 골관절염(저녁)과 구분하는 방법으로 사용되어왔다.[623] 아주 최근에는 글루코코르티코이드(면역억제제로 작용하는 일종의 코르티코스테로이드)를 이용해서 류마티스 관절염을 저녁에 치료했더니 동일한 용량의 글루코코르티코이드를 아침에 적용한 경우보다 관절 강직과 통증이 더 줄어들었다.[667] 요즘에는 이런 연구 결과와 시간약학적 접근방식이 두통과 신경병증성 통증(신경 손상 이후에 발생하는 통증) 같은 다른 통증 질환을 이해하고 치료하는 데 활용되고 있다. 두통에 대해 먼저 고려해보자. 꼬맹이 악마처럼 찾아오는 이 지긋지긋한 통증은 다양한 형태를 보인다.

두통

두통은 머리의 어느 부위에서든 발생하는 통증을 총칭하는 용어이고, 머리 양쪽 모두에서 발생할 수 있고, 특정 위치에 발생하거나 한 지점에서 다른 지점으로 퍼질 수도 있다. 통증의 성질은 날카롭거나, 욱신거리고 쑤시거나, 둔한 통증일 수 있다. 예전에는 두통이 혈관의 확장이나 뇌 부위로 가는 혈류가 증가하면서 생기는 것이라고 생각했었다. 하지만 요즘은 대부분의 두통이 신경계의 변화 때문이라고 보는 것이 일반적이다. 일주기 시스템과 강력한 상관관계가 있는 가장 흔한 두통은 군발성 두통과 편두통이다.

군발성 두통

군발성 두통은 대단히 불쾌할 수 있다. '자살 두통'이라 불릴 정도다. 군발성 두통이 심한 경우 자살을 생각해본 사람이 50퍼센트를 넘길 정도이기 때문이다.[668] 1000명당 한 명꼴로 발생하며 여성보다 남성에게 많고, 처음 발생하는 연령은 만 20세에서 40세 사이다.[669] 통증은 보통 한쪽 머리에서 생기며 15분에서 세 시간 정도 지속된다. 대부분(90퍼센트)은 몇 주 혹은 몇 달 동안 동일한 강도의 통증을 매일 겪다가 몇 달 동안은 아무 일 없이 지나간다. 군발성 두통을 촉발하는 요인이 무엇인지는 아직 밝혀지지 않았지만 뇌의 핵심 경로가 활성화되어 생기는 것으로 보이며, 삼차신경핵(그림 2), 시상하부에서 조절되는 자율신경계,[670] 그리고 아마도 SCN(1장)에서 나오는 신경이 관련된 것으로 보인다. 이런 주장이 나오게 된 것은 군발성 두통의 주요 특성 때문이다. 많은 사람에게서 군발성 두통이 하루 중 정확히 같은 시간대에 발생하고, 매년 같은 시기에 발생하기 때문이다. 한 대규모 연구에서는 군발성 두통 환자의 82퍼센트가 매일 같은 시간대에 두통을 겪었고,[671] 두통이 시작되는 시간은 오전 2시가 가장 많았다(그림 8).[619] 흥미롭게도 몇몇 연구에서는 군발성 두통이 있는 사람의 일주기 리듬이 비정상적이어서, 멜라토닌, 테스토스테론, 젖분비호르몬, 성장호르몬을 비롯한 여러 가지 호르몬과 뇌의 신경전달물질들이 비동조화되어 있다고 주장했다. 거기에 더해서 분자시계와 관련된 유전자 및 '전사/번역 되먹임 고리'에서의 비정상 역시 군발성 두통과 관련이 있다.[669] 그래서 군발성 두통을 일주기 시스템의 조절 장애와 연관 짓는 그림이 등장하고 있다.

편두통

편두통은 머리 한쪽이 박동성으로 욱신거리며 아픈 중등도에서 중증의 두통이다. 지속 시간은 네 시간에서 72시간 정도이고, 메스꺼움, 구토, 그리고 빛, 소음, 움직임에 대한 민감성 등을 동반하는 경우가 많다.[672] 편두통은 여성의 거의 18퍼센트, 남성의 6퍼센트가 1년에 적어도 한 번은 경험할 정도로 흔한 질병이다.[673] 독일의 철학자, 문화비평가, 작가였던 프리드리히 니체는 어린 시절부터 끔찍한 편두통을 앓았다.[674] 여담이지만 니체의 글은 사후에 부적절하게 남용되는 경우가 많았다. "우리를 죽이지 못한 것은 우리를 강하게 만든다." 이 말을 처음 한 사람은 1982년 영화 〈코난〉의 아널드 슈워제네거가 아니라 니체였다. 편두통을 유발하는 뇌의 경로는 군발성 두통과 비슷해서 삼차신경핵(삼차신경-혈관계)에서 나오는 신경과 시상하부(그림 2)에 의한 활성화가 관련된 것으로 보이고, 편두통 역시 군발성 두통과 마찬가지로 리듬을 따라 발생한다. 최근의 한 연구에서 일찍 자고 일찍 일어나는 아침형 인간은 편두통이 오전에 생기는 반면, 늦게 자고 늦게 일어나는 저녁형 인간은 오후에 편두통을 앓을 가능성이 높은 것으로 나타났다(그림 8).[626] 편두통은 월경주기 및 황체기의 낮아진 에스트로겐 수치와도 관련이 있다(그림 5).[675] 촉발 요인으로는 스트레스, 비정상적인 식사시간, 월경주기, 비정상적인 빛 노출, SCRD 등이 있다.[676] 여기에 더해서 일주기 조절에 영향을 미치는 것으로 알려진 다른 유전자들[669]과 함께 수면위상전진장애를 일으키는 일주기 유전자도 편두통과 관련이 있다(그림 4).[248] 일주기 리듬 교란이 편두통과 관련이 있기 때문에 야간 교대근무 노동자는 편두통 발생 비율이 높을 것이라 예상할 수 있다. 하지만 최근의 한 리뷰 논문은 편두통과 야간 교대근무 사이에 명확한 상관관계가 존재하지 않음을 시사한다.[677] 어쩌면 이것은 그리 놀랄 일이 아닌지도 모른다. 편두통은 워낙에 증상이 심해서 편두통에 취약한 사람이라면 십중팔구 처음부터 야간 교대근무를 선택하지 않을 것이기 때문이다. 그보다는 편두통이 있는 사람들을 설문조사해서 야간 교대근무를 해본 적이 있는지, 그리고 그 경험이 편두통을 악화시켰는지 물어보는 것이 더 나은 접근방식으로 보인다.

두통을 위한 시간요법

아침 빛 노출 및 적절한 식사시간[678] 등 6장에서 이야기했던 SCRD 안정화 전략이 군발성 두통과 편두통에도 도움이 되는 것으로 밝혀졌다. 흥미롭게도 두통 치료에 사용되는 최근의 몇몇 약물이 생체시계에도 작용하는 것으로 알려졌다. 발프로에이트는 바클로펜[680]과 마찬가지로 일주기 시계를 변화시킨다.[679] 베라파밀은 편두통과 군발성 두통의 치료에 흔히 사용되며 일주기 리듬을 변화시키는 것으로 밝혀졌다.[681] 이런 약물의 일주기 작용이 어떻게 치료 결과에 영향을 미치는지는 불분명하다. 그래서 아직 데이터가 많지는 않지만 두통이 SCRD의 영향을 받으며, SCRD 안정화가 두통의 발생 빈도를 줄이는 데 중요한 역할을 하리라는 증거가 점차 쌓이고 있다. 실제로 두통을 완화하기 위해 일주기 시스템을 안정시키도록 설계된 신약들이 개발 중이다.[669] NHS는 두통과 편두통의 치료를 위해 감마코어라는 장치를 도입했다. 이것은 휴대할 수 있는 의료기기로 환자가 접촉 전극을 목에 갖다 대고 직접 미주신경 자극(nVNS)을 시행할 수 있다.[682] 짐작건대 이 자극은 삼차신경핵(그림 2) 및 삼차신경-혈관계와 상호작용하는 것으로 보인다. nVNS의 시간 조절과 SCRD 안정화가 함께 이루어지면 두통과 편두통으로 고통받는 사람들에게 도움이 될지도 모른다.

신경병증성 통증

신경병증성 통증은 체성감각계라고 하는 촉각, 압력, 통증, 온도, 진동 등의 변화를 감지하는 감각 뉴런이나 신경 회로가 손상을 입었거나 병에 걸렸을 때 생긴다. 신경병증성 통증은 타는 듯한 작열통이나 감전된 듯 찌릿찌릿한 전격통으로 느껴진다. 매일 나타나는 신경 통증의 24시간 패턴은 잘 보고되어 있다. 예를 들어 종아리 부위의 신경(비복신경)을 전기로 자극했을 때의 통증은 늦은 저녁이나 이른 아침에 가장 고통스럽다.[614] 당뇨병 신경병증의 경우처럼 질병으로 손상된 신경도 마찬가지여서 통증이 낮 동안 증가하다가 밤에 최고조에 이른다(그림 8).[683] 이런 변화는 다양한 수준에서 작용하는 통각 수용체의 일주기 조절을 통해 나타나는 것으로 생각된다.[669] 주요 실험에서 분자시계가 P물질이라는 통증 신호 분자를 생산하는 유전자의 24시간 패턴을 직접 바꾸어놓는 것이 확인됐다.[684] 이 P물질이 신경병증성 통증의 강도를 조절한다.[684] 따라서 신경병증성 통증의 강도와 일주기 시스템 사이에는 명확한 상관관계가 존재한다. 여기서 핵심은 신경병증성 통증이 언제 더 악화되는지를 알면 진통제를 통증 감소에 가장 효과적인 강도와 시간대에 사용할 기회가 열린다는 점이다. 통증이 수면에 미치는 영향을 줄일 수 있다는 점 역시 중요하다. 전체적으로 보면 통증 강도의 일일 리듬을 주도하는 메커니즘을 이해함으로써 이런 경로를 대상으로 통증을 차단하거나 그 역치를 낮추는 신약을 개발할 기회가 열린다. 이것 역시 연구가 활발하게 진행되고 있는 분야로 몇 년 안에 중요한 돌파구가 열리지 않을까 생각한다.

암

일주기 리듬은 세포 분열, 세포자연사apoptosis, DNA 복구, 면역기능 등 암으로부터의 보호 및 암의 발생과 연결된 다양한 과정을 조절한다. 면역치료라는 것도 면역계가 암세포를 찾아내서 죽이는 능력을 강화하는 암 치료법을 말한다.[685] 암과 관련된 여러 가지 유전자가 일주기 통제를 받고 있고, 더 중요한 점은 일주기 시스템이 교란되면 종양의 발생과 성장이 훨씬 빨라진다는 것이다. 이것은 실험실에서 여러 차례에 걸쳐 입증된 바 있다. 예를 들어 한 접근방식에서는 반복되는 시차증을 시뮬레이션하기 위해 암에 걸린 생쥐의 명암 주기를 며칠마다 바꿔보았다. 그 결과 시차증을 겪은 생쥐는 다른 정상적인 생쥐에 비해 종양이 자라는 속도가 훨씬 빨랐다.[686] 분자시계가 교란된 생쥐를 관찰한 실험도 있었다. 예를 들어 분자시계의 핵심 요소(그림 2D)는 PER 단백질이다. PER1과 PER2가 결여된 생쥐는 일주기 리듬이 크게 교란되고 암 발생률도 높다.[687] 생쥐의 간에서 일어난 PER2 돌연변이는 간암의 발생을 극적으로 높이는 것으로 밝혀졌다.[688] 하지만 PER2에 결함이 있는 세포에 PER2를 복구해주면 종양의 성장이 늦춰졌다. 또 다른 연구에서는 세포의 분자시계 장치를 교란해보았다. 이것은 MYC라는 유전자 조절자를 켜서 세포의 시계를 사실상 끈 것에 해당한다. 그런 다음 신경아세포종neuroblastoma 환자들을 연구해보았다. 이 종양의 경우 MYC의 수치가 낮아지거나 높아지기 때문이다. 대단히 흥미롭게도 신경아세포종에서 MYC 수치가 높게 발현되는(시계가 꺼진) 사람은 MYC 수치가 낮은(시계가 여전히 돌아가는) 사람보다 훨씬 일찍 사망했다. 이 연구 결과는 종양세포의 일주기 시계가 제대로 기능하면 암의 진행 속도를 크게 늦춰 환자의 생존 기간을 늘려준다는 강력한 증거를 제시하고 있다.[689]

유방, 폐, 식도의 고형종양에는 방사선 치료가 흔히 사용된다. 그런데 의도치 않게 치료 과정에서 심장이 영향을 받아 심장 문제 그리고 결국에는 심부전으로 이어지는 경우도 종종 있다. 생쥐 실험에서 일주기 리듬을 의도적으로 교란했더니 방사선에 노출됐을 때 DNA 손상의 정도가 심해지고 심장 문제도 증가했다. 이는 정상적으로는 일주기 시계가 몸을 전리방사선으로부터 보호해준다는 것을 시사한다.[690]

사람에서도 SCRD의 영향이 비슷하게 나타났다. 4장에서 이야기했듯이 여러 해 동안 야간 교대근무를 했거나 들쭉날쭉한 교대근무 일정을 경험했던 사람은 유방암,[691] 전립선암[692~694]을 비롯한 암 발생률이 현저히 높다.[193] 야간 교대근무를 하는 간호사들은 유방암, 자궁내막암, 결장암[691, 695~698] 등의 발병률이 높고, 이 위험은 교대근무를 한 기간에 비례해서 높아졌다(4장).[699] 이것은 간호사만의 이야기가 아니다. 예를 들어 주로 밤에 근무하는 여성은 암 발생 위험이 높고,[700] 폐경 후 여성은 아니지만 폐경 전 여성은 현재 또는 최근에 야간 교대근무를 한 경우 유방암 발생 위험이 더 높게 나왔다.[701] 일련의 증거를 바탕으로 국제암연구기관(IARC)은 야간 교대근무를 유력한 발암물질(2A 등급 발암물질)로 분류했다.[702] 따라서 상당 비율의 노동인구가 알면서도 2A 등급 발암물질에 노출되고 있는 것이다. 장담하건대 분명 직무 설명에는 이런 내용이 들어 있지 않을 것이다.

일상적으로 일주기 리듬이 교란되는 다른 직업에서도 동일한 결과가 나오고 있다. 항공사 여성 승무원들은 유방암과 악성 흑색종의 위험이 높아지며,[703] 캐나다와 노르웨이의 조종사들을 대상으로 한 연구에서는 전립선암 발생률이 높게 나왔다.[704, 705] 최근의 연구에서는 만성적인 시차증이 간세포암의 위험을 높이는 것으로 나타났다. 간세포암은 성인의 원발성 간암 중 가장 흔한 유형으로 비알코올성 지방간 질환(NAFLD)이 있는 사람들의 가장 흔한 사망 원인이다. 시차증에 의한 일주기 리듬 교란은 여러 유전자의 조절을 바꾸어놓는 듯 보인다. 이것이 대사경로를 변화시켜 인슐린 저항성(인슐린에 반응해서 혈액 속의 포도당을 쉽게 끌어들일 수 없는 상태), 비알코올성 지방간 질환(간에 지방이 끼는 것), 지방간염 등으로 이어질 수 있다.[706] 항공기 여행은 발암물질인 전리방사선에 대한 노출을 증가시키므로 이런 경우라면 원인과 결과에 대해 주의를 기울일 필요가 있다. 결론적으로 말해 여러 편의 연구에서 SCRD가 유방암, 난소암, 폐암, 췌장암, 전립선암, 결장암, 자궁내막암, 비호지킨림프종, 골육종, 급성 골수성 백혈병, 두경부 편평세포암, 간세포암 등 사람의 모든 주요 장기에서 발생하는 암의 발생 감수성 증가와 관련이 있음을 지적하고 있다. 최근의 한 연구는 암의 발생에서 DNA 복구 메커니즘이 중요하다는 사실을 보여주었다. 이 연구에서는 야간 교대근무 일정이 DNA 복구 경로를 교란해서 암 발생 가능성을 높이는 것으로 나타났다.[707] 따라서 생리학에 대한 활발한 일주기 통제의 상실이 암 발생의 독립적 위험인자라는 명확한 패턴이 등장하고 있다.[708]

생쥐 연구와 마찬가지로 체내 세포의 시계에 결함이 생기면 높은 암 발생률로 이어졌다. 예를 들어 어떤 난소종양에서는 PER1과 PER2를 비롯한 핵심 시계 유전자의 수치가 낮아져 있었다.[708] 만성골수성 백혈병[709]과 유방암[710]에서도 시계 유전자의 수치가 낮아져 있는 것이 밝혀졌다. 실제로 분자시계의 교란은 암세포에서 공통적으로 나타나는 특성이다. 이것을 바탕으로 암세포의 일주기 리듬을 회복시켜 암을 종식시키려는 흥미로운 치료법이 등장했다. 생쥐를 대상으로 한 어느 연구에서는 분자시계 장치의 핵심 일주기 동인으로 작용하는 약물을 사용해보았다. 그러자 놀랍게도 종양의 일주기 리듬이 복구되어 암의 크기가 줄어들었다. 거기에 덧붙여 이 약물들은 암세포에게는 치명적이지만 정상세포에는 아무런 영향이 없었다는 점이 중요하다.[711] 시계의 힘을 끌어올려 암세포 전이를 억제하는 다른 약에서도 동일한 전략이 효과를 내는 것으로 밝혀졌다.[712] 반대로 일주기 시계를 억제하는 약을 사용한 연구에서는 종양의 발생이 증가했다.[713] 이런 흥미진진한 연구 결과는 암 치료의 새로운 길을 제시하고 있다. 암세포 안에 활발한 일주기 리듬을 회복시켜줌으로써 종양의 진행을 억제하거나 적어도 느려지게 할 수 있는 것으로 보인다.

암세포의 일주기 리듬을 재설정하는 신약의 개발에 더해서 사람의 전체적인 일주기 리듬을 최대한 안정화하려는 좀 더 총체적인 접근방식도 있다. 세포 연구 결과로부터 예측할 수 있듯이 암 환자에서는 SCRD가 흔히 나타난다. 예를 들어 폐암 말기 환자의 수면/각성 주기를 측정해보면 건강한 대조군에 비해 24시간 수면/각성 주기가 현저하게 교란되어 있고 수면의 질도 크게 떨어져 있다.[714] 급성림프구성 백혈병을 앓는 젊은 환자에게서도 같은 결과가 관찰됐다. SCRD는 지속적인 신체적, 정서적 피로와 탈진을 느끼는 암 관련 피로감과 관련되어 있다.[715] 일주기 리듬 교란은 결장암에서도 보고되었고,[716] 교란이 심각할수록 생존 가능성도 낮아졌다.[717, 718] 이런 연구 결과를 바탕으로 암 환자의 일주기 타이밍을 안정시키는 접근방식으로 삶의 질을 개선할 뿐 아니라 생존 가능성도 높일 수 있다는 아이디어가 등장했다. 이에 대해서는 6장에서 구체적으로 다루었지만 다시 정리해보겠다. (1) 식사시간, (2) 새벽과 황혼 즈음의 적절한 빛 노출, (3) 저녁 시간에 조명 줄이기, (4) 일관된 수면/각성 일정, (5) 밤에 조명을 어둡게 하고, 적절한 온도를 유지하고, 좋은 매트리스와 베개를 사용하는 등의 적절한 수면 환경 조성, (6) 수면제 복용 최소화, (7) 주간 각성을 끌어올리고 낮잠 자지 않기, (8) 취침에 가까운 시간에는 카페인 같은 자극제 피하기 등. 이들 모두 분명 합리적인 방법으로 보이기는 하나 아직 검증은 이루어지지 않았다.

요점은 야간 교대근무의 경우처럼 일주기 리듬이 교란되면 우리의 생리학, 특히 면역계(11장)와 대사계(12장)가 교란된다는 것이다. 이런 교란이 일어나면 올바른 재료를, 올바른 장소에, 올바른 양으로, 하루 중 올바른 시간에 공급하기 어려워진다. 그러면 초기 단계에서 종양과 싸워 물리칠 수 있는 능력이 약해진다. 암세포의 경우처럼 생체시계가 약해지거나 아예 작동하지 않는 세포는 무제한의 세포 분열과 종양 성장에 브레이크를 걸어주는 일주기 시스템의 보호를 받지 못하게 된다.

현재 나와 있는 항암제를 사용할 때도 일주기 타이밍을 고려해야 할까?

위에서도 이야기했듯이 세포의 일주기 리듬을 회복시켜 암의 성장을 줄이는 약이 개발되고는 있지만 현재 암을 공격하는 비수술적 접근방식을 보면 다양한 항암제와 방사선을 채용하고 있다. 이런 치료법의 가장 어려운 과제는 환자를 죽이지 않으면서 악당 같은 암세포만 골라서 죽이는 것이다. 화학요법에 사용되는 항암제는 독성이 대단히 강해서 콩팥과 심장을 비롯한 주요 장기에 손상을 일으킬 수 있다. 방사선 치료 역시 인체에 아주 손상이 큰 부작용을 일으킬 수 있다. 특히나 좌절감에 빠지게 하는 것은 암세포를 모두 파괴하기가 대단히 어렵다는 점이다. 암세포 몇 개만 살아남아도 증식해서 새로운 암의 씨앗을 뿌릴 수 있다. 그래서 치료를 공격적으로 진행할 수밖에 없는데, 그 결과 메스꺼움, 구토, 설사, 손발의 느낌 상실, 탈모 등의 끔찍한 부작용이 흔히 나타난다.

하지만 한발 뒤로 물러나 생물학에 대해 고민해보자. 정상적인 상황에서는 세포는 세포 분열을 통해 수를 늘린다. 세포 분열은 세포가 더 커지면서 염색체에 싸여 있는 DNA의 복사본을 만든 다음 하나의 세포가 두 개의 새로운 딸세포로 나뉘는 과정을 통해 이루어진다. 2001년에 폴 너스, 릴런드 하트웰, 팀 헌트는 세포가 어떻게 세포주기 안에서 정해진 단계를 거쳐 증식하는지를 연구한 공로를 인정받아 노벨상을 수상했다. 세포주기는 핵심적인 단계들로 구성되어 있다. 첫 번째 단계(G1)에서는 세포가 성장한다. 세포가 적절한 크기에 도달하면 DNA 합성 단계(S)로 들어간다. 여기서 DNA와 염색체가 복제된다. 그다음 단계(G2)에서는 세포가 분열을 준비한다. 유사분열(M)이라는 세포 분열을 통해 염색체가 분리되고 세포는 동일한 염색체를 갖는 두 개의 새로운 딸세포로 나뉜다. 분열 이후에는 세포가 다시 G1 단계로 돌아가 처음부터 주기가 새로 시작된다.[719] 세포는 조직과 기관을 구축하고 손상된 세포를 대체하기 위해 반복적으로 분열한다. 우리는 하나의 세포에서 삶을 시작했지만 결국 대부분은 37조 2000억 개의 세포를 갖게 되고, 적혈구 세포처럼 자주 교체해줘야 하는 세포가 많다. 우리를 만들고 유지하기 위해서는 정말 막대한 횟수의 세포 분열이 필요하다. 이렇게 복잡한 과정을 진행하면서 발생하는 오류가 그렇게 적다는 게 정말 놀라울 따름이다. 정상적으로는 일단 신체부위가 모두 만들어지고 필요한 복구가 마무리되면 세포 분열이 멈춘다. 하지만 암세포는 분열을 멈추지 않는다. 무제한적인 세포 분열을 중단시키는 정상 시스템이 손상되었기 때문이다. 이런 손상은 보통 세포주기와 관련된 핵심적인 조절 단백질의 일부에서 생긴 작은 변형 혹은 돌연변이 때문에 일어난다. 그런 단백질군 중 하나인 'RAS' 단백질은 사람의 전체 암 중 3분의 1 이상에서 돌연변이나 결함을 갖고 있다.[720] RAS 단백질이 일주기 시계에 의해 조절된다는 점이 중요하다.[721] 이 RAS 단백질은 다시 일주기 장치의 조절을 돕는 작용을 한다.[722] 핵심 세포주기 단백질과 분자시계 사이에는 밀접한 관계가 존재한다. 최근에는 RAS 같은 세포주기 단백질이 세포의 일주기 '구조'의 핵심에 자리잡고 있다는 사실이 드러났다.

이야기를 진행하기 전에 RAS 같은 세포주기 단백질에 돌연변이가 하나 생겼다고 해서 암이 발생하는 것은 아니라는 점을 강조해야겠다. 암 발생에는 그 이상의 것이 필요하다. 우리 몸을 이루는 각각의 세포에 들어 있는 대략 2만 1000개의 유전자 중에서 돌연변이를 일으켰을 때 암의 성장을 촉진할 수 있는 것은 최소 140개 정도다. 전형적인 암에는 이런 유전자의 돌연변이가 2~8개 정도 들어 있다. 이것은 대단히 중요한 부분이며, 유방암 유발성 유전자(BRCA)에 해당하는 두 개의 유전자 BRCA1과 BRCA2 중 하나에 돌연변이가 생기면 그렇지 않은 사람보다 유방암이나 난소암에 걸릴 위험이 훨씬 더 높은 것도 이 때문이다. '하지만' 여기서 양성이 나왔다고 해서 반드시 암에 걸린다는 의미는 아니다. 그것은 자신이 갖고 있는 다른 돌연변이, 흡연[723] 등의 환경 요인, 야간 교대근무[724] 같은 일주기 리듬 교란 등에 따라 달라진다. 평균적으로 BRCA1이나 BRCA2 유전자 돌연변이를 갖고 있는 여성은 80세 이전에 유방암에 걸릴 확률이 70퍼센트에 이른다.[725] 이는 대단히 높은 확률이지만 그렇다고 자동으로 암이 발병하는 것은 아니다. 세포주기 유전자, 시계 유전자 같은 조절 시스템의 돌연변이가 암을 일으킬 수 있다는 발견은 20세기 생물학이 거둔 성취 중 하나이며, 이는 여러 가지 암의 기원과 발달을 설명해줄 뿐 아니라 가까운 미래에 등장할 새로운 잠재적 치료법의 토대도 제공해준다.

현재 나와 있는 항암제의 시간 맞춤형 사용

화학요법과 방사선 치료 등의 비수술적 항암 치료는 암세포가 성장하고 분열해서 더 많은 암세포를 만들어내는 것을 막아 암세포를 죽이도록 설계되었다. 암세포는 보통 정상세포보다 더 빨리 자라고 분열하기 때문에 화학요법과 방사선 치료는 암세포에 더 큰 손상을 입히는 효과가 있다. 하지만 이 치료법은 적혈구 세포가 만들어지는 골수, 모낭, 위 내벽 등 암세포가 아니면서 빠른 속도로 분열하는 정상세포에도 영향을 미친다. 그래서 화학요법을 받으면 빈혈, 탈모, 메스꺼움이 동반되는 것이다. 정상적인 환경에서는 인체의 여러 조직에 세포 분열의 일주기 리듬이 존재한다.[726, 727] 여기서 중요한 점은 건강한 세포의 일주기 타이밍이 암세포와 다른 경우가 많다는 점이다. 따라서 화학요법이나 방사선 치료를 비암세포의 DNA 합성이 최저가 되는 시간대에 맞추면 독성을 줄일 수 있고, 따라서 더 고용량으로 치료를 적용할 수 있다.

윌리엄 허쉬스키는 사우스캐롤라이나주 컬럼비아의 종양학자로, 나는 1980년대 버지니아대학교에 근무하던 시절부터 쭉 그의 연구를 추적해왔다. 윌리엄은 암 치료에 시간약학적 접근방식을 사용할 것을 수십 년 동안 주장해왔으며 1980년대에 진행한 선구적인 연구에서는 난소암 환자들의 화학요법 적용 시간대를 비교해보았다. 그는 이 여성들을 두 집단으로 나누어 똑같이 표준 항암제인 아드리아마이신과 시스플라틴을 투여했다. 이때 한 집단에는 아드리아마이신을 오전 6시에, 시스플라틴을 오후 6시에 투여한 반면, 다른 집단에는 이 하루 일정표를 거꾸로 뒤집어 진행했다. 그 결과 오전 6시에 아드리아마이신을, 오후 6시에 시스플라틴을 투여한 여성들은 부작용이 대략 절반 정도로 감소했다. 탈모, 신경 손상, 콩팥 손상, 출혈, 수혈 필요성 등이 모두 줄어들었다. 허쉬스키는 이렇게 말했다. "그저 하루 중 약 투여 시간만 달리했는데도 모든 독성이 몇 배씩 현저하게 줄어들었다."[728] 생존율은 어땠을까? 같은 해에 급성림프구성 백혈병을 앓고 있는 아동에게 치료의 일환으로 항암제인 6-메르캅토푸린을 오전과 저녁에 투여했다. 그 결과 무병 생존기간(1차 치료 후 환자가 암의 증상이나 징후 없이 생존하는 기간-옮긴이)이 저녁에 화학요법을 받은 아동에게서 훨씬 좋게 나왔다. 또한 저녁 일정을 따른 아동보다 오전 일정을 따른 아동의 재발 위험이 4.6배 더 높았다.[729] 결장암에 대해서도 비슷한 결과가 나왔다.[730] 시간 맞춤형 화학요법 치료에서 독성이 감소하고 생존율이 개선되는 이런 효과가 여러 연구를 통해 다양한 종류의 다른 암에서도 확인됐다.[731, 732] 시간 맞춤형 화학요법에 더해서 시간 맞춤형 방사선 치료 또한 공격적인 뇌종양에 대한 치료 옵션을 제공해 주는 것으로 보인다.[733]

일반적으로 환자는 의료진이 편리한 시간에 맞추어 항암제 치료를 받게 된다. 여기서는 임상 역량과 비용이 핵심적인 문제다. 그렇지 않아도 바쁜 병원에서 독성 약물을 투여할 때는 물류와 관련해서도 중요한 문제점이 있다. 하지만 최근에 개발된 외래용 의학 펌프는 항암제를 적은 비용으로 적절한 시간에 환자에게 투여할 수 있고, 집에서 사용하는 것도 잠재적으로 가능하다.[732] 실용성은 차치하더라도 이 문제를 임상에서 일하는 동료들과 이야기해보니 일부 의사들은 그저 시간요법의 가치를 확신하지 못하고 있었다. 시간요법에 이점이 있을 수도 있다는 점은 많은 사람이 인정하고 있지만, 일상적으로 사용하기에는 효과가 너무 미미하다고 여겨 무시하는 경우도 있다. 또 다른 장애물은 지식의 부재다. 다시 한번 말하지만 대부분의 의과대학 수련 프로그램 5년 과정에서 일주기 리듬과 수면에 대한 교육은 그저 부차적인 내용으로만 다뤄지고 있다. 일주기 리듬에 대한 지식이 거의 혹은 아예 없는 의사들이 신약 개발에 관해 제약회사의 고문 역할을 하고 있다는 점도 중요하다. 일주기 리듬이 의과대학에서 진지한 연구 주제로 자리잡기 전에는 흥미진진한 실험실 연구와 의학적 응용, 신약 개발 사이에 항상 어떤 장벽이 가로막고 있을 것이다. 변화가 필요한 시점이다.

1. 크로노타입에 따라 약 복용 시간을 달리해야 하나요?

극단적인 아침형이나 저녁형만 아니면 크게 문제가 될 것은 없어 보입니다. 대부분의 약은 반감기가 상대적으로 길어서 적어도 몇 시간 정도는 효과를 유지하니까요. 따라서 특정 약을 취침 전에 복용하라는 말을 들었다면 그대로 따라도 무방할 것입니다. 하지만 극단적인 아침형이나 저녁형이라면 의사와 약물 복용 시간에 대해 이야기해보는 것이 좋습니다. 만성적인 시차증 이후에는 일주기 시스템의 타이밍과 단계가 엉망이 될 수 있기 때문에 약물을 복용하는 것이 더 문제가 될 수 있습니다. 그리고 방사선 치료는 화학요법처럼 반감기가 없고 적용하자마자 효과를 나타내기 때문에 정확한 타이밍이 화학요법보다 더 중요할 수 있습니다.

2. 군발성 두통이 계절성이라는 글을 읽었습니다. 사실인가요?

군발성 두통이 있는 사람 중에는 하루 중 특정 시간뿐만 아니라, 해마다 연중 특정 기간에 군발성 두통을 앓는 경우가 많습니다. 어떻게 1년 단위 리듬이 만들어지는지는 아직 알 수 없지만 군발성 두통이 리듬을 따르는 속성이 있음을 보여줍니다.[669]

3. 뇌졸중이 치매와 관련이 있나요?

일과성 허혈 발작과 경미한 허혈성 뇌졸중은 말년에 인지장애와 치매 위험을 높일 수 있습니다. 아주 최근에 필립 바버와 그의 동료들은 일과성 허혈 발작이나 경미한 허혈성 뇌졸중 이후의 해마 위축증으로 이것을 설명했습니다. 해마(그림 2)는 학습과 기억에서 중요한 기능을 하지만 나이가 들면서 천천히 위축되기 시작합니다. 하지만 일과성 허혈 발작이나 경미한 허혈성 뇌졸중을 경험한 환자들은 건강한 대조군과 비교했을 때 3년의 연구 기간 동안 해마 위축증이 더 크게 나타났습니다. 해마가 더 위축되었다는 것은 그 3년 동안 일화기억episodic memory(기존의 경험을 의식적으로 떠올리는 것)과 집행기능(계획을 수립하고, 주의를 집중하고, 지시사항을 기억해서 다중의 과제를 성공적으로 집행할 수 있게 해주는 정신 과정)이 줄어들었다는 것을 의미합니다. 이 데이터는 뇌졸중, 치매, 인지기능 저하 사이에 직접적인 관련성이 있음을 보여줍니다.

4. 수술을 받을 때 걱정해야 할 부분이 있나요?

먼저 지적하고 싶은 점은 수술은 어느 때 하든 항상 위험이 따른다는 것입니다. 하지만 오랜 시간 연장근무를 이어가는 바람에 오랫동안 잠을 자지 못한 외과의사가 수술을 하는 경우 실수나 의료과실을 저지를 가능성이 높아진다는 우려가 있습니다. 이 때문에 의사가 잠이 너무 부족한 경우에는 수술을 금지해야 한다는 주장이 있었습니다. 최근의 한 연구에서는 오후나 오전에 진행된 고위험 심혈관 수술 환자의 생존율을 추적해보았습니다. 그 결과 오전 수술에 비해 오후 수술에서 사망률이 현저하게 감소했습니다.[734] 외과의사의 피로와 수술 시간대에 대한 쟁점은 아직도 논쟁 중이어서 공식적인 지침은 없는 상황입니다.[735] 14장도 참고하길 바랍니다.

5. 하루 중 특정 시간에 약물을 자동 투여할 수 있나요?

간단히 대답하자면 그렇습니다. 입원 환자와 비입원 환자 모두 시간 프로그래밍이 가능한chronoprogrammable 전자 펌프를 이용해서 화학요법을 받을 수 있습니다. 이 펌프는 최대 네 가지 약물을 며칠에 걸쳐 특정 시간에 투입할 수 있습니다. 펌프에 더해서 다른 시간 맞춤형 방출 시스템도 개발 중입니다.[736] 이런 시스템은 시간약학의 주요 장벽 중 하나를 낮춰줄 것이고, 더 나아가 이런 접근방식을 여러 의학 분야에 적용할 수 있게 될 것입니다.

11장

일주기 군비 경쟁

면역계와 적의 공격

생존을 위한 투쟁이 쉬워질 일은 절대 없다.
아무리 환경에 잘 적응한 종이라도 결코 긴장을 풀 수는 없다.
그 경쟁자와 적들도 자기 나름의 틈새에서
잘 적응하고 있을 테니까 말이다.
생존은 결국 제로섬 게임이다.

매트 리들리

1918~1919년 스페인 독감이 대유행했을 때 5억 명, 즉 전 세계 인구의 3분의 1이 이 바이러스에 감염되었던 것으로 추정된다. 추정 사망자 수는 전 세계적으로 최소 5000만 명이다. 영국에서는 전체 인구 중 25퍼센트가 감염되어 22만 8000명의 사망자를 낳은 것으로 추정하고 있다. 만 20~30세의 젊은 층이 특히나 취약했고, 질병의 진행이 놀라울 정도로 빨라서 아침을 먹을 때만 해도 멀쩡하던 사람이 늦은 오후나 저녁 시간에는 송장이 된 경우도 있었다. 처음에는 피로감, 발열, 두통으로 시작해 급속히 폐렴으로 진행되고, 환자는 산소 부족으로 인해 피부가 파랗게 변했다. 그리고 질식에 의한 사망이 뒤따랐다. 내가 이 글을 쓰고 있는 시점은 영국에서 코로나19 팬데믹이 마지막 단계로 접어들었기를 바라는 2022년 1월이다. 지금까지 영국에서만 15만 명이 넘게 사망했고, 전 세계적으

로는 550만 명 이상이 사망했다. 하지만 사망자 수는 계속해서 늘고 있다. 현재의 상태로 보면 1918~1919년 스페인 독감 팬데믹 때보다 사망자 수가 상대적으로 적지만 아직 위기가 끝난 것은 아니다. 100년 전에는 불가능했던 백신의 빠른 도입과 보급이 큰 차이를 만들어냈다. 사람들은 박수를 치며 안도하고 있지만 백신이 아니었으면 훨씬 큰 재앙에 직면할 뻔했다는 사실을 과연 사람들이 충분히 인식하고 있는지는 모르겠다. 과학이 세상을 구했고, 현재는 이 간담을 서늘하게 만드는 감염에 대해 어느 정도 통제력을 확보한 것으로 보인다. 사회적 고립에 따르는 부수적 피해도 사회 각계각층에서 대단히 컸다. 특히 취약계층에 대한 의료 서비스의 감소가 문제가 됐다. 한 가지 당부의 말을 덧붙이자면 전 세계 모든 사람이 백신을 접종하고 새로운 변종에 대처할 수 있는 능력을 갖추어야만 비로소 승리라 할 만한 것을 쟁취할 수 있을 것이다. 감염에 대한 사람들의 관심이 높아져 있는 지금이 일주기 시스템, 수면, 우리의 감염 저항 능력 사이의 관계에 대해 생각해보기 좋은 시점이 아닐까 한다. 이 상관관계는 흥미진진하고도 대단히 중요하다. 새로운 연구를 통해 감염에 대한 개개인의 반응이 하루 중에도 시시각각 변화한다는 것이 밝혀졌다. 더 중요한 점은 SCRD를 경험하는 경우 면역계에 장애가 생길 수 있다는 것이다. 이런 정보는 우리 모두에게, 특히 최전선에 있는 의료진에게 중요하다.

면역계는 감염에 저항하는 몸의 방어체계로 우리에게 여러 겹으로 보호기능을 제공해준다. 면역계는 끔찍할 정도로 복잡하다. 여기서 떠오르는 농담이 하나 있다.

면역학자와 심장학자가 납치되었다. 납치범은 그들을 총으로 쏘겠다고 위협하면서 둘 중 인류에 더 큰 기여를 한 사람은 살려주겠다고 약속했다. 심장학자가 말했다. "나는 수백만 명의 목숨을 구한 약을 찾아냈어요." 이 말에 감명을 받은 납치범이 이번에는 면역학자를 돌아보며 말했다. "당신은 뭘 했지?" 면역학자가 말했다. "그게… 면역계라는 게 여간 복잡한 게 아니거든요. 그러니까…." 그러자 심장학자가 말했다. "그냥 지금 나를 쏘세요."

오래된 농담이지만 분명 내게는 그럴듯한 이야기로 들린다! 면역반응의 서로 다른 부분들이 정말 흥미진진하지만 말도 못하게 복잡한 것이 사실이다. 면역학자들이 계속해서 이야기를 바꾸고 등장인물들의 이름을 바꾸는 바람에 상황은 더 악화되고 있다. 이것은 마치 바이킹, 앵글로색슨족, 아이슬란드족의 입을 통해 각자 다른 버전으로 전해진 북유럽 영웅 전설처럼 복잡하게 꼬여 있다. 사람들이 면역반응이 뭔지 이제 좀 알 것 같다 싶어지면 면역학자들이 다른 무언가를 찾아내서 이야기를 고쳐놓는 바람에 사람들은 다시 당황한다. 면역학자들이 자기네 밥그릇을 지키려고 고의로 복잡하게 꼬아놓는 것이 아닌가 의심이 들 정도다. 어쨌거나 부록 2에 면역 이야기와 그 이야기를 이끌어가는 몇몇 등장인물에 대해 정리해놓았다. 부록 2를 참고하면 이어지는 논의를 뒷받침해줄 배경 지식을 얻을 수 있을 것이다.

면역계와 일주기 시스템의 상호작용

지금은 면역반응의 모든 측면이 일주기 시스템에 의해 조절되고 있음을 이해하고 있다.[737, 738] 피부는 우리 면역 방어에서 가장 중요한데도 가장 간과되는 부분 중 하나다. 피부는 바이러스, 세균 혹은 다른 병원체가 몸에 들어오는 것을 막아주는 대단히 효과적인 장벽으로 작용한다. 일주기 시스템은 피부의 침투성 혹은 투과성에서 중요한 역할을 한다. 저녁과 밤중에는 투과성이 증가하고, 오전과 낮에는 투과성이 낮아진다.[739] 저녁에는 피부를 통한 수분 상실이 더 많아진다는 의미다. 저녁과 밤에 피부가 건조해져 가려움이 심해지는 데 이것도 한몫하고 있다. 여기에 습진이나 건선 같은 병이 있으면 상황이 더 악화된다(그림 8). 이것은 또한 저녁과 밤중에는 피부를 통해 세균이나 바이러스가 침투할 위험도 더 커진다는 의미다. 피부의 투과성이 높아지고, 가려워서 피부를 긁기까지 하면 병원체가 체내로 침투할 가능성이 높아진다. 흥미롭게도 밤에는 피부로 가는 혈류가 늘어난다.[739] (체열 손실에 대해 이야기했던 내용을 기억하자.) 그러면 침입자가 몸속으로 들어오자마자 혈액 속에 있는 면역 방어체계가 그 침입자를 공격할 가능성이 높아진다. 하루 중에 발생하는 피부의 변화가 이것만은 아니다. 피부의 제일 위층은 죽은 세포들로 구성되어 있다. 이 죽은 세포들은 침입에 저항하는 치밀한 물리적 방어층을 형성한다. 피부의 증식도 일일 리듬을 갖고 있어서, 자정을 전후로 새로운 피부의 증식과 오래된 피부의 탈락이 가장 활발하게 일어난다.[739] 이것은 오래된 피부에 붙어 있는 세균도 함께 떨어뜨리는 작용을 한다. 피부가 자상이나 화상을 입은 경우에도 밤보다 낮에 상처를 입은 경우가 두 배 더 빨리 치유된다.[738] 이것은 모두 말이 된다. 우리가 환경 속에서 돌아다니며 다른 사람이나 동물, 병원체와 접하고 있을 때 피부가 손상되거나 침입성 병원체를 만날 가능성이 더 높으니까 말이다. 한밤중에는 대부분 움직이지도 않고 질병을 옮기는 새로운 사람을 만날 일도 별로 없다. 물론 대학생들에게는 해당되지 않는 이야기라는 것은 나도 잘 알고 있다.

병원체가 몸속으로 침입해 들어오면 세포와 보호 분자들이 우리를 지키기 위해 대기 중이다(부록 2). 백혈구는 혈액에서 겨우 1퍼센트를 차지하지만 면역반응을 담당하는 세포로서 이들의 행동은 모든 측면에서 일주기 시스템에 의해 조절된다. 예를 들어 백혈구의 한 종류로 아메바와 비슷하게 생긴 대식세포는 감염 부위로 달려가 직접 혹은 부착된 항체를 통해 침입자를 확인하고 병원체를 먹어치우거나(식세포) 죽이는 능력을 갖고 있다. 대식세포의 공격 감수성은 일주기 시계를 따라 하루 중 시간대별로 달라진다. 그래서 우리가 보통 깨어 있는 낮에는 감수성이 높아진다.[740]

2016년에 발표된 한 연구에서는 밤과 낮 서로 다른 시간대에 생쥐를 헤르페스 바이러스에 노출시켜보았는데 바이러스를 수면이 시작될 때 노출시키면 생쥐가 활동 준비를 하고 있을 때인 열 시간 후에 노출시켰을 때보다 바이러스가 더 빨리 증식하는 것으로 나타났다.[741] 이것은 생쥐가 정상적으로 활동이 활발해지는 시간에 맞추어 면역계의 기능이 고조된다는 것을 보여준다. 또 다른 연구에서도 이를 확인했다. 이 연구에서는 생쥐의 폐에 독감 바이러스를 잠자기 직전과 활동 개시 시간에 주입해보았다. 그 결과 활동을 시작하는 시간에 면역계가 훨씬 큰 반응을 보였고, 보호성 염증반응의 수준도 훨씬 높았다.[742] 이렇게 면역반응과 염증반응이 활성화되는 것은 의미가 있다. 생쥐가 활동을 시작해서 감염된 다른 동물을 만날 가능성이 높아지는 시간에 바이러스의 공격으로부터 보호할 필요성이 커질 것을 예상하고 일어나는 일이기 때문이다. 우리도 그와 비슷하게 하루 중 시간대에 따른 차이를 보인다. 노년층에게 N1H1 독감 백신을 오전(9~11시)과 오후(3~5시)에 접종해보았다. 그랬더니 오후에 접종한 사람보다 오전에 접종한 사람이 항체반응이 세 배 더 높았다.[743] 야간 백신 접종 데이터는 수집되지 않았다. 다양한 코로나19 백신에서도 접종 시간 효과가 나타날지는 대단히 흥미로운 질문이다. 실제로 현재 그에 관한 연구가 진행 중이다. 앞으로는 이렇게 최적화된 시간 맞춤형 백신 접종이 특히나 노년층에서 감염과 질병의 전파를 예방하는 중요한 무기가 될지도 모른다.

면역계의 일주기 조절은 우리가 가장 취약한 시간대인 낮에 우리를 보호하는 데 도움을 준다. 따라서 우리의 면역반응을 약화시키기 위해 일주기 시스템을 교란하려고 시도하는 병원체가 있는 것도 어쩌면 당연한 일이다. 정확한 메커니즘은 아직 모르지만 사람면역결핍바이러스(HIV)가 그렇게 한다는 증거가 있다. B형 간염, C형 간염 바이러스에 대해서는 더 많은 것이 알려져 있다. 이 바이러스는 간을 감염시키며, 간 질환의 주요 원인이다. B형 간염 바이러스와 C형 간염 바이러스 모두 간을 감염으로부터 보호하는 일주기 시계를 조절하는 경로를 공격한다.[744] 예를 들어 C형 간염 바이러스는 간세포의 분자시계에 직접 개입해서 간세포의 바이러스 공격 저항 능력을 줄이는 것으로 보인다.[745] 좀 더 최근의 연구에 따르면 인플루엔자 바이러스의 복제 과정이 정상적인 일주기 리듬을 만들어내는 생쥐에 비해 일주기 시계에 결함이 있는 생쥐에서 더 활발하게 일어나는 것으로 밝혀졌다.[741] 이런 사례들은 숙주의 일주기 시계가 약하거나 결함이 있으면 더 많은 바이러스가 생산될 수 있음을 시사한다. 하지만 놀랍게도 구순포진과 음부포진을 일으키는 단순포진 바이러스는 그와 정반대인 것으로 나타났다. 이 바이러스는 오히려 우리의 일주기 시스템을 이용한다. 이 바이러스는 숙주의 분자시계를 탈취한다. 그리고 실제로 바이러스 복제에는 세포 시계가 필요하다.[746] 이런 탈취를 설명하는 한 가지 방법은 바이러스가 숙주의 생체시계를 이용해서 수백만 개의 새로운 바이러스를 동시에 방출한다는 것이다. 이렇게 동시에 방출되면 사실상 숙주의 방어기제를 인해전술로 잠재울 수 있다. 이 개념에 대해서는 뒤에서 다시 설명하겠다.

왜 굳이 일주기 시스템으로 면역반응을 조절할까?

우리 면역계는 일반적으로 활동이 많아져 환경이나 다른 사람으로부터 병원체를 접할 가능성이 더 높을 때에 맞추어 미리 스위치가 켜진다. 반면 밤에는 감염에 대한 저항성이 그리 좋지 못하다. 밤에는 새로운 병원체를 접할 가능성이 훨씬 적기 때문일 것이다. 그러면 왜 면역계를 항상 전력으로 가동하지 않는 것일까? 비용 대비 효율이 좋지 못하다는 점도 한몫한다. 그보다는 필요성이 높아질 시점에 맞추어 면역반응의 활성을 끌어올리는 것이 효율적이다. 어쩌면 그보다 훨씬 더 중요한 이유가 있을지도 모른다. 감염과 싸워 물리치기 위해서는 면역반응과 염증이 필수적이지만, 세균과 바이러스에 대한 방어, 그리고 사이토카인 폭풍(부록 2) 같은 과도한 면역반응 때문에 스스로에게 가하는 공격 사이에서 균형을 유지해야 하기 때문이다. 면역계가 과도하게 활성화되면 자가면역 장애로 이어질 수 있다. 자가면역 장애에서는 면역계가 침입자와 주인을 구분하지 못하고 무차별 공격을 가한다. 따라서 어쩌면 면역계는 생체시계 조절을 통해 자신의 공격성을 그것이 가장 필요한 순간에 집중하고 있는 것일지도 모른다. 그럼 면역계가 착오로 우리 자신을 공격해서 류마티스 관절염, 염증성 장 질환, 다발성경화증, 건선 혹은 하시모토 갑상선염 같은 자가면역질환을 일으킬 가능성이 줄어들 것이다.

SCRD가 면역반응에 미치는 영향

앞에서 이야기했지만 깨어 있을 때 바이러스에 노출된 생쥐는 잘 때 같은 바이러스에 노출시킨 생쥐에 비해 감염 수준이 낮았다. 대단히 흥미롭게도 생체시계가 교란된 생쥐를 이용해서 실험을 반복했더니 면역반응이 빈약해서 생쥐가 바이러스를 접할 때마다 감염의 수준이 높게 나왔다.[741] 일주기 리듬의 교란이 면역반응을 약화시킨다는 것은 거듭해서 입증되었다. 또 다른 연구에서는 생쥐에게 독감 바이러스 백신을 접종했다. 이때 한 집단은 백신 접종 직후에 일곱 시간 동안 수면을 박탈했다. 그 결과 수면을 박탈당하지 않은 생쥐에서는 백신 접종이 감염을 예방해주었지만 수면 박탈 집단에서는 바이러스 감염이 높은 수준으로 일어났다.[742] 이것은 인간에서도 마찬가지다. 사람을 두 집단으로 나누어 독감 바이러스 백신을 접종한 후 수면 일정을 다르게 유지했다. 그 결과 백신 접종 후 밤에 네 시간만 잠을 잔 집단은 평소대로 7.5~8.5시간씩 수면을 취한 집단에 비해 독감 바이러스 항체의 수준이 절반에도 못 미쳤다.[747] 또 다른 연구에서는 불면증이 인플루엔자 백신 반응 감소의 위험인자로 밝혀졌다.[748] B형 간염과 A형 간염 백신에 대한 항체 반응에서도 비슷한 결과가 나와서 수면을 박탈당한 사람에서는 효과가 떨어졌다.[749, 750] 따라서 백신 접종의 시간대를 잘 맞추고 접종 후 잠을 충분히 자면 백신의 효과를 높일 수 있다. 하지만 팬데믹 기간에는 그러기가 쉽지 않다는 것을 나도 잘 안다.

SCRD와 스트레스

SCRD는 감염에 대한 저항 능력을 떨어뜨린다. 하지만 대체 왜 그럴까? 앞에서 이야기했듯이 SCRD는 병원체에 대한 면역반응을 효과적으로 조율하는 능력을 방해한다. 아름답게 조율된 면역 방어체계가 붕괴하는 것이다(부록 2). 하지만 SCRD가 면역 기능 감소로 이어지는 또 다른 이유가 존재한다(4장). SCRD를 경험하는 사람은 스트레스 호르몬인 코르티솔과 아드레날린이 더 많이 분비된다. 앞에서 언급했듯이 스트레스는 자동차의 1단 기어와 비슷하다. 이것은 급격한 가속이 가능하기 때문에 단기적으로는 대단히 유용하다. 하지만 1단으로 계속 달리다가는 엔진이 망가지고 만다. 자동변속기 자동차만 운전하는 사람에게는 이 비유가 잘 와닿지 않을지도 모른다. 어쨌든 스트레스 반응은 우리에게 투쟁-도피 반응을 준비시킨다. 신속하고 과격한 행동을 할 수 있게 몸을 준비시키는 것이다. SCRD는 스트레스 반응을 계속 1단 기어에 붙잡아놓는다. 그리고 그 결과 중 하나가 면역계의 억제다.[751] 이것은 파괴적인 결과를 낳을 수 있다. 앞에서 이야기했듯이 최근의 한 연구에 따르면 야간 교대근무 노동자는 코로나19에 걸렸을 때 입원 가능성이 더 높았다.[192] SCRD는 분명 감염의 가능성도 높이지만 우리 몸속에 잠복해 있던 휴면기 바이러스를 다시 깨우거나 비정상적인 염증반응을 일으킬 수도 있다. 이것은 다시 면역력 약화와 전반적인 건강의 질적 저하로 이어질 수 있다.[109, 752] 한 놀라운 연구에서는 건강한 남성들을 대상으로 늦은 밤 부분적인 수면 박탈이 면역계에 미치는 영향을 연구했다. 이 남성들은 오전 3시부터 7시 사이에 수면을 박탈당했다. 그러자 다음 날 자연살해세포(NK세포, 부록 2)의 활성이 28퍼센트 정도 줄어들었다. 이것은 하룻밤 수면이 네 시간 단축되는 정도의 교란에도 면역반응에 장애가 생길 수 있음을 의미한다.[753]

수면 손실, 스트레스, 면역 억제 사이에는 스트레스 호르몬인 코르티솔이라는 중요한 연결고리가 존재한다. 염증은 면역계의 무기들을 필요한 곳, 즉 염증 부위로 동원하는 아주 중요한 역할을 한다. 하지만 코르티솔 수치 상승은 염증을 일으키고 면역반응을 촉발하는 몸속 다양한 물질의 분비를 방해한다.[109] 그래서 코르티솔 기반 약물은 면역계의 과활성으로 생기는 질병을 치료하는 데 사용된다. 예를 들어 류마티스 관절염의 경우에는 염증 신호가 이른 아침의 관절통을 촉발한다(그림 8).[624] 코르티솔은 이런 염증반응을 억제한다. 흥미롭게도 류마티스 관절염에서는 오전에 코르티솔 수치가 자연스럽게 낮아지는 전형적인 특징을 보인다(그림 1).[754]

그럼 이 모든 것이 의미하는 바는?

면역계의 일주기 조절은 병원체 접촉 가능성이 높은 시간대에는 병원체를 공격할 준비를 하고, 그럴 가능성이 낮은 시간대에는 면역반응의 공격성을 떨어뜨려 우리 면역계가 자기 자신을 공격할 가능성을 낮추어준다. 일주기 시스템은 또한 올바른 재료를, 올바른 장소에, 올바른 양으로, 올바른 시간에 공급하기 위해 준비하고 있는 엄청나게 복잡한 반응들을 조율하는 작용도 한다. SCRD는 면역계의 일주기 타이밍을 교란해서 면역계의 조절을 교란할 뿐 아니라 코르티솔 같은 스트레스 호르몬을 분비시켜 면역계의 감염 저항 능력을 떨어뜨리는 작용도 한다. 이것은 중요한 관찰이며, 그렇다면 이런 정보를 취약계층이나 일선에서 일하는 의료진을 위해 어떻게 활용할 수 있을까 하는 궁금증이 생긴다. 그럼 다음에 소개하는 행동을 진지하게 고려해보아야 할 것이다.

방호복

밤에는 감염에 더 취약해지므로 일선에서 활동하는 야간 근무 의료진이 착용하는 방호복이 이 시간대에는 더욱 중요해진다.

꼼꼼히 씻기

개인을 지켜주는 방어의 최일선은 피부다. 따라서 잠들기 전에 꼼꼼한 샤워와 손, 얼굴 씻기를 통해 피부에 붙어 있는 세균들을 제거하는 것이 좋다.

적절한 시간대에 백신 접종하기

일부 바이러스에 대한 백신 접종이 하루를 시작하는 시간에 제일 효과적이라는 증거가 있으므로 가능하면 해당 백신의 최적의 타이밍에 접종하는 것이 좋다. 전반적으로 면역력이 약한 노년층에게는 이것이 중요할 수도 있다.

SCRD 최소화하기

SCRD는 면역반응의 효과를 떨어뜨린다. 따라서 백신 접종 전과 직후에 SCRD와 SCRD로 인해 생기는 스트레스를 줄이면 면역반응을 강화할 수 있다. 따라서 이런 점을 인식하고 일선 의료진의 수면을 최우선할 필요가 있다. 일선 의료진의 SCRD와 스트레스를 최소화하기가 말처럼 쉬운 일은 분명 아니지만, 가능한 상황에서는 연속적인 야간 근무를 제한하는 등의 조치가 이루어져야 한다.

더 큰 것들

지금까지는 세균, 특히 바이러스에 초점을 맞추어 살펴보았다. 하지만 우리는 그냥 기생충이라 부르는 기생원충이나 흡충, 진드기나 벼룩 같은 체외 기생충 등 좀 더 덩치가 큰 병원체도 싸워서 물리쳐야 한다. 추정치는 다양하지만 기생충 감염으로 매년 전 세계적으로 100만 명 이상이 사망하고, 더 많은 사람이 감염 합병증으로 고통받고 있는 것으로 추정된다. 사망 100만 명이라는 이 충격적인 통계에는 온갖 종류의 기생충들이 기여하고 있지만 말라리아가 단연 선두를 달린다.[755] 기생충이 우리의 면역 방어체계를 우회

하기 위해 일주기 시계를 이용한다는 증거가 많아지고 있다. 우리와 기생충 사이에서 우위를 차지하기 위한 군비 경쟁이 일어나고 있는 것이다. 이것은 흥미진진한 새로운 연구 분야이고, 이런 복잡한 일주기의 춤이 제일 잘 알려진 대상은 말라리아다.

현재는 말라리아가 열대의 질병이라서 말라리아와 그로 인해 발생하는 사망의 94퍼센트 정도를 아프리카가 차지하고 있다. 세계보건기구는 2019년에 전 세계적으로 2억 2900만 건의 말라리아가 발생했고, 그중 사망자는 40만 9000명이었던 것으로 추정했다. 만 5세 미만의 아동이 가장 취약해서 말라리아로 인한 전 세계 사망자 수의 67퍼센트를 차지한다. 현재 열대지역이 아닌 곳에서는 발생 빈도가 드물지만 앞으로 이들 지역에서도 지구온난화로 인해 말라리아가 증가할 것으로 예측되고 있다.[756] 역사적으로 보면 과거에는 말라리아가 훨씬 넓게 퍼져 있었다. 로마를 둘러싸고 있는 이탈리아의 캄파냐 지역은 말라리아에 잘 걸리는 장소로 악명이 높았다. 많은 교황, 그리고 새로운 교황을 뽑기 위해 바티칸에 모였던 추기경들이 말라리아로 사망하곤 했다. 예수회 나무껍질Jesuit's bark이라고도 하는 기나피의 추출물이 말라리아의 효과적인 치료제로 인정받았으며, 페루 원주민들로부터 이 나무껍질의 치유력을 알게 된 스페인 예수회 선교사들이 1620년과 1630년 사이에 이것을 유럽에 소개했다. 잉글랜드 남부와 동부 해안가의 습지대는 16세기부터 19세기까지 말라리아 감염률이 높은 곳이었고,[757] 1650년대에 런던에서는 기나피 가루Jesuit's powder를 구할 수 있었지만 가톨릭 교회에 대한 반감이 워낙 강해서 많은 청교도들은 교황이 보증하는 어떤 처방도 사용하기를 거부했다. 그중에는 1658년에 말라리아로 사망한 올리버 크롬웰도 있었다. 그는 10년 전에 크리스마스 기념행사를 취소한 적이 있었기 때문에 그의 죽음을 모두가 비극이라 여기지는 않았다. 초기의 반대에도 불구하고 곱게 간 나무껍질을 와인과 섞은 기나피 추출물은 점차 말라리아 치료제로 채택되기 시작했고, 마침내 1820년에는 프랑스에서 화학자 조제프 펠르티에와 약사 조제프 비에나이메 카방투가 가루를 낸 기나피에서 퀴닌을 추출해서 치료를 표준화하는 데 성공했다. 하지만 기나피는 가격이 비쌌다. 그래서 사람들은 버드나무 껍질을 연구했고, 그 과정에서 퀴닌뿐만 아니라 또 다른 해열제인 살리실산, 그리고 마침내 아스피린을 발견하게 됐다(10장).

말라리아는 말라리아원충*Plasmodium*이라는 단세포 원생동물 기생충이 일으킨다. 암컷 학질모기*Anopheles mosquitoe*가 알을 성숙시키는 데 필요한 영양분을 얻기 위해 사람의 피를 빨아먹을 때 그 사람이 말라리아에 감염되어 있으면 암컷은 그 기생충도 함께 흡수한다. 사람을 무는 행동은 모기 종마다 차이가 있지만, 보통 밤에 일어나고 해가 저문 이후에 사람을 찾아다니기 시작해서 자정 무렵에 정점을 찍는 특징이 있다. 그래서 모기 물림의 60~80퍼센트는 오후 9시에서 오전 3시 사이에 일어나는 것으로 추정된다. 모기의 활성, 즉 무는 행동은 대체로 일주기 시계에 의해 움직이는 것으로 보인다. 모기는 특정 시간(오후 9시에서 오전 3시 사이)에 체열, 체취, 호흡에서 나오는 이산화탄소 등을 감지해서 우리의 위치를 알아낸다(그림 8).[615] 말라리아 기생충은 모기 안에서 번식하고 자란다. 말라리아에 감염된 암컷 모기가 사람을 물면 번식한 말라리아원충이 사람의 혈류로 주입된다. 밤에 사람을 무는 모기의 습성이 우리 면역계의 기능이 떨어지는 때를 노려서 진화한 것인지는 흥미로운 질문이다. 사람의 몸속으로 들어온 기생충은 간세포를 찾아가 감염시킨다. 그러고는 그곳에서 활동을 중단하고 잠복해 있거나 여러 차례에 걸쳐 분열을 해서 수천 마리의 기생충을 만들어낸다. 이들이 간세포를 터트리고 나와 적혈구를 감염시킨다. 그러면 적혈구 안에서 더 많은 기생충 세포 분열이 일어나 훨씬 더 많은 기생충이 만들어진다. 이 적혈구들이 모두 동시에 터지면서 수십억 마리의 기생충을 혈류로 쏟아낸다. 쏟아져 나온 기생충들은 더 많은 적혈구로 침범해 들어간다. 정말 끔찍한 놈들이다.

일부 플라스마원충은 다른 발달 단계(생식모세포)로 들어가 암컷 학질모기가 피를 빨아먹는 동안에 함께 딸려 들어갈 수 있는 형태로 발달하도록 프로그램되어 있다. 생식모세포는 피부 바로 아래 있는 모세혈관으로 이동한다. 이곳에 있으면 모기가 피를 빨아먹을 때 무심코 이 생식모세포까지 함께 빨아들이게 된다. 밤에 피부로 가는 혈류량이 증가하는 것도 여기에 도움을 준다. 생식모세포는 밤에 이 모세혈관으로 이동함으로써 모기가 피를 빨 때 함께 딸려갈 가능성을 높인다. 이런 행동은 생식모세포의 일주기 시계가 주도하는 것으로 여겨진다. 이것은 오래된 개념이고 합리적이지만 이 가설을 뒷받침해줄 데이터가 놀라울 정도로 적다.[758, 759] 이 생식모세포는 모기의 내장 속에서 발달하면서 새로운 인간 희생자의 몸속으로 주입될 준비를 마친 더 많은 기생충을 생산한다.

적혈구로부터 기생충들이 터져 나오면서 면역계의 요소를 대부분 활성화시키기 때문에 열이 난다. 특히 대식세포와 다른 면역세포들이 분비하는 종양괴사인자(TNF)가 체온 상승에 큰 역할을 한다(부록 2).[760] TNF의 핵심 기능은 염증을 촉진하고 몸의 온도 조절 장치 다이얼을 올리는 것이다. 그러면 감염된 사람은 극단적인 추위를 느껴 몸을 떨게 되고, 이것이 체온을 섭씨 39~40도까지 끌어올리는 역할을 한다. 이 과정에서 땀이 비 오듯 쏟아지는 경우가 많다. 이 염증과 체온 상승으로 관절통, 두통, 잦은 구토와 섬망(신체질환, 약물, 술 등으로 뇌에 전반적인 기능 장애가 발생하는 상태-옮긴이)이 종종 동반된다. 심하면 경련, 혼수상태, 사망에 이를 수도 있다. 열이 가라앉았을 때 이 전체 주기를 발작이라고 부른다.

말라리아에 감염된 사람은 24시간의 배수倍數 주기로 열이 오르고 내리기를 반복한다. 발열 주기는 말라리아의 종류에 따라 24시간, 48시간 혹은 72시간으로 나타나며 이는 적혈구 안에서 말라리아원충이 발달하는 시간과 정확하게 맞아떨어진다. 발열은 체온의 일주기 리듬을 따르며, 체온이 정상적으로 최고조에 이르는 이른 오전에 정점을 찍는다.[761] 모든 말라리아 기생충의 발달 주기가 동시에 시간을 맞추어 진행된다는 점이 무척 놀랍다.[762] 이런 동기화는 일주기 시계가 작동하고 있음을 즉각적으로 암시한다. 하지만 누구의 시계일까? 기생충의 시계일까, 아니면 우리의 일주기 리듬일까? 생쥐의 말라리아 기생충을 실험한 바에 따르면 생쥐의 생체시계에 결함이 있어 일주기 리듬이 존재하지 않는 상황에서도 기생충의 일주기 리듬은 계속 유지되었다. 따라서 각각의 말라리아원충이 자체적으로 분자시계를 갖고 있는 것이 분명하다. 하지만 기생충들이 서로 동기화해서 적혈구로부터 동시에 터져 나오려면 우리가 보내는 신호(동조화 신호)가 필요하다.[763] 현재로서는 말라리아원충의 생체시계가 어떤 일주기 동조화 신호를 사용하는지 불분명하다. 자연적인 조건에서는 체온 주기, 멜라토닌 리듬, 식사 후에 따라오는 영양분의 리듬 등이 모두 역할을 하고 있을지도 모르지만, 개별적으로는 적혈구를 터트리고 말라리아원충이 쏟아져 나오는 데 이런 신체 주기 중 어느 것도 필요하지 않다.[764] 하지만 숙주의 일주기 리듬이 교란되면 기생충의 발달과 동기화 역시 교란된다는 점이 중요하다.[765]

앞에서 이야기했듯이 바이러스 같은 일부 감염성 질병은 숙주의 일주기 리듬을 교란해서 면역반응을 무디게 만들어 이득을 얻는다. 예를 들면 인플루엔자 바이러스는 숙주의 일주기 리듬에 개입해서 바이러스의 복제를 강화하는 것으로 보인다.[741] 하지만 말라리아의 공격은 우리의 일주기 리듬을 교란하지 않는다.[761] 오히려 말라리아 기생충은 우리의 일주기 리듬에 자신들의 발달을 동기화해서 이득을 취하는 것으로 생각된다.[766, 767] 그렇다면 말라리아 기생충과 일부 바이러스[746]에게는 일주기 리듬을 이용해서 새로운 병원체를 동시에 생산해내는 것이 중요해 보인다. 그런데 왜 그러는 것일까? 어째서 수백만 개의 병원체를 동시에 생산하는 것일까? 동기화 번식, 좀 더 구체적으로 말하면 좁은 시간대 안에 자손을 동시에 생산하는 전략은 여러 가지 다양한 생명체에 널리 퍼져 있다. 우리도 이런 현상에 익숙하다. 야생동물 다큐멘터리에서 새들이 연중 특별한 시기에 맞추어 한자리에 무리를 지어 새끼를 낳는 모습을 본 적이 있을 것이다. 동기화 번식에는 몇 가지 장점이 있다. 그중 하나는 개체군의 구성원들이 동시에 번식을 하면 거기서 태어난 대량의 새끼가 포식자 개체군을 수적으로 압도할 수 있다는 것이다.[768] 새끼 중 일부는 포식자에게 잡아먹히겠지만 막대한 수의 새끼들이 동시에 태어나기 때문에 과잉공급 효과가 생겨 많은 개체가 살아남을 수 있다. 만약 이 새끼들이 긴 시간에 나누어 조금씩 태어난다면 더 쉽게 포식자의 표적이 됐을 것이다. 나는 말라리아원충 같은 기생충이나 일부 바이러스가 일주기 시계를 이용해서 동시에 자손을 생산하는 이유도 이것으로 설명할 수 있다고 생각한다. 한마디로 숙주의 면역계를 수적으로 압도하기 위해서다. 이게 사실이라면 미래에는 기생충의 일주기 타이밍 시스템을 표적으로 삼아 숙주의 면역계가 수적으로 압도당하지 않게 하는 치료법이 등장할 수도 있을 것이다.

1. 다발성경화증, 면역계, 일주기 리듬 사이에 상관관계가 있나요?

다발성경화증은 뇌와 척수에 있는 신경세포의 절연덮개(수초myelin sheath)가 손상되는 질병입니다. 이런 손상을 입으면 신경계의 신호 전달 능력이 교란되어 신체적, 정신적 때로는 정신과적 문제를 낳습니다. 흔한 증상으로는 복시(물체가 두 개로 보이는 것 - 옮긴이), 시력 상실(보통 한쪽 눈), 근력 약화 및 협응(신체의 신경기관, 운동기관, 근육 등이 서로 호응하여 조화롭게 작동하는 것 - 옮긴이) 등의 문제가 있습니다. 질병은 보통 만 20세에서 50세 사이에 시작되며 남성보다 여성에게 두 배 더 흔합니다. 이 질병은 만성적인 자가면역질환 때문에 면역계가 자기 몸 신경세포의 절연덮개인 수초를 공격해서 생깁니다. 다발성경화증 환자에게서는 SCRD가 더 자주 보이고, 피로감으로 고통받는 사람에게서 특히 흔합니다. 흥미롭게도 일부 분자시계 유전자의 유전적 변화가 다발성경화증 위험 증가와 관련이 있는 것으로 보입니다.[769] 그리고 놀랍게도 젊은 나이에 야간 교대근무를 하는 것이 다발성경화증 발병 위험 증가와 관련이 있습니다.[770] 마지막으로, 다발성경화증 환자에게 SCRD를 관리해주면 건강과 행복감이 증진되는 것으로 보입니다.

2. 우리의 면역반응에도 연중 변화가 존재하나요?

인간 사회에서는 계절성 질병이 발발하는 경우가 흔합니다. 예를 들어 대부분의 호흡기 바이러스는 겨울에 감염을 일으키고, 소아마비는 주로 여름에 발생합니다.[771] 하지만 이런 연중 패턴이 나타나는 이유는 불분명합니다. 최근의 한 연구에서는 영국 바이오뱅크의 데이터를 이용해서 혈중 염증성 단백질, 림프구, 항체 등 다양한 면역지표의 계절에 따른 변동성을 살펴보았습니다. 그 결과 검사를 진행한 대부분의 면역지표에서 계절에 따른 변화가 확인됐습니다. 계절에 따라 감염률이 달라지는 이유를 이것으로 설명할 수 있겠죠. 하지만 이렇게 면역의 연중 변화를 주도하는 것이 무엇인지는 확실하지 않습니다. 이것이 우리 내부에 존재하는 1년 주기 생체시계 때문인지, 아니면 이런 변화가 환경으로부터 오는 신호에 의한 것인지는 흥미진진한 미스터리로 남아 있습니다.

3. 일주기 시스템, 면역계, 천식 사이에 어떤 상관관계가 있나요?

천식은 기도가 좁아지고, 부어오르고, 점액이 과다 생성되기도 하는 질환입니다. 이 때문에 호흡이 어려워져 숨을 내쉴 때 기침과 쌕쌕거림이 생기고, 호흡 곤란이 찾아올 수도 있습니다. 천식을 일으키는 요인으로는 감기나 독감 같은 감염, 꽃가루, 집먼지진드기, 동물의 털, 새의 깃털, 담배 연기, 연기, 오염물질 같은 알레르기 유발 물질 등이 있습니다. 천식의 전형적인 특징은 이런 증상들이 밤사이에 현저하게 악화되어 오전 4시 즈음에 절정에 달한다는 것입니다. 이때가 천식으로 인한 돌연사가 일어날 가능성이 제일 높은 시간입니다(그림 8). 밤중에 일어나는 천식 발작은 수면을 심각하게 교란할 수 있습니다.[772] 흥미롭게도 폐의 기능은 건강한 사람의 경우 24시간 주기를 보입니다. 오후 4시경에 호흡의 흐름이 최고조에 달하고, 오전 4시에는 제일 줄어들죠. 정상적일 때도 오전 4시가 되면 호흡의 흐름이 나빠지는데 천식이 있으면 훨씬 더 나빠집니다. 천식에서 호산구가 비정상적인 수준으로 높아질 때도 있습니다. 호산구는 활성화되면 염증반응을 촉발해서 대식세포 같은 세포들을 감염 부위로 끌어들입니다(부록 2). 그리고 정상적인 조건에서는 병원체를 공격하는 세포독성 단백질도 분비합니다. 하지만 과활성화된 조건에서는 이런 단백질이 우리 자신의 세포를 손상시킬 수 있습니다. 호산구는 보통 폐 속에서 일주기 리듬의 활성을 보이지만 천식 환자의 경우 호산구와 대식세포의 수준이 오전 4시에 상당히 높아져 있습니다. 무슨 일이 벌어지는 것인지 확실하지는 않지만 일주기 교란과, 일주기 리듬을 따르는 폐 속 면역 활성의 변화가 그 원인이라는 주장이 있습니다. 한 가지 가능성은 폐의 분자시계가 폐 속 면역반응의 감수성을 과도하게 끌어올려 염증을 증가시키고, 점액의 과잉생산으로 기도가 좁아지게 한다는 것입니다.[620] 거기에 더해서 밤에 침구나 침실에 존재하는 알레르기 유발인자가 면역계의 일주기 조절과 상호작용해서 알레르기 반응을 과활성화할 수도 있습니다. 현재 이런 상관관계를 더 구체적으로 이해하기 위한 연구가 진행 중입니다.

4. 코로나19로부터 우리 몸을 지킬 때 일주기 리듬이 중요할까요?

아직은 연구가 초기 단계지만 이 장을 쓰고 있는 시점에서 야간 교대 근무 노동자의 SCRD가 코로나19로 인한 감염과 입원의 가능성을 높인다는 연구가 적어도 두 편 정도 발표를 기다리고 있습니다. 따라서 코로나19도 다른 감염과 비슷할 것으로 예상되고, 다른 인구집단, 특히 일선에서 종사하는 의료진의 감염 위험을 관리할 때는 이런 부분까지 고려할 필요가 있습니다. 하루 중 시간대에 따라 코로나 백신 접종의 효능이 달라질지는 아직 미지수입니다. 하지만 면역계의 일주기 조절이 인플루엔자 같은 다른 호흡기 바이러스에 영향을 미치는 것으로 보아 일주기 리듬, 면역계, 코로나19 사이의 상호작용[773]에 대해 서둘러 연구할 필요가 있습니다.

5. 비타민 D와 빛 노출, 그리고 코로나19는 어떤 관계인가요?

4장의 '묻고 답하기'에서 야간 교대근무 노동자나 자연광 노출이 거의 없는 사람에게 비타민 D 보충제가 효과가 있을지도 모르며, 그들의 건강을 유지하는 데 이런 보충제가 좋은 아이디어일지도 모른다고 이야기했습니다. 하지만 비타민 D 보충제가 코로나19 감염을 예방하는 데 도움이 되는지는 아직 입증된 바가 없습니다. 관찰연구를 보면 노년층, 비만인, 피부색이 어두운 사람들(흑인과 남아시아인도 포함) 등 특정 집단의 사람들은 비타민 D 결핍증과 코로나19에 감염될 가능성이 더 높은 것으로 나왔습니다. 하지만 오로라 발루자 박사는 다음과 같이 아주 중요한 부분을 지적한 바 있습니다. "중환자실에서 사망하는 사람들에게 비타민 D 결핍이 위험인자라는 것은 잘 확립된 사실이지만, 비타민 D 보충제만으로 이런 환자들의 위험을 낮추려는 시도는 항상 실패했다." 실제로 최근에는 비타민 D 보충제가 코로나19의 생존율을 높여준다고 주장했던 논문이 방법론에서 문제점이 발견되어 철회되기도 했습니다. 간단하게 답하자면 비타민 D는 건강에 중요하지만 비타민 D 보충제 복용만으로 코로나19 감염의 가능성을 줄일 수 있다는 과학적 근거는 없습니다. 하지만 비타민 D 보충제의 효과를 평가하기 위해 전 세계 몇몇 지역에서 무작위 대조군 실험이 현재 진행 중입니다.

12장

식사시간

일주기 리듬과 대사

생명이란 스스로 영양을 구하고 성장하고
쇠퇴할 수 있는 존재를 의미한다.

아리스토텔레스

요즘 부유한 국가에서는 먹을거리가 넘쳐나고 있고, 소셜미디어와 다른 언론매체를 통해 산더미처럼 쏟아지는 조언 때문에 다이어트에 매달리는 사람이 엄청 많아졌다. 전체 미국인의 절반 정도가 체중 감량을 시도하고 있는 형편이다. 부유한 국가에서는 전체 연령대에서 비만이 늘어나고 있다. 비만은 빈국에서 부국으로 바뀌고 있는 국가에서도 특징적으로 나타나는 현상이다. 특히 아동에게서 이런 경향이 관찰된다. 최근의 한 설문조사에 따르면 중국은 비만 아동이 1500만 명으로 세계 1위를 달리고 있고, 인도가 1400만 명으로 그 뒤를 바짝 쫓고 있다.[774] 이처럼 비만이 광범위하게 퍼져 있지만 이것은 생긴 지 1세기도 안 된 현대적인 현상이다. 인류 역사 대부분의 시기에는 먹을 것이 귀했기 때문에 뚱뚱한 몸은 바람직한 것으로 통했었다. 예술을 보면 이런 생각이 분명하게 반영되어 있다. 빌렌도르프의 비너스를 생각해보라. 약 2만 5000년 전에 만들어진 이 석회암 조각은 포동포동하게 살이 오른 여성의 몸을 표현하고 있다. 플랑드르 화가 페테르 파울 루벤스(1577~1640)의 그림에 나오는 살집 풍만한 남녀들도 생각해보라. 19세기 후반에 이르자 고전예술에 대한 열정을 좇는 지배계급에 의해 뚱뚱한 몸은 아름답지 않다는 낙인이 찍혔다. 부자들에게 나타나는 피로, 통풍, 호흡 곤란이 비만과 관련이 있다고 생각은 했었지만 1950년대에 들어서야 비만이 더 폭넓은 인구집단에서 건강 저하와 관련이 있음을 인정하기 시작했다.[775]

아는 이야기겠지만 비만은 고혈압, 2형 당뇨병, 관상동맥심장병, 뇌졸중, 폐쇄성 수면무호흡증, 골관절염의 위험을 크게 높인다. 아주 최근의 한 연구에서는 20대와 30대에 비만이었거나, 고혈압 혹은 고혈당이었던 사람은 말년에 인지기능이 급속히 나빠지는 것으로 나왔다.[776] 이제 이 슬픈 목록에 코로나19로 인한 사망 위험 증가도 추가해야 한다.[777] 비만(특히 허리 주변에 저장된 과도한 체지방)과, 그와 관련해서 위험이 높아지는 심장 질환, 뇌졸중, 2형 당뇨병, 고혈압, 고혈당 등을 한데 묶어 **대사증후군**이라 부른다. 영국의 경우 2050년에는 대사증후군 때문에 국민보건서비스에서 1년 동안 직접 부담해야 하는 비용이 97억 파운드, 사회 전체가 부담해야 하는 비용은 500억 파운드에 이를 것으로 추정된다. 세계보건기구는 2025년부터 매년 전 세계적으로 대사증후군으로 인한 건강 악화를 치료하는 데만 1조 2000억 달러가 들어갈 것으로 보고 있다. 스페인 카탈루냐 지역에 이런 속담이 있다. "전쟁보다 식탁이 더 많은 사람을 죽인다." 20세기 전반까지는 이 말이 맞는지 확신하지 못하겠지만, 오늘날의 세계에는 분명 맞는 이야기다.

이번 장과 다음 장에서는 대사증후군의 원인과 결과를 살펴보고, 일주기 리듬이 여기에 어떤 영향을 미치는지 생각해보려고 한다. 내가 전하려는 메시지는 간단하다. 우리 대사, 그리고 우리의 대사경로가 일주기 시스템과 수면 시스템에 의해 조절되는 방식을 더 잘 이해함으로써 건강한 식생활과 대사증후군 사이에서 어려운 길을 잘 헤쳐나갈 수 있도록 자신감을 갖게 되리라는 것이다. 일주기 시스템과 대사 사이의 상관관계는 새로 등장한 과학 분야지만 벌써부터 우리를 건강하게 하는 것은 무엇이고, 아프게 하는 것은 무엇인지에 대한 이해를 새롭게 해주고 있다. 일주기 이야기로 뛰어들기에 앞서 준비운동 삼아 대사에 관한 몇 가지 필수 핵심 사실을 살펴보자.

대사 - 핵심 사실들

가장 먼저 지적할 점은 음식이 대사를 주도할 에너지를 공급해주고, 대사가 다시 생명 현상을 주도한다는 것이다. 절대적인 의미로 따지자면 죽음은 '대사의 부재'라 정의할 수 있다. 하지만 음식은 어떻게 에너지로 전환될까? 아데노신삼인산(ATP)이라는 놀라운 분자는 모든 세포에서 현금 같은 에너지로 기능한다. ATP에서 인산기가 하나 제거되어 아데노신이인산(ADP)으로 전환되는 과정에서 대사를 주도할 에너지가 방출된다. ATP를 더 많이 공급하려면 세포의 미토콘드리아에서 ADP가 다시 ATP로 전환되어야 한다. 이렇게 ADP에서 새로 ATP를 만들어내는 데는 에너지가 필요하고, 이 에너지는 세포 호흡이라는 과정에서 나온다. 세포 호흡은 세포 안에서 산소로 포도당을 분해해서 물, 이산화탄소와 함께 ATP를 다시 만드는 데 필요한 에너지를 생산하는 과정이다. 많은 사람이 익히 알고 있을 이 과정은 다음과 같이 요약할 수 있다. 포도당+산소+ADP > 이산화탄소+물+ATP. 숨을 들이쉴 때는 공기로부터 산소를 얻는다. 이 산소는 세포 호흡을 통해 ATP를 만드는 데 사용된다. 그리고 숨을 뱉을 때는 세포 호흡의 폐기물인 이산화탄소와 잉여 수증기가 배출된다.

이렇듯 포도당은 산소처럼 거의 모든 동물에게 꼭 필요한 성분이다. 한편 식물은 광합성을 통해 스스로 포도당을 만들어낸다. 깨어서 활동하는 동안 우리는 주로 섭취하는 음식에서 포도당을 얻는다. 하지만 자는 동안에는 사실상 굶고 있는 상태이기 때문에 저장된 포도당을 가져다 써야 한다. 일주기 시스템은 수면과 각성의 서로 다른 대사 상태를 미리 예측하고 그에 따라 대사를 조절한다.[778] 포도당 대사의 핵심 요소들을 그림 9에 요약해놓았다. 이것을 보면 정말 놀랍다. 대사 생리학을 이해하게 된 것은 과학의 커다란 성취이지만 슬프게도 더 화려한 학문 분야의 그늘에 가리고 말았다. 뇌를 연구하는 과학자들은 파티에서 항상 많은 사람들을 몰고 다니지만 간, 창자, 위에 대해 연구하는 사람은 그냥 혼자 술을 홀짝거리는 경우가 많다. 슬프지만 이것이 현실이다. 다음 부분을 읽는 데 지침이 되어줄 그림 9를 빠르게 한번 훑어보자.

그림 9

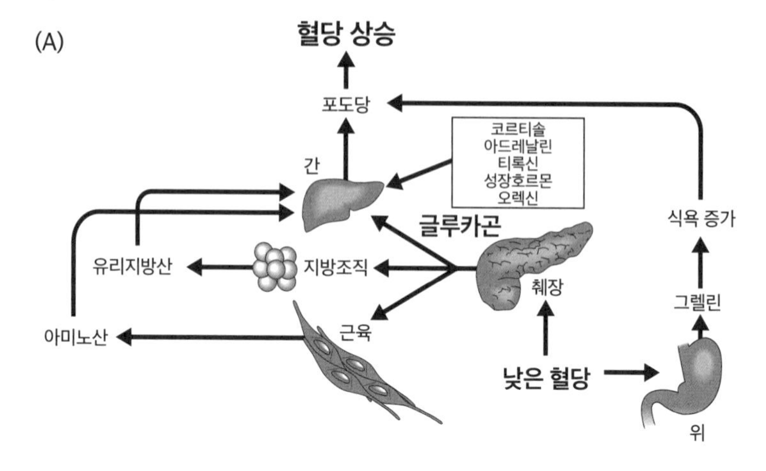

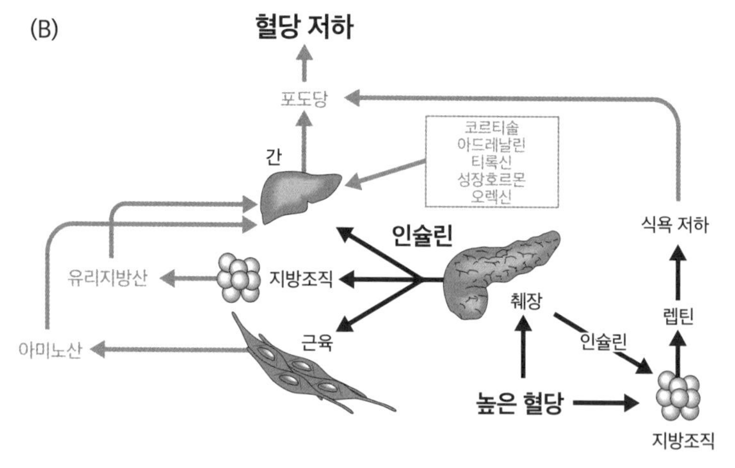

그림 9 – 혈당 상승과 저하의 메커니즘.

(A) 혈당 상승. 일주기 시스템이 수면을 예상하거나 혈당이 낮아지면 그에 대한 반응으로 췌장의 알파세포가 자극을 받아 글루카곤을 분비한다. 글루카곤이 간에 도달하면 저장된 형태의 포도당인 글리코겐을 사용 가능한 형태의 포도당으로 전환하는 글리코겐 분해 과정이 일어난다. 그러면 포도당이 혈중으로 방출된다. 글루카곤은 피부 아래(체지방), 내부 장기 주변(내장지방), 그리고 다른 장소에 들어 있는 지방조직에 작용해서 그곳에 저장되어 있던 지방(중성지방)을 유리지방산으로 바꾸는 작용도 한다. 이 유리지방산

이 혈액을 타고 간으로 이동해서 포도당으로 전환된다. 굶고 있는 상황에서는 글루카곤이 근육을 분해해서 아미노산을 방출하는 역할도 할 수 있다. 이 아미노산도 간에서 포도당으로 전환될 수 있다. 그 결과로 혈당이 증가한다.[779] 저혈당에 덧붙여 다른 과정도 혈중 포도당을 증가시키는 작용을 한다. 스트레스 상황에서는 코르티솔과 아드레날린이 간을 자극해서 포도당을 만들게 한다. 또한 코르티솔과 아드레날린은 일주기 시스템에 의해 강력하게 조절된다. 코르티솔과 아드레날린 수치는 한밤중에 올라가기 시작해서 아침에 눈을 뜨기 직전에 최고조에 달한 다음, 낮을 지나면서 차츰 내려간다. 밤의 첫 부분과 가장 깊은 수면 단계를 거치는 동안에 최저치에 도달한다. 코르티솔과 아드레날린은 간의 포도당 생산을 촉진하므로, 잠에서 깨기 전에 이 호르몬들의 수치가 높아지면 저장되어 있던 에너지원으로부터 포도당이 만들어지기 때문에 음식 섭취를 통해 포도당을 직접 획득하기 전이라도 몸이 활동을 준비할 수 있다. 갑상샘에서 나오는 티록신은 또 다른 중요한 대사 조절자로, 저장되어 있던 포도당을 우리가 자는 동안에 동원해서 이용할 수 있게 해준다. 정상 시에 티록신 수치는 수면이 시작될 때 급격하게 증가했다가 깨어난 후로는 줄어든다.[780] 성장호르몬은 조직의 복구와 세포 성장에 관여하고, 자는 동안 포도당 생산을 도와준다. 최고조에 도달하는 시간은 오전 2시에서 4시 사이이다(그림 1). 이 덕분에 저장되어 있던 포도당이 자는 동안에 분비되어 그 에너지로 조직의 복구와 성장을 촉진한다. 흥미롭게도 잠을 자지 않고 계속 활동하면 성장호르몬의 분비가 현저하게 감소하고,[781] 성장에 집중해야 할 우리의 생물학이 그러지 못하고 투쟁-도피 반응을 준비하게 된다. 오렉신은 외측 시상하부(그림 2)에서 생산된다. 오렉신은 주간 각성 상태를 주도하는 데 관여(2장)할 뿐만 아니라 음식의 섭취와 에너지 대사에서도 핵심적인 역할을 해서 간의 포도당 생산을 늘린다. 이것은 다시 심장 박동 수, 체온, 근육 활성을 끌어올린다. 그렐린은 주로 위에서 생산되는 호르몬이다. '배고픔 호르몬'이라고도 불린다. 그렐린이 뇌에 도달하면 배고픈 느낌을 강화해서 음식 섭취를 통해 혈중 포도당 수치를 높이도록 재촉하기 때문이다. 그렐린 수치는 낮에는 높게 유지되어 식사 활동을 촉진하지만, 밤에는 낮아진다. 자면서 먹을 수는 없기 때문이다. 아울러 췌장, 간, 근육, 지방조직, 뇌에 있는 조절 중추들이 주로 자율신경계를 통해 직간접적으로 SCN의 마스터 생체시계에 의해 조절된다는 점을 강조하고 싶다(1장).

(B) 혈당 저하. 하루 중 음식물의 섭취를 예측해 혈당을 조절해야 하는 일주기 동인에 의해, 혹은 식사 후와 같이 혈당 수치가 높아지면 과도한 혈당을 계속 통제 아래 두기 위해 우리 몸은 과도한 혈중 포도당을 낮추어 나중에 사용할 수 있도록 저장한다. 포도당은 간에서는 주로 글리코겐과 중성지방의 형태로, 지방조직에서는 중성지방의 형태로 저장된다. 이 중요한 활동은 **인슐린**의 분비를 통해 이루어진다. 일주기 신호와 고

혈당에 반응해서 췌장의 베타세포가 인슐린을 분비한다. 인슐린은 혈당을 낮추는 작용을 한다. 간에서는 인슐린이 포도당 생산을 방해하고, 간을 자극해서 포도당을 글리코겐으로 저장하게 만든다. 근육과 같이 대사 활성이 높은 세포에서는 인슐린이 혈중으로부터의 포도당 흡수를 자극한다. 지방조직에서는 인슐린이 중성지방이 유리지방산으로 분해되는 것을 억제하고, 유리지방산으로부터 저장형 지방(중성지방)의 합성을 주도한다. 그 결과 전체적으로 혈당이 낮아지고 글리코겐이나 중성지방의 형태로 저장된 포도당의 양이 늘어나게 된다. **렙틴**은 주로 지방세포에서 만들어지는 호르몬으로, 혈중으로 분비되면 뇌에 작용해서 배고픔을 덜 느끼게 한다. 이것이 다시 음식물 섭취와 포도당 소비를 줄이게 한다. 렙틴의 수치는 잠자는 동안에 최고조에 도달해서 자면서 먹을 수 없는 시간 동안에 식욕을 억누른다. 그렐린 수치가 높아지는 낮에는 렙틴 수치가 낮아진다. 그래서 배고픔을 느끼게 된다. 렙틴의 분비는 인슐린을 통해서도 부분적으로 조절되지만 다른 대사 신호와 일주기 신호도 여기에 관여한다.[782] 1형 당뇨병은 췌장 베타세포로부터 인슐린이 아예 생산되지 않거나 부족할 때 생긴다. 2형 당뇨병은 주로 근육, 지방조직, 간이 인슐린에 제대로 반응하지 못해서 생긴다. 이 상태를 **인슐린 저항성**이라고 한다. 두 유형의 당뇨병 모두 혈중에 포도당이 너무 많이 남는 결과를 초래한다(고혈당증).

음식 섭취와 포도당 대사의 일주기 조절

일주기 시스템은 배고픔과 소화에서 대사 호르몬의 조절에 이르기까지 대사의 모든 측면에 영향을 미친다. 예를 들어 정상적인 상황에서 우리는 낮에 밥을 먹는다. 따라서 낮에는 올랐다가 밤에는 떨어지는 타액의 생산에도 일주기 리듬이 당연히 존재한다. 타액이 있음으로 해서 우리는 대화를 하고, 맛을 보고, 씹고, 삼킬 수 있다.[783] 사람의 위는 똑같은 식사를 해도 저녁보다 아침에 더 빨리 빈다. 대장의 수축도 일주기 리듬이 있어서 낮에는 활발하게 움직이지만 밤에는 움직임이 훨씬 줄어든다.[784] 정상적으로 우리는 낮에 대변을 보고, 60퍼센트의 사람이 아침에 배변하며, 밤에 배변을 하는 사람은 3퍼센트 미만이다. 위산의 분비는 언제 먹느냐에 따라 달라지지만 그 기저에는 오후와 초저녁으로 가면서 생산이 늘어나는 일일 리듬이 깔려 있다.[785] 잠자기 전에 음식을 먹으면 위액 분비가 늘어나는데, 치료받지 않은 위궤양이나 위산 역류로 인한 통증이 밤에 더 심해져 수면을 방해하는 경우가 많은 것은 바로 이 때문이다. 이 장의 '묻고 답하기' 코너에서도 이야기하겠지만 양성자펌프억제제를 복용하면 위액 분비를 크게 줄일 수 있다.

대사 호르몬의 일주기 통제

대사는 여러 가지 호르몬과 효소에 의해 조절되며, 일주기 시스템은 24시간 내내 이런 신호와 조절 분자들의 수치를 조정하고 있다(그림 9). SCN(시각교차위핵)의 마스터 생체시계가 대사에 관여한다는 첫 번째 증거는 SCN이 손상된 쥐 실험에서 나왔다. 쥐의 SCN을 손상시켰더니 포도당, 인슐린, 글루카곤, 섭식 행위에서 일일 리듬이 완전히 사라졌던 것이다.[786, 787] 간은 글리코겐의 형태로 몸속에 포도당을 저장하는 핵심 공급원이다. 인슐린이 활동과 수면을 예측해서 리듬에 맞추어 간에 작용하는 것에 더해서 SCN도 자율신경계를 통해 혈당의 일일 리듬을 만들어냄으로써 부분적으로 간과 포도당의 생산을 조절한다. 하지만 간으로 가는 신경 연결을 차단하면 혈당의 일일 리듬이 깨진다. 이것은 SCN이 포도당 대사에 직접적인 역할을 한다는 것을 보여준다. 포도당 대사가 그냥 인슐린을 통해서만 이루어지는 것이 아니다. SCN이 '마스터' 생체시계로 작용하기는 하지만 시계가 여기에만 있는 것은 아니다. 전부는 아닐지언정 대부분의 세포는 일주기 리듬을 만드는 능력을 갖추고 있다. 흥미롭게도 SCN이 손상된 생쥐에서도 개개의 간세포 생체시계는 계속해서 일주기 리듬을 보여준다. 하지만 SCN에서 들어오는 입력도 없고, 리듬에 맞춘 인슐린의 생산도 없는 경우에는 개별 간세포의 일주기 리듬이 서서히 소실되면서 포도당 대사가 잘 이루어지지 않는다.[778]

생체시계 유전자의 이상은 쥐와 사람 모두에서 포도당 대사의 변화, 2형 당뇨병, 비만과 관련이 있다.[778] 시계 유전자의 돌연변이로 일주기 리듬에 결함이 있는 생쥐는 명확한 밤낮의 섭식 리듬이 나타나지 않는다. 이 생쥐는 과도하게 먹이를 섭취해서 비만해지고 지방간 질환과 인슐린 저항성을 비롯한 대사 이상이 생긴다.[788] 여기서 핵심은 그림 9에 나와 있듯이 내부의 일주기 조절자가 부재한 상황에서는 대사 호르몬들이 교란되어 수면과 각성의 서로 다른 대사 상태를 예측하지 못한다는 것이다. 그러면 대사 장애가 생긴다.

서로 충돌하는 일주기 신호

일주기 신호를 완전히 상실하면 대사 장애가 일어난다. 하지만 일주기 신호가 뒤섞이거나 서로 모순을 일으키는 경우에는 어떨까? 명암 주기는 SCN을 외부세계에 맞출 때 핵심적인 동조화 요소로 작용한다. 하지만 나머지 신체부위의 생체시계 세포, 즉 간세포 등의 말초시계를 동기화하는 데는 대사 신호도 핵심적인 동조화 기능을 담당할 수 있다. 이것이 생쥐에서 입증된 바 있다. 일련의 실험에서 생쥐를 열두 시간은 밝음에, 열두 시간은 어둠에 노출시키면서 낮에 몇 시간만 먹이에 접근할 수 있게 했다. 사실상 생쥐가 정상적으로는 활동을 접고 잠을 자야 할 낮 시간에만 먹을 수 있게 한 것이다. 그러자 놀랍게도 간, 근육, 내장, 그리고 다른 기관의 말초시계들이 새로운 먹이 섭취 시간에 맞추어 자신의 일주기 리듬을 이동시켰다. 하지만 SCN의 생체시계는 여전히 명암 주기와 맞물린 상태에서 생쥐의 활동을 대부분 밤에 주도했다. 이제 SCN과 말초시계는 더 이상 조화를 이루지 않았고, 수면과 활동의 서로 다른 요구를 뒷받침해주어야 할 정상적인 대사경로가 심각하게 교란됐다.[789] 어떤 상황에서는 간과 다른 기관이 SCN으로부터 분리되어 대사 신호(섭식 신호)에 대응할 수 있다. 이렇게 SCN과 간의 분리가 단기적으로 긴급한 필요에 대처하는 데는 유용할 수 있지만 장기적으로 이런 불일치가 계속되면 결국은 비만, 인슐린 저항성 등 중요한 대사 문제를 일으킨다.[790]

이 생쥐 실험을 보면서 당연히 의문이 하나 떠오른다. 사람의 일주기 신호가 뒤섞이면 어떤 결과가 나올까? 그럼 생물학적으로는 수면 상태에 있는 동안에 어쩔 수 없이 일을 해야 하는 야간 교대근무 노동자의 SCRD 문제로 돌아오게 된다. 4장에서 이 주제에 대해 이야기했지만 이번에는 대사에 관해 좀 더 구체적으로 생각해보고 싶다. 야간 교대근무와 대사증후군, 특히 2형 당뇨병 사이에 명확한 상관관계가 있음을 보여준 여러 편의 연구가 있었다. 그리고 야간 교대근무 기간이 길어질수록 그 위험도 커졌다.[791~794] 하지만 이런 문제가 야간 교대근무 노동자에게만 나타나는 것은 아니다. 다른 노동자 집단에서도 수면 손실과 수면 교란은 대사증후군 위험을 높인다.[795~797] 이번에도 역시 포도당 대사와 수면 및 활성의 서로 다른 요구 사이에 불일치가 나타나는 것을 볼 수 있다. 이것이 다시 스트레스 축을 활성화한다. 이런 현상이 지속되면 대사 증후군을 촉진할 수 있다(4장). 하지만 SCRD와 대사 교란 사이의 상관관계는 그저 코르티솔과 아드레날린 같은 스트레스 호르몬의 분비에 그치지 않는다.

렙틴과 그렐린

최근의 연구에 따르면 지방조직에서의 렙틴 분비는 SCN이 주도하는 활발한 리듬을 나타내며, 수면 중인 오전 2시경에 정점을 찍고, 깨어 있는 정오 즈음에 바닥을 찍는 것으로 나왔다. 렙틴은 시상하부에 있는 세포에 작용해서 식욕을 억제한다. 그래서 포만 호르몬이라는 별명을 갖고 있다(그림 9B). 정상적으로는 밤에 렙틴 수치가 올라가서 식욕을 억제하기 때문에 배고픔이 수면을 교란하지는 않는다. 주로 위에서 분비되는 그렐린은 렙틴과 반대로 작용한다. 그렐린은 뇌의 다른 경로를 활성화해서 배고픔을 자극한다. 그래서 배고픔 호르몬이라는 별명을 갖고 있다(그림 9A). 그렐린의 수치는 실제로 규칙적인 식사시간 전에 높아지는데 이렇게 음식 섭취를 예상하는 것은 일주기 시스템의 역할이다. 이것이 식사시간 전에 우리의 식욕을 끌어올린다.[798] 이 현상을 노려 식전 간식과 칵테일 등의 산업이 통째로 하나 생겨났다. 본격적인 식사보다 이런 간식이 더 맛있을 때도 많다!

할 수 없이 수면시간 단축을 견뎌야 하는 사람은 포만 호르몬인 렙틴의 수치가 더 낮아지고, 배고픔 호르몬인 그렐린의 수치는 올라간다. 그래서 배고픔을 느껴 더 많이 먹게 된다.[799, 800] 한 고전적 연구에서는 이틀 연속으로 네 시간씩만 자면 배고픔 및 포만과 함께 렙틴과 그렐린의 수치에 어떤 영향을 미치는지 조사해보았다. 건강한 젊은 남성 참가자들에서 렙틴의 혈중 수치는 18퍼센트 낮아지고, 그렐린은 24퍼센트 높아졌다. 배고픔은 24퍼센트, 식욕은 23퍼센트 증가했다. 특히 수면 박탈 이후에는 고탄수화물 식품에 대한 식욕이 32퍼센트 증가했다.[801] 이 연구 결과는 우리가 수면 박탈 상황에서 렙틴의 감소와 그렐린의 증가를 통해 더 많은 칼로리를 섭취하도록 대사적으로 프로그래밍되어 있음을 강력하게 시사한다. 또한 잠이 부족할 때 배고픈 느낌을 받고, 단것이 당기는 이유를 설명해준다.[108]

야간 교대근무 노동자의 SCRD는 내부 비동기, 뒤섞인 일주기 신호, 비만 대사 상태로의 전환으로 이어진다.[802] 비만한 사람은 포만 호르몬인 렙틴의 수치가 낮고 배고픔 호르몬인 그렐린의 수치가 높을 것이라 생각하기 쉽지만 그렇게 간단하지가 않다. 비만한 사람도 여전히 렙틴 분비의 일주기 리듬을 갖지만 그 리듬이 대단히 평평해져서 밤에는 확실히 높아지고, 낮에는 확실히 낮아지는 선명한 변화가 나타나지 않는다.[803, 804] 비만한 사람에게서는 이렇게 리듬이 평평해지는 것과 함께 지방조직의 렙틴 수치가 높아져 있다. 렙틴 수치가 높으면 배고픔을 느끼지 않아야 할 것 같은데 그렇지가 않다. 비만한 사람에게서는 렙틴 저항성이 나타나기 때문이다.[805] 음식을 섭취한 후에 혈당이 높아지면 이것이 방아쇠로 작용해서 지방조직에서 대량의 렙틴이 분비된다(그림 9B). 하지만 뇌는 오랫동안 지속된 렙틴 폭격에 이미 둔감해져 있다. 그 결과 렙틴의 수치는 높아도 비만한 사람의 뇌는 렙틴이 보내는 포만 신호에 대단히 무뎌져 있다. 뇌가 렙틴에 반응하지 않는 것이다. 렙틴의 포만 신호는 크게 약해져 있어도 그렐린이 보내는 배고픔 신호는 여전히 남아 있거나, 심지어 더 높아져 있을 수 있다. 그래서 비만한 사람은 배고픔을 더 자주 느끼는 경향이 있다.

지방 대사의 일주기 조절

지방조직은 에너지를 장기 저장하는 주요 부위이고 몸 전체에 퍼져 있지만 주로 내부 장기 주변에 많이 쌓인다(내장지방). 내장지방은 특정 연령대의 과학자에게서 대단히 분명하게 보인다! 우리가 음식을 먹으면 간은 당장 필요하지 않아 남아도는 포도당을 중성지방으로 전환하지만, 간은 중성지방을 저장할 용량이 한정되어 있다. 간에 중성지방이 너무 많이 저장되어 있으면 비알코올성 지방간 질환을 일으킬 수 있다. 이것은 비알코올성 지방간염의 극단적인 형태다. 간이 가득 차서 더 이상 저장할 수 없는 중성지방은 혈류를 타고 운반되어 지방조직에 저장된다. 그럼 우리는 살이 찐다. 또한 간은 남아도는 당분을 중성지방으로 전환한다. 설탕이 많이 들어간 음식을 너무 많이 먹으면 살이 찌는 이유가 이것 때문이다. 꼭 지방을 많이 먹어야 살이 찌는 것은 아니다. 몸이 포도당을 만들기 위해서 지방산이 필요해지면 췌장의 알파세포에서 분비되는 호르몬인 글루카곤이 간과 지방조직에서 중성지방을 유리지방산으로 분해한다.[806] 저장된 중성지방은 사용되지 않은 칼로리를 나타낸다. 이 저장된 에너지가 허리 주변에 쌓여 체질량지수(BMI)를 높인다.

SCRD와 지방 대사

중성지방을 동원하고, 단백질이 지질단백질의 형태로 중성지방을 운반하고, 에너지 사용을 위해 혹은 생리학적 필요를 위해 중성지방을 분해하는 과정 모두 일주기 시스템에 의해 조절된다. 심지어 소화계에 의한 지방의 흡수도 SCN과 소장에 있는 국소 일주기 시계의 통제를 받는다. 야간 교대근무, 시차증, 사회적 시차증 등으로 인해 생기는 SCRD는 주요 대사, 특히 지방 대사의 이상과 관련되어 있고 비만의 위험을 높인다.[807,808] 예를 들어 잠을 여섯 시간 미만 자는 경우 2형 당뇨병의 위험 증가와 함께 BMI가 높아진다.[809] 비만/BMI와 총 수면시간 사이에는 명확한 상관관계가 존재한다.[810] 잠이 부족할수록 BMI 수치도 높아진다. 대사 조절의 교란에 더해서 과체중인 사람은 잠들거나 잠을 유지하는 데 더 어려움이 있고, 폐쇄성 수면무호흡증의 위험도 더 높은 것으로 보인다(5장 참고).[811] 또한 비만한 사람은 렙틴 저항성도 높아지지만, 깨어 있는 동안, 특히 늦은 시간에 더 많이 먹고 싶어지고, 그럴 기회도 늘어난다는 점을 함께 고려해야 한다. 마지막으로 취침 전에 고에너지 식사를 하면 체온이 올라간다.[812] 잠들기 위해서는 심부 체온이 살짝 떨어지는 게 중요한데, 취침 전 거한 식사가 수면을 뒤로 늦추는 작용을 할 수도 있다. 이런 개념을 뒷받침할 만한 강력한 증거는 없다. 하지만 다음 장에서도 보겠지만 저녁에 거한 식사를 하는 것은 다른 여러 가지 이유로도 그리 좋은 생각이 아니다.

1. 양성자펌프억제제를 언제 복용해야 하나요?

위산분비억제제의 사용법에 대해 자주 질문을 받습니다. 이것은 아주 흥미로운 주제죠. 10장에서 이야기했듯이 약물의 작용은 그 약의 반감기, 표적 세포에 작용하는 시간, 하루 중 시간대 등의 약물동태학에 좌우됩니다. 프릴로섹과 로섹 등의 제품명으로 팔리고 있는 오메프라졸 등의 양성자펌프억제제(PPI) 약물군은 양성자 펌프를 꺼서 위벽을 덮고 있는 세포들이 너무 많은 위산을 생산하지 못하게 막습니다. 여기서 핵심은 PPI에 의해 위산을 만들어내는 양성자 펌프가 한번 꺼지고 나면 계속 억제된 상태로 남는다는 것이죠. 그래서 위 세포가 새로운 펌프를 만들 때까지는 더 이상 위산을 생산할 수 없습니다. 그리고 새로운 펌프를 만드는 데는 36시간 정도가 걸립니다.[813] 이 약물은 위궤양이 형성되는 것을 막고, 위궤양이 있는 경우에는 치유 과정을 도와줄 수 있습니다. 거기에 더해서 PPI는 특히 밤에 누웠을 때 발생할 수 있는 위식도 역류 질환을 예방하는 데 도움이 됩니다. 이런 점에서는 수면에도 도움이 되죠. PPI는 복용 후 불과 몇 시간 만에 신속하게 혈중에서 제거됩니다. 보통 PPI는 오전에 복용하라고 합니다. 하지만 위산의 생산은 늦은 오후나 저녁에 최고조에 달하는데(그림 8) 왜 오전에 복용하라는 것일까요? 여기서 중요한 점은 PPI가 효과적으로 양성자 펌프를 끄기 위해서는 위 속에 새로 음식물이 들어온 상태에서 양성자 펌프가 활성화되어 있어야 하기 때문입니다. 음식물이 배 속에 없으면 PPI의 위 산성 저하 효과가 크게 떨어집니다.[814] 아침 식사 30분 전에 PPI를 복용하면 새로운 펌프가 만들어질 때까지 양성자 펌프가 효과적으로 차단됩니다. 따라서 아침에 PPI를 복용하면 일주기 리듬에 의해 주도되는 위산의 생산을 36시간 정도 효과적으로 줄일 수 있습니다. 하루의 식사를 마친 취침 전에 PPI를 복용하면 그 효과가 크게 떨어집니다. 자기 전에 PPI를 복용하면 한밤중에 일어나는 위산 역류를 막을 수 있으리라는 잘못된 믿음 때문에 여전히 많은 사람이 취침 전에 PPI를 복용하고 있습니다. 하지만 그렇지 않습니다. 오전에 PPI를 복용하는 사람 중에서도 일부는 여전히 밤에 위식도 역류를 경험합니다.[815] 이것은 아침에 PPI를 복용한 이후에 식사를 하지 않아서 양성자 펌프를 활성화시키지 못했기 때문입니다. 그리고 PPI를 오전에 한 번 복용하는 것만으로는 꺼지는 양성자 펌프의 수가 너무 적을 수 있습니다. 이런 경우라면 하루에 두 번, 즉 한 번은 아침 식사 전에, 또 한 번은 저녁 식사 전에 복용하는 것을 권장합니다. 하지만 취침 전 복용은 권장하지 않습니다. 이렇게 펌프를 두 번 타격하는 접근방식이 취침 전에 심각한 위식도 역류를 줄이는 데 도움이 되는 것으로 밝혀졌습니다.[816]

2. 혈당이 높은 것이 왜 그렇게 안 좋은 건가요?

혈당이 높으면 혈관이 손상을 입는 것으로 알려져 있습니다. 혈관이 손상되면 심장 질환과 뇌졸중, 콩팥 질환, 시각에 문제가 생길 위험이 높아지죠. 하지만 실제로 무엇이 이런 손상을 일으키는 것일까요? 고혈당은 단백질 키나아제 C(PKC)라는 효소를 활성화하는 것으로 보입니다. 이 효소는 일련의 경로를 자극해서 결과적으로 혈관을 수축시키죠.[817] 혈관이 수축하면 혈압이 높아집니다. 이것이 혈관을 손상시키고, 나쁜 LDL 콜레스테롤이 손상된 동맥벽에 침착됩니다(아래 참고). 그 결과 최종적으로는 순환계의 작업부하가 높아지고 그 효율은 떨어지기 때문에 결국 장기 부전을 일으킵니다. 시간이 지나면 고혈당이 신경에 혈액을 공급하는 작은 혈관까지도 손상시켜 신경에 필수 영양분을 공급하지 못하게 됩니다. 그 결과 신경섬유가 손상을 입거나 죽게 됩니다. 이것을 신경병증이라고 하죠. 신경병증은 촉각, 온도 감각, 통각 등의 감각과 피부, 뼈, 근육에서 뇌로 전달되는 정보를 손상시키거나 파괴할 수 있습니다. 이것은 보통 발과 다리의 신경에 영향을 미치지만 팔과 손에서도 이런 증상이 일어날 수 있습니다. 이런 문제에 더해서 혈중에 포도당과 과당 등의 수치가 올라가면 호중구 같은 면역반응 세포의 세균 포식 능력이 약해집니다. 반면 단식은 호중구가 세균을 잡아먹는 식세포 능력을 강화해주죠.[818] 2형 당뇨병 환자처럼 혈당 수치가 높은 사람이 감염에 더 취약한 이유도 이것으로 설명할 수 있을지 모릅니다. 이에 대해서는 다음 질문을 참고하세요.

3. 감염이 어떻게 혈당 수치를 변화시키나요?

혈당 수치와 감염 사이에는 중요한 상관관계가 존재합니다. 첫째, 감염은 스트레스 반응을 촉발해서 몸이 더 많은 코르티솔과 아드레날린을 생산하게 만듭니다. 이 호르몬은 인슐린과 반대로 작용해서 포도당의 생성(포도당신생합성)을 촉진합니다(그림 9A). 그 결과 몸의 포도당 생산량이 증가하고 혈당 수치도 높아집니다. 장기 감염이 대사증후군의 가능성을 높이는 것도 이 때문이죠. 2형 당뇨병의 경우처럼 혈당 수치가 높아진 고혈당증은 면역반응을 방해하는 것으로 보입니다. 특히 침입한 병원체의 확산이 빨라지죠. 2형 당뇨병 환자가 감염으로 인한 위험이 높은 것도 이 때문입니다. 실제로 고름이 찬 종기나 뾰루지가 좀처럼 낫지 않는 것은 2형 당뇨병의 초기 증상일 수 있습니다.

4. 콜레스테롤이 에너지 대사에 관여하나요?

이 장에서 이야기했듯이 중성지방은 지방조직에 저장되며, 포도당으로 전환해서 대사에 이용할 수 있는 저장된 칼로리에 해당합니다. 지방조직에 저장되는 지방의 또 다른 형태로 콜레스테롤이 있습니다. 콜레스테롤은 에너지 대사에 직접 관여하지 않지만 세포, 그리고 코르티솔, 에스트로겐, 황체호르몬, 테스토스테론 등의 핵심 호르몬을 만드는 데 필수 성분이죠. 간단히 다시 떠올려보자면 콜레스테롤은 단백질 복합체(지질단백질)의 형태로 혈액 속에서 운반되고, 두 종류의 지질단백질이 콜레스테롤을 세포 내외로 운반합니다. 하나는 저밀도 지질단백질(LDL)이고, 다른 하나는 고밀도 지질단백질(HDL)입니다. LDL 콜레스테롤은 동맥에 콜레스테롤을 운반해서 지방을 침착(동맥경화증)시키기 때문에 나쁜 콜레스테롤로 여겨집니다. 이렇게 되면 동맥이 좁아져 심장마비와 뇌졸중의 위험이 높아지죠. HDL은 건강한 수치에서는 심장마비와 뇌졸중으로부터 보호해주기 때문에 좋은 콜레스테롤로 여겨집니다. HDL은 동맥에 생긴 지방 침착물로부터 콜레스테롤을 떼어내서 다시 간으로 돌려보내는 역할을 합니다. 이 콜레스테롤은 간에서 분해되어 몸 밖으로 배출되죠. 고지혈증 약인 스타틴(10장)은 LDL 콜레스테롤의 수치를 낮춰줄 뿐만 아니라 중성지방 수치도 낮춰줍니다.

이것은 유용한 특성입니다. 중성지방 수치가 높으면 비알코올성 지방간 질환, 심장 질환, 당뇨병, 그리고 대사증후군에서 보이는 온갖 질병을 유발할 수 있기 때문이죠.[806]

13장

나만의 자연스러운 리듬을 찾자

일주기 리듬, 식생활, 건강

밤에는 먹지 말라면서
냉장고 안에 조명은 왜 설치한 거죠?

익명의 질문자

우리는 설탕이 거의 없는 식단을 먹고 살도록 진화했다. 화학적으로 정제된 설탕은 3500년 전 인도에서 처음 도입됐을 것이다. 그 이후로 동쪽으로는 중국, 서쪽으로는 페르시아를 통해 초기 이슬람 세계를 거쳐, 13세기에는 지중해 지역까지 퍼졌다. 1500년경 중세가 끝날 때까지 설탕은 귀하고 비쌌다. 정제설탕은 키프로스, 시칠리아, 대서양의 마데이라섬에서 생산됐다. 그 후로 포르투갈 사람들이 브라질에 설탕 농장을 설립했다. 이 농장은 노예제에 기반한 플랜테이션 경제에 의해 유지됐다. 1640년대에는 브라질에서 카리브해 지역으로 사탕수수가 도입되면서 설탕 생산이 노예무역과 함께 폭발적으로 증가했다. 다른 유럽 국가들도 설탕 생산에 참여하기를 간절히 원했고, 마찬가지로 노예 노동력을 이용해서 사탕수수를 재배하고 수확했다. 대서양 횡단 노예무역이 폐지된

1800년대 초반까지 1200만 명 이상의 사람이 아프리카에서 배에 실려 미국으로 보내진 것으로 추정된다.[819] 미국 남북전쟁 이후인 1865년까지 노예제는 완전히 종식되지 않았지만 인간의 비참함, 타락, 죽음을 사고파는 이 끔찍한 교역의 결과 설탕 열풍이 일어났다. 아무에게도 필요하지 않지만 모든 사람이 갈망하는 이 물질을 위해 이루 말할 수 없는 비인간적인 일들이 벌어진 것이다. 설탕 무역은 인간의 잔인함을 보여주는 부끄러운 유산이자 건강 악화의 상징으로 현대사회에 각인됐다.

중세 이후로 발굴된 사람의 골격 중 20퍼센트 정도에서 충치가 발견됐다. 하지만 20세기에 발굴된 골격 중 90퍼센트에서 충치가 보인다. 내 동료이자 오랜 친구인 벤 캐니가 내게 말하기를 태즈메이니아에서 예방할 수 있었음에도 불구하고 결국 아동이 병원에 입원하게 되는 주요 원인은 충치 발치를 위한 전신마취라고 한다. 1700년대까지는 설탕이 사치품이자 부의 상징이었다. 영국의 엘리자베스 1세(재위 1558~1603)는 듣자하니 설탕에 중독되어 50대 초반에는 치아가 모두 검게 충치를 먹거나 빠져 있었다고 한다. 여왕의 치아가 검게 변하자 귀족 및 왕실의 상류층 사람들은 검은 치아를 아름다움과 부의 상징으로 여겼고, 여성들이 검댕으로 치아를 검게 물들이기 시작했다. 설탕을 사 먹을 형편이 안 되는 사람도 남들에게 부자처럼 보이려고 치아를 검게 물들였다. 과연 끔찍한 입냄새도 멋진 유행이라 간주했었는지는 불분명하다. 어쨌든 너무 비꼬면 안 될 것 같다. 어쩌면 언젠가는 검은 치아가 다시 유행할지도 모를 일이니까 말이다. 1970년대에 한창 유행했다가 사라진 나팔바지와 통굽신발이 다시 유행을 탈지 누가 예상했겠는가? 하지만 설탕 때문에 생기는 충치는 설탕이 건강에 미치는 해악 중에서도 빙산의 일각에 불과하다.

유럽과 북아메리카 지역에 사는 사람들은 하루 칼로리 섭취량의 15퍼센트 정도를 설탕에서 얻는다. 하지만 이 수치는 평균일 뿐이고 어떤 사람들은 그보다 훨씬 많이 섭취한다. 정제설탕은 자당을 결정화한 것이다. 자당은 포도당 분자와 과당 분자로 만들어지며, 사탕수수, 사탕무, 옥수수 같은 식품으로부터 설탕을 추출해서 얻는다. 문제는 달달한 음료, 아침 식사용 시리얼, 소스, 심지어 여러 가지 빵 등 영양분이 빈약한 가공 식품에 설탕을 첨가하는 경우가 많다는 점이다. 세계보건기구는 설탕 섭취를 하루 칼로리 섭취량의 10퍼센트 미만으로 유지할 것을 권고하고 있다. 하지만 대부분의 사람이 이보다 많은 양을 섭취하고 있다. 15년 동안 진행되어 2014년에 발표된 한 연구에서는 칼로리 중 17~21퍼센트를 설탕 첨가물에서 얻는 사람은 8퍼센트를 얻는 사람에 비해 심혈관 질환으로 인한 사망 위험이 38퍼센트 더 높은 것으로 나왔다.[820] 설탕의 과다 섭취는 고혈압, 염증, 체중 증가, 당뇨병, 지방간 질환 등의 대사증후군과도 관련이 있다. 설탕이 어떻게 이런 문제들을 일으키는지는 아직 잘 이해하지 못하고 있다(12장의 '묻고 답하기' 2번 질문 참고). 하지만 설탕이 간에서 대사되는 방식 때문일 수 있다. 과잉의 설탕, 즉 몸에서 즉각적으로 필요로 하는 포도당의 양을 충족시키고도 남는 설탕은 간에서 지방으로 전환된다. 이 과정에서 간에 과부하가 걸린다. 이것이 지방간 질환으로 이어질 수 있고, 이것은 다시 당뇨병과 심장 질환의 위험을 높인다.[821] 따라서 디저트로 설탕이 잔뜩 들어간 달달한 푸딩을 먹기 전에 한 번 더 생각해보는 것이 좋다! 그건 그렇고 거하게 식사를 한 후에 설탕이 잔뜩 든 달달한 디저트를 먹는 관습은 튜더왕조 시대에 설탕이 소화에 좋고 위 건강에도 좋다는 잘못된 믿음에서 시작됐다고 한다.

지난 장에서 우리의 대사를 조화시키는 데 일주기 시스템이 어떤 역할을 하는지 간략하게 살펴보았다. 대사란 기본적으로 음식의 섭취를 조절하는 방식, 그리고 그 음식을 포도당으로 전환해서 에너지원으로 사용하는 방식을 말한다. 이 과정에서 일주기 시스템이 어떤 역할을 하고 SCRD가 어떤 영향을 미치는지도 살펴보았다. 거기에 이어서 이번에는 혈당 수치와 저장 지방을 건강한 수준으로 유지할 가능성을 극대화하는 방법에 대해 이야기하고 싶다. 이번 논의는 일주기 리듬과 생물학적 시간에 대한 지식을 이용해서 더 활발하고 건강한 대사를 달성하는 방법에 초점을 맞추겠다.

내 대사가 건강한지 어떻게 알 수 있을까?

12장의 내용을 간단히 요약해보자. 대사증후군은 비만, 과도한 허리 주변 지방, 심혈관 질환, 뇌졸중, 2형 당뇨병 등의 위험 증가, 혈압과 혈당의 상승 등을 비롯한 여러 가지 증상들의 묶음을 말한다. 인슐린은 혈당을 낮추는 작용을 한다(그림 9B). 인슐린 저항성은 근육, 지방조직, 간이 인슐린에 정상적으로 반응해 혈당을 낮추는 작용을 하지 못하는 당뇨 전 단계 상태를 말한다. 그 결과 당불내성(내당능장애라고도 한다)이 생긴다. 이것은 혈당치가 정상 범위보다 높지만 2형 당뇨병으로 진단할 만큼 높지는 않은 상태다. 여기서 핵심은 혈당 측정이 대사 건강을 측정하는 좋은 방법이라는 것이다. 혈당을 측정하는 한 가지 방법은 의사를 찾아가는 것이다. 아니면 가정용 혈당 측정기를 사용해도 정확한 측정치를 모을 수 있다. 이런 장치로 혈당을 측정했을 때 식전(공복 혈당)에 100mg/dL 미만, 식사 두 시간 후에 140mg/dL 미만이 나오면 건강하다고 볼 수 있다. 혈당이 식전 100~125mg/dL, 식사 두 시간 후 140~199mg/dL이면 당불내성에 해당한다. 식전 126mg/dL 이상, 식사 두 시간 후 200mg/dL 이상이면 2형 당뇨병에 해당한다. 공복 혈당을 측정할 때는 최소 여덟 시간 전부터 음식을 먹지 않아야 한다. 당불내성에서 2형 당뇨병으로 옮겨감에 따라 혈당 수치, 인슐린 저항성이 높아지고(몸이 인슐린에 반응하지 않음), 췌장 베타세포로부터 생산되는 인슐린의 양도 줄어든다(그림 9B). 그에 따르는 증상으로는 갈증, 잦은 소변, 배고픔, 감염 치유 시간의 증가 등이 있다. 고혈당을 치료하지 않고 방치하면 심장 질환, 뇌졸중, 시각장애, 콩팥부전, 통풍, 발과 다리의 혈류 감소 등으로 이어질 수 있다. 발과 다리로 가는 혈류가 감소하면 다리를 절단하게 될 수도 있다.

혈당을 측정하는 또 다른 방법으로 당화혈색소, 즉 HbA1c 측정이 있다. 당화혈색소는 몸속의 포도당이 적혈구에 달라붙을 때 생긴다. HbA1c를 보면 지난 2~3개월간의 평균 혈당치를 알 수 있다. 영국당뇨병학회는 당뇨가 없는 사람의 HbA1c 정상 범위를 6.0퍼센트 미만으로 잡고 있다. 당뇨 전 단계의 HbA1c 수치는 6.0~6.4퍼센트이고, 6.5퍼센트 이상이면 당뇨병을 의미한다. HbA1c는 장기적인 혈당 조절의 중요한 지표로서, 만성적으로 높은 혈당과 장기적인 당뇨 합병증의 위험을 측정해준다.[822] 앞으로 이 측정법이 식전, 식사 두 시간 후의 혈당만 단편적으로 파악하는 현재의 측정 방식을 대체할 가능성이 높다.

무엇이 인슐린 저항성을 유발하는지, 어째서 어떤 사람은 인슐린 저항성이 생기는데 어떤 사람은 그렇지 않은지가 분명치 않다. 내 친구 한 명은 이것을 '총알 피하기'라 표현했다. 하지만 2형 당뇨병의 가족력, 과체중(특히 허리둘레), 활동 부족, SCRD 모두 그 위험을 높인다. 따라서 일반적으로 모든 질병이 그렇듯이 당뇨병의 경우도 유전적 위험인자와 환경 간의 상호작용이 있는 것으로 보인다. 인슐린 저항성 초기 단계에서는 췌장(그림 9B)의 베타세포 수가 늘어나면서 낮아진 인슐린 감수성과 그로 인해 높아진 혈당을 낮추기 위해 더 많은 인슐린을 생산한다. 하지만 이런 상황이 계속 이어지면 베타세포가 죽는다. 본격적인 2형 당뇨병 환자는 베타세포의 절반 정도를 잃게 된다. 여기서 중요한 점은 당불내성이나 2형 당뇨병이 생겼을 경우 신속하게 조치를 취해서 이 상황을 되돌려놓아야 한다는 것이다.

대사증후군을 예방하기 위해 다이어트를 해서 체중 감량을 시도하는 사람이 많다. 하지만 이것은 절망적일 정도로 어려운 일이다. 다이어트만으로 체중을 감량한 경우 98퍼센트의 사람이 결국에는 다시 체중이 증가한다.[823] 이 문제는 항상성 조절이라는 우리 생리학의 근본적인 부분과 관련되어 있다. 항상성이란 몸이 체온, 호르몬 수치, 혈압, 심박 수, 혈당, 칼로리 섭취 등의 환경을 안정적으로 유지하는 과정을 말한다. 우리 몸은 지속적으로 이 필수적인 과정을 감시해서 그 수치가 미리 정해진 설정값으로 유지되게 한다. 수치가 변해서 설정값에서 멀어지면 음성 되먹임 고리의 형태로 항상성 메커니즘이 발동해서 증가나 감소를 통해 원래의 설정값으로 수정한다. 음성 되먹임 고리란 변화에 대한 반응이 그 변화의 방향을 역전시키는 작용을 하는 경우를 말한다. 예를 들어 체온이 설정값보다 높아지면 체온을 낮추는 쪽으로 우리 생리학을 변화시킨다. 역으로 체온이 떨어지면 체온을 끌어올리는 되먹임 작용이 일어난다.

설정값이란 용어는 그 값이 고정되어 있음을 암시한다. 하지만 이것은 큰 오해의 소지가 있다. 이 용어는 설정값은 고정되어 있으며 설정값의 변화는 곧 질병을 의미한다고 생각하던 시절에 만들어졌다. 이 개념은 생리학의 아버지로 일컬어지는 클로드 베르나르(1813~1878)로부터 나왔다. 그는 이렇게 적었다. "모든 생명의 메커니즘은 그 모습은 다양할지라도 목적은 단 하나, 내부 환경 속에서 생명의 조건을 일정하게 보존하는 것이다." 하지만 이 책 전반에서 살펴보았듯이 일주기 시스템은 24시간 내내 변화의 동인으로 작동하며, 항상성 설정값은 일주기 시스템에 의해 정교하게 통제되고 있다. 설정값의 변화는 활동과 휴식에 대한 요구의 변화를 예측해서 생기는 것이다. 체온은 평균 섭씨 37도지만, 오전 4시에는 섭씨 36.5도 이하에 가깝고 오후 6시에는 섭씨 37.5도에 가깝다. 안정 시 심박 수는 오전 5시에는 분당 64회 정도지만 이른 오후에는 72회 정도다.[824] 식욕을 억제하는 렙틴은 활동량이 많아 먹어야 하는 낮에는 수치가 낮지만, 잠에 들어 무언가 먹을 수 없는 밤에는 수치가 높아져 배고픔을 억제한다.[803] 최근까지도 의학도들에게 항상성 설정값이 일주기 시스템의 통제를 받는다는 정보를 제대로 알려주지 않는 바람에 오진과 부적절한 투약이 이루어지는 경우가 많았다.[825] 베르나르는 자신의 동물 실험(생체해부)에 대해 다음과 같은 충격적인 글을 썼다.

> 생리학자는 평범한 사람이 아니다. 생리학자는 학식을 갖춘 사람이고 과학적 개념에 사로잡혀 흠뻑 빠져 있는 사람이다. 그의 귀에는 동물이 고통으로 울부짖는 소리가 들리지 않고, 동물이 흘리는 피도 보이지 않는다. 그에게는 오로지 자신의 개념, 그리고 그가 파헤치려는 비밀을 숨기고 있는 유기체만 보일 뿐이다.

지금 봐도 끔찍한 글이지만 19세기 사람들이 보기에도 마찬가지였다. 듣자하니 베르나르는 집에서 키우던 개도 해부해서 아내와 딸들을 경악하게 만들었다고 한다. 그의 아내는 1869년에 그의 곁을 떠났고 이어서 생체해부 반대 운동에 뛰어들었다. 그녀가 겪었던 일을 생각하면 충분히 그럴 만도 하다!

다시 항상성의 문제로 돌아가보자. 항상성에 의한 수정 메커니즘은 음성 되먹임 고리에서 나온다. 무언가의 수치가 떨어지면 그것을 수정하는 증가 작용이 뒤따르고, 무언가의 수치가 올라가면 뒤이어 감소 작용이 뒤따른다. 생리학적으로 변화가 생기면 그 변화의 방향이 바뀌고, 그럼 그 대상은 원래의 값을 유지하게 된다. 우리가 다이어트를 할 때도 이것이 문제가 된다. 체중 감량을 시도하면 저장되어 있던 지방을 잃게 된다. 하지만 이때 우리 뇌는 저장되었던 칼로리가 고갈되는 것을 감지하고 이 손실을 만회하는 작용을 시작한다. 앞에서도 이야기했듯이 렙틴은 지방조직에서 생산된다. 우리가 다이어트를 해서 저장된 지방의 양을 줄이면 렙틴의 생산량도 줄어든다(그림 9). 렙틴이 줄어든다는 것은 식사를 한 후에도 여전히 배고픔을 느끼게 된다는 의미다. 배가 부르다고 알려주는 렙틴이 감소함에 따라 몸은 위에서 그렐린을 더 많이 분비한다. 이것은 배고픔 호르몬이라 결국 우리는 더 많이 먹게 된다(그림 9). 거기에 더해서 지방이 줄어들었음을 감지한 몸은 대사율을 낮추기 위해 갑상샘을 자극해서 티록신의 생산량을 줄인다. 그래서 자는 동안에 태워 없애는 칼로리가 줄어든다(티록신은 일주기 통제를 받으며 정상적으로는 밤에 더 많이 분비된다는 점을 기억하자). 이런 과정을 통해 몸은 칼로리를 절약한다. 그래서 이것이 다시 지방의 저장량을 늘리게 된다. 따라서 체중을 더 많이 감량하려면, 심지어 지금까지 달성한 감량 체중을 유지하려고만 해도 예전보다 칼로리 섭취를 더 많이 줄여야 한다. 먹어도 배가 고프고, 단 음식이 당기며, 특히나 밤에 대사 속도가 느려진다. 당신의 체지방 수준에 대해 설정된 값이 변하지 않고 그대로 지켜진 것이다. 충성스러운 뇌는 자기 주인이 지금 굶고 있는 것이라 생각한다. 참 기운 빠지는 소리다. 그렇다면 건강한 대사를 달성하려면 다이어트에 '더해서' 또 무엇을 해야 할까?

일주기 시스템과 함께 일을 도모하면 네 가지 중요한 영역에서 대사 건강을 증진할 수 있다. 바로 활동 및 운동 시간의 역할, SCRD의 예방, 적절한 식사시간, 장내세균의 일주기 리듬에 맞추기다.

활동 및 운동 시간의 역할

1950년대 영국 여성은 평균 12사이즈(한국 기준 가슴둘레 90센티미터–옮긴이)에 허리둘레가 27인치였다. 그러던 것이 요즘에는 16사이즈(한국 기준 가슴둘레 100센티미터 – 옮긴이)에 허리둘레 34인치가 됐다. 이렇게 현저한 차이가 나게 된 데는 활동량의 차이도 한몫했다. 2012년에 나온 연구를 보면 요즘 여성들은 하루 670칼로리를 소비하는 데 비해 1950년대에는 1300칼로리를 소비했다. 이 칼로리 소모량은 대부분 집안일과 관련이 있다. 그렇다고 여성이 집안일만 하던 시절로 돌아가야 한다는 소리는 아니다. 다만 신체활동의 수준을 조절함으로써 칼로리 소비량 조절을 도울 수 있다는 의미다. 활동을 많이 할수록 포도당과 저장된 포도당(지방)이 더 많이 에너지로 전환된다. 걷기, 달리기, 자전거 타기, 노 젓기, 일립티컬 머신(하늘 걷기 운동기구) 등의 유산소운동은 칼로리를 태우는 데 대단히 효과적이며, 일주일에 5일, 최소 30분씩의 운동을 권장한다. 그와 함께 일주일에 두 번씩 웨이트 운동, 저항밴드를 하고 걷기, 계단 오르기, 팔굽혀펴기, 윗몸일으키기, 스쿼트 등의 근력운동을 해주면 근육을 키울 수 있다. 근육은 지방보다 칼로리를 더 많이 태우기 때문에 근육의 양을 늘리면 지방에 저장되어 있던 칼로리를 소모하는 데 도움이 된다. 또한 정원 가꾸기 활동도 빼놓을 수 없다. 열심히 세 시간 정도 정원을 가꾸면 체육관에서 한 시간 운동한 것과 비슷한 칼로리를 소모할 수 있다. 일반적으로 정원사는 정원을 가꾸며 보내는 시간이 일주일에 다섯 시간 이상인데, 이 정도면 700칼로리 정도가 소모된다. 정원은 또한 밤새 몸속에 모아 놓은 소변을 처리할 장소도 되어줄 수 있다(8장).

운동은 분명 중요하다. 그럼 두 가지 질문을 생각해볼 필요가 있다. 하루 중 운동하기 좋은 최적의 시간이 존재할까? 운동을 함으로써 SCRD를 예방하는 추가적인 이점을 얻을 수 있을까?

칼로리를 최대로 소비하기 위한 운동 시간대

우리의 운동능력은 최적의 수행능력과 함께 하루 중 시간대에 따라 변화한다. 사람과 생쥐 모두 근력 및 근육세포가 산소와 포도당을 흡수해 호흡하는 능력이 시간대에 따라 변화한다는 사실이 연구를 통해 밝혀졌다.[826, 827] 일반적으로 근력과 근육 호흡 능력은 늦은 오후와 초저녁에 최고조에 달한다.[828] 늦은 오후와 초저녁에 최고의 운동 수행능력이 발휘되는 이유도 이것으로 설명할 수 있다.[829] 평균적으로 근력은 심부 체온과 때를 같이해서 오후 4~6시에 절정에 도달한다(그림 1). 체온이 오르면 대사율과 근력을 증가시킨다. 안정을 취하고 있는 동안에도 이른 아침과 비교하면 늦은 오후와 초저녁에 10퍼센트 정도 더 많은 칼로리를 소모한다.[830] 일반적으로 오전보다는 오후와 저녁에 운동 수행능력이 더 좋다. 그럼 이때가 칼로리를 소모하기에도 제일 좋은 시간일까?

여기에는 두 가지 복잡한 문제가 얽혀 있다. 첫 번째는 **크로노타입**이다(부록 1). 운동선수들을 관찰한 흥미로운 연구에 따르면 최고 운동 수행능력에 크로노타입이 중요한 영향을 미치는 것으로 나타났다. 아침형, 중간형, 저녁형 모두 하루가 지나는 동안 점점 수행능력이 좋아졌지만 그중에서도 저녁형이 늦은 시간대에 훨씬 나은 수행능력을 보였고, 오전 7시와 오후 10시의 수행능력은 무려 26퍼센트나 차이가 났다.[831] 두 번째는 몸의 **대사 상태**와 관련이 있다. 지금까지의 내용을 보면 오후나 초저녁에 운동을 하는 것이 직관적으로 제일 나을 것 같지만 아침에 일어나자마자 공복 상태에서(물은 마실 수 있다) 운동을 하는 것이 어떤 사람에게는 더 낫다는 훌륭한 증거가 나와 있다. 아침을 먹기 전에는 몸이 저장된 지방을 연료로 사용하기 때문에 이 시간대에 운동을 하면 지방을 더 빨리 태울 수 있다.[832, 833] 따라서 여기에서 딜레마에 빠지게 된다. 아침에 운동을 하면 저장된 지방을 더 많이 태울 수 있다. 하지만 몸이 신체활동에 더 잘 적응되어 있는 크로노타입 기반의 운동을 해야[830] 더 격렬하게 할 수 있다. 결론을 말하자면 자신의 크로노타입 때문에 아침에 일찍 깨어나고 아침에 운동하는 것이 더 재미있고 쉽다면 아침 식사 전에 운동을 하는 것이 낫다. 하지만 저녁형이라 아침에 운동하는 것이 힘들다면 오후나 초저녁 운동 루틴을 짜는 것이 좋다. 오후/저녁 운동의 또 다른 장점은 근육이 이미 워밍업되어 있어 근육염좌를 예방할 수 있기 때문에 부상 방지에 도움이 된다는 것이다. 이런 효과를 잘 이해하고 있는 내 어떤 동료들은 매일 아침 20분씩 짧게 아침 운동을 하고, 늦은 시간에 30~40분 정도 따로 운동을 한다고 했다. 6장에서도 이야기했듯이 취침시간이 너무 가까웠을 때는 운동을 삼가는 것이 좋다. 운동으로 심부 체온이 올라가서 수면 개시를 지연시키기 때문이다. 또한 취침시간을 앞두고 격렬한 운동을 하면 코르티솔이 급증하고 스트레스 축이 활성화된다. 취침 직전에도 코르티솔 수치가 여전히 높으면 취침시간을 지연하는 작용을 한다(4장). 마지막으로 한 가지 팁을 말하자면, 저녁 식사 후에 30~45분 정도 산책을 하면 혈당 조절, 따라서 체중 감량에도 도움이 된다.[834, 835]

운동이 생체시계와 SCRD 감소에 미치는 영향

3장에서 다루었듯이 황혼의 빛은 일주기 시계를 뒤로 미루는 반면(늦게 일어나고 늦게 자기), 새벽의 빛은 생체시계를 앞당기며(일찍 일어나고 일찍 자기), 낮 시간의 빛은 거의 영향이 없다. 하지만 빛에 더해서 운동 역시 일주기 리듬 동조화에 역할을 할 수 있다. 이런 현상은 햄스터나 생쥐 같은 설치류에서 오래전부터 관찰되었지만[836] 사람에게서는 증거가 약했다. 하지만 100명을 관찰한 최근의 한 연구에서는 운동 시간대가 수면/각성 시간에 영향을 미치는지 확인해보았다. 실험 참가자들은 걷기나 달리기를 한 시간 동안 3일에 걸쳐 다른 시간대에 해보았다(오전 1시, 오전 4시, 오전 7시, 오전 10시, 오후 1시, 오후 4시, 오후 7시, 오후 10시). 그 결과 오전과 오후 중반 사이(오전 7시~오후 3시경)에 운동한 사람은 더 일찍 일어난 반면, 늦은 시간(오후 7~10시)에 운동한 사람은 더 늦게 일어났고, 오후 4시에서 오전 2시 사이에 운동한 경우에는 수면 타이밍에 거의 영향을 미치지 않았다.[837] 따라서 정기적으로 오전이나 이른 오후에 운동을 하면 아침에 더 일찍 일어나는 데 도움이 될 수 있다. 이것이 청소년에게는 유용할 수도 있을 것이다(9장). 이 모든 것이 의미하는 바는 적절한 시간에 햇빛을 받고 적절한 시간에 운동을 하면 동조화를 강화하고, 일주기 시스템을 안정화해 SCRD를 개선할 수 있다는 것이다. 앞에서도 이야기했고, 다시 살펴보겠지만 SCRD가 개선되면 대사 건강도 증진될 수 있다.[838] 이런 점을 고려하면 요양원이나 병원에서 휴식이 필요하지 않은 낮에 사람들을 계속 침대에 눕혀놓는 관행은 직원들한테는 편하겠지만 환자에게는 도움이 되지 않는다. 가능한 상황에서는 낮(오전/초저녁)에 신체활동을 활성화해서 일주기 건강을 촉진해야 한다. 이것이 다음 주제로 이어진다.

SCRD를 예방하면 대사 건강이 좋아진다

12장에서도 이야기했지만 수면 손실은 위에서 나오는 배고픔 호르몬인 그렐린의 분비는 증가시키고, 지방조직에서 나오는 포만 호르몬인 렙틴의 분비는 감소시킨다.[801] 그 결과 식욕과 설탕이 많이 들어간 음식의 섭취가 증가하고, 대사증후군의 위험도 함께 올라간다.[839] 수면의 질 저하는 또한 저녁의 코르티솔 분비 증가로 이어져 혈당 수치를 높인다(그림 9A). 이 혈당은 사용되지 않으면 지방으로 전환되어 저장되기[840, 841] 때문에 체중 증가와 비만에 취약해진다. 이런 상황은 폐쇄성 수면무호흡증으로 이어져 수면의 질을 더욱 떨어뜨릴 수 있다(5장). 이 모든 것은 수면 손실이 그저 부적절한 시간에 피로감을 유발하는 데 그치지 않고 중요한 건강 문제(표 1), 특히 대사증후군을 일으킬 수 있음을 보여준다. SCRD와 대사증후군 사이의 관련성은 거듭해서 입증되어왔다. 예를 들어 일주기 시계가 제거된 생쥐는 빠르게 인슐린 저항성, 당불내성, 비만이 생긴다.[842] 중추 생체시계와 말초 생체시계 간의 동기화(내부 비동기화) 상실과 일주기 시계의 진폭 감소도 인슐린 저항성을 유발하는 것으로 보인다.[843] 노년층이 2형 당뇨병에 더 취약한 이유도 이것으로 설명할 수 있다. 생체시계 진폭 감소와 내부 비동기화가 일주기 시스템 노화의 공통적인 특성이기 때문이다. 그리고 위에서 설명했듯이 운동은 일주기 타이밍을 강화하는 데 도움을 준다. 6장에서 SCRD를 줄이는 법에 대한 일반적인 조언을 살펴보았다. 하지만 알코올 섭취와 관련해서 SCRD와 대사 사이에는 또 한 가지 중요한 연결고리가 존재한다.

SCRD와 알코올

술을 적당히 마시던 사람도 SCRD가 생기면 폭음을 하게 될 수 있다. 이런 현상은 장기 야간 교대근무 노동자[844]와 만성피로에 시달리는 사람들에게서 확인된 바 있다. 이들은 알코올이 정상적인 수면을 촉진해준다는 잘못된 생각에서 진정 효과를 유도하려고 술을 마신다.[481] 거기에 더해서 일주기 시스템의 교란은 알코올이 대사에 미치는 나쁜 영향을 더 키운다. 생쥐의 식수에 알코올을 첨가했더니 일주기 리듬에 결함이 있는 생쥐가 정상적인 생체시계를 갖고 있는 생쥐보다 지방간 질환 수준이 더 높았다. 이 생쥐들은 장누수도 더 잘 일어났다. 장누수가 생기면 내독소(파괴된 세균의 조각들)가 혈중으로 흘러들어가 내독소혈증을 일으킬 수 있다. 내독소혈증은 간 손상을 비롯해서 여러 가지 질병을 일으킬 수 있다.[845] 이것은 아마도 야간 교대근무 노동자, 장거리 비행 승무원, 사업계 종사자 등 SCRD가 있는 사람은 알코올로 인한 대사 손상의 위험이 더 높다는 의미일 것이다. 이들은 술을 더 많이 마시고, 알코올은 더 많은 간 손상을 일으킨다. 알코올은 분자시계에 직접적인 영향도 미친다. 이것은 생쥐 실험에서 입증된 바 있다. 생쥐가 알코올을 섭취하면 간의 생체시계가 앞당겨지지만 SCN은 변하지 않는다. 그 결과 간의 생체시계와 SCN의 시계가 따로 놀게 된다. 알코올은 또한 간 생체시계의 리듬을 평평하게 만든다.[846] 알코올 때문에 SCN과 간 사이에 내부 비동기화가 일어나고 거기에 간 대사의 일주기 조절까지 약해지면 포도당 대사가 교란되어 지방간 질환 및 인슐린 저항성과 관련 있는 다른 대사 이상을 촉진한다.[846] 이것은 또한 11장에서 이야기했듯이 감염에 취약해지게 만든다. 알코올은 다른 기관의 일주기 리듬도 바꿀 가능성이 높다. 예를 들어 저녁에 알코올을 섭취하면 일주기 리듬이 주도하는 심부 체온의 리듬이 앞당겨지고,[847] 그 진폭이 거의 절반으로 작아진다.[848] 기분장애에서는 체온의 일주기 리듬 진폭이 감소하고,[849] 수면이 심부 체온의 변화와 연관되어 있기 때문에[850] 알코올에 의한 체온 리듬의 평평화가 수면 교란과 그에 따른 기분장애에 기여한다는 주장이 나왔다.[848] 이것은 아주 흥미로운 개념이지만 추가적인 연구가 필요하다.

알코올이 수면과 우울증에 미치는 영향은 심부 체온에서 그치지 않는다. 알코올은 뇌에서 분비되는 신경전달물질과 호르몬을 교란해서 수면의 구조와 기분을 바꾸는 작용을 한다. 알코올은 뇌 활동의 속도를 늦추어 긴장이 풀리고 졸린 느낌을 유도하지만, 과도한 알코올 섭취는 수면의 질 저하와 현저한 불면증으로 이어질 수 있다. 알코올은 밤의 전반부에서 렘수면을 감소시키고,[851] 서파수면을 변화시키고, 수면의 질을 떨어뜨려 수면 지속 시간을 감소시키고 분절수면을 늘린다. 알코올은 또한 후두 뒤쪽 근육을 이완시켜 폐쇄성 수면무호흡증을 악화시킬 수 있다.[852] 알코올이 불면증을 일으킬 수 있기 때문에 주간 졸음이 종종 문제가 된다. 그래서 낮에는 깨어 있기 위해 카페인이 많이 들어 있는 음료를 섭취하고, 밤이 되면 자극제인 카페인의 효과를 상쇄하기 위해 알코올의 진정 효과에 의존하는 주기가 생겨난다. 이것을 '진정제-자극제 되먹임 고리'라고도 한다.[481] 정리하면, SCRD 때문에 생긴 대사증후군 취약성 증가가 알코올 섭취로 더 악화되고, 더 많은 알코올을 섭취하는 경향이 SCRD를 더 악화시킨다.

최적의 식사시간

식사시간과 크로노뉴트리션

흔히 마이모니데스로 알려진 세파르디 유대인 철학자이자 천문학자이자 의사인 모세스 벤 마이몬(1138~1204)은 다소 논란의 여지가 있는 인물이지만 유대교 철학과 신앙에 지금까지도 사라지지 않는 유산을 남겼다. 그는 다음과 같은 말을 남긴 인물로 우리에게 기억된다. "아침은 왕처럼 먹고, 점심은 왕자처럼, 저녁은 소작농처럼 먹어라." 이런 철학 때문에 마이모니데스는 크로노뉴트리션chrononutrition이라는 일주기 연구 분야의 창립자로 대접받고 있다. 크로노뉴트리션은 우리가 먹는 음식의 종류와 양뿐만 아니라 식사시간도 전체적인 대사건강과 신체건강에 중요하다는 개념을 담고 있다.

현재는 똑같은 식사를 해도 일주기 리듬에 의해 포도당 흡수와 대사가 변화하기 때문에 하루 중 언제 먹느냐에 따라 혈당 수치가 아주 달라질 수 있다는 것을 이해하고 있다.[843, 853] 이것은 하루 칼로리의 대부분을 저녁에 섭취하는 사람에게 아주 중요한 의미가 있다. 여기서 말하는 저녁은 오후 6시와 취침시간 사이를 가리킨다. 저녁에 많이 먹는 사람은 일반적으로 내당능장애, 2형 당뇨병, 체중 증가, 비만의 위험이 크게 높아진다.[854~856] 한 연구에서는 참가자들에게 20주 동안 칼로리를 줄인 식단을 동일하게 제공하되, 대부분의 칼로리를 이른 시간에 섭취하는 집단과 늦은 시간(저녁 6시에서 취침 전까지)에 섭취하는 집단으로 나누었다. 그 결과 주로 늦은 시간에 먹은 사람은 이른 시간에 먹은 사람에 비해 체중이 덜 줄고 감량 속도도 느렸다. 두 집단은 활동량이 비슷하고 수면시간도 동일했다.[857] 다른 비슷한 연구에서는 저녁보다 아침에 칼로리를 섭취한 경우에 체중이 더 많이 감량되는 것으로 나왔고, 이것은 또한 혈당 수치 저하, 인슐린 저항성 감소, 2형 당뇨병 증세 완화로도 이어졌다.[858, 859] 거기에 더해서 야간 교대근무 노동자나 비즈니스 종사자처럼 저녁에 고에너지 음식을 먹고 오전에 굶는 경우는 비만으로 이어지는 반면, 아침 식사를 거르기만 해도 당불내성이 악화되었다.[860]

똑같은 식사라도 아침보다 저녁에 한 경우에 혈당 수치가 더 높게 나왔다는 점이 중요하다(고혈당 반응).[861] 저녁에 당불내성이 높아지는 것은 췌장에서 분비되는 인슐린의 양이 일주기 리듬에 의한 변화로 줄어들고, 간의 인슐린 저항성도 일주기 리듬에 따라 달라지기 때문이다.[856] 꼼꼼하게 진행된 실험실 대조군 연구에서는 건강한 사람의 당불내성이 아침부터 저녁까지 증가하면서 혈당도 함께 높아지는 것으로 나왔다. 하버드대학교에서 최근에 진행한 연구에서는 젊은 참가자들에게 동일한 식사를 오전 8시와, 그로부터 열두 시간 후인 저녁 8시에 제공해보았다. 그 결과 혈당 수치가 저녁 식사를 한 이후에 훨씬 높게 나왔다(17퍼센트). 이는 건강한 사람도 저녁에 당불내성이 더 높아진다는 것을 보여준다. 그러고 나서 연구자들은 야간 교대근무 노동자의 패턴을 시뮬레이션해서 참가자들이 낮에만 수면을 취할 수 있게 했다. 이렇게 일주기 리듬을 교란시켰더니 불과 3일 만에 당불내성이 저녁에 훨씬 심해졌다. 이로써 일주기 리듬 불일치가 당불내성을 악화시키고 2형 당뇨병 및 비만의 위험을 높인다는 것이 분명해졌다.[862] 왜 이런 결과가 생기는 것일까? 야간 교대근무 노동자에게서 나타나는 건강 문제 중에는 서로 상충하는 신호, 즉 내부 비동기화 때문에 생기는 SCN과 말초 생체시계의 분리로 인한 것도 있어 보인다. SCN은 명암 주기에 맞춰 설정되어 있기 때문에 밤에 수면을 촉진한다. 그런데 SCN이 잠잘 시간이라 생각할 시간에 식사를 하면 생리학에 대한 대사 조절이 말초 생체시계와 어긋나게 된다. 간, 지방조직, 췌장, 근육에 있는 생체시계가 식사 신호에 의해 바뀌어 SCN의 시계와 완전히 어긋나게 되는 것이다. SCN과 말초 생체시계로 구성된 일주기 네트워크는 서로 합을 맞추어 작동하면서 대사 축metabolic axis이 올바른 재료를, 올바른 장소에, 올바른 양으로, 올바른 시간에 공급하도록 진화했다. 이 일주기 네트워크가 깨지면 대사도 붕괴한다.

마이모니데스가 말한 먹는 시간의 지혜로 돌아가보자. 흥미롭게도 수 세기에 걸쳐 우리의 식사 습관에 점진적인 변화가 있었다. 중세(1100~1500)의 영국과 유럽에서는 하루의 주된 식사시간이 이른 아침에서 정오 즈음으로 바뀌었다. 이것은 귀족이나 소작농 모두에게 해당했다. 하지만 양초와 기름등, 그다음에는 전기의 형태로 인공조명을 사용하게 되면서 처음에는 아주 부유한 사람들에게서 시작해서 마침내는 가난한 사람들까지 하루의 주된 식사시간이 더 늦춰졌다. 그리고 산업화와 근무 관행의 변화로 이런 경향이 더 강화됐다. 그래서 하루의 주 식사가 생계비를 벌어오는 가장이 퇴근해서 집으로 돌아온 이후에 이루어지게 됐다. 요즘에는 영어 'dinner'가 저녁 식사라는 의미로 쓰이지만 원래는 하루 중 가장 주된 식사를 의미하는 단어였다. 영국 북부에서는 지금도 'dinner'가 점심 식사라는 의미로 사용되며, 하루 중 마지막에 먹는 간단한 식사는 'teatime' 혹은 'supper'로 표현한다. 요즘에는 핵가족, 장거리 통근, 불규칙한 근무시간, 늘어난 야간 교대근무, 학업의 압박, 쉽게 준비할 수 있는 가공식품의 등장 등으로 인해 설탕이 듬뿍 들어간 하루의 주된 식사가 저녁 중반이나 후반으로 불규칙하게 늦춰지고 있다. 일주기 리듬으로 조절되는 대사에 아주 해롭게 일정을 짜고 싶다면 이런 식으로 짜면 된다.

장내미생물군 - 몸속의 균과 함께 일하기

우리 몸은 우리만의 것이 아니다. 세균, 곰팡이, 바이러스, 원생생물을 비롯한 엄청난 양의 미생물군이 집으로 삼고 살아가는 곳이다. 사실 우리 몸을 구성하는 세포의 총수 중 우리 자신의 세포가 차지하는 비율은 43퍼센트에 불과하다. 이 정도면 많은 거라 생각하는 사람도 있을 것이다. 더 일찍이는 사람 세포 하나당 열 개의 미생물이 존재한다는 추정치도 있었다. 이 수치가 아직도 자주 인용[863]되고 있지만 지금은 과도한 값이라 생각하고 있다. 이 미생물군은 대부분 내장 속에 자리잡은 세균으로 이루어져 있다. 이 세균들은 바람직하지 않은 물질은 혈류에 들어오지 못하게 막고 영양분은 통과시키며 내장 내벽의 기능을 돕는다. 놀랍게도 이렇게 변화된 미생물군이 우리의 대사, 에너지 균형, 심지어 면역 경로도 바꾸어놓을 수 있다. 이런 교란이 결국에는 대사증후군과 관련된 문제로 이어질 수 있다. 12장에서 이야기했듯이 전 세계적으로 대사증후군이 늘어나고 있는데, 여기서 알코올을 비롯해서 지방과 설탕 성분은 많지만 식물성 식이섬유가 적은 식단을 섭취하고, 운동량은 부족하고, SCRD는 점점 늘어나고 있는 소위 서구식 생활방식이 큰 몫을 한다는 주장이 있다.[864] 이런 생활방식은 서구에서 시작됐을지 몰라도 현재는 전 세계에 퍼져 있다. 그럼 장내세균, 일주기 리듬, 대사 교란 사이에는 무슨 관계가 있을까?

원래 대부분의 세균은 일주기 리듬을 만들지 못한다고 생각했었지만 지금은 틀린 생각이라는 것이 밝혀졌다. 세균의 생물학도 일주기 변화를 나타낸다.[59, 865] 그리고 우리 내장 속에 살고 있는 세균들은 자신의 일주기 리듬을 '우리'의 내장 세포의 일주기 리듬과 동기화할 수 있다.[866, 867] 훨씬 더 놀라운 점은 장내세균 중에는 우리에게 대꾸하는 세균도 있다는 것이다.[868] 우리가 이것을 알게 된 이유는 장내세균을 잃어버리면 내장 내벽을 둘러싸고 있는 세포들(장관상피)의 일주기 생물학이 교란되기 때문이다.[866] 이런 소통은 세균으로부터 나오는 다양한 신호 때문에 생긴 결과로 보인다. 장관 상피세포와 세균 세포벽 단백질의 물리적 접촉이 세균 자체에서 생산되는 화학신호와 함께[870] 중요한 단서를 제공하고 있는지도 모른다.[869] 우리와 일부 장내세균 간에 이루어지는 이런 입씨름이 아주 중요해 보인다. 특히 비만과 대사증후군이 장내세균의 변화와 관련이 있기 때문이다.[871] 연쇄상구균*Streptococcus*과 클로스트리듐*Clostridium* 같은 나쁜 세균이 많아지면 대사증후군을 촉진한다. 반면 나쁜 세균은 줄어들고 아커만시아*Akkermansia* 같은 착한 세균이 많아지면 대사증후군이 개선되면서 비만도 감소한다. 아커만시아 뮤시니필라*Akkermansia muciniphila*에 대해서는 시중에서 판매되는 프로바이오틱스 보충제에 사용되는 균이라서 들어본 사람이 많을 것이다. 다른 여러 가지 보충제와 달리 이 보충제는 정말로 몸에 이

롭고 대사에도 긍정적인 영향을 미친다는 훌륭한 증거가 나와 있다.[872] 일반적인 경우와 마찬가지로 대부분의 구체적인 연구는 생쥐를 대상으로 이루어졌다. 예를 들어 비만하지 않은 생쥐에서 채취한 장내세균을 비만 생쥐의 내장에 이식해주면 비만을 역전시킬 수 있다.[873] 대사증후군과 장내세균 사이의 상관관계는 정말 중요해 보인다. 하지만 여기에 일주기 시스템이 어떻게 관련되어 있을까?

생쥐와 사람을 대상으로 한 연구 모두에서 SCRD는 장내세균을 변화시켜 대사 기능장애를 일으켰다.[874] 그리고 SCRD가 있는 생쥐의 장내세균을 SCRD가 없는 생쥐의 장에 이식하면 대사 기능장애가 생긴다.[875] 놀랍게도 장내세균은 내장 세포의 대사 활성 일주기 리듬을 프로그래밍하는 것으로 밝혀졌다. 장관 상피세포는 패턴 인식 수용체를 갖고 있다. 이것은 우호적인 세균의 표면을 인식한다. 이 패턴 인식 수용체를 활성화하면 장관 상피세포의 분자시계를 동기화해서 대사 조절 관련 유전자를 조절할 수 있다.[876] 패턴 인식 수용체에 결함이 있는 생쥐는 대사경로에서 비정상적인 리듬을 보여준다.[870] 아주 최근에는 세균에서 나오는 화학신호가 장관 상피세포 패턴 인식 수용체에 직접 작용할 수 있다는 것이 밝혀졌다. 예를 들어 몇몇 우호적인 세균은 내장 세포 일주기 시계의 진폭을 증가시키고 기간을 늘리는 대사산물을 분비하는 것으로 밝혀졌다.[877]

지금은 SCRD가 장내세균을 변화시킬 수 있고, 이것이 다시 장관 상피세포의 생체시계를 교란할 수 있다는 강력한 증거가 나와 있다. 일주기 교란은 대사장애를 일으킬 수 있다. 이런 상관관계를 온전히 이해하는 것이 대사증후군에 따르는 개인적, 경제적 부담을 줄이는 새로운 치료법을 개발하는 데 중요한 역할을 할 것이다. 하지만 장내세균의 중요성이 그저 내장에만 국한된 것은 아닐지도 모른다. 장내세균에서 나오는 신호가 간의 일주기 장치, 그리고 일주기 리듬과 관련된 간 대사에도 영향을 미칠 수 있다는 증거가 있다.[878] 심지어 장내세균과 면역계의 일주기 조절도 서로 관련이 있다. 장내세균이 없는 생쥐는 비정상적인 T세포, B세포 개체군을 비롯해서(11장과 부록 2)[877] 대단히 비정상적인 면역반응을 보인다.[879] 이런 면역장애와 일주기 정확성 손실이 감염과 싸우는 능력에 영향을 미치고, 다발성경화증 같은 자가면역질환의 발생에도 영향을 미친다는 힌트가 있다.[880] 마지막으로 우리의 수면과 정신 상태 조절에 도움을 주는 '장내 미생물-내장-뇌' 축이 존재하는 것으로 보인다. SCRD가 장내 미생물군을 교란한다는 것은 잘 알려져 있다. 최근의 주장에 따르면 미생물군 교란이 수면 교란으로 이어져 우울증의 위험을 높인다고 한다.[881]

아직 연구 초기 단계이지만 일부 사례에서는 원인과 결과를 구분하기가 어렵다. 특히 세균, 수면, 우울증 사이의 상관관계에 대해 이야기할 때는 더욱 그렇다. 하지만 우리의 일주기 리듬이 장내세균의 일주기 리듬에 영향을 미치고, 우리의 내장 속에 살고 있는 세균의 일주기 활동이 우리의 대사에 영향을 미친다는 점은 분명하다. 우리 몸을 구성하는 세포 중 50퍼센트 정도가 세균 세포임을 고려하면, 앞으로 사람의 리듬과 세균의 리듬 사이에 점점 더 많은 상관관계가 밝혀지고, 이런 상관관계가 우리 건강에 대단히 중요하다고 밝혀질 가능성이 매우 높다. 이제 우리는 또 하나의 흥미진진한 의학 분야의 탄생을 목전에 두고 있다. 바로 일주기 미생물학이다.

묻고 답하기

1. 대사율이 변하지 않는다는 게 사실인가요?

사실이 아닙니다. 유전학이 대사율을 결정하는 요인 중 하나가 하나라는 것은 사실이지만 근육의 양을 늘리면 대사율을 끌어올릴 수 있습니다. 근육은 대사 활성이 높습니다. 군살 없는 근육질의 몸을 가진 사람은 체지방 비율이 높은 사람에 비해 기능하는 데 더 많은 에너지가 필요하다는 뜻이죠. 따라서 크로노타입에 맞는 시간대에 규칙적으로 운동을 하면 지방을 태우고 근육량을 늘리는 데 도움이 됩니다. 그럼 대사율을 끌어올리는 작용을 할 것입니다.

2. 나이가 들면 왜 살이 찔까요? 생체시계와 관련이 있나요?

나이가 들면 대사가 큰 변화를 겪기 때문에 쉽게 체중이 불게 됩니다. 대사를 조절하는 일주기 리듬의 진폭이 작아지면서 대사에 관여하는 여러 가지 일주기 리듬 간의 동기화가 약해집니다. 그 결과 대사가 치밀하게 통제되지 못하고, 이런 조절 장애가 체중 증가와 비만으로 가는 길을 열게 되죠. 이것은 야간 교대근무 노동자가 경험하는 문제와 비슷한 상황입니다. 거기에 더해서 임상을 하고 있는 내 동료의 주장으로는 나이가 들수록 일상의 루틴을 더 엄격하게 지키기 때문에 한 끼도 거르지 않게 된다고 합니다. 그래서 배가 고파서 먹는 게 아니라 때가 되니까 먹는 경향이 생기죠.

3. 우호적인 장내세균을 늘리려면 어떻게 해야 하나요?

제일 먼저 지적할 부분은 SCRD가 살모넬라균*Salmonella*[874]과 같이 비우호적인 장내세균의 성장을 촉진하며, 일주기 리듬이 건강하면 소화관 속에 사는 우호적인 세균의 성장과 활발한 대사를 촉진한다는 점입니다. 우호적인 세균 개체군이 확실하게 자리를 잡으면 먹이와 공간을 두고 벌어지는 비우호적인 병원균과의 싸움에서 이길 수 있고, 일부 경우에서는 국소적인 장내 환경을 바꾸어 병원체가 생존하기 어렵게 만듭니다. 그리고 항생제는 착한 것과 나쁜 것을 가리지 않고 세균만 표적으로 삼을 뿐 곰팡이는 죽이지 않는다는 점이 중요합니다. 그래서 항생제를 오래 복용하면 곰팡이균의 과도한 성장과 진균 감염으로 이어질 수 있습니다.[882] 항생제 치료나 SCRD 이후에는 저온살균하지 않은 요구르트에 들어 있는 유산균 같은 우호적인 세균을 새로 도입해주면 정상적인 균형을 회복하고, 대사 건강을 보조할 수 있습니다.

4. 라마단과 해가 지고 난 후의 식사가 일주기 리듬과 건강에 어떤 영향을 미치나요?

라마단 기간에 이슬람교도는 해가 떠 있는 동안에는 먹지도, 마시지도 못합니다. 오늘날 사우디아라비아 등에서 행해지는 라마단 관습은 식사 및 수면 패턴을 교란해 낮잠이 많아지고 새벽이 올 때까지 자지 않고 깬 채 음식과 음료를 섭취하게 하는 요인입니다. 그로 인해 정상적으로는 코르티솔 수치가 낮아야 할 저녁 시간에 수치가 높아집니다(그림 1). 그리고 인슐린 저항성이 높아져 근육, 지방, 간의 세포들이 인슐린에 잘 반응하지 않다 보니 혈중으로부터 포도당을 쉽게 흡수하지 못합니다. 이 연구는 이런 변화가 사우디아라비아 왕국에서 관찰되는 비만, 고혈압, 대사증후군, 2형 당뇨병, 심혈관 장애에 영향을 주는지도 모른다고 시사하고 있습니다.[883] 하지만 최근의 한 리뷰 논문에 따르면 식사시간을 초저녁과 동트기 전으로 국한하고, 야간 수면도 적절하게 취하면 심혈관 문제와 대사 문제가 두드러지지 않는다고 합니다.[884] 이것은 분명 복잡한 문제이므로 나이, 건강 상태, 업무 압박, 이른 식사시간과 늦은 식사시간, SCRD의 영향 같은 다양한 요인을 고려하는 대규모 연구가 필요합니다.

14장

일주기의 미래

다음에 일어날 일은?

어디선가 무언가 믿기 어려운 것이
자기가 알려질 날을 기다리고 있다.

칼 세이건

이 책 전반에서 여러 차례 또 강조하는 메시지는 일주기 리듬이 우리 생물학의 모든 측면에 새겨져 있기 때문에 이 리듬을 무시했다가는 우리 생물학이 엉망이 될 위험을 감수해야 한다는 것이다. 나는 우리의 일주기 및 수면 건강을 강화하는 데 필요한 행동, 그리고 그런 행동이 필요한 이유에 대해 이야기하면서 그런 시정 조치가 인지, 전체적인 안녕, 대사, 체력, 기대수명을 증진해줄 것이라고 강조했다. 이런 행동은 그다지 부담스러운 것도 아니다. 특히 거기서 얻는 혜택을 생각하면 더욱 그렇다. 개개인이 치러야 하는 비용은 잠시 제쳐두고 순수하게 경제적 측면에서 보아도 우리 사회가 나서서 SCRD가 미치는 영향을 진지하게 고려해야 할 것이다. 호주 수면건강재단이 상세하게 진행한 연구(〈근무 중 졸음Asleep on the Job〉)에서는 부적절한 수면으로 인해 2016~2017년 사이에 호주

경제가 감당해야 했던 비용을 260억 호주달러(한화 약 22조 원)로 추산하고 있다. 그해 호주의 국내총생산(GDP)은 1조 5000억 호주달러였다. 따라서 SCRD는 막대한 경제적 부담을 지우고 있으며 다른 나라도 이와 비슷한 비율을 보일 가능성이 높다.

마하트마 간디는 이렇게 말했다. "미래는 당신이 오늘 하는 일에 달려 있다." 그래서 마지막 장에서는 우리의 일주기 건강을 증진하기 위해 우리가 할 수 있고 해야 하며, 이미 시작한 일들에 대해 이야기해보려고 한다. 이 장의 첫 부분은 교육을 활용해서 일주기 리듬과 수면에 대한 사회적 태도를 변화시키자는 호소로 시작한다. 사회의 각계각층에 걸친 교육을 통해 미래 세대의 건강 증진을 위한 개인적 책임의 여정을 시작할 수 있다. 그리고 늘 그렇듯이 교육만으로는 충분하지 않다. 이 장의 두 번째 부분에서는 SCRD 교정을 위한 새로운 치료법을 개발하기 위해 일주기 리듬의 새로운 과학이 어떻게 사용되고 있는지 고려한다. 요즘에는 SCRD를 교정할 수 없는 여러 가지 질병이 존재하며, 그로 인해 환자의 건강은 악화되고, 환자를 돌보는 사람과 가족도 함께 힘든 시간을 보내고 있다. 현재 새로운 '일주기 치료제'가 개발 중이다. 부디 이 약들이 건강의 핵심 영역을 새로운 모습으로 탈바꿈할 수 있기를 바란다.

행동 바꾸기

일주기 및 수면 건강이 개인과 경제에 지우는 부담을 생각하면 어째서 사회 전체가 이 문제를 해결하기 위해 적극적으로 나서지 않는 것인지 의문이 든다. 이 질문에 대한 답은 분명 교육과 큰 관련이 있다. 아마도 흡연 반대 캠페인에서 배워야 할 유사점이 있지 않을까 싶다. 흡연의 유해성을 알리는 교육이 흡연에 대한 사회적 태도를 크게 바꾸었다. 과거에는 흡연을 폼 나는 유행으로 생각한 적도 있었지만 지금은 대부분의 사람들이 사회적으로 용인할 수 없는 무책임한 행동으로 여기게 됐다. 흡연자는 직장에서 쫓겨나고 있고 사람들도 더 이상 간접흡연을 용인하지 않는다. 흡연과 마찬가지로 SCRD가 개인의 건강에 단기적, 장기적으로 미치는 영향도 매우 크다(표 1). 한편으로는 SCRD가 가족, 친구, 동료, 사회에 간접적으로 미치는 영향도 대단히 파괴적일 수 있다. 10장에서 스리마일섬 원자력발전소, 체르노빌 원자력발전소, 엑손발데스 유조선 원유 유출 사고 등 SCRD와 관련된 큰 사건들을 살펴보았다. 교육이 흡연에 대한 사람들의 태도를 바꾸어놓았으니 이제 SCRD를 해결하는 데도 그와 비슷한 교육 전략이 필요하다. 이런 전략이 성공적으로 시행된다면 밤샘근무를 한 번 더 했다고 자랑하며 출근하는 사람을 흡연자 보듯 경멸의 눈초리로 바라보게 될 것이고, 잠을 아끼며 장시간 근무하거나 공부하는 것을 자랑스럽게 여기는 문화도 청산될 것이다.

이런 태도 변화를 이끌어내는 출발점은 학교가 될 것이다. 초등학교에서 대학교에 이르기까지 모든 교육 분야에서 수면과 일주기 리듬이 왜 중요한지, 나이가 들면서 수면이 어떻게 변화하는지, 그리고 서로 다른 사회적, 생물학적 환경이나 사건에서 수면 생물학이 어떻게 영향을 받을 수 있는지에 관한 정보는 드물기 그지없다. 이런 정보를 적절하게 정리해서 이른 시기부터 학사과정에 포함시켜야 한다. 출처에 대해 이 사람이다, 저 사람이다 말이 많은 인용문 하나가 떠오른다. "한 세대의 젊은이들만 내게 맡겨달라. 그러면 내가 세상을 바꾸어놓겠다." 그만큼 교육이 건강과 안녕에 미치는 단기적, 장기적 영향력은 크다.

현재는 행여 수면에 관한 교육이 이루어진다고 해도 정체된 학사과정 속에서 몇 가지 수업이라도 새로 개척해보려는 헌신적이고 의욕적인 몇몇 교사들에 의해 행해지고 있을 뿐이다. 표준화된 적절한 교육 자료가 나와 있지 않고, 교장의 지원도 미온적인 경우가 많다. 수면 교육은 고사하고 표준 학사 과정을 감당하는 것만으로도 버겁기 때문이다. 하지만 이 책에서 내가 설명하고 있듯이 질 좋은 수면과 일주기 건강은 인지능력과 학업 수행능력을 강화할 뿐만 아니라 개인의 수명 전반에 걸쳐 얻는 건강상의 이점이 많다. 많은 교사들이 이 점을 분명하게 인식하고 있다. 우리 연구진과 함께 일했던 한 교사는 이렇게 말했다. "수면은 학교에서 이루어지는 모든 활동의 바탕이 되는 토대입니다." 흥미롭게도 정책 입안자들은 아동과 학생들의 안녕을 최우선으로 하면서도 수면에 대해 논의하는 경우는 거의 혹은 전혀 없다.

SCRD에 따르는 결과와 그것을 교정할 방법을 가르치는 표준화된 교육 도구의 개발이 분명 필요하고, 많은 교사로부터 지지를 받고 있음에도 불구하고 그런 시도가 번번이 막다른 골목에 부딪힌 것은 참으로 실망스러운 일이다. 교사들과의 협력을 통해 그런 제안들이 개발되었지만 자금 지원기관은 거기에 높은 우선순위를 부여하지 않는다. 우리가 접촉했던 자금 지원기관 중 한 곳은 '만 3~18세 아동과 청소년, 특히 불우한 환경에 있는 청소년의 학업 성취도를 높이고 더욱 폭넓은 결과를 이끌어내는 것'이 목표라고

하면서도 정작 이런 제안에는 관심이 없으니 더욱 의아한 일이다. 앞으로는 그런 훌륭한 목표에 젊은 세대를 위한 수면 및 일주기 건강의 중요성에 대한 교육도 포함되기를 바란다.

SCRD 교육의 필요성은 비단 교실에만 국한되지 않는다. 의사, 간호사, 조산사, 응급의료원 등 보건의료와 사회복지의 일선에서 근무하는 핵심 인력, 그리고 경찰, 군인, 소방관 등 공공의 안전을 책임지고 있는 인력도 고된 업무에 더해서 야간 근무 및 연장 근무 일정까지 추가로 부담을 짊어지고 있다. 이런 환경에서 SCRD의 영향은 막대하다. 아래 소개하는 이야기는 한 현직 경찰관이 내게 들려준 경험담이다.

> 저는 경찰 경력 초기에 칼을 든 정신질환자에게 공격을 당했지만 운 좋게 살아남았습니다. 비록 몸은 멀쩡했지만 그 후로 도통 잠을 잘 수 없었죠. 불면증은 점점 더 심해졌습니다. 그러다 교대근무까지 하게 되자 수면 패턴이 완전히 붕괴되고 말았습니다. 출근 전에 아이들을 돌보면서도 교대근무를 하기 전에 한숨 자고 싶은 생각만 간절했죠. 하지만 그런 시간은 절대 생기지 않더군요. 나는 불안하고 화가 나 있을 때가 많았습니다. 야간 교대근무에서 버티기 위해 카페인을 너무 많이 섭취하고, 근무시간 전에 운동을 하는 습관이 생겼습니다. 그러다 결국에는 탈수로 콩팥이 손상되고 통풍까지 생기면서 건강이 나빠지고 말았습니다. 이때의 고생은 말로 못합니다. 차를 몰고 퇴근하다가 졸았던 경우도 부지기수였습니다.
>
> 결국 주치의에게 도움을 구했더니 수면제 조플리클론Zopliclone을 처방해주더군요. 하지만 그 약은 해결책이 되지 못했습니다. 집에 오면

졸음이 쏟아지고, 무기력했습니다. 기분도 널뛰기를 했고요. 살도 쪘죠. 좀처럼 긴장을 풀 수 없었습니다. 정신과 의사의 조언을 따라 저는 야간 근무를 중단했습니다. 그리고 몇 년 만에 처음으로 내가 정상이라는 기분을 느꼈고, 문제의 기미가 보이기만 해도 미쳐버릴 것 같던 기분도 달라졌습니다. 선을 넘기 전에 수면의 질이 개선되고 정신건강을 회복한 덕분에 모든 것이 나를 해치려는 음모라는 착각에서 빠져나올 수 있었습니다. 나는 더 좋은 아빠, 더 좋은 남편, 더 좋은 경찰이 될 수 있었습니다. 내가 좋아하는 일을 할 수 있는 여유도 생겼죠. 취미생활을 시작했고, 원했던 자격증도 땄습니다. 더 많은 여유를 누리게 됐죠.

저는 그래도 운이 좋은 편이지만 그렇지 않은 동료도 있었습니다. 야간 교대근무를 마치고 집으로 돌아가던 젊은 동료 한 명이 자동차 충돌사고로 세상을 떠났습니다. 저는 동료와 그의 가족, 그의 동료들에게 힘이 닿는 데까지 야간 교대근무가 미치는 영향력을 사람들에게 경고하고 동료들에게도 그 위험에 대해 알리겠노라고 약속했습니다. 요즘 저는 사람들에게 수면 부족은 장기적으로 생산력을 떨어뜨리니 잠을 아끼지 말라고 말합니다. 당장에는 잠을 아껴서 일을 더 많이 한 것처럼 느껴지겠지만 효율을 갉아먹을 뿐이고 자신의 목숨까지 위험에 내맡기고 있는 것이라고 말입니다.

이 이야기를 들려준 경찰관은 이제 내 친구가 됐다. 그는 수면 부족이 가장 먼저 해결해야 할 문제임을 깨닫고 결국 이 어려운 상황을 이겨냈다. 그는 이제 고참 경찰관이고, 훌륭한 남편이자 아버지다. 하지만 그의 동료는 운이 따라주지 않았다. 그 젊은 경찰관은 수면 손실의 위험에 대해 경고를 받지 못했고, 상관들도 그가 누적된 수면 부족을 해결하도록 지원하지 않았다. 그는 야간 근무를 마치고 퇴근하다가 졸음운전으로 사망했다. 이런 일이 드물지 않다는 것이 비극이다. 영국 교통부에 따르면 졸음운전으로 매년 300명 정도가 사망하고 있다. 이 책에서 계속 강조했듯이 알고 보면 SCRD가 그 사망의 숨은 원인인 경우가 너무도 많다.

보건의료 종사자들은 어떨까? 미국의 한 의학연구소가 내놓은 보고서에 따르면 의료과실로 인해 해마다 무려 9만 8000명이 사망하는 것으로 추정되며,[885] 이 문제에 가장 크게 기여하는 요소는 야간 교대근무와 장시간 근무다. 1984년 뉴욕의 한 응급실에서 레지던트의 관리 아래 있던 한 18세 여성이 사망한 사건에 자극을 받아 레지던트 근무시간을 개혁하려는 움직임이 있었다.[886] 하지만 레지던트 제도에 유의미한 변화가 이루어지기까지는 오랜 시간이 걸렸다. 레지던트는 의대를 졸업하고 외과 등의 전문 과목에서 수련을 받는 사람을 말한다. 처음에 미국의 레지던트들은 세 번째 밤마다 24시간 근무를 하는 경우가 많았다. 주당 근무시간이 96시간이나 되는 셈이다. 두 편의 연구에서 이런 근무 일정이 미치는 영향을 조사했는데 진료 과정 시뮬레이션에서 잠이 부족한 외과 레지던트들은 실수를 하는 횟수가 두 배나 많았다.[887, 888] 또 다른 연구에서는 주당 근무시간이 80시간 이상인 레지던트는 80시간 미만인 레지던트에 비해 중대한 의료과실로 환자에게 해를 입힐 가능성이 50퍼센트 높았다.[889] 현재는 미국의 의학전문대학원 교육인증위원회가 마련한 규정에 따라 레지던트의 주당 근무시간을 80시간 이하로 제한하고 있다. 하지만 실제로는 근무시간이 그보다 더 긴데도 줄여서 보고하는 경우가 많다는 증거가 나와 있다.[890] 다른 나라들에서는 수련의의 교대근무 시간이 훨씬 짧다. 예를 들어 유럽근무시간지침(EWTD)은 수련의를 포함한 모든 노동자의 주당 최대 근무시간을 48시간으로 규정하고 있다.[891] 하지만 이번에도 역시 적어도 영국에서만큼은 많은 수련의들이 이보다 초과 근무하고 있다.[892] 근무시간을 줄여 수면시간을 늘려주면 인지기능이 개선되는 것은 분명하지만[567] 4장에서 이야기했듯이 야간 교대근무와 연장근무의 문제는 좀처럼 사라지지 않고 있다. 근무시간이 줄어들었음에도 불구하고 비교적 최근의 설문조사에 따르면 수련의 중 60.5퍼센트가 실수를 한 적이 있다고 답했고, 과도한 업무를 가장 큰 기여 요인으로 꼽았다.[893] 그리고 우려스럽게도 영국의 최근 연구에 따르면 수련의의 57퍼센트가 야간 근무 이후에 교통사고를 겪었거나 겪을 뻔한 적이 있었다고 한다.[894]

20년 전에 비하면 수련의의 근무시간은 훨씬 나아졌지만, 우리의 연금과 경제적 미래를 책임져야 할 중추인 금융 분야 종사자들은 상황이 훨씬 나빠졌다. 2021년 3월에 BBC는 투자은행 골드만삭스의 근무 조건이 개선되지 않으면 퇴사할 수도 있다고 경고한 1년 차 은행원들의 설문조사 내용을 보도했다. 1년 차 은행원의 주당 평균 근무시간은 95시간이었고, 하룻밤의 수면시간은 평균 다섯 시간 정도였다. 설문조사에 참여한 한 은행원은 이렇게 말했다. "수면 부족, 선배 은행원들의 대우, 정신적 육체적 스트레스 등등… 위탁 보호를 받아본 적도 있지만 이곳의 상황은 그것보다도 안 좋아요." 이것이 골드만삭스만의 문제는 아니다. 최근의 한 리뷰 논문에 따르면 금융 분야에서 정신건강의 문제가 현저히 늘어났으며,

이는 업무 압박으로 인한 스트레스의 증가와 수면 부족 때문일 가능성이 높다고 한다.[895] 문제는 수면 부족에서 시작한다. 이어서 불안과 우울증이 찾아오고, 이는 과도한 알코올 섭취 등 적응에 불리한 행동을 부르고, 결국에는 직무 탈진으로 끝나게 된다. 이런 증상 모두 표 1에 나와 있다. 영국의 은행업무기준심의회(BSB)는 금융위기와 그에 따른 금리 담합 스캔들 이후에 은행 부문의 행태를 개선하기 위해 영국 정부에 의해 설립됐다. BSB가 2020년에 은행원들을 대상으로 진행한 설문조사에 따르면 거의 40퍼센트에 이르는 응답자가 매일 밤 수면시간이 여섯 시간 이하라고 답했고, 거의 30퍼센트가 매일 혹은 거의 매일 직장에서 피로를 느낀다고 했다. 이런 조사 결과에 대해 BSB는 이렇게 말했다. "충분한 수면이 신체적, 정신적 건강뿐만 아니라 전문가적이고 윤리적인 판단을 내리는 능력도 중요하다는 점을 감안하면 이것은 산업계에서 조금 더 깊이 관심을 기울여야 할 부분이다." BSB 측은 이 문제의 중요성을 인식한 것 같지만 정부 측 사람들은 글쎄다. 나는 오래전부터 정치인들의 SCRD를 평가해보고 싶은 마음이 있었다.

수면의 중요성과 수면 교란의 영향에 대한 인식이 개선되고 있는데도 정작 언론과 사회 전 부문의 의사결정자들이 별다른 조치를 취하지 않는 것을 보면 이게 무슨 경우인가 싶다. 이 책을 쓰고 있는 시점에서 호주는 아직 〈근무 중 졸음〉 보고서를 바탕으로 아무런 조치도 취하지 않았고, 매년 노동인력의 수면 손실 때문에 260억 호주달러가 하릴없이 증발하고 있다. 코로나19도 핑계가 될 수 없다. 지난 2년을 이 문제를 해결하는 데 사용할 수도 있었을 것이다. 그럼 대체 무엇을 해야 할까? 내가 볼 때 첫 번째로 취할 수 있는 행동은 각각의 분야마다 증거에 입각한 지침을 확립하고 SCRD에 대해 다루는 교육 도구를 마련하는 것이다. 학교에서도 이것을 학사과정의 일부로 도입해서 SCRD가 일어나고, 그것이 평생의 위험으로 이어질 수 있는 이유, 그리고 우리가 변화를 겪고, 나이가 들고, 변화하는 환경 속에서 SCRD를 완화하기 위해 취할 수 있는 조치가 무엇인지 설명해줄 지식을 제공해야 한다. 그와 함께 고용주에게는 다음과 같은 세 가지 중요한 의무가 있다. 첫째, 직원들에게 SCRD의 위험에 대해 경고하고, 둘째, 직장에서 SCRD를 조장하거나 장려해서는 안 되며, 셋째, 업무와 관련된 SCRD의 영향을 완화하는 것이다. 단기적으로 보면 야간 교대근무와 업무 관련 SCRD의 영향으로부터 보호해줄 마법의 특효약 같은 것은 없다. 고용주와 고용인은 특히나 야간 교대근무가 건강에 심각한 문제를 야기할 수 있음을 받아들여야 한다. 6장에서 이야기했듯이 현재 우리가 바랄 수 있는 최선은 증상의 심각성을 누그러뜨리는 정도다. 하지만 이것도 대단히 중요한 부분이다. 그러니 지금 당장 실천에 옮기자. 미래는 오늘 우리가 하는 일에 달려 있다.

마지막으로 한 가지 더 지적할 것이 있다. 현재로서는 SCRD 문제의 완전한 해결은 요원하고 그저 완화를 기대할 수 있을 뿐이다. 따라서 SCRD로 인한 이득과 해악이 충돌하는 상황에 대해 신중하게 고려해볼 필요가 있다. 모든 업무 부문에서 365일 24시간 경제를 운영하는 것이 가능하다고 해서 꼭 그래야만 할까? 도덕적 차원은 차치하고 이 장을 시작하며 이야기했던 경제적 비용만 따져본다고 해도, 건강 악화로 인한 생산력 상실이라는 장기적인 측면에서 볼 때 그런 경제가 과연 비용 대비 효율적이라고 할 수 있을까?

이런 판단은 반드시 과학자, 정부, 산업계, 특히 모든 노동자가 참여한 가운데 증거에 입각한 논의를 거쳐 나와야 한다. 부디 법적 소송으로 일이 커져 의견이 극단적으로 갈리고 건설적인 토론이 불가능해지기 전에 논의를 통한 합의가 이루어지기를 바란다.

행동의 변화만으로는 충분하지 않을 때

이 책은 우리의 대응과 행동이 어떻게 SCRD라는 문제를 만들고, 최소화하고, 때로는 해소할 수 있는지 고려하는 데 상당 부분을 할애하고 있다. 하지만 SCRD가 너무 심각해져서 행동으로는 대처할 여지가 거의 없는 상황도 존재한다. 심각한 시각장애, ADHD 같은 신경발달장애(그림 4) 등이 그런 사례다. 8장에서 이야기했던 중증 치매의 경우도 여기에 해당한다. 이런 상태는 당사자뿐만 아니라 가족의 삶까지 피폐하게 만들 정도로 심각한 SCRD를 유발한다. 다음 소개하는 몇몇 개인적 증언을 통해 이런 상태가 얼마나 감당하기 어려운 것인지 알아보자. 그리고 가까운 미래를 전망해보고, 다양한 질병에서 SCRD를 교정해줄 신약을 개발하기 위해 진행 중인 연구에 대해 살펴보면서 이 장, 그리고 이 책을 마무리하겠다. 그럼 신경발달장애부터 시작해보자.

신경발달장애

신경발달장애는 뇌 발생 초기 단계에서 생기는 이상으로 행동학적, 인지적 변화가 현저하게 일어나는 질병군을 말한다. 항상 그런 것은 아니지만 유전질환으로 생기는 경우가 많다. 신경발달장애는 전체 인구의 1~2퍼센트 정도에서 나타나고 흔한 유형으로는 지능장애, 기타 학습장애, 뇌성마비, 자폐스펙트럼장애, ADHD 등이 있다. 특수한 질병으로는 스미스마제니스증후군, 안젤만증후군, 프라더윌리증후군, 레트증후군, 그 외 다양한 유전질환이 있다. 이런 아동에서 전형적으로 나타나는 문제는 말하기 및 언어장애, 운동장애, 기억 및 학습장애, 행동장애 등이 있다.[896] 신경발달장애의 두드러진 특징은 이 질환을 가진 아동의 80퍼센트 정도가 심각한 형태의 SCRD를 갖고 있다는 점이다.[896] 야간 수면의 교란과 함께 파괴적 행동의 증가, 인지능력, 성장, 전체적인 발달의 저하 등 주간 수행능력 저하를 동반한다. 신경발달장애에 따라 SCRD의 속성과 전개 과정은 대단히 다양하게 나타나기 때문에 신경발달장애 아동의 SCRD 관리는 아동이나 그 가족 모두에게 대단히 어려운 문제다. 옥스퍼드대학교 유전체의학센터에 적을 둔 신경유전학 교수이자 내 동료인 안드레아 네메스는 친절하게도 신경발달장애에 따라오는 SCRD가 아동이나 그 가족 모두에게 얼마나 힘든 일인지 보여주는 이야기를 들려주었다.

아동에게 규칙적인 수면 습관을 길러주는 게 원래도 어렵지만 신경발달장애를 가진 아동에서는 이런 정상적인 어려움이 복합적으로 발생해서 더욱 확대될 수 있습니다. 이것이 아동과 가족에게 재앙과 같은 영향을 미칠 수 있죠. 어떤 아동은 온갖 노력에도 불구하고 절대 하나의 수면 루틴으로 정착하지 못합니다. 어느 날은 오후 7시에 잠이 들었다가 어떤 날은 새벽 3시까지도 잠을 자지 않죠. 이렇게 취침시간이 들쭉날쭉하지만 거기에는 어떤 패턴도, 특별한 이유도 보이지 않습니다. 해당 아동은 잠들거나 잠을 유지하는 데 어려움을 느끼며, 이는 질병이나 메커니즘에 따른 고유의 효과로 나타납니다. 이 아동들은 밤에 수시로 부모나 보호자를 깨웁니다. 한 부모는 이렇게 말했습니다. "수면 박탈이 아예 하나의 생활방식으로 자리잡았어요." 이 문제를 관리하는 일이 가족의 삶을 통째로 삼켜버립니다. 아동은 자신의 환경에 대해 거의 이해하지 못하고 밤낮 가리지 않고 끝이 없는 보살핌을 요구하죠. 어떤 부모는 아동이 보호 없이 혼자 돌아다니는 것을 막으려고 특수한 '수면 텐트'를 치기도 합니다. 이렇게 밤을 보내고 아침을 맞이하면 아이나 보호자 모두 지칠 대로 지쳐버립니다. 보호자는 그 상태에서 하루 일과와 업무를 시작해야 하고, 다른 자녀도 있는 경우에는 그 아이들까지 함께 돌보아야 합니다. 결국에는 부모, 특히 엄마가 직장을 관두는 경우가 많죠. 해당 아동은 낮에 피로를 느끼기 때문에 지켜보지 않으면 조는 경우가 많습니다. 그럼 다시 취침시간과 기상시간이 늦춰지는 악순환으로 이어지죠. 이렇게 탈진 상태에 있다 보니 더욱 반항적인 행동이 나타나고, 이미 제한되어 있는 교육 및 사회 활동 참여 능력이 더욱 제한됩니다. 수면 위생 프로그램으로 효과를 보지 못하면 멜라토닌, 진정제, 혹은 다른 중추신경계 활성제 같은 약물을 시도해볼 수 있습니다. 하지만 이런 약물은 졸음, 추가적인 수면 문제, 행동 문제, 인지장애 등의 부작용을 일으킬 수 있습니다. 더군다나 이런 약물이 효과가 있다는 증거도 빈약하죠. 심각한 신경발달장애 아동을 둔 가족 중에는 아이나 젊은 성인에게 24시간 돌봄을 제공하는 시설에 맡기는 것 말고는 달리 방법이 없는 경우도 있습니다. 그럼 당사자가 가족으로부터 분리될 뿐만 아니라 가족과 사회 모두에게 경제적으로도 큰 부담이 될 수 있습니다.

이 이야기에서 네메스 교수가 SCRD의 치료제로 사용되는 약물에 대해 언급했으니 그중 몇 가지는 조금 더 구체적으로 살펴보는 것이 좋겠다. **철분 보충제**가 주기성 사지운동(5장) 같은 수면 관련 운동장애에서 일반적으로 사용되기도 하며, ADHD와 자폐스펙트럼장애가 있는 아동에서 철분(혈청 페리틴) 수치를 떨어뜨린다는 증거도 있다. 하지만 이런 질병에서 철분 보충제가 자는 동안에 일어나는 주기성 사지운동 증상을 개선해준다는 명확한 증거는 없으며, 위장관 문제를 일으킬 수 있어 오히려 역효과를 낼 수도 있다.[896] 솔방울샘에서 분비하는 주요 신경호르몬인 **멜라토닌**(그림 2)이 신경발달장애 아동의 SCRD 관리에 종종 사용되어왔다. 한 연구에서는 취침 20~30분 전에 5~15밀리그램의 멜라토닌을 복용하면 야간의 총 수면시간이 대략 30분 정도 개선된다는 것을 보여주었다. 이는 주로 아이가 잠드는 데 걸리는 시간을 줄여주어 생기는 결과다(수면 개시 시간 단축).[897] 하지만 전체적으로 보면 멜라토닌은 신경발달장애에서 수면 개선에 미치는 효과가 들쭉날쭉한 것으로 보고되고 있으며 부모와 보호자도 멜라토닌이 수면을 개시하는 데만 효과가 있지 수면 유지에는 별 효과가 없다고 이야기하는 경우가 많다. 앞에서도 이야기했고, 뒤에서도 다시 이야기하겠지만 이것은 멜라토닌이 수면 호르몬이 아니라 약한 수면 조절자로 작용한다고 이야기한 내용과도 일맥상통한다(2장 참고). 멜라토닌과 비슷한 효과를 내도록 설계된 약물인 라멜테온에 대해서도 비슷한 내용이 보고되고 있다.[896] **수면제 벤조디아제핀**은 잠드는 시간을 줄이고, 총 수면시간을 늘리고, 수면의 유지를 개선해줄 수 있지만 주간 졸음과 중독을 일으킬 수 있으므로 짧은 기간에 한정해서 사용할 것을 권장하고 있다.[898] 졸피뎀, 자레프론, 에스조피클론 등 **비벤조디아제핀 계열 수면제**(Z-약물)는 신경발달장애 아동의 수면을 돕는 데 특별한 효과가 없는 것으로 보인다. 졸피뎀은 위약에 비해 별다른 개선이 없었고, 많은 아동에서 졸음, 두통, 환각 등의 부작용을 일으켰다.[899] 간단히 정리하면 신경발달장애 아동의 SCRD를 정상화하는 데 사용할 수 있는 약물이 현재로서는 특별한 게 없다. 여기에는 신경발달장애가 다양한 유전적 요인과 환경 조절 인자의 영향을 받는 다양한 질병군에 해당한다는 것도 한몫하고 있다. 사실 정신질환과 비슷한 상황이라고 할 수 있다. 이런 정신질환의 경우 신경발달장애의 영향을 받는 뇌 회로가 일주기 리듬 및 수면을 주도하는 뇌 회로와 일정 부분 겹친다. 거기에 더해서 신경발달장애는 SCRD를 악화시키고, SCRD는 신경발달장애를 악화시킨다(그림 7 참고). 역시나 정신질환의 경우와 마찬가지로 SCRD도 새로운 치료제가 개발되면 미래에는 중요한 치료법이 되어줄 수 있을 것이다.

현저한 시각장애

현저한 시각장애는 눈의 완전한 상실, 망막을 파괴하는 심각한 눈 질환, 시신경 혹은 시신경이 나오는 신경절에 가해진 심각한 손상 등으로 인해 생길 수 있다. 3장에서 이야기했듯이 이런 문제가 있는 사람은 SCN을 명암 주기에 맞추어 재설정하거나 동조화할 수 없다. 매일 이루어져야 할 재설정이 일어나지 않기 때문에 당사자는 자신의 생체시계 리듬에 따라 자기만의 시간대에서 표류하게 된다. 앞에서도 이야기했듯이 이것을 프리러닝이라고 한다. 대부분의 사람은 일주기 수면/각성 주기가 24시간보다 살짝 길다. 그래서 매일 조금씩 점점 더 늦은 시간에 잠에서 깨는 수면/각성 주기의 지연을 경험하게 된다. 며칠 동안은 수면/각성 주기가 거의 정확할 때가 있겠지만 결국은 다시 표류해서 식욕이 엉뚱한 시간에 활성화될 것이다. 이것이 얼마나 혼란스러운 일인지 감을 잡을 수 있게 24년이 넘는 군복무 기간 중에 시력을 상실한 참전용사의 이야기를 아래 소개한다. 이 사람은 빛을 감지하지 못한다. 이 이야기를 여기 소개할 수 있게 허락해준 영국 시각장애참전용사협회의 수석 과학 책임자 레나타 고메스에게 감사드린다.

> 저는 낙관적인 사람이라서 내가 시각장애인이라고 말하거나, 시각장애인용 지팡이를 꺼내기 전까지는 내가 시각장애인이라는 것을 대부분의 사람이 눈치채지 못합니다. 하지만 솔직히 말하면 저도 어떻게 해야 할지 모를 때가 있습니다! 내 몸이 나를 속이곤 합니다. 아침 9시라고 생각해서 직장에 도착하고 보면 새벽 4시일 때가 종종 있습니다. 다행히도 제 직장은 24시간 열려 있죠. 그래서 저는 대화형 시계의 소리에 맞추어 생활하기 시작했습니다. 하지만 그렇게 오랜 세월이 지났는데도 내 몸은 계속해서 나를 속이려 듭니다. 우리 이웃은 정말 친절한 사람들이어서 제게 불평하지 않습니다. 대신 제 아내에게 불평하죠. 종종 시간을 착각해서 정원 창고에 일을 좀 하러 들어가는데 역시나 엉뚱한 시간일 때가 있어요. 그 바람에 이웃을 깨우고 맙니다. 내 몸이 나를 많이 속여요. 제가 미쳤다고 생각하는 것은 아니지만 가끔은 시간 개념이 없는 아이가 된 것 같아요. 예전에는 의사가 처방해준 약을 먹었습니다. 7년 정도 복용했는데 전혀 도움이 안 되더군요. 부

작용도 걱정되었고요. 그래서 복용을 중단하기로 결심했습니다. 지금은 어떤 약도 복용하지 않습니다. 저는 대화형 시계에 맞추어 살려고 애를 씁니다. 그래서 오후에는 절대 낮잠을 자지 않습니다. 아내도 내가 시간을 지킬 수 있게 많이 도와줍니다.

22년 전에 시력을 잃은 또 다른 참전용사의 이야기가 중증의 시각장애로 겪는 시간의 혼란을 잘 보여준다.

처음에는 무슨 일이 벌어지고 있는지 도통 이해할 수가 없었습니다. 병원에서 나오자마자 바로 시각장애 참전용사를 위한 재활센터로 갔죠. 저는 잠에서 깨면 면도를 하고 옷을 챙겨 입고 아침 식사를 하려고 구내식당에 가고는 했습니다. 처음에는 식당이 아주 조용하더군요. 아무도 없었으니 조용할 수밖에요. 간호사가 지금은 한밤중이라고 말하더군요! 그러니까 잠자리에 든 지 세 시간밖에 안 됐던 겁니다. 어떻게 이럴 수가 있죠? 겨우 세 시간 자놓고 아침이 됐다고 생각하다니요!

이 시각장애인들은 아무리 애쓰고 노력해도 자신의 일주기 리듬을 온전히 동조화할 수 없다. 이들은 시각맹에 더해서 시간맹이라는 이중고를 겪게 된다. 이후 SCRD가 자녀와 가족에게 미치는 영향을 기록한 한 어머니의 이야기도 실어놓았다. 이 어머니에게는 무홍채증을 가진 아이가 있었다. 무홍채증은 4만~10만 명당 한 명꼴로 생기는 희귀한 선천성 결함이다. PAX6라는 유전자 혹은 PAX6 유전자의 조절 방식에 돌연변이가 생긴 것이 그 원인이다. 그 결과 홍채가 덜 발육하거나 소실되고, 보통은 눈에 다른 심각한 문제도 함께 생긴다. 그리고 솔방울샘(그림 2)의 상실을 비롯한 뇌의 문제도 생길 수 있다.[900] PAX6 돌연변이가 다른 유전자의 돌연변이와 함께 일어나면 더 심각한 질병을 일으킬 수도 있다.[901] 무홍채증은 심각한 SCRD와 관련이 있다.[902] SCRD는 아마도 눈에 생기는 손상, 그리고 신경발달장애처럼 뇌 손상이 결합되어 생길 것이다. 정확한 이유는 알 수 없지만 무홍채증이 있는 아이의 엄마와 나눈 짧은 문답을 통해 SCRD가 아이와 가족에게 미치는 영향을 짐작할 수 있을 것이다. 아이의 이름은 가명을 사용했다.

아이의 수면/각성 교란이 어떤 패턴으로 나타나는지 설명해주실 수 있나요?

솔직히 말씀드리면 패턴이 없는 것 같아요. 한 가지 눈에 띄는 건 있어요. 취침 전에 너무 피곤하거나, 불안하거나, 자극을 너무 많이 받으면 두 시간마다 여러 번 깨면서 잠을 제대로 못 자는 경우가 많아요.

이런 교란이 당신이나 다른 가족 구성원의 수면에 어떤 영향을 미치고, 이것이 당신의 대처 능력에는 어떤 영향을 미칩니까?

가끔 큰 영향을 미쳐요. 조니는 보통 자주 깨거나 잠을 아예 자지 않아요! 그럼 우리 모두 깨어 있어야 해요. 그 바람에 저는 완전히 녹초가 되어버리죠.

아이의 수면/각성 문제를 교정할 방법이 있다면 그것이 당신에게는 어떤 의미가 될까요?

말도 못하게 중요한 의미가 있죠. 우리 가족 모두에게 큰 영향을 미칠 겁니다. 피로감에 수면 부족까지 겹치다 보니 조니에게도 큰 문제거든요. 수면을 교정할 수 있다면 조니의 학교생활도 훨씬 편해질 겁니다.

나를 조니의 어머니와 연결해준 무어필즈 안과병원과 그레이트 오몬드 스트리트 어린이병원의 안과 고문의사 마리야 무사지 교수에게 감사드린다. 내가 보낸 질문지에 시간을 내어 친절하게 답해준 조니의 어머니에게도 감사드린다. 이 이야기와 네메스 교수의 이야기를 듣고 특히나 안타까웠던 것은 조니와 그와 비슷한 아동들, 그리고 그 아동의 가족들이 모두 고통스러워하고 있는데 이들을 도울 뾰족한 방법이 없다는 것이다. 현재로서는 멜라토닌과, 멜라토닌의 작용을 흉내낸 약물이 그나마 있는 치료법이지만, 안타깝게도 그것도 해결책은 아니다.

시각장애인의 멜라토닌

멜라토닌은 종종 시각장애인의 비24시간 수면/각성 장애나 프리러닝 일주기 리듬을 치료하는 데 사용되어왔다(그림 4). 일반적으로 멜라토닌을 여러 주 혹은 여러 달에 걸쳐 동일한 시간에 계속 복용하면 '일부' 시각장애인에게서는 프리러닝 리듬이 결국에는 고정되어 매일 멜라토닌을 복용하는 시간에 맞춰 동조화된다. 예를 들어 지금까지 발표된 것 중 가장 성공적인 연구에서는 열여덟 명의 환자 중 열두 명이 동조화하는 데 성공했다(67퍼센트).[903] 이것이 가장 성공적인 연구였다는 점을 다시 한번 강조하고 싶다. 대부분의 연구에서는 작은 영향, 혹은 유의미하지 않은 영향만을 확인할 수 있었다. 시각장애인에게 멜라토닌을 사용하는 것이 한계가 있기는 하지만 현재 권장하고 있는 가장 효과적인 접근법은 저용량의 멜라토닌(0.5~5밀리그램)을 바람직한 취침시간 여섯 시간 전에 매일 복용하는 것이다. 하지만 이렇게 한다고 해서 치료가 성공한다는 보장은 없다.[902] **타시멜테온**은 시각장애인을 위한 비24시간 수면/각성 장애 치료제로, 헤틀리오즈라는 제품명으로 팔리고 있다. 이 약물은 멜라토닌 수용체를 활성화하도록 설계되었다는 점에서 멜라토닌과 비슷하고, 시각장애인의 프리러닝 일주기 리듬을 동조화하기 위해 사용되어왔다. 한 연구에서 타시멜테온은 4주의 치료 후에 40명 중 여덟 명, 즉 20퍼센트의 환자에게서 동조화를 이끌어냈다. 두 번째 연구에서는 12~18주의 치료 후에 타시멜테온이 48명 중 스물네 명, 즉 50퍼센트의 환자에게서 동조화를 이끌어내는 데 성공했다.[904] 따라서 이 결과를 놓고 보면 타시멜테온을 이용한 동조화의 최고 성과(50퍼센트 성공률)가 멜라토닌의 성과(67퍼센트 성공률)에 못 미친다. 하지만 정확한 비교를 위해서는 멜라토닌과 타시멜테온 간의 완전한 일대일 연구가 필요하다. 결론을 말하자면 멜라토닌과, 타시멜테온 등의 멜라토닌 유사 약물은 여러 주 혹은 여러 달에 걸친 치료 후에 전부는 아니지만 일부 환자에게서 동조화를 달성할 수 있다. 이것은 눈이 감지하는 새벽/황혼의 빛 신호를 증폭하는 '어둠의 생물학적 지표'라는 멜라토닌의 역할과 잘 부합한다.[905] 멜라토닌이 일부 사람에게서 약한 수면 유도 효과를 나타내기 때문에 수면 행동의 유도가 일주기 시스템에 되먹임 작용을 해서 생체시계의 동조화에 도움을 줄 가능성도 있다.[906] 따라서 멜라토닌은 생체시계에 직접 작용하기보다는 수면에 작용해서 일주기 타이밍에 영향을 미치는 것일지도 모른다.

앞에서도 언급했듯이 일부 무홍채증에서는 솔방울샘(그림 2. 우리 몸의 주요 멜라토닌 공급원)이 작아져 있거나 아예 없다. 그리고 멜라토닌이 중증 시각장애인의 비24시간 휴식/활동 주기를 치료하는 데 사용되어왔고, 수면 호르몬이라는 잘못된 이름으로 불리는 경우도 많았기 때문에 무홍채증 환자의 SCRD를 교정하기 위해 임상에서 멜라토닌 치료가 시도되어왔다. 미국에서는 솔방울샘이 위축되거나 없는 사람에게 수면의 질을 개선하고 수면 패턴을 조절하기 위해 멜라토닌 보충제를 꼭 복용하도록 권장하고 있다. 솔방울샘이 위축되거나 없는 경우에는 실제로 혈청 멜라토닌 수치가 낮아져 있다.[902] 하지만 마리아 무사지 교수나 내가 알고 있는 바로는 멜라토닌 치료가 이 집단에서 효과가 있는지 여부를 확인하기 위한 구체적인 연구는 진행된 바가 없다.

어쩌면 지금이야말로 비24시간 수면/각성 장애 환자들에게 멜라토닌의 효과가 그렇게 크지 않은 이유를 고려해볼 좋은 시점인지도 모르겠다. 우리는 2장을 비롯해 다양한 장에서 이 주제를 살펴보았고, 첫 번째로 지적하고 싶은 부분은 솔방울샘 제거가 동물 모형의 휴식/활동 리듬에 미치는 영향을 입증하기가 대단히 어려웠다는 점이다. 처음에는 쥐를 대상으로 연구가 진행됐다. 이 실험에서는 솔방울샘을 제거한 후에도 본질적으로 정상적인 휴식/활동 주기가 이어졌다.[907] 이런 연구 결과는 근래에도 다시 확인된 바 있다.[908] 명암 주기를 갑자기 바꿔서 동물에게 시차증을 시뮬레이션했을 때도 솔방울샘이 '없는' 경우에 더 신속하게 적응했다는 점도 다소 놀라운 측면이 있다.[909] 이는 솔방울샘의 멜라토닌이 급속한 전환에 브레이크를 거는 작용을 했음을 암시한다. 사람을 대상으로 진행된 연구도 이런 개념을 뒷받침하고 있다. 사람에게 베타차단제를 사용해서 솔방울샘의 멜라토닌 생산을 대부분 제거한 경우에도 시차증 시뮬레이션에서 더 신속하게 적응했다.[910] 따라서 그동안 멜라토닌은 빛을 대신해서 새로운 명암 주기에 신속하게 적응하기 위한 용도로 사용되어왔지만, 실은 그와 정반대의 작용을 하는 것이 멜라토닌의 주요 기능일 가능성이 있다.[249]

행동 변화만으로 부족하다면 무엇을 할 수 있을까?

이상적으로 생각하면 SCRD 개선을 위해서는 제일 먼저 행동학적 변화를 시도해야 한다. 여기에 대해서는 6장에서 자세히 다루었고, 다른 장에서도 추가적인 조언을 제시하고 있다. 하지만 이번 장에서 중증의 시각장애와 신경발달장애, 그리고 앞선 장에서 치매를 통해 확인했듯이 SCRD 개선을 위한 행동학적 접근방식이 거의 혹은 전혀 효과가 없는 외상, 유전질환, 노화 관련 질환도 존재한다. 시각장애인의 비24시간 일주기 리듬 장애를 교정하기 위해 멜라토닌을 사용해왔지만 이것은 효과가 있는 경우라 해도 신속하거나 확실한 치료법이 아니며 아예 효과가 없는 사람도 많았다. 비24시간 일주기 리듬 장애 외의 상황에서는 멜라토닌이 다른 건강 영역에 걸쳐 SCRD를 완화하는 데 대체로 효과가 없다. 만약 백신에 대한 평가 기준을 적용해서 멜라토닌을 평가한다면 크게 실패한 사례라 생각하게 될 것이다. 문제는 일주기 리듬 이상을 교정하는 데 사용할 수 있는 무기가 멜라토닌과, 멜라토닌 수용체에 작용하는 약물밖에 없다는 점이다. 그래서 옥스퍼드대학교의 우리 연구진을 비롯해서 많은 일주기 생물학자들이 이제 이런 질문을 던

지고 있다. 멜라토닌보다 더 나은 무언가가 없을까? 그래도 다행스러운 점은 현재 전 세계 연구실에서 일주기 리듬의 생성 방식과 분자 수준에서의 조절 방식에 대한 최신 지식을 바탕으로 SCRD 문제를 치료할 신약을 개발하기 위해 연구가 진행 중이라는 것이다.

이 책에서 일주기 시스템의 분자 경로에 관해서는 세부적인 부분까지 다루지 않았다. '분자 피드백 고리'(2장)에 대해 이야기하기는 했지만 여기에 세부적인 내용을 덧붙이지는 않았다. 이것은 대단히 흥미진진한 분야이고 우리가 진행하고 있는 연구에서 주로 초점을 맞추고 있는 부분이기도 하지만 이런 자세한 내용까지 모두 이해하려면 일반적인 생물학적 지식만으로는 따라잡기가 힘들다. 그리고 나의 목표는 독자들에게 관심을 불러일으키고, 지식 기반을 제공하고, 여기서 제시하는 참고자료를 이용해서 더 깊이 파고들도록 힘을 불어넣는 것이었다. 사실 내 동료들 중에서도 분자와 관련된 내용을 무서워하는 사람들이 있다! 더 깊이 파고들고 싶은 사람이 있다면 이런 참고자료들이 좋은 출발점이 되어줄 것이다.[14, 911, 912] 여기서 강조하고 싶은 것은 분자적으로 분석하는 이런 근본적인 접근방식이 세상 그 누구의 예상보다도 빨리 진행되고 있다는 점이다. 이제 우리는 일주기 리듬 생성과 조절에 관여하는 구체적인 작용을 여러 유전자와 직접 연결 지어 생각할 수도 있다. 유전자에 생기는 돌연변이가 다양한 건강상의 위험 및 질병에 대한 개인의 감수성에 어떻게 영향을 미칠 수 있고, 이런 돌연변이가 어떻게 켜지고 꺼지는지를 진정으로 이해하기 시작했다는 점이 중요하다. 지금까지 이런 연구는 주로 호기심 차원에서 이루어졌다. 하지만 이제 우리는 이런 정보를 이용해서 질병에 특화된 증거 기반의 치료법을 개발함으로써 그림 4에 제시된 일주기 리듬 교란을 교정할 수 있는 위치에 서 있다. 이 그림은 서로 다른 수면/각성 패턴을 보여주며 그 변형된 패턴과 관계된 질병을 함께 보여주고 있다.

일주기 리듬을 생성하고 조절하는 분자 메커니즘을 이해하고, 일주기 리듬 이상이 다양한 질병과 어떻게 관련되어 있는지 파악하면 이런 결함을 교정하는 신약 개발의 토대를 마련할 수 있다. 일례로 옥스퍼드대학교의 한 연구진도 몇 가지 약물을 개발 중이다. 투명성 제고를 위해 덧붙이자면 이 연구는 '서케이디언 테라퓨틱스Circadian Therapeutics'라는 옥스퍼드대학교의 상업적 스핀아웃(기업이나 기관이 일부 사업부를 분리하여 전문회사를 만드는 것 – 옮긴이)의 일환이다. 한 약물은 빛이 생체시계에 미치는 영향을 흉내내어 빛이 동조화를 이끌어내는 데 사용하는 것과 동일한 경로를 활성화한다. 어떤 면에서 보면 생체시계를 속여서 빛을 보았다고 생각하게 만드는 방법이다. 우리는 이 약이 중증 시각장애인의 프리러닝 수면(비24시간 수면/각성 장애)을 해결할 수 있기를 희망하고 있다(그림 4). 이 연구를 위해서는 우리 연구진과 영국 시각장애참전용사협회가 긴밀하게 협력해야 할 것이다. 이 빛 흉내내기 약물은 용도변경 약물이다. 원래는 다른 용도로 개발되었지만 효과가 없는 것으로 밝혀진 약물이라는 의미다. 비록 이 약은 초기 임상시험에서 효과가 없는 것으로 나왔지만 안전한 것으로 밝혀졌다.[913] 우리가 진행한 일주기 약물 심사 프로그램에서 이 약물이 일주기 시스템에 큰 효과가 있는 것으로 확인되었고, 이 약에 대해서는 이미 기반 연구가 마무리된 상태였기 때문에 신속하고 안전하게 사람 대상 실험에 들어갈 수 있었다. 지금까지 나온 용도 변경 약물 중에서 가장 유명한 것은 비아그라다. 제약회사 화이자는 협심증(심장 근육으로 가는 혈류가 감소해서 생기는 흉통)을 치료할 약물을 개발하고 있었지만 초기 임상시험에서 효과가 없는 것으로 나와서 프로젝트가 중단될 지경에 이르렀다. 그런데 수석 연구자가 일부 남성 참가자들로부터 평소보다 발기를 더 많이 경험하고 있다는 소리를 들었다. 이후 화이자는 발기부전 쪽으로 임상시험의 초점을 바꾸었고, 결국 개발이 취소될 뻔했던 이 약은 대박을 쳐서 시판되고 첫 3개월 동안 미국에서만 4억 달러어치 이상이 팔렸다.[914]

우리가 개발 중인 다른 비용도 변경 약물들은 생체시계의 진폭을 키우는 방식으로 작동한다. 적어도 생쥐에서는 이것이 대사증후군의 여러 측면을 없애주는 것으로 밝혀졌다. 우리는 이 약이 궁극적으로는 분절수면과 불면증, 그리고 치매 등의 질병에서 그와 관련된 건강상의 문제들(그림 4)을 해결해줄 수 있으리라 예상하고 있다. 또 다른 약은 빛에 대한 생체시계의 감수성을 높여준다. 이 약은 일주기 시스템이 빛에 덜 민감해서 동조화에 문제가 생긴다는 증거가 있는 정신질환이나 노환 등에 유용할 것이다. 증거 기반의 신약을 개발해 일주기 리듬 장애를 교정하고 건강을 증진하기 위해 노력하는 사람이 우리만 있는 것은 아니다. 전 세계에서 우리와 같은 연구자들이 재정 후원기관 및 자선기관과 협업해 수면위상전진장애와 수면위상지연장애(그림 4) 같은 질병을 교정하는 약물, 그리고 세포 분열 및 암 진행의 일주기 조절을 표적으로 하는 약물을 개발하고 있다. 앞으로 몇 년 후에는 임상에 치료를 적용할 수 있을 것이다. 일부 약물은 결국 효과가 없을지도 모르지만 성공이 가까워지고 있고, 나는 대단히 낙관적으로 바라보고 있다. 솔직히 나는 이 장에서 설명했던 시각장애나 신경발달장애로 생기는 SCRD에 대한 내용들이 머지않아 살아 있는 사람들의 경험이 아니라 역사의 이야기로만 남기를 바라고 있고, 그것이 내가 이 연구를 하게 된 동기다.

마지막으로

전 세계적으로 일주기를 연구하는 사람들은 지난 60년 동안 지구 대부분의 생명체에서 나타나는 24시간 리듬을 이해하기 위해 노력해왔다. 그리하여 일주기 생물학의 근본적 속성을 이해하는 데 있어서 놀라운 진척이 있었으며, 이런 지식은 생명 세계에 대한 경이로움과 이해를 더해주었다. 이런 이해와 더불어 일주기 리듬이 우리의 건강과 안녕에 미치는 근본적인 중요성에 대한 깨달음도 함께 찾아왔다. 우리가 '언제' 무엇을 할 것인지는 정말 중요한 문제다. 하루 중 시간대는 의사결정 능력, 감염, 뇌졸중, 실수에 대한 취약성, 섭취한 음식의 처리 방식, 치료와 약물 복용의 효과, 심지어 운동의 효과에도 어느 정도 영향을 미친다. 개인과 사회 전체의 삶을 바꾸어놓을 수 있는 이 놀라운 정보가 지금까지는 대체로 무시되어왔다. 학교에서는 일주기 및 수면 건강에 대해 교육하지 않고, 의과대학에서도 가르치지 않는다. 작업 환경에서는 이를 고려하지 않는 경우가 많다. SCRD는 학업 수행능력과 청소년의 건강을 해칠 수 있다. 우리의 노동자들은 막중한 업무 부담에 SCRD로 인한 고통까지 함께 짊어져야 한다. 우리 경제는 만성적인 피로와 스트레스로 고통받는 사람들의 손에 맡겨져 있다. 이는 코로나19가 남긴 혼란을 해결하기에 좋은 출발점이 아니다. 사회가 일주기 리듬의 과학을 받아들이지 않음으로써 엄청난 자원이 낭비되고 있으며 모든 수준에서 건강 개선의 중요한 기회를 놓치고 있다.

우리 시대에 삶을 망가뜨리는 질병 중에는 SCRD와 관련이 있고, SCRD로 인해 악화되는 것들이 있다. SCRD를 줄일 수 있다면 이런 질병 상태를 잠재적으로 개선하고 더 나아가 제거할 수도 있을 것이다. 일주기 리듬을 생성하고 조절하는 메커니즘을 이해함으로써 SCRD의 해로운 영향에 대처할 수 있는 새로운 약물 치료의 표적 대상을 확인할 수 있을 것이다. 이 새로운 유형의 일주기 약물이 의학의 혁명을 불러와 지금까지는 불치병으로 남아 있던 질병을 대상으로 증거 기반의 특화된 치료를 제공할 수 있을 것이다.

인생에서는 감염 같은 위험을 피하거나 현명한 판단으로 이익을 얻는 식으로 찰나의 순간에 기회를 잡는 것이 중요한 경우가 많다. 역동적인 세상에서 이런 성공 기회를 높이는 데 도움을 주는 것이 바로 일주기 리듬이다. 일주기 리듬에서 중요한 것은 결국 시간의 양이 아니라 타이밍이다. 일주기 리듬은 행동을 조절해 최고의 효과를 만들어낸다. 우리 몸은 올바른 재료를, 올바른 장소에, 올바른 양으로, 올바른 시간에 필요로 한다. 생체시계는 이런 필요를 예상해 서로 다른 요구들을 충족해준다. 현명한 사람이나 어리석은 사람이나 결국 죽는 것은 매한가지이지만, 일주기를 현명하게 이용하는 사람은 더 오래, 더 행복하게 균형 잡힌 충만한 삶을 살게 될 것이다.

부록 1

나의 생물학적 리듬 알아보기

1편. 수면일기 작성하기

자신의 수면/각성 패턴을 꾸준히 기록하면 수면에 문제가 생겼다는 생각이 들 때나, 그냥 관심이 생겼을 때 유용하다. 자신이 직접 **수면일기**를 디자인할 수도 있겠지만 어떤 정보를 기록해야 하는지 아래 목록에서 소개한다. 몇 주에 걸쳐 정보를 취합하고, 수면에 영향을 미칠 수도 있겠다 싶은 삶의 중요한 사건도 꼭 함께 기록해두어야 한다.

매일 아침 일어날 때마다 지난밤의 수면에 대해 설문 문항을 모두 작성한다. 그 설문지에 포함시키면 좋을 질문은 다음과 같다.

1. 몇 시에 잠자리에 들었습니까?
2. 잠을 자려고 시도한 것은 몇 시부터입니까?
3. 잠드는 데 시간이 얼마나 걸렸습니까?
4. 최종적으로 깨기 전에 중간에 몇 번이나 깼습니까?
5. 중간에 깨어 있던 시간을 모두 합치면 얼마나 됩니까?
6. 마지막으로 깬 시간은 몇 시입니까?
7. 마지막으로 깬 후에 침대에서 나온 시간은 몇 시입니까?
8. 자신의 수면의 질을 평가하면?
    a. 아주 나쁘다
    b. 나쁘다
    c. 그럭저럭 괜찮다
    d. 좋다
    e. 아주 좋다
9. 꿈을 꾸었습니까? 꾸었다면 어떤 내용이었습니까?
10. 수면과 관련해서 달리 관찰된 내용이 있다면 적어주세요.
11. 직장이나 가정에서 겪은 어려운 상황 등 수면에 영향을 미쳤을지도 모른다고 생각되는 사건이 낮에 있었다면 적어주세요.

2편. 크로노타입 설문

당신은 아침형(종달새형), 저녁형(올빼미형), 중간형 중 어디에 속합니까?

아침형/저녁형 설문

각각의 질문에 대해 최근 몇 주 동안 자신이 느낀 바와 가장 일치하는 대답에 체크하세요. 설문을 마친 다음에는 점수를 합산해서 자신의 크로노타입을 확인합니다.

1. 하루 일정을 마음대로 잡을 수 있다면 대략 몇 시 정도에 일어나시겠습니까?

오전 5:00~6:30 ———— ⑤

오전 6:30~7:45 ———— ④

오전 7:45~9:45 ———— ③

오전 9:45~11:00 ———— ②

오전 11:00~12:00 ———— ①

2. 저녁 일정을 마음대로 잡을 수 있다면 대략 몇 시 정도에 잠자리에 드시겠습니까?

오후 8:00~9:00 ———— ⑤

오후 9:00~10:15 ———— ④

오후 10:15~오전 12:30 ———— ③

오전 12:30~1:45 ———— ②

오전 1:45~3:00 ———— ①

3. 아침에 특정 시간에 일어나야 하는 경우 알람시계에 얼마나 의존하는 편입니까?

전혀 의존하지 않는다 ④

살짝 의존한다 ③

어느 정도 의존한다 ②

아주 많이 의존한다 ①

4. 아침에 일어나기가 얼마나 쉽습니까? (뜻하지 않았던 시간에 깬 것이 아닐 때)

아주 쉽다 ④

꽤 쉽다 ③

조금 어렵다 ②

아주 어렵다 ①

5. 아침에 일어난 후 30분 정도 동안 머리가 얼마나 잘 돌아갑니까?

전혀 잘 돌아가지 않는다 ①

살짝 잘 돌아간다 ②

꽤 잘 돌아간다 ③

아주 잘 돌아간다 ④

6. 깨어나서 첫 30분 동안 얼마나 배고픔을 느낍니까?

전혀 배고프지 않다 ―――――――――――――― ①

살짝 배고프다 ―――――――――――――― ②

꽤 배고프다 ―――――――――――――― ③

아주 배고프다 ―――――――――――――― ④

7. 아침에 깨어나서 첫 30분 동안에 기분이 어떻습니까?

아주 피곤하다 ―――――――――――――― ①

꽤 피곤하다 ―――――――――――――― ②

꽤 상쾌하다 ―――――――――――――― ③

아주 상쾌하다 ―――――――――――――― ④

8. 내일이 휴일이라면 평소와 비교했을 때 오늘은 몇 시에 잠자리에 들겠습니까?

평소대로 혹은 살짝 늦게 ―――――――――――――― ④

1시간 미만으로 늦게 ―――――――――――――― ③

1~2시간 늦게 ―――――――――――――― ②

2시간 이상 늦게 ―――――――――――――― ①

9. 당신은 운동을 하기로 마음먹었습니다. 한 친구가 당신에게 일주일에 두 번, 한 시간씩 운동하라며, 자기에게 제일 좋은 운동시간은 아침 7~8시 사이라고 했습니다. 다른 것은 제

외하고 자신의 내부 생체시계만을 고려할 때 당신은 이런 일정으로 얼마나 잘할 수 있을 것 같습니까?

아주 잘할 것이다 ——— ④

그럭저럭 잘할 것이다 ——— ③

어려울 것이다 ——— ②

아주 어려울 것이다 ——— ①

10. 저녁에 대략 몇 시쯤이면 피곤해져 잠을 자야겠다는 생각이 듭니까?

오후 8:00~9:00 ——— ⑤

오후 9:00~10:15 ——— ④

오후 10:15~오전 12:30 ——— ③

오전 12:30~2:00 ——— ②

오전 2:00~3:00 ——— ①

11. 두 시간 동안 치러야 할 중요한 시험에서 자신의 능력을 최대로 발휘하고 싶습니다. 그날의 시험 일정은 당신 마음대로 정할 수 있습니다. 자신의 내부 생체시계만을 고려할 때 다음 중 언제를 선택하시겠습니까?

오전 8:00~10:00 ——— ⑥

오전 11:00~오후 1:00 ——— ④

오후 3:00~5:00 ——— ②

오후 7:00~9:00 ——— ⓪

12. 밤 11시에 잠자리에 들었다면 얼마나 피곤할까요?

전혀 피곤하지 않다 ─── ⓪

조금 피곤하다 ─── ②

꽤 피곤하다 ─── ③

아주 피곤하다 ─── ⑤

13. 어떤 이유가 있어서 평소보다 몇 시간 늦게 잠자리에 들었지만 다음 날 아침에는 정해진 시간에 일어날 필요가 없습니다. 그럼 다음 중 어떻게 행동할 것 같습니까?

평소 시간에 일어나겠지만 다시 잠들지 않는다 ─── ④

평소 시간에 일어나서 그 후로 존다 ─── ③

평소 시간에 일어나겠지만 다시 잠든다 ─── ②

평소보다 늦은 시간에 일어난다 ─── ①

14. 당신은 야간 경계 근무를 서기 위해 오전 4시부터 6시까지 깨어 있어야 합니다. 다음 날에는 해야 할 일이 따로 없습니다. 그럼 당신은 다음 중 어떻게 행동하시겠습니까?

경계 근무를 마칠 때까지 아예 자지 않는다 ─── ①

경계 근무 전후로 잠깐씩 잔다 ─── ②

경계 근무 전후로 푹 잔다 ─── ③

경계 근무 전에만 잔다 ─── ④

15. 두 시간 동안 고된 육체노동을 해야 합니다. 하루의 일정은 당신 마음대로 잡을 수 있습니다. 자신의 내부 생체시계만을 고려할 때 다음 일정 중 언제를 선택하시겠습니까?

오전 8:00~10:00 ———— ④

오전 11:00~오후 1:00 ———— ③

오후 3:00~5:00 ———— ②

오후 7:00~9:00 ———— ①

16. 당신은 운동을 하기로 마음먹었습니다. 한 친구가 당신에게 일주일에 두 번, 한 시간씩 운동하라며, 자기에게 제일 좋은 운동시간은 오후 10~11시 사이라고 했습니다. 다른 것은 제외하고 자신의 내부 생체시계만을 고려할 때 당신은 이런 일정으로 얼마나 잘할 수 있을 것 같습니까?

아주 잘할 것이다 ———— ①

그럭저럭 잘할 것이다 ———— ②

어려울 것이다 ———— ③

아주 어려울 것이다 ———— ④

17. 일하는 시간을 마음대로 선택할 수 있다고 해봅시다. 휴식시간을 포함해서 하루에 다섯 시간 일하고, 당신이 하는 일은 재미있고, 일을 하는 만큼 성과급을 받는다고 가정해봅시다. 그럼 대략 몇 시부터 일을 시작하시겠습니까?

오전 4:00~8:00에 시작해서 5시간 동안 ———— ⑤

오전 8:00~9:00에 시작해서 5시간 동안 ———— ④

오전 9:00~오후 2:00에 시작해서 5시간 동안 ③

오후 2:00~5:00에 시작해서 5시간 동안 ②

오후 5:00~오전 4:00에 시작해서 5시간 동안 ①

18. 보통 하루 중 몇 시에 기분이 제일 좋습니까?

오전 5:00~8:00 ⑤

오전 8:00~10:00 ④

오전 10:00~오후 5:00 ③

오후 5:00~10:00 ②

오후 10:00~오전 5:00 ①

19. 아침형 인간과 저녁형 인간이라는 말이 있습니다. 당신은 어느 쪽에 속한다고 생각하십니까?

확실히 아침형 ⑥

저녁형보다는 아침형인 듯 ④

아침형보다는 저녁형인 듯 ②

확실히 저녁형 ①

19개 문항의 총점: ____________

이 설문에는 총 19개의 문항이 들어 있고, 각각에 점수가 할당되어 있다. 먼저 자신이 체크한 항목의 점수를 모두 더해서 그 값을 여기에 적는다: ______________________

점수는 최저 16점에서 최고 86점까지 나올 수 있다. 41점 이하면 '저녁형'에 해당한다. 59점 이상이면 '아침형'에 해당한다. 42~58점은 '중간형'에 해당한다.

16~30점: 확실한 저녁형

31~41점: 온건한 저녁형

42~58점: 중간형

59~69점: 온건한 아침형

70~86점: 확실한 아침형

이 설문은 다음의 논문을 기반으로 작성했다.

J. A. Horne and O. Ostberg (1976) A self-assessment questionnaire to determine morningness-eveningness in human circadian rhythms. *International Journal of Chronobiology*, vol. 4, pp. 97~110.

부록 2

면역계의 핵심 요소와 개괄

그림 10

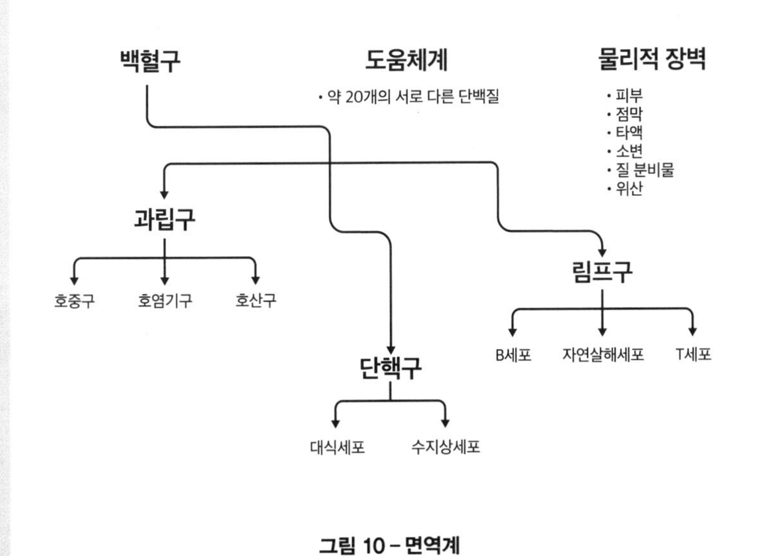

그림 10 – 면역계

11장에서도 말했지만 감염을 막는 첫 번째 물리적 장벽은 피부다. 피부는 빽빽하게 채워진 세포들로 구성되어 바이러스, 세균, 기생충 등이 몸속으로 침투하는 것을 막는다. 피부의 최상층은 죽은 세포들로 구성되어 있다. 이것들이 침입을 막는 단단한 물리적 장벽 역할을 한다. 거기에 더해서 피부 표면은 일부 병원체의 성장을 방해하는 분비물로 덮여 있다. 하지만 일부 세균과 바이러스는 어느 정도 피부 표면에서 살아남아 있다가 눈이나 코 등 보호가 약한 부위로 옮겨가 폐로 들어갈 수 있다. 폐로 들어간 병원체는 우리 몸에 침투해서 말썽을 일으킬 수 있다. 이것을 예방하기 위해 코와 폐의 내벽은 입자를 가두는 점액을 분비하는 점막으로 덮여 있다. 폐 속에는 머리카락 같은 작은 구조물(섬모)이 기도를 따라 나 있어서 이 점액을 폐 밖으로 밀어낸다. 밀려나온 점액과 병원체는 삼켜져 위산에 의해 파괴된다. 아니면 이 점액이 기침이나 재채기를 통해 그 안에 갇힌 병원체와 함께 배출될 수도 있다. 꼼꼼한 손 씻기도 침입자를 피부 표면에서 제거할 수 있고,[915] 재채기를 할 때 손수건으로 막아주면 점액 속에 잠시 붙잡혀 있던 병원체가 퍼지는 것을 막을 수 있다.[916] 거기에 더해서 방광에서 나오는 소변[917]과 눈 속의 눈물[918]이 갖고 있는 씻어내기 작용과 항균 작용도 이 감염에 취약한 부위에서 세균과 바이러스를 씻어낼 수 있게 도와준다. 마지막으로 질 분비물[919]에는 정액[920]과 마찬가지로 항균성분이 들어 있어서 추가적으로 보호 작용을 해준다(그림 10).

피부는 대단히 효과적인 장벽이기 때문에 감염은 보통 다른 경로, 일반적으로 폐를 통해 일어난다. 하지만 병원체가 몸에 침투했다고 해도 면역계의 세포와 보호성 분자들이 우리를 지키기 위해 대기하고 있다(그림 10). **백혈구**는 혈액의 1퍼센트 정도만을 차지하지만 면역반응을 담당하는 세포다. 우리 몸이 공격을 받으면 백혈구가 달려가 침입자를 파괴하도록 돕는다. 백혈구는 크게 림프구, 단핵구, 과립구 세 종류로 나뉜다.

• **림프구**는 면역반응의 핵심 세포다. 림프구는 다시 B세포(B림프구)와 T세포(T림프구)로 나뉜다. B세포는 병원체의 표면에 존재하는 특정한 항원을 감지해서 침입자를 식별한다. 이 항원은 보통 단백질이다. 각각의 **B세포**는 특정한 항원과 결합하는 자체적인 수용체를 갖고 있고, 놀랍게도 이 수용체는 혹시나 특정 항원이 등장할 때를 대비해서 미리 만들어져 있다. 어떤 자물쇠가 달린 문을 만나게 될지 몰라 주머니 속에 수만 개의 열쇠를 마련해서 갖고 다니는 꼴이다. 일단 활성화되고 나면 몇 가지 서로 다른 일이 벌어질 수 있다. B세포는 서로 다른 유형의 세포를 형성하는데 여기서는 그 중 두 가지를 소개하겠다. 혈장 B세포는 자극을 받으면 침입자의 특정 부위(항원)를 추적하는 항체를 만들어낸다. 하지만 항체는 다른 도움 없이 단독으로는 세균과 바이러스를 죽일 수 없다. 도움체계complement system가 자극을 받으면 출동한다. 거기에 더해서 병원체에 달라붙은 항체는 대식세포가 병원체를 인식하고, 공격하고, 집어삼켜, 죽이기 쉽게 만들어준다. 항체는 보통 혈액 속에 남아 있으며, 동일한 병원체로부터 면역계가 다시 자극을 받으면 기억 B세포에 의해 더 많은 항체가 신속하게 만들어진다. 백신의 질병 예방 효과도 부분적으로는 여기서 나온다. 예방접종은 병원체로부터 비감염성 단백질(예전에는 죽은 병원체를 사용했다)을 가져다가 몸속에

주입하는 것이다. **T세포**도 B세포처럼 특정 항원과 결합하는 자체적인 수용체를 갖고 있다. 이 수용체도 미리 만들어져 있고, 우리 몸속에는 수십억 가지의 T세포가 존재하며, 각각의 T세포는 행여 특정 항원이 등장했을 때를 대비해서 만들어진 자체적인 T세포 수용체가 있다. 이 수용체는 그 항원하고만 결합한다. 이들은 미리 만들어져 있기 때문에 침입자가 들어오면 공격에 나설 준비가 되어 있다. 일단 T세포가 특정 항원과 결합해서 활성화되면 엄청나게 증식하고 분화해서 대량의 T세포가 만들어진다.

T세포에는 크게 두 종류가 있다. 보조 T세포와 세포독성 T세포다. 보조 T세포는 면역반응에서 핵심적인 역할을 담당한다. 보조 T세포는 일단 활성화되고 나면 B세포를 자극해서 그 특정 항원에 대한 항체를 만들게 한다. 그럼 선천성 면역계의 도움체계와 식세포가 공격을 할 수 있게 된다. 거기에 더해서 보조 T세포는 사실상 다른 모든 면역계의 반응을 활성화하는 인자(예를 들면 사이토카인)를 생산한다. 이들은 식세포를 집결시키고 도움체계 연쇄반응을 일으켜서 한 병원체에 대해 전반적인 공격을 감행한다. 보조 T세포는 병원체와 직접 만나지 않아도 활성화될 수 있다. 대식세포나 수지상세포는 병원체를 소화한 후에는 그 병원체의 항원을 자신의 세포 표면에 제시한다. 그럼 해당 보조 T세포가 이것을 감지 한다. 이것이 병원체에 대한 공격을 촉발한다. 세포독성 T세포는 항원에 의해 활성화되면 세포에 구멍을 내서 죽인다. 세포독성 T세포는 바이러스에 감염된 세포를 인식하고 죽여서 더 많은 바이러스가 만들어지는 것을 예방할 수도 있다. 그리고 억제 T세포라고도 하는 조절 T세포가 있어서 면역계를 조절하고, 자가항원(자기 몸에서 만들

어지는 항원)에 대한 내성도 주도한다. 조절 T세포는 류마티스 관절염, 염증성 장 질환, 다발성경화증 등의 자가면역질환을 예방하는 데도 아주 중요하다.[921] **자연살해세포**는 T세포, B세포와 같은 군에 속하는 일종의 림프구로서, 역시나 특정 항원을 감지해서 침입자를 인식한다. 이 세포는 다양한 병원체에 신속하게 반응하고, 특히 바이러스에 감염된 세포를 죽이고, 암의 조기 신호를 감지해서 통제하는 것으로 알려져 있다. 이들은 염증을 일으킬 수도 있다.

- **단핵구**는 백혈구의 또 다른 부류이고, 그중 하나가 대식세포다. 이것은 아메바처럼 생긴 세포로서, 감염 부위로 달려가서 직접 혹은 부착되어 있는 항체를 통해 침입자를 인식하고, 그 병원체를 포식해서 죽이는 능력을 갖고 있다. 이들은 T세포가 분비하는 사이토카인에 자극받아 공격을 감행할 수도 있다. 흥미롭게도 이 신호에 대한 대식세포의 감수성이 대식세포의 일주기 시계 때문에 시간대에 따라 달라진다. 우리가 보통 깨어 있는 낮에는 감수성이 증가한다.[740] 단핵구의 또 다른 종류로 **수지상세포**가 있다. 수지상세포에 대해서는 아직 이해가 부족한 편인데, 이들은 병원체를 감지하고 포식한 후에 병원체의 항원을 자신의 세포 표면에 제시한다. 이것이 다시 T세포와 면역계의 다른 방어 메커니즘을 활성화한다. **종양괴사인자**(TNF)는 주로 활성화된 대식세포, T세포, 자연살해세포에 의해 생산되는 여러 가지 단백질로 구성되어 있다. TNF는 면역반응과 염증을 촉진하는 일종의 세포 신호 단백질(사이토카인)로 작용한다.

- **과립구**는 백혈구 중 세 번째 주요 유형이다. 놀랍게도 이들 역시 다양한 형태로 존재한다. 어떤 것은 **호중구**라고 하며 과립구 중에서 제일 풍부해서 전체 백혈구의 40~70퍼센트를 차지한다. 호중구는 세균과 곰팡이를 감지하고, 포식해서 소화한다. 흥미롭게도 호중구는 혈중에 포도당과 과당 같은 단순당의 수치가 올라가면 세균을 포식하는 능력이 줄어든다. 반면 단식을 하면 호중구의 세균 포식 능력이 강화된다.[818] 2형 당뇨병이 있는 사람이 감염이 더 잘되는 이유를 어쩌면 이것으로 설명할 수 있을지도 모른다. **호산구**는 다양한 항원에 반응하며, 활성화되면 B세포와 T세포를 끌어들이는 다양한 사이토카인을 분비한다. 이들은 또한 세포를 공격하는 세포독성 단백질도 분비하며 기생충 감염에 대항하는 중요한 방어기제다. 하지만 천식 같은 알레르기 질환에서 막대한 조직 손상을 일으킬 수도 있다(11장의 '묻고 답하기' 참고). **호염기구**는 염증반응을 촉진한다. 호염기구는 항응고제인 헤파린을 분비할 수 있다. 헤파린은 피가 너무 빨리 굳는 것을 막아 세포와 면역 방어 단백질이 감염 부위에 접근할 수 있게 해준다. 호염기구는 마찬가지 이유로 혈관 확장제인 히스타민도 갖고 있다. 히스타민은 조직으로 가는 혈류를 늘려준다. 호산구와 마찬가지로 호염기구 역시 기생충 방어와 관련이 있고, 이들의 과활성화도 알레르기 반응과 관련이 있다.

- **도움체계**는 침입자에 의해 활성화되는 스무 가지 단백질로 구성되어 있다. 이 놀라운 단백질들은 다음과 같은 작용을 한다. (1) 세균을 감지하고 그 세포벽에 구멍을 뚫어 직접 죽인다. (2) 이미

병원체를 인식한 B세포가 만들어내는 항체와 결합한다. 도움체계 단백질은 그 세포벽에 구멍을 뚫거나 대식세포를 끌어들여 병원체를 죽인다. (3) 병원체에 직접 결합해서 대식세포를 불러들인다. 그럼 대식세포가 병원체를 죽인다. (4) 면역계의 다른 요소들로부터 더 많은 도움을 요청해서 추가적인 염증반응을 일으킨다.[921]

참고: 면역반응은 보통 **선천성 면역**과 **후천성 면역**으로 나뉜다. 선천성 면역은 태어날 때부터 갖고 있는 면역이고, 후천성 면역은 질병에 노출된 이후에 획득하는 면역이다. 선천성 면역에는 물리적 장벽, 도움체계, 과립구, 단핵구 등이 해당된다. 후천성 면역에는 림프구와 B세포, T세포, 자연살해세포 등이 해당된다.

감사의 말

엘리자베스 포스터, 빅토리아 포스터, 레나타 고메스, 아르티 자간나스, 글렌 레이턴, 윌리엄 맥마흔, 피터 맥윌리엄, 마리야 무사지, 안드레아 네메스, 스튜어트 퍼슨, 데이비드 레이, 스리다르 바수데반 등 이 책을 준비하는 동안 지도와 도움, 지원을 아끼지 않은 친절하고 너그러운 분들에게 감사의 마음을 전합니다. 아울러 전문적인 의학 지식과 조언, 비판적인 시각으로 도움을 준 앨러스테어 버컨, 벤 캐니, 데이비드 하우얼스, 크리스토퍼 케너드에게도 감사드립니다. 이 책의 모든 오류와 실수는 온전히 저의 책임이며, 혹시라도 누락된 부분이 있다면 미리 사과드립니다. 지난 몇 년 동안 수많은 토론을 나누고 수많은 실험을 함께한 많은 친구와 동료들에게도 감사의 말을 전합니다. 특히 과학을 하는 방법을 가르쳐주신 박사과정 지도교수인 브라이언 폴릿 교수님과 제 판단력을 믿게 해주신 버지니아대학교 멘토 고故 마이클 메나커 교수님께도 감사드립니다.

이런 수많은 교류를 통해 생물학적 시간의 과학에 대해 나만의 관점을 확립할 수 있었습니다. 또한 토론을 통해 많은 웃음을 나누고, 깊은 우정을 쌓을 수 있었으며, 이 점에 대해서도 대단히 감사하게 생각합니다. 격려와 도움, 따듯한 지도와 관용을 보여준 편집자 톰 킬링벡에게도 감사의 말을 전하고 싶습니다. 마지막으로, 제가 이 책을 쓸 수 있고, 실제로 써야 한다는 믿음으로 인내심을 가지고 지켜봐준 얀클로&네즈빗의 에이전트 리베카 카터에게 고마움을 전합니다.

참고문헌

1 Ho Mien, I. et al. Effects of exposure to intermittent versus continuous red light on human circadian rhythms, melatonin suppression, and pupillary constriction. *PLoS One* **9**, e96532, doi:10.1371/journal. pone.0096532 (2014).

2 Trenell, M. I., Marshall, N. S. and Rogers, N. L. Sleep and metabolic control: waking to a problem? *Clin Exp Pharmacol Physiol* **34**, 1-9, doi:10.1111/j.1440-1681.2007.04541.x (2007).

3 Blatter, K. and Cajochen, C. Circadian rhythms in cognitive performance: methodological constraints, protocols, theoretical underpinnings. *Physiol Behav* **90**, 196-208, doi:10.1016/j.physbeh.2006.09.009 (2007).

4 Bagatell, C. J., Heiman, J. R., Rivier, J. E. and Bremner, W. J. Effects of endogenous testosterone and estradiol on sexual behavior in normal young men. *J Clin Endocrinol Metab* **78**, 711-16, doi:10.1210/jcem.78.3.8126146 (1994).

5 Kleitman, N. Studies on the physiology of sleep: VIII. Diurnal variation in performance. *Am J Physiol* **104**, 449-56 (1933).

6 Herculano-Houzel, S. The human brain in numbers: a linearly scaled-up primate brain. *Front Hum Neurosci* **3**, 31, doi:10.3389/neuro.09.031.2009 (2009).

7 Swaab, D. F., Fliers, E. and Partiman, T. S. The suprachiasmatic nucleus of the human brain in relation to sex, age and senile dementia. *Brain Res* **342**, 37-44, doi:10.1016/0006-8993(85)91350-2 (1985).

8 Schulkin, J. In honor of a great inquirer: Curt Richter. *Psychobiology* **17**, 113-14 (1989).

9 Moore, R. Y. and Lenn, N. J. A retinohypothalamic projection in the rat. *J*

Comp Neurol **146**, 1-14, doi:10.1002/cne.901460102 (1972).

10 Stephan, F. K. and Zucker, I. Circadian rhythms in drinking behavior and locomotor activity of rats are eliminated by hypothalamic lesions. *Proc Natl Acad Sci USA* **69**, 1583-6, doi:10.1073/pnas.69.6.1583 (1972).

11 Ralph, M. R., Foster, R. G., Davis, F. C. and Menaker, M. Transplanted suprachiasmatic nucleus determines circadian period. *Science* **247**, 975-8 (1990).

12 Welsh, D. K., Logothetis, D. E., Meister, M. and Reppert, S. M. Individual neurons dissociated from rat suprachiasmatic nucleus express independently phased circadian firing rhythms. *Neuron* **14**, 697-706 (1995).

13 Tolwinski, N. S. Introduction: Drosophila-A model system for developmental biology. *J Dev Biol* **5**, doi:10.3390/jdb5030009 (2017).

14 Takahashi, J. S. Transcriptional architecture of the mammalian circadian clock. *Nat Rev Genet* **18**, 164-79, doi:10.1038/nrg.2016.150 (2017).

15 Lowrey, P. L. et al. Positional syntenic cloning and functional characterization of the mammalian circadian mutation tau. *Science* **288**, 483-92, doi:10.1126/science.288.5465.483 (2000).

16 Jones, S. E. et al. Genome-wide association analyses of chronotype in 697,828 individuals provides insights into circadian rhythms. *Nat Commun* **10**, 343, doi:10.1038/s41467-018-08259-7 (2019).

17 Nagoshi, E. et al. Circadian gene expression in individual fibroblasts: cell-autonomous and self-sustained oscillators pass time to daughter cells. *Cell* **119**, 693-705, doi:10.1016/j.cell.2004.11.015 (2004).

18 Richards, J. and Gumz, M. L. Advances in understanding the peripheral circadian clocks. *FASEB J* **26**, 3602-13, doi:10.1096/fj.12-203554 (2012).

19 Balsalobre, A., Damiola, F. and Schibler, U. A serum shock induces circadian gene expression in mammalian tissue culture cells. *Cell* **93**, 929-37, doi:10.1016/s0092-8674(00)81199-x (1998).

20 Albrecht, U. Timing to perfection: the biology of central and peripheral circadian clocks. *Neuron* **74**, 246-60, doi:10.1016/j.neuron. 2012.04.006 (2012).

21 Jagannath, A. et al. Adenosine integrates light and sleep signalling for the regulation of circadian timing in mice. *Nat Commun* **12**, 2113, doi:10.1038/s41467-021-22179-z (2021).

22 Rijo-Ferreira, F. and Takahashi, J. S. Genomics of circadian rhythms in health and disease. *Genome Med* **11**, 82, doi:10.1186/s13073-019-0704-0 (2019).

23 Lewczuk, B. et al. Influence of electric, magnetic, and electromagnetic fields on the circadian system: current stage of knowledge. *Biomed Res Int* **2014**, 169459, doi:10.1155/2014/169459 (2014).

24 Postolache, T. T. et al. Seasonal spring peaks of suicide in victims with and without prior history of hospitalization for mood disorders. *J Affect Disord* **121**, 88-93, doi:10.1016/j.jad.2009.05.015 (2010).

25 Foster, R. G. and Roenneberg, T. Human responses to the geophysical daily, annual and lunar cycles. *Curr Biol* **18**, R784-R794, doi:10.1016/j.cub.2008.07.003 (2008).

26 Underwood, H., Steele, C. T. and Zivkovic, B. Circadian organization and the role of the pineal in birds. *Microsc Res Tech* **53**, 48-62, doi:10.1002/jemt.1068 (2001).

27 Kovanen, L. et al. Circadian clock gene polymorphisms in alcohol use disorders and alcohol consumption. *Alcohol Alcohol* **45**, 303-11, doi:10.1093/alcalc/agq035 (2010).

28 Levi, F. and Halberg, F. Circaseptan (about-7-day) bioperiodicity-spontaneous and reactive-and the search for pacemakers. *Ric Clin Lab* **12**, 323-70, doi:10.1007/BF02909422 (1982).

29 Walker, M. P. The role of slow wave sleep in memory processing. *J Clin Sleep Med* **5**, S20-26 (2009).

30 Clemens, Z., Fabo, D. and Halasz, P. Overnight verbal memory retention correlates with the number of sleep spindles. *Neuroscience* **132**, 529-35, doi:10.1016/j.neuroscience.2005.01.011 (2005).

31 Mednick, S. C. et al. The critical role of sleep spindles in hippocampal-dependent memory: a pharmacology study. *J Neurosci* **33**, 4494-504, doi:10.1523/JNEUROSCI.3127-12.2013 (2013).

32 Forget, D., Morin, C. M. and Bastien, C. H. The role of the spontaneous and evoked k-complex in good-sleeper controls and in individuals with insomnia. *Sleep* **34**, 1251-60, doi:10.5665/SLEEP.1250 (2011).

33 Ben Simon, E., Rossi, A., Harvey, A. G. and Walker, M. P. Overanxious and underslept. *Nat Hum Behav* **4**, 100-110, doi:10.1038/s41562-019-0754-8 (2020).

34 Meaidi, A., Jennum, P., Ptito, M. and Kupers, R. The sensory construction of dreams and nightmare frequency in congenitally blind and late blind individuals. *Sleep Med* **15**, 586-95, doi:10.1016/j. sleep.2013.12.008 (2014).

35 Lerner, I., Lupkin, S. M., Sinha, N., Tsai, A. and Gluck, M. A. Baseline levels of rapid eye movement sleep may protect against excessive activity in

fear-related neural circuitry. *J Neurosci* **37**, 1123-44, doi:10.1523/JNEUROSCI.0578-17.2017 (2017).

36 Giedke, H. and Schwarzler, F. Therapeutic use of sleep deprivation in depression. *Sleep Med Rev* **6**, 361-77 (2002).

37 Mann, K., Pankok, J., Connemann, B. and Roschke, J. Temporal relationship between nocturnal erections and rapid eye movement episodes in healthy men. *Neuropsychobiology* **47**, 109-14, doi:10.1159/000070019 (2003).

38 Schmidt, M. H. and Schmidt, H. S. Sleep-related erections: neural mechanisms and clinical significance. *Curr Neurol Neurosci Rep* **4**, 170-78, doi:10.1007/s11910-004-0033-5 (2004).

39 Oliveira, I., Deps, P. D. and Antunes, J. Armadillos and leprosy: from infection to biological model. *Rev Inst Med Trop Sao Paulo* **61**, e44, doi:10.1590/S1678-9946201961044 (2019).

40 Schenck, C. H. The spectrum of disorders causing violence during sleep. *Sleep Science and Practice* **3** (**2**), 1-14 (2019).

41 Cramer Bornemann, M. A., Schenck, C. H. and Mahowald, M. W. A review of sleep-related violence: the demographics of sleep forensics referrals to a single center. *Chest* **155**, 1059-66, doi:10.1016/j. chest.2018.11.010 (2019).

42 Mistlberger, R. E. Circadian regulation of sleep in mammals: role of the suprachiasmatic nucleus. *Brain Res Rev* **49**, 429-54, doi:10.1016/j. brainresrev.2005.01.005 (2005).

43 Greene, R. W., Bjorness, T. E. and Suzuki, A. The adenosine-mediated, neuronal-glial, homeostatic sleep response. *Curr Opin Neurobiol* **44**, 236-42, doi:10.1016/j.conb.2017.05.015 (2017).

44 Reichert, C. F., Maire, M., Schmidt, C. and Cajochen, C. Sleep-wake regulation and its impact on working memory performance: the role of adenosine. *Biology* (*Basel*) **5**, doi:10.3390/biology5010011 (2016).

45 O'Callaghan, F., Muurlink, O. and Reid, N. Effects of caffeine on sleep quality and daytime functioning. *Risk Manag Healthc Policy* **11**, 263-71, doi:10.2147/RMHP.S156404 (2018).

46 Mets, M., Baas, D., van Boven, I., Olivier, B. and Verster, J. Effects of coffee on driving performance during prolonged simulated highway driving. *Psychopharmacology* (*Berl*) **222**, 337-42, doi:10.1007/s00213-012-2647-7 (2012).

47 Charron, G., Souloumiac, J., Fournier, M. C. and Canivenc, R. Pineal

rhythm of N-acetyltransferase activity and melatonin in the male badger, Meles meles L, under natural daylight: relationship with the photoperiod. *J Pineal Res* **11**, 80-85, doi:10.1111/j.1600-079x.1991.tb00460.x (1991).

48 Verheggen, R. J. et al. Complete absence of evening melatonin increase in tetraplegics. *FASEB J* **26**, 3059-64, doi:10.1096/fj.12-205401 (2012).

49 Whelan, A., Halpine, M., Christie, S. D. and McVeigh, S. A. Systematic review of melatonin levels in individuals with complete cervical spinal cord injury. *J Spinal Cord Med*, 1-14, doi:10.1080/10790268.2018. 1505312 (2018).

50 Spong, J., Kennedy, G. A., Brown, D. J., Armstrong, S. M. and Berlowitz, D. J. Melatonin supplementation in patients with complete tetraplegia and poor sleep. *Sleep Disord* **2013**, 128197, doi:10.1155/ 2013/128197 (2013).

51 Kostis, J. B. and Rosen, R. C. Central nervous system effects of beta-adrenergic-blocking drugs: the role of ancillary properties. *Circulation* **75**, 204-12, doi:10.1161/01.cir.75.1.204 (1987).

52 Scheer, F. A. et al. Repeated melatonin supplementation improves sleep in hypertensive patients treated with beta-blockers: a randomized controlled trial. *Sleep* **35**, 1395-1402, doi:10.5665/sleep.2122 (2012).

53 Ferracioli-Oda, E., Qawasmi, A. and Bloch, M. H. Meta-analysis: melatonin for the treatment of primary sleep disorders. *PLoS One* **8**, e63773, doi:10.1371/journal.pone.0063773 (2013).

54 Lockley, S. W. et al. Tasimelteon for non-24-hour sleep-wake disorder in totally blind people (SET and RESET): two multicentre, randomised, double-masked, placebo-controlled phase 3 trials. *Lan-cet* **386**, 1754-64, doi:10.1016/S0140-6736(15)60031-9 (2015).

55 Arendt, J. Melatonin in humans: it's about time. *J Neuroendocrinol* **17**, 537-8, doi:10.1111/j.1365-2826.2005.01333.x (2005).

56 Arendt, J. and Skene, D. J. Melatonin as a chronobiotic. *Sleep Med Rev* **9**, 25-39, doi:10.1016/j.smrv.2004.05.002 (2005).

57 Medeiros, S. L. S. et al. Cyclic alternation of quiet and active sleep states in the octopus. *iScience* **24**, 102223, doi:10.1016/j.isci.2021.102223 (2021).

58 Kanaya, H. J. et al. A sleep-like state in Hydra unravels conserved sleep mechanisms during the evolutionary development of the central nervous system. *Sci Adv* **6**, doi:10.1126/sciadv.abb9415 (2020).

59 Eelderink-Chen, Z. et al. A circadian clock in a nonphotosynthetic prokaryote. *Sci Adv* **7**, doi:10.1126/sciadv.abe2086 (2021).

60 Pittendrigh, C. S. Temporal organization: reflections of a Darwinian clock-watcher. *Annu Rev Physiol* **55**, 16-54, doi:10.1146/annurev.ph.55.030193.000313 (1993).

61 Laposky, A. D., Bass, J., Kohsaka, A. and Turek, F. W. Sleep and circadian rhythms: key components in the regulation of energy metabolism. *FEBS Lett* **582**, 142-51, doi:10.1016/j.febslet.2007.06.079 (2008).

62 Shokri-Kojori, E. et al. β-Amyloid accumulation in the human brain after one night of sleep deprivation. *Proc Natl Acad Sci USA* **115**, 4483-8, doi:10.1073/pnas.1721694115 (2018).

63 Walker, M. P. and Stickgold, R. Sleep, memory, and plasticity. *Annu Rev Psychol* **57**, 139-66, doi:10.1146/annurev.psych.56.091103.070307 (2006).

64 Foster, R. G. There is no mystery to sleep. *Psych J* 7, 206-8, doi:10.1002/pchj.247 (2018).

65 Vyazovskiy, V. V. et al. Local sleep in awake rats. *Nature* **472**, 443-7, doi:10.1038/nature10009 (2011).

66 Shannon, S., Lewis, N., Lee, H. and Hughes, S. Cannabidiol in anxiety and sleep: a large case series. *Perm J* **23**, **18-041**, doi:10.7812/ TPP/18-041 (2019).

67 Gray, S. L. et al. Cumulative use of strong anticholinergics and incident dementia: a prospective cohort study. *JAMA Intern Med* **175**, 401-7, doi:10.1001/jamainternmed.2014.7663 (2015).

68 Axelsson, J. et al. Beauty sleep: experimental study on the perceived health and attractiveness of sleep deprived people. *BMJ* **341**, c6614, doi:10.1136/bmj.c6614 (2010).

69 Mascetti, G. G. Unihemispheric sleep and asymmetrical sleep: behavioral, neurophysiological, and functional perspectives. *Nat Sci Sleep* **8**, 221-38, doi:10.2147/NSS.S71970 (2016).

70 Rattenborg, N. C. et al. Evidence that birds sleep in mid-flight. *Nat Commun* 7, 12468, doi:10.1038/ncomms12468 (2016).

71 Winer, G. A., Cottrell, J. E., Gregg, V., Fournier, J. S. and Bica, L. A. Fundamentally misunderstanding visual perception. Adults' belief in visual emissions. *Am Psychol* **57**, 417-24, doi:10.1037//0003-066x.57. 6-7.417 (2002).

72 Czeisler, C. A. et al. Stability, precision, and near-24-hour period of the human circadian pacemaker. *Science* **284**, 2177-81 (1999).

73 Campbell, S. S. and Murphy, P. J. Extraocular circadian phototrans-duction in humans. *Science* **279**, 396-9 (1998).

74 Foster, R. G. Shedding light on the biological clock. *Neuron* **20**, 829-32 (1998).

75 Lindblom, N. et al. Bright light exposure of a large skin area does not affect melatonin or bilirubin levels in humans. *Biol Psychiatry* **48**, 1098-1104 (2000).

76 Lindblom, N. et al. No evidence for extraocular light induced phase shifting of human melatonin, cortisol and thyrotropin rhythms. *Neuroreport* **11**, 713-17 (2000).

77 Yamazaki, S., Goto, M. and Menaker, M. No evidence for extra-ocular photoreceptors in the circadian system of the Syrian hamster. *J Biol Rhythms* **14**, 197-201, doi:10.1177/074873099129000605 (1999).

78 Wright, K. P., Jr and Czeisler, C. A. Absence of circadian phase resetting in response to bright light behind the knees. *Science* **297**, 571, doi:10.1126/science.1071697 (2002).

79 Foster, R. G. et al. Circadian photoreception in the retinally degenerate mouse (rd/rd). *J Comp Physiol A* **169**, 39-50 (1991).

80 Foster, R. G. et al. Photoreceptors regulating circadian behavior: a mouse model. *J Biol Rhythms* **8 Suppl**, S17-23 (1993).

81 Freedman, M. S. et al. Regulation of mammalian circadian behavior by non-rod, non-cone, ocular photoreceptors. *Science* **284**, 502-4 (1999).

82 Lucas, R. J., Freedman, M. S., Munoz, M., Garcia-Fernandez, J. M. and Foster, R. G. Regulation of the mammalian pineal by non-rod, non-cone, ocular photoreceptors. *Science* **284**, 505-7 (1999).

83 Soni, B. G., Philp, A. R., Knox, B. E. and Foster, R. G. Novel retinal photoreceptors. *Nature* **394**, 27-8, doi:10.1038/27794 (1998).

84 Berson, D. M., Dunn, F. A. and Takao, M. Phototransduction by retinal ganglion cells that set the circadian clock. *Science* **295**, 1070-73, doi:10.1126/science.1067262 (2002).

85 Sekaran, S., Foster, R. G., Lucas, R. J. and Hankins, M. W. Calcium imaging reveals a network of intrinsically light-sensitive inner-retinal neurons. *Curr Biol* **13**, 1290-98 (2003).

86 Lucas, R. J., Douglas, R. H. and Foster, R. G. Characterization of an ocular photopigment capable of driving pupillary constriction in mice. *Nat Neurosci* **4**, 621-6, doi:10.1038/88443 (2001).

87 Hattar, S. et al. Melanopsin and rod-cone photoreceptive systems account for all major accessory visual functions in mice. *Nature* **424**, 76-81, doi:10.1038/nature01761 (2003).

88 Provencio, I., Jiang, G., De Grip, W. J., Hayes, W. P. and Rollag, M. D. Melanopsin: an opsin in melanophores, brain, and eye. *Proc Natl Acad Sci USA* **95**, 340-45 (1998).

89 Foster, R. G., Hughes, S. and Peirson, S. N. Circadian photo-entrainment in mice and humans. *Biology (Basel)* **9**, doi:10.3390/biology9070180 (2020).

90 Honma, K., Honma, S. and Wada, T. Entrainment of human circadian rhythms by artificial bright light cycles. *Experientia* **43**, 572-4 (1987).

91 Randall, M. Labour in the agriculture industry, UK: February 2018. *Office for National Statistics, UK*, 1-11 (2018).

92 Porcheret, K. et al. Chronotype and environmental light exposure in a student population. *Chronobiol Int* **35**, 1365-74, doi:10.1080/07420528.2018.1482556 (2018).

93 Wright, K. P., Jr et al. Entrainment of the human circadian clock to the natural light-dark cycle. *Curr Biol* **23**, 1554-8, doi:10.1016/j.cub.2013.06.039 (2013).

94 Figueiro, M. G., Wood, B., Plitnick, B. and Rea, M. S. The impact of light from computer monitors on melatonin levels in college students. *Neuro Endocrinol Lett* **32**, 158-63 (2011).

95 Cajochen, C. et al. Evening exposure to a light-emitting diodes (LED)-backlit computer screen affects circadian physiology and cognitive performance. *J Appl Physiol (1985)* **110**, 1432-8, doi:10.1152/japplphysiol.00165.2011 (2011).

96 Chang, A. M., Aeschbach, D., Duffy, J. F. and Czeisler, C. A. Evening use of light-emitting eReaders negatively affects sleep, circadian timing, and next-morning alertness. *Proc Natl Acad Sci USA* **112**, 1232-7, doi:10.1073/pnas.1418490112 (2015).

97 Green, A., Cohen-Zion, M., Haim, A. and Dagan, Y. Evening light exposure to computer screens disrupts human sleep, biological rhythms, and attention abilities. *Chronobiol Int* **34**, 855-65, doi:10.1080/07420528.2017.1324878 (2017).

98 Kazemi, R., Alighanbari, N. and Zamanian, Z. The effects of screen light filtering software on cognitive performance and sleep among night workers. *Health Promot Perspect* **9**, 233-40, doi:10.15171/ hpp.2019.32 (2019).

99 Harbard, E., Allen, N. B., Trinder, J. and Bei, B. What's keeping teenagers up? Prebedtime behaviors and actigraphy-assessed sleep over

school and vacation. *J Adolesc Health* **58**, 426-32, doi:10.1016/j.jadohealth.2015.12.011 (2016).

100 Zaidi, F. H. et al. Short-wavelength light sensitivity of circadian, pupillary, and visual awareness in humans lacking an outer retina. *Curr Biol* **17**, 2122-8, doi:10.1016/j.cub.2007.11.034 (2007).

101 Chellappa, S. L. et al. Non-visual effects of light on melatonin, alertness and cognitive performance: can blue-enriched light keep us alert? *PLoS One* **6**, e16429, doi:10.1371/journal.pone.0016429 (2011).

102 Mrosovsky, N. Masking: history, definitions, and measurement. *Chronobiol Int* **16**, 415-29, doi:10.3109/07420529908998717 (1999).

103 Hazelhoff, E. M., Dudink, J., Meijer, J. H. and Kervezee, L. Beginning to see the light: lessons learned from the development of the circadian system for optimizing light conditions in the neonatal intensive care unit. *Front Neurosci* **15**, 634034, doi:10.3389/fnins.2021. 634034 (2021).

104 Kalafatakis, K., Russell, G. M. and Lightman, S. L. Mechanisms in endocrinology: does circadian and ultradian glucocorticoid exposure affect the brain? *Eur J Endocrinol* **180**, R73-R89, doi:10.1530/ EJE-18-0853 (2019).

105 Andrews, R. C., Herlihy, O., Livingstone, D. E., Andrew, R. and Walker, B. R. Abnormal cortisol metabolism and tissue sensitivity to cortisol in patients with glucose intolerance. *J Clin Endocrinol Metab* **87**, 5587-93, doi:10.1210/jc.2002-020048 (2002).

106 Van der Valk, E. S., Savas, M. and van Rossum, E. F. C. Stress and obesity: are there more susceptible individuals? *Curr Obes Rep* **7**, 193-203, doi:10.1007/s13679-018-0306-y (2018).

107 Leal-Cerro, A., Soto, A., Martinez, M. A., Dieguez, C. and Casa-nueva, F. F. Influence of cortisol status on leptin secretion. *Pituitary* **4**, 111-16, doi:10.1023/a:1012903330944 (2001).

108 Spiegel, K., Leproult, R. and Van Cauter, E. Impact of sleep debt on metabolic and endocrine function. *Lancet* **354**, 1435-9, doi:10.1016/ S0140-6736(99)01376-8 (1999).

109 Morey, J. N., Boggero, I. A., Scott, A. B. and Segerstrom, S. C. Current directions in stress and human immune function. *Curr Opin Psychol* **5**, 13-17, doi:10.1016/j.copsyc.2015.03.007 (2015).

110 Nojkov, B., Rubenstein, J. H., Chey, W. D. and Hoogerwerf, W. A. The impact of rotating shift work on the prevalence of irritable bowel syndrome in nurses. *Am J Gastroenterol* **105**, 842-7, doi:10.1038/ ajg.2010.48 (2010).

111 Vyas, M. V. et al. Shift work and vascular events: systematic review and

meta-analysis. *BMJ* **345**, e4800, doi:10.1136/bmj.e4800 (2012).

112 Ackermann, S., Hartmann, F., Papassotiropoulos, A., de Quervain, D. J. and Rasch, B. Associations between basal cortisol levels and memory retrieval in healthy young individuals. *J Cogn Neurosci* **25**, 1896-1907, doi:10.1162/jocn_a_00440 (2013).

113 Spira, A. P., Chen-Edinboro, L. P., Wu, M. N. and Yaffe, K. Impact of sleep on the risk of cognitive decline and dementia. *Curr Opin Psychiatry* **27**, 478-83, doi:10.1097/YCO.0000000000000106 (2014).

114 Ouanes, S. and Popp, J. High cortisol and the risk of dementia and Alzheimer's disease: a review of the literature. *Front Aging Neurosci* **11**, 43, doi:10.3389/fnagi.2019.00043 (2019).

115 Zankert, S., Bellingrath, S., Wust, S. and Kudielka, B. M. HPA axis responses to psychological challenge linking stress and disease: what do we know on sources of intra-and interindividual variability? *Psychoneuro-endocrinology* **105**, 86-97, doi:10.1016/j.psyneuen. 2018.10.027 (2019).

116 Lavretsky, H. and Newhouse, P. A. Stress, inflammation, and aging. *Am J Geriatr Psychiatry* **20**, 729-33, doi:10.1097/JGP.0b013e31826573cf (2012).

117 Costa, G. and Di Milia, L. Aging and shift work: a complex problem to face. *Chronobiol Int* **25**, 165-81, doi:10.1080/07420520802103410 (2008).

118 Dimitrov, S. et al. Cortisol and epinephrine control opposing circadian rhythms in T cell subsets. *Blood* **113**, 5134-43, doi:10.1182/blood-2008-11-190769 (2009).

119 Buckley, T. M. and Schatzberg, A. F. On the interactions of the hypothalamic-pituitary-adrenal (HPA) axis and sleep: normal HPA axis activity and circadian rhythm, exemplary sleep disorders. *J Clin Endocrinol Metab* **90**, 3106-14, doi:10.1210/jc.2004-1056 (2005).

120 Abell, J. G., Shipley, M. J., Ferrie, J. E., Kivimaki, M. and Kumari, M. Recurrent short sleep, chronic insomnia symptoms and salivary cortisol: a 10-year follow-up in the Whitehall II study. *Psychoneuro-endocrinology* **68**, 91-9, doi:10.1016/j.psyneuen.2016.02.021 (2016).

121 Van Cauter, E. et al. Impact of sleep and sleep loss on neuroendo-crine and metabolic function. *Horm Res* **67 Suppl 1**, 2-9, doi:10.1159/000097543 (2007).

122 Van Cauter, E., Spiegel, K., Tasali, E. and Leproult, R. Metabolic consequences of sleep and sleep loss. *Sleep Med* **9 Suppl 1**, S23-8, doi:10.1016/S1389-9457(08)70013-3 (2008).

123 Akerstedt, T. Psychosocial stress and impaired sleep. *Scand J Work Envi-*

ron Health **32**, 493-501 (2006).

124 Schwarz, J. et al. Does sleep deprivation increase the vulnerability to acute psychosocial stress in young and older adults? *Psychoneuro-endocrinology* **96**, 155-65, doi:10.1016/j.psyneuen.2018.06.003 (2018).

125 Banks, S. and Dinges, D. F. Behavioral and physiological consequences of sleep restriction. *J Clin Sleep Med* **3**, 519-28 (2007).

126 Oginska, H. and Pokorski, J. Fatigue and mood correlates of sleep length in three age-social groups: school children, students, and employees. *Chronobiol Int* **23**, 1317-28, doi:10.1080/07420520601089349 (2006).

127 Scott, J. P., McNaughton, L. R. and Polman, R. C. Effects of sleep deprivation and exercise on cognitive, motor performance and mood. *Physiol Behav* **87**, 396-408, doi:10.1016/j.physbeh.2005.11.009 (2006).

128 Selvi, Y., Gulec, M., Agargun, M. Y. and Besiroglu, L. Mood changes after sleep deprivation in morningness-eveningness chronotypes in healthy individuals. *J Sleep Res* **16**, 241-4, doi:10.1111/j.1365-2869. 2007.00596.x (2007).

129 Dahl, R. E. and Lewin, D. S. Pathways to adolescent health: sleep regulation and behavior. *J Adolesc Health* **31**, 175-84 (2002).

130 Kelman, B. B. The sleep needs of adolescents. *J Sch Nurs* **15**, 14-19 (1999).

131 Muecke, S. Effects of rotating night shifts: literature review. *J Adv Nurs* **50**, 433-9, doi:10.1111/j.1365-2648.2005.03409.x (2005).

132 Acheson, A., Richards, J. B. and de Wit, H. Effects of sleep deprivation on impulsive behaviors in men and women. *Physiol Behav* **91**, 579-87, doi:10.1016/j.physbeh.2007.03.020 (2007).

133 McKenna, B. S., Dickinson, D. L., Orff, H. J. and Drummond, S. P. The effects of one night of sleep deprivation on known-risk and ambiguous-risk decisions. *J Sleep Res* **16**, 245-52, doi:10.1111/j.1365-2869.2007.00591.x (2007).

134 O'Brien, E. M. and Mindell, J. A. Sleep and risk-taking behavior in adolescents. *Behav Sleep Med* **3**, 113-33, doi:10.1207/s15402010bsm0303_ 1 (2005).

135 Venkatraman, V., Chuah, Y. M., Huettel, S. A. and Chee, M. W. Sleep deprivation elevates expectation of gains and attenuates response to losses following risky decisions. *Sleep* **30**, 603-9, doi:10. 1093/sleep/30.5.603 (2007).

136 Baranski, J. V. and Pigeau, R. A. Self-monitoring cognitive performance during sleep deprivation: effects of modafinil, d-amphetamine and pla-

cebo. *J Sleep Res* **6**, 84-91 (1997).

137 Boivin, D. B., Tremblay, G. M. and James, F. O. Working on atypical schedules. *Sleep Med* **8**, 578-89, doi:10.1016/j.sleep.2007.03.015 (2007).

138 Killgore, W. D., Balkin, T. J. and Wesensten, N. J. Impaired decision making following 49 h of sleep deprivation. *J Sleep Res* **15**, 7-13, doi:10.1111/j.1365-2869.2006.00487.x (2006).

139 Roehrs, T. and Roth, T. Sleep, sleepiness, sleep disorders and alcohol use and abuse. *Sleep Med Rev* **5**, 287-97, doi:10.1053/smrv.2001.0162 (2001).

140 Roehrs, T. and Roth, T. Sleep, sleepiness, and alcohol use. *Alcohol Res Health* **25**, 101-9 (2001).

141 Mednick, S. C., Christakis, N. A. and Fowler, J. H. The spread of sleep loss influences drug use in adolescent social networks. *PLoS One* **5**, e9775, doi:10.1371/journal.pone.0009775 (2010).

142 Dinges, D. F. et al. Cumulative sleepiness, mood disturbance, and psychomotor vigilance performance decrements during a week of sleep restricted to 4-5 hours per night. *Sleep* **20**, 267-77 (1997).

143 Lamond, N. et al. The dynamics of neurobehavioural recovery following sleep loss. *J Sleep Res* **16**, 33-41, doi:10.1111/j.1365-2869. 2007.00574.x (2007).

144 Pilcher, J. J. and Huffcutt, A. I. Effects of sleep deprivation on performance: a meta-analysis. *Sleep* **19**, 318-26, doi:10.1093/sleep/19.4.318 (1996).

145 Chee, M. W. and Chuah, L. Y. Functional neuroimaging insights into how sleep and sleep deprivation affect memory and cognition. *Curr Opin Neurol* **21**, 417-23, doi:10.1097/WCO.0b013e3283052cf7 (2008).

146 Dworak, M., Schierl, T., Bruns, T. and Struder, H. K. Impact of singular excessive computer game and television exposure on sleep patterns and memory performance of school-aged children. *Pediatrics* **120**, 978-85, doi:10.1542/peds.2007-0476 (2007).

147 Goder, R., Scharffetter, F., Aldenhoff, J. B. and Fritzer, G. Visual declarative memory is associated with non-rapid eye movement sleep and sleep cycles in patients with chronic non-restorative sleep. *Sleep Med* **8**, 503-8, doi:10.1016/j.sleep.2006.11.014 (2007).

148 Oken, B. S., Salinsky, M. C. and Elsas, S. M. Vigilance, alertness, or sustained attention: physiological basis and measurement. *Clin Neurophysiol* **117**, 1885-1901, doi:10.1016/j.clinph.2006.01.017 (2006).

149 Baranski, J. V. et al. Effects of sleep loss on team decision making:

motivational loss or motivational gain? *Hum Factors* **49**, 646-60, doi:10.1518/001872007X215728 (2007).

150 Harrison, Y. and Horne, J. A. The impact of sleep deprivation on decision making: a review. *J Exp Psychol Appl* **6**, 236-49 (2000).

151 Killgore, W. D. et al. The effects of 53 hours of sleep deprivation on moral judgment. *Sleep* **30**, 345-52, doi:10.1093/sleep/30.3.345 (2007).

152 Lucidi, F. et al. Sleep-related car crashes: risk perception and decision-making processes in young drivers. *Accid Anal Prev* **38**, 302-9, doi:10.1016/j.aap.2005.09.013 (2006).

153 Horne, J. A. Sleep loss and 'divergent' thinking ability. *Sleep* **11**, 528-36, doi:10.1093/sleep/11.6.528 (1988).

154 Jones, K. and Harrison, Y. Frontal lobe function, sleep loss and frag-mented sleep. *Sleep Med Rev* **5**, 463-75, doi:10.1053/smrv.2001.0203 (2001).

155 Killgore, W. D. et al. Sleep deprivation reduces perceived emotional intelligence and constructive thinking skills. *Sleep Med* **9**, 517-26, doi:10.1016/j.sleep.2007.07.003 (2008).

156 Randazzo, A. C., Muehlbach, M. J., Schweitzer, P. K. and Walsh, J. K. Cognitive function following acute sleep restriction in children ages 10-14. *Sleep* **21**, 861-8 (1998).

157 Kahol, K. et al. Effect of fatigue on psychomotor and cognitive skills. *Am J Surg* **195**, 195-204, doi:10.1016/j.amjsurg.2007.10.004 (2008).

158 Tucker, A. M., Whitney, P., Belenky, G., Hinson, J. M. and Van Dongen, H. P. Effects of sleep deprivation on dissociated components of executive functioning. *Sleep* **33**, 47-57, doi:10.1093/sleep/33.1.47 (2010).

159 Giesbrecht, T., Smeets, T., Leppink, J., Jelicic, M. and Merckelbach, H. Acute dissociation after 1 night of sleep loss. *J Abnorm Psychol* **116**, 599-606, doi:10.1037/0021-843X.116.3.599 (2007).

160 Basner, M., Glatz, C., Griefahn, B., Penzel, T. and Samel, A. Air-craft noise: effects on macro-and microstructure of sleep. *Sleep Med* **9**, 382-7, doi:10.1016/j.sleep.2007.07.002 (2008).

161 Philip, P. and Akerstedt, T. Transport and industrial safety, how are they affected by sleepiness and sleep restriction? *Sleep Med Rev* **10**, 347-56, doi:10.1016/j.smrv.2006.04.002 (2006).

162 Pilcher, J. J., Lambert, B. J. and Huffcutt, A. I. Differential effects of permanent and rotating shifts on self-report sleep length: a meta-analytic review. *Sleep* **23**, 155-63 (2000).

163 Scott, L. D. et al. The relationship between nurse work schedules, sleep duration, and drowsy driving. *Sleep* **30**, 1801-7, doi:10.1093/sleep/30.12.1801 (2007).

164 Meerlo, P., Sgoifo, A. and Suchecki, D. Restricted and disrupted sleep: effects on autonomic function, neuroendocrine stress systems and stress responsivity. *Sleep Med Rev* **12**, 197-210, doi:10.1016/j. smrv.2007.07.007 (2008).

165 Phan, T. X. and Malkani, R. G. Sleep and circadian rhythm disruption and stress intersect in Alzheimer's disease. *Neurobiol Stress* **10**, 100133, doi:10.1016/j.ynstr.2018.10.001 (2019).

166 Kundermann, B., Krieg, J. C., Schreiber, W. and Lautenbacher, S. The effect of sleep deprivation on pain. *Pain Res Manag* **9**, 25-32, doi:10.1155/2004/949187 (2004).

167 Landis, C. A., Savage, M. V., Lentz, M. J. and Brengelmann, G. L. Sleep deprivation alters body temperature dynamics to mild cooling and heating not sweating threshold in women. *Sleep* **21**, 101-8, doi:10.1093/sleep/21.1.101 (1998).

168 Roehrs, T., Hyde, M., Blaisdell, B., Greenwald, M. and Roth, T. Sleep loss and REM sleep loss are hyperalgesic. *Sleep* **29**, 145-51, doi:10.1093/sleep/29.2.145 (2006).

169 Irwin, M. Effects of sleep and sleep loss on immunity and cytokines. *Brain Behav Immun* **16**, 503-12 (2002).

170 Lorton, D. et al. Bidirectional communication between the brain and the immune system: implications for physiological sleep and disorders with disrupted sleep. *Neuroimmunomodulation* **13**, 357-74, doi:10.1159/000104864 (2006).

171 Davis, S. and Mirick, D. K. Circadian disruption, shift work and the risk of cancer: a summary of the evidence and studies in Seattle. *Cancer Causes Control* **17**, 539-45, doi:10.1007/s10552-005-9010-9 (2006).

172 Hansen, J. Risk of breast cancer after night-and shift work: current evidence and ongoing studies in Denmark. *Cancer Causes Control* **17**, 531-7, doi:10.1007/s10552-005-9006-5 (2006).

173 Kakizaki, M. et al. Sleep duration and the risk of breast cancer: the Ohsaki Cohort Study. *Br J Cancer* **99**, 1502-5, doi:10.1038/sj.bjc. 6604684 (2008).

174 Gangwisch, J. E., Malaspina, D., Boden-Albala, B. and Heyms-field, S. B. Inadequate sleep as a risk factor for obesity: analyses of the NHANES I.

Sleep **28**, 1289-96, doi:10.1093/sleep/28.10.1289 (2005).

175 Knutson, K. L., Spiegel, K., Penev, P. and Van Cauter, E. The metabolic consequences of sleep deprivation. *Sleep Med Rev* **11**, 163-78, doi:10.1016/j.smrv.2007.01.002 (2007).

176 Luyster, F. S. et al. Sleep: a health imperative. *Sleep* **35**, 727-34, doi:10.5665/sleep.1846 (2012).

177 Maemura, K., Takeda, N. and Nagai, R. Circadian rhythms in the CNS and peripheral clock disorders: role of the biological clock in cardiovascular diseases. *J Pharmacol Sci* **103**, 134-8 (2007).

178 Young, M. E. and Bray, M. S. Potential role for peripheral circadian clock dyssynchrony in the pathogenesis of cardiovascular dysfunction. *Sleep Med* **8**, 656-67, doi:10.1016/j.sleep.2006.12.010 (2007).

179 Johnson, E. O., Roth, T. and Breslau, N. The association of insomnia with anxiety disorders and depression: exploration of the direction of risk. *J Psychiatr Res* **40**, 700-708, doi:10.1016/j.jpsychires.2006.07.008 (2006).

180 Kahn-Greene, E. T., Killgore, D. B., Kamimori, G. H., Balkin, T. J. and Killgore, W. D. The effects of sleep deprivation on symptoms of psychopathology in healthy adults. *Sleep Med* **8**, 215-21, doi:10.1016/j.sleep.2006.08.007 (2007).

181 Riemann, D. and Voderholzer, U. Primary insomnia: a risk factor to develop depression? *J Affect Disord* **76**, 255-9 (2003).

182 Sharma, V. and Mazmanian, D. Sleep loss and postpartum psychosis. *Bipolar Disord* **5**, 98-105 (2003).

183 Carskadon, M. A. Sleep in adolescents: the perfect storm. *Pediatr Clin North Am* **58**, 637-47, doi:10.1016/j.pcl.2011.03.003 (2011).

184 Sleep Health Foundation. *Asleep on the job: costs of inadequate sleep in Australia*. August 2017. Report pdf available at: https://www.sleephealthfoundation.org.au/.

185 Hirotsu, C., Tufik, S. and Andersen, M. L. Interactions between sleep, stress, and metabolism: from physiological to pathological conditions. *Sleep Sci* **8**, 143-52, doi:10.1016/j.slsci.2015.09.002 (2015).

186 Ancoli-Israel, S., Ayalon, L. and Salzman, C. Sleep in the elderly: normal variations and common sleep disorders. *Harv Rev Psychiatry* **16**, 279-86, doi:10.1080/10673220802432210 (2008).

187 Dalziel, J. R. and Job, R. F. Motor vehicle accidents, fatigue and optimism bias in taxi drivers. *Accid Anal Prev* **29**, 489-94, doi:10.1016/ s0001-4575(97)00028-6 (1997).

188 Folkard, S. Do permanent night workers show circadian adjustment? A review based on the endogenous melatonin rhythm. *Chronobiol Int* **25**, 215-24 (2008).

189 *The Lighting Handbook: Reference and Application (Illuminating Engineering Society of North America//Lighting Handbook)* 10th edn (Illuminating Engineering, 2019).

190 Czeisler, C. A. and Dijk, D. J. Use of bright light to treat maladapta-tion to night shift work and circadian rhythm sleep disorders. *J Sleep Res* **4**, 70-73 (1995).

191 Arendt, J. Shift work: coping with the biological clock. *Occup Med (Lond)* **60**, 10-20, doi:10.1093/occmed/kqp162 (2010).

192 Maidstone, R. et al. Shift work is associated with positive COVID-19 status in hospitalised patients. *Thorax* **76**, 601-6, doi:10.1136/thoraxjnl-2020-216651 (2021).

193 Hansen, J. Night shift work and risk of breast cancer. *Curr Environ Health Rep* **4**, 325-39, doi:10.1007/s40572-017-0155-y (2017).

194 Marquie, J. C., Tucker, P., Folkard, S., Gentil, C. and Ansiau, D. Chronic effects of shift work on cognition: findings from the VISAT longitudinal study. *Occup Environ Med* **72**, 258-64, doi:10.1136/ oemed-2013-101993 (2015).

195 Wittmann, M., Dinich, J., Merrow, M. and Roenneberg, T. Social jetlag: misalignment of biological and social time. *Chronobiol Int* **23**, 497-509, doi:10.1080/07420520500545979 (2006).

196 Levandovski, R. et al. Depression scores associate with chronotype and social jetlag in a rural population. *Chronobiol Int* **28**, 771-8, doi: 10.3109/07420528.2011.602445 (2011).

197 Mitler, M. M. et al. Catastrophes, sleep, and public policy: consensus report. *Sleep* **11**, 100-109, doi:10.1093/sleep/11.1.100 (1988).

198 Cho, K. Chronic 'jet lag' produces temporal lobe atrophy and spatial cognitive deficits. *Nat Neurosci* **4**, 567-8, doi:10.1038/88384 (2001).

199 Cho, K., Ennaceur, A., Cole, J. C. and Suh, C. K. Chronic jet lag produces cognitive deficits. *J Neurosci* **20**, RC66 (2000).

200 Waterhouse, J. et al. Further assessments of the relationship between jet lag and some of its symptoms. *Chronobiol Int* **22**, 121-36, doi:10.1081/cbi-200036909 (2005).

201 Herxheimer, A. and Petrie, K. J. Melatonin for the prevention and treatment of jet lag. *Cochrane Database Syst Rev*, CD001520,

doi:10.1002/14651858.CD001520 (2002).
202 Tortorolo, F., Farren, F. and Rada, G. Is melatonin useful for jet lag? *Medwave* **15 Suppl 3**, e6343, doi:10.5867/medwave.2015.6343 (2015).
203 Arendt, J. Does melatonin improve sleep? Efficacy of melatonin. *BMJ* **332**, 550, doi:10.1136/bmj.332.7540.550 (2006).
204 Wehrens, S. M. T. et al. Meal timing regulates the human circadian system. *Curr Biol* **27**, 1768-75 e1763, doi:10.1016/j.cub.2017.04.059 (2017).
205 Roenneberg, T., Kumar, C. J. and Merrow, M. The human circadian clock entrains to sun time. *Curr Biol* **17**, R44-5, doi:10.1016/j. cub.2006.12.011 (2007).
206 Roenneberg, T. et al. Why should we abolish daylight saving time? *J Biol Rhythms* **34**, 227-30, doi:10.1177/0748730419854197 (2019).
207 Hadlow, N. C., Brown, S., Wardrop, R. and Henley, D. The effects of season, daylight saving and time of sunrise on serum cortisol in a large population. *Chronobiol Int* **31**, 243-51, doi:10.3109/07420528.2 013.844162 (2014).
208 Harrison, Y. The impact of daylight saving time on sleep and related behaviours. *Sleep Med Rev* **17**, 285-92, doi:10.1016/j.smrv. 2012.10.001 (2013).
209 Zhang, H., Dahlen, T., Khan, A., Edgren, G. and Rzhetsky, A. Measurable health effects associated with the daylight saving time shift. *PLoS Comput Biol* **16**, e1007927, doi:10.1371/journal.pcbi.1007927 (2020).
210 Manfredini, R. et al. Daylight saving time and myocardial infarction: should we be worried? A review of the evidence. *Eur Rev Med Pharmacol Sci* **22**, 750-55, doi:10.26355/eurrev_201802_14306 (2018).
211 Sipil, J. O., Ruuskanen, J. O., Rautava, P. and Kyt\, V. Changes in ischemic stroke occurrence following daylight saving time transitions. *Sleep Med* **27-28**, 20-24, doi:10.1016/j.sleep.2016.10.009 (2016).
212 Barnes, C. M. and Wagner, D. T. Changing to daylight saving time cuts into sleep and increases workplace injuries. *J Appl Psychol* **94**, 1305-17, doi:10.1037/a0015320 (2009).
213 Fritz, J., VoPham, T., Wright, K. P., Jr and Vetter, C. A chronobiological evaluation of the acute effects of daylight saving time on traffic accident risk. *Curr Biol* **30**, 729-35 e722, doi:10.1016/j.cub.2019.12.045 (2020).
214 Todd, W. D. Potential pathways for circadian dysfunction and sundowning-related behavioral aggression in Alzheimer's disease and related dementias. *Front Neurosci* **14**, 910, doi:10.3389/fnins. 2020.00910 (2020).

215 Fabbian, F. et al. Chronotype, gender and general health. *Chrono-biol Int* **33**, 863-82, doi:10.1080/07420528.2016.1176927 (2016).

216 Coppeta, L., Papa, F. and Magrini, A. Are shiftwork and indoor work related to D3 vitamin deficiency? A systematic review of current evidences. *J Environ Public Health* **2018**, 8468742, doi:10.1155/ 2018/8468742 (2018).

217 Perez-Lopez, F. R., Pilz, S. and Chedraui, P. Vitamin D supplementation during pregnancy: an overview. *Curr Opin Obstet Gynecol* **32**, 316-21, doi:10.1097/GCO.0000000000000641 (2020).

218 Friedman, M. Analysis, nutrition, and health benefits of tryptophan. *Int J Tryptophan Res* **11**, 1178646918802282, doi:10.1177/ 1178646918802282 (2018).

219 Casetta, G., Nolfo, A. P. and Palagi, E. Yawn contagion promotes motor synchrony in wild lions, *Panthera leo*. *Animal Behaviour* **174**, 149-59 (2021).

220 Giuntella, O. and Mazzonna, F. Sunset time and the economic effects of social jetlag: evidence from US time zone borders. *J Health Econ* **65**, 210-26, doi:10.1016/j.jhealeco.2019.03.007 (2019).

221 Dean, K. and Murray, R. M. Environmental risk factors for psychosis. *Dialogues Clin Neurosci* **7**, 69-80 (2005).

222 Gaine, M. E., Chatterjee, S. and Abel, T. Sleep deprivation and the epigenome. *Front Neural Circuits* **12**, 14, doi:10.3389/fncir.2018.00014 (2018).

223 Lindberg, E. et al. Sleep time and sleep-related symptoms across two generations-results of the community-based RHINE and RHINESSA studies. *Sleep Med* **69**, 8-13, doi:10.1016/j.sleep.2019.12.017 (2020).

224 Thorpy, M. J. Classification of sleep disorders. *Neurotherapeutics* **9**, 687-701, doi:10.1007/s13311-012-0145-6 (2012).

225 Greenberg, D. B. Clinical dimensions of fatigue. *Prim Care Companion J Clin Psychiatry* **4**, 90-93, doi:10.4088/pcc.v04n0301 (2002).

226 Marshall, M. The lasting misery of coronavirus long-haulers. *Nature* **585**, 339-41, doi:10.1038/d41586-020-02598-6 (2020).

227 Wehr, T. A. In short photoperiods, human sleep is biphasic. *J Sleep Res* **1**, 103-7 (1992).

228 Ekirch, A. R. Segmented sleep in pre-industrial societies. *Sleep* **39**, 715-16, doi:10.5665/sleep.5558 (2016).

229 Yetish, G. et al. Natural sleep and its seasonal variations in three pre-industrial societies. *Curr Biol* **25**, 2862-8, doi:10.1016/j.cub.2015.09.046

(2015).
230 Ekirch, A. R. *At Day's Close: A History of Nighttime* (W. W. Norton and Company, 2005).
231 Handley, S. *Sleep in Early Modern England* (Yale University Press, 2016).
232 Duncan, W. C., Barbato, G., Fagioli, I., Garcia-Borreguero, D. and Wehr, T. A. A biphasic daily pattern of slow wave activity during a two-day 90-minute sleep-wake schedule. *Arch Ital Biol* **147**, 117-30 (2009).
233 Kleitman, N. Basic rest-activity cycle-22 years later. *Sleep* **5**, 311-17, doi:10.1093/sleep/5.4.311 (1982).
234 Weaver, M. D. et al. Adverse impact of polyphasic sleep patterns in humans: Report of the National Sleep Foundation sleep timing and variability consensus panel. *Sleep Health*, doi:10.1016/j.sleh.2021.02.009 (2021).
235 Shanware, N. P. et al. Casein kinase 1-dependent phosphorylation of familial advanced sleep phase syndrome-associated residues controls PERIOD 2 stability. *J Biol Chem* **286**, 12766-74, doi:10.1074/ jbc. M111.224014 (2011).
236 Toh, K. L. et al. An hPer2 phosphorylation site mutation in familial advanced sleep phase syndrome. *Science* **291**, 1040-43, doi:10.1126/ science.1057499 (2001).
237 Reid, K. J. et al. Familial advanced sleep phase syndrome. *Arch Neurol* **58**, 1089-94, doi:10.1001/archneur.58.7.1089 (2001).
238 Stepnowsky, C. J. and Ancoli-Israel, S. Sleep and its disorders in seniors. *Sleep Med Clin* **3**, 281-93, doi:10.1016/j.jsmc.2008.01.011 (2008).
239 Ancoli-Israel, S., Schnierow, B., Kelsoe, J. and Fink, R. A pedigree of one family with delayed sleep phase syndrome. *Chronobiol Int* **18**, 831-40, doi:10.1081/cbi-100107518 (2001).
240 Patke, A. et al. Mutation of the human circadian clock gene cry1 in familial delayed sleep phase disorder. *Cell* **169**, 203-15 e213, doi:10. 1016/ j.cell.2017.03.027 (2017).
241 Crowley, S. J., Acebo, C. and Carskadon, M. A. Sleep, circadian rhythms, and delayed phase in adolescence. *Sleep Med* **8**, 602-12, doi:10.1016/ j.sleep.2006.12.002 (2007).
242 Obeysekare, J. L. et al. Delayed sleep timing and circadian rhythms in pregnancy and transdiagnostic symptoms associated with postpartum depression. *Transl Psychiatry* **10**, 14, doi:10.1038/s41398-020-0683-3 (2020).
243 Turner, J. et al. A prospective study of delayed sleep phase syndrome in

patients with severe resistant obsessive-compulsive disorder. *World Psychiatry* 6, 108-11 (2007).

244 Esbensen, A. J. and Schwichtenberg, A. J. Sleep in neurodevelopmental disorders. *Int Rev Res Dev Disabil* **51**, 153-91, doi:10.1016/ bs.irrdd.2016.07.005 (2016).

245 Andrews, C. D. et al. Sleep-wake disturbance related to ocular disease: a systematic review of phase-shifting pharmaceutical therapies. *Transl Vis Sci Technol* **8**, 49, doi:10.1167/tvst.8.3.49 (2019).

246 Wulff, K., Dijk, D. J., Middleton, B., Foster, R. G. and Joyce, E. M. Sleep and circadian rhythm disruption in schizophrenia. *Br J Psychiatry* **200**, 308-16, doi:10.1192/bjp.bp.111.096321 (2012).

247 Wulff, K., Gatti, S., Wettstein, J. G. and Foster, R. G. Sleep and circadian rhythm disruption in psychiatric and neurodegenerative disease. *Nat Rev Neurosci* **11**, 589-99, doi:10.1038/nrn2868 (2010).

248 Brennan, K. C. et al. Casein kinase I ∂ mutations in familial migraine and advanced sleep phase. *Sci Transl Med* **5**, 183ra156-11, doi:10.1126/ scitranslmed.3005784 (2013).

249 Arendt, J. Melatonin: countering chaotic time cues. *Front Endo-crinol (Lausanne)* **10**, 391, doi:10.3389/fendo.2019.00391 (2019).

250 Brown, M. A., Quan, S. F. and Eichling, P. S. Circadian rhythm sleep disorder, free-running type in a sighted male with severe depression, anxiety, and agoraphobia. *J Clin Sleep Med* 7, 93-4 (2011).

251 Leng, Y., Musiek, E. S., Hu, K., Cappuccio, F. P. and Yaffe, K. Association between circadian rhythms and neurodegenerative diseases. *Lancet Neurol* **18**, 307-18, doi:10.1016/S1474-4422(18)30461-7 (2019).

252 American Academy of Sleep Medicine *International Classification of Sleep Disorders*, 3rd edn (2014).

253 Patel, D., Steinberg, J. and Patel, P. Insomnia in the elderly: a review. *J Clin Sleep Med* **14**, 1017-24, doi:10.5664/jcsm.7172 (2018).

254 Wennberg, A. M. V., Wu, M. N., Rosenberg, P. B. and Spira, A. P. Sleep disturbance, cognitive decline, and dementia: a review. *Semin Neurol* **37**, 395-406, doi:10.1055/s-0037-1604351 (2017).

255 Nutt, D., Wilson, S. and Paterson, L. Sleep disorders as core symptoms of depression. *Dialogues Clin Neurosci* **10**, 329-36 (2008).

256 Dauvilliers, Y. Insomnia in patients with neurodegenerative conditions. *Sleep Med* 8 **Suppl** 4, S27-34, doi:10.1016/S1389-9457(08) 70006-6 (2007).

257 Troxel, W. M. et al. Sleep symptoms predict the development of the met-

abolic syndrome. *Sleep* **33**, 1633-40, doi:10.1093/sleep/ 33.12.1633 (2010).
258 Kaneshwaran, K. et al. Sleep fragmentation, microglial aging, and cognitive impairment in adults with and without Alzheimer's dementia. *Sci Adv* **5**, eaax7331, doi:10.1126/sciadv.aax7331 (2019).
259 Abbott, S. M. and Videnovic, A. Chronic sleep disturbance and neural injury: links to neurodegenerative disease. *Nat Sci Sleep* **8**, 55-61, doi:10.2147/NSS.S78947 (2016).
260 Stamatakis, K. A. and Punjabi, N. M. Effects of sleep fragmentation on glucose metabolism in normal subjects. *Chest* **137**, 95-101, doi:10.1378/chest.09-0791 (2010).
261 Kim, A. M. et al. Tongue fat and its relationship to obstructive sleep apnea. *Sleep* **37**, 1639-48, doi:10.5665/sleep.4072 (2014).
262 Santos, M. and Hofmann, R. J. Ocular manifestations of obstructive sleep apnea. *J Clin Sleep Med* **13**, 1345-8, doi:10.5664/jcsm.6812 (2017).
263 Findley, L. J. and Suratt, P. M. Serious motor vehicle crashes: the cost of untreated sleep apnoea. *Thorax* **56**, 505, doi:10.1136/ thorax.56.7.505 (2001).
264 Eckert, D. J. and Sweetman, A. Impaired central control of sleep depth propensity as a common mechanism for excessive overnight wake time: implications for sleep apnea, insomnia and beyond. *J Clin Sleep Med* **16**, 341-3, doi:10.5664/jcsm.8268 (2020).
265 Boing, S. and Randerath, W. J. Chronic hypoventilation syndromes and sleep-related hypoventilation. *J Thorac Dis* **7**, 1273-85, doi:10. 3978/j.issn.2072-1439.2015.06.10 (2015).
266 Jen, R., Li, Y., Owens, R. L. and Malhotra, A. Sleep in chronic obstructive pulmonary disease: evidence gaps and challenges. *Can Respir J* **2016**, 7947198, doi:10.1155/2016/7947198 (2016).
267 Levy, P. et al. Intermittent hypoxia and sleep-disordered breathing: current concepts and perspectives. *Eur Respir J* **32**, 1082-95, doi:10.1183/09031936.00013308 (2008).
268 Mahoney, C. E., Cogswell, A., Koralnik, I. J. and Scammell, T. E. The neurobiological basis of narcolepsy. *Nat Rev Neurosci* **20**, 83-93, doi:10.1038/s41583-018-0097-x (2019).
269 Kaushik, M. K. et al. Continuous intrathecal orexin delivery inhibits cataplexy in a murine model of narcolepsy. *Proc Natl Acad Sci USA* **115**, 6046-51, doi:10.1073/pnas.1722686115 (2018).
270 Nellore, A. and Randall, T. D. Narcolepsy and influenza vaccina-

tion-the inappropriate awakening of immunity. *Ann Transl Med* 4, S29, doi:10.21037/atm.2016.10.60 (2016).

271 Bonvalet, M., Ollila, H. M., Ambati, A. and Mignot, E. Auto-immunity in narcolepsy. *Curr Opin Pulm Med* **23**, 522-9, doi:10.1097/MCP.0000000000000426 (2017).

272 Luo, G. et al. Autoimmunity to hypocretin and molecular mimicry to flu in type 1 narcolepsy. *Proc Natl Acad Sci USA* **115**, E12323-E12332, doi:10.1073/pnas.1818150116 (2018).

273 Singh, S., Kaur, H., Singh, S. and Khawaja, I. Parasomnias: a comprehensive review. *Cureus* **10**, e3807, doi:10.7759/cureus.3807 (2018).

274 Tekriwal, A. et al. REM sleep behaviour disorder: prodromal and mechanistic insights for Parkinson's disease. *J Neurol Neurosurg Psychiatry* **88**, 445-51, doi:10.1136/jnnp-2016-314471 (2017).

275 Reddy, S. V., Kumar, M. P., Sravanthi, D., Mohsin, A. H. and Anuhya, V. Bruxism: a literature review. *J Int Oral Health* **6**, 105-9 (2014).

276 Walters, A. S. Clinical identification of the simple sleep-related movement disorders. *Chest* **131**, 1260-66, doi:10.1378/chest.06-1602 (2007).

277 Ferini-Strambi, L., Carli, G., Casoni, F. and Galbiati, A. Restless legs syndrome and Parkinson disease: a causal relationship between the two disorders? *Front Neurol* **9**, 551, doi:10.3389/fneur.2018.00551 (2018).

278 Patrick, L. R. Restless legs syndrome: pathophysiology and the role of iron and folate. *Altern Med Rev* **12**, 101-12 (2007).

279 Novak, M., Winkelman, J. W. and Unruh, M. Restless legs syndrome in patients with chronic kidney disease. *Semin Nephrol* **35**, 347-58, doi:10.1016/j.semnephrol.2015.06.006 (2015).

280 Sateia, M. J. International classification of sleep disorders-third edition: highlights and modifications. *Chest* **146**, 1387-94, doi:10.1378/chest.14-0970 (2014).

281 Pittler, M. H. and Ernst, E. Kava extract for treating anxiety. *Cochrane Database Syst Rev*, CD003383, doi:10.1002/14651858.CD003383 (2003).

282 Shinomiya, K. et al. Effects of kava-kava extract on the sleep-wake cycle in sleep-disturbed rats. *Psychopharmacology (Berl)* **180**, 564-9, doi:10.1007/s00213-005-2196-4 (2005).

283 Wick, J. Y. The history of benzodiazepines. *Consult Pharm* **28**, 538-48, doi:10.4140/TCP.n.2013.538 (2013).

284 Ferentinos, P. and Paparrigopoulos, T. Zopiclone and sleepwalking. *Int J Neuropsychopharmacol* **12**, 141-2, doi:10.1017/S1461145708009541

(2009).

285 Fernandez-Mendoza, J. et al. Sleep misperception and chronic insomnia in the general population: role of objective sleep duration and psychological profiles. *Psychosom Med* **73**, 88-97, doi:10. 1097/PSY.0b013e3181fe365a (2011).

286 Van Maanen, A., Meijer, A. M., van der Heijden, K. B. and Oort, F. J. The effects of light therapy on sleep problems: A systematic review and meta-analysis. *Sleep Med Rev* **29**, 52-62, doi:10.1016/j. smrv.2015.08.009 (2016).

287 Milner, C. E. and Cote, K. A. Benefits of napping in healthy adults: impact of nap length, time of day, age, and experience with napping. *J Sleep Res* **18**, 272-81, doi:10.1111/j.1365-2869.2008.00718.x (2009).

288 Donskoy, I. and Loghmanee, D. Insomnia in adolescence. *Med Sci (Basel)* **6**, doi:10.3390/medsci6030072 (2018).

289 Fukuda, K. and Ishihara, K. Routine evening naps and night-time sleep patterns in junior high and high school students. *Psychiatry Clin Neurosci* **56**, 229-30, doi:10.1046/j.1440-1819.2002.00986.x (2002).

290 Dolezal, B. A., Neufeld, E. V., Boland, D. M., Martin, J. L. and Cooper, C. B. Interrelationship between sleep and exercise: a systematic review. *Adv Prev Med* **2017**, 1364387, doi:10.1155/2017/1364387 (2017).

291 Murray, K. et al. The relations between sleep, time of physical activity, and time outdoors among adult women. *PLoS One* **12**, e0182013, doi:10.1371/journal.pone.0182013 (2017).

292 Harding, E. C., Franks, N. P. and Wisden, W. The temperature dependence of sleep. *Front Neurosci* **13**, 336, doi:10.3389/fnins.2019. 00336 (2019).

293 Stutz, J., Eiholzer, R. and Spengler, C. M. Effects of evening exercise on sleep in healthy participants: a systematic review and meta-analysis. *Sports Med* **49**, 269-87, doi:10.1007/s40279-018-1015-0 (2019).

294 Thomas, C., Jones, H., Whitworth-Turner, C. and Louis, J. High-intensity exercise in the evening does not disrupt sleep in endurance runners. *Eur J Appl Physiol* **120**, 359-68, doi:10.1007/s00421-019-04280-w (2020).

295 Dietrich, A. and McDaniel, W. F. Endocannabinoids and exercise. *Br J Sports Med* **38**, 536-41, doi:10.1136/bjsm.2004.011718 (2004).

296 McHill, A. W. et al. Later circadian timing of food intake is associated with increased body fat. *Am J Clin Nutr* **106**, 1213-19, doi:10.3945/ajcn.117.161588 (2017).

297 Beccuti, G. et al. Timing of food intake: Sounding the alarm about metabolic impairments? A systematic review. *Pharmacol Res* **125**, 132-41, doi:10.1016/j.phrs.2017.09.005 (2017).
298 Jehan, S. et al. Obesity, obstructive sleep apnea and type 2 diabetes mellitus: epidemiology and pathophysiologic insights. *Sleep Med Disord* **2**, 52-8 (2018).
299 Ruddick-Collins, L. C., Johnston, J. D., Morgan, P. J. and Johnstone, A. M. The big breakfast study: chrono-nutrition influence on energy expenditure and bodyweight. *Nutr Bull* **43**, 174-83, doi:10. 1111/nbu.12323 (2018).
300 Fang, B., Liu, H., Yang, S., Xu, R. and Chen, G. Effect of subjective and objective sleep quality on subsequent peptic ulcer recurrence in older adults. *J Am Geriatr Soc* **67**, 1454-60, doi:10.1111/jgs.15871 (2019).
301 Verlander, L. A., Benedict, J. O. and Hanson, D. P. Stress and sleep patterns of college students. *Percept Mot Skills* **88**, 893-8, doi:10.2466/pms.1999.88.3.893 (1999).
302 Cajochen, C. et al. High sensitivity of human melatonin, alertness, thermoregulation, and heart rate to short wavelength light. *J Clin Endocrinol Metab* **90**, 1311-16, doi:10.1210/jc.2004-0957 (2005).
303 Mehta, R. and Zhu, R. J. Blue or red? Exploring the effect of color on cognitive task performances. *Science* **323**, 1226-9, doi:10.1126/ science.1169144 (2009).
304 Lemmer, B. The sleep-wake cycle and sleeping pills. *Physiol Behav* **90**, 285-93, doi:10.1016/j.physbeh.2006.09.006 (2007).
305 He, Q., Chen, X., Wu, T., Li, L. and Fei, X. Risk of dementia in long-term benzodiazepine users: evidence from a meta-analysis of observational studies. *J Clin Neurol* **15**, 9-19, doi:10.3988/jcn.2019.15.1.9 (2019).
306 Osler, M. and Jorgensen, M. B. Associations of benzodiazepines, z-drugs, and other anxiolytics with subsequent dementia in patients with affective disorders: a nationwide cohort and nested case-control study. *Am J Psychiatry* **177**, 497-505, doi:10.1176/appi.ajp.2019. 19030315 (2020).
307 Singleton, R. A., Jr and Wolfson, A. R. Alcohol consumption, sleep, and academic performance among college students. *J Stud Alcohol Drugs* **70**, 355-63, doi:10.15288/jsad.2009.70.355 (2009).
308 Raymann, R. J., Swaab, D. F. and Van Someren, E. J. Skin tempera-ture and sleep-onset latency: changes with age and insomnia. *Physiol Behav* **90**, 257-66, doi:10.1016/j.physbeh.2006.09.008 (2007).

309 Krauchi, K., Cajochen, C., Werth, E. and Wirz-Justice, A. Functional link between distal vasodilation and sleep-onset latency? *Am J Physiol Regul Integr Comp Physiol* **278**, R741-8, doi:10.1152/ajpregu.2000.278.3. R741 (2000).

310 Fietze, I. et al. The effect of room acoustics on the sleep quality of healthy sleepers. *Noise Health* **18**, 240-46, doi:10.4103/1463-1741. 192480 (2016).

311 Berk, M. Sleep and depression-theory and practice. *Aust Fam Physician* **38**, 302-4 (2009).

312 Cook, J. D., Eftekari, S. C., Dallmann, E., Sippy, M. and Plante, D. T. Ability of the Fitbit Alta HR to quantify and classify sleep in patients with suspected central disorders of hypersomnolence: a comparison against polysomnography. *J Sleep Res* **28**, e12789, doi:10.1111/jsr.12789 (2019).

313 Gavriloff, D. et al. Sham sleep feedback delivered via actigraphy biases daytime symptom reports in people with insomnia: Implications for insomnia disorder and wearable devices. *J Sleep Res* **27**, e12726, doi:10.1111/jsr.12726 (2018).

314 Fino, E. et al. (Not so) Smart sleep tracking through the phone: findings from a polysomnography study testing the reliability of four sleep applications. *J Sleep Res* **29**, e12935, doi:10.1111/jsr.12935 (2020).

315 Ko, P. R. et al. Consumer sleep technologies: a review of the landscape. *J Clin Sleep Med* **11**, 1455-61, doi:10.5664/jcsm.5288 (2015).

316 LeBourgeois, M. K., Giannotti, F., Cortesi, F., Wolfson, A. R. and Harsh, J. The relationship between reported sleep quality and sleep hygiene in Italian and American adolescents. *Pediatrics* **115**, 257-65, doi:10.1542/ peds.2004-0815H (2005).

317 Kalmbach, D. A., Arnedt, J. T., Pillai, V. and Ciesla, J. A. The impact of sleep on female sexual response and behavior: a pilot study. *J Sex Med* **12**, 1221-32, doi:10.1111/jsm.12858 (2015).

318 Lastella, M., O'Mullan, C., Paterson, J. L. and Reynolds, A. C. Sex and sleep: perceptions of sex as a sleep promoting behavior in the general adult population. *Front Public Health* 7, 33, doi:10.3389/ fpubh.2019.00033 (2019).

319 Kroeger, M. Oxytocin: key hormone in sexual intercourse, parturition, and lactation. *Birth Gaz* **13**, 28-30 (1996).

320 Alley, J., Diamond, L. M., Lipschitz, D. L. and Grewen, K. Associations between oxytocin and cortisol reactivity and recovery in response to

psychological stress and sexual arousal. *Psychoneuroen-docrinology* **106**, 47-56, doi:10.1016/j.psyneuen.2019.03.031 (2019).

321 Kruger, T. H., Haake, P., Hartmann, U., Schedlowski, M. and Exton, M. S. Orgasm-induced prolactin secretion: feedback control of sexual drive? *Neurosci Biobehav Rev* **26**, 31-44, doi:10.1016/s0149-7634(01)00036-7 (2002).

322 Exton, M. S. et al. Coitus-induced orgasm stimulates prolactin secretion in healthy subjects. *Psychoneuroendocrinology* **26**, 287-94, doi:10.1016/s0306-4530(00)00053-6 (2001).

323 Bader, G. G. and Engdal, S. The influence of bed firmness on sleep quality. *Appl Ergon* **31**, 487-97 (2000).

324 Jacobson, B. H., Boolani, A. and Smith, D. B. Changes in back pain, sleep quality, and perceived stress after introduction of new bedding systems. *J Chiropr Med* **8**, 1-8, doi:10.1016/j.jcm.2008.09.002 (2009).

325 Krauchi, K. et al. Sleep on a high heat capacity mattress increases conductive body heat loss and slow wave sleep. *Physiol Behav* **185**, 23-30, doi:10.1016/j.physbeh.2017.12.014 (2018).

326 Chiba, S. et al. High rebound mattress toppers facilitate core body temperature drop and enhance deep sleep in the initial phase of nocturnal sleep. *PLoS One* **13**, e0197521, doi:10.1371/journal.pone. 0197521 (2018).

327 Lytle, J., Mwatha, C. and Davis, K. K. Effect of lavender aromatherapy on vital signs and perceived quality of sleep in the intermediate care unit: a pilot study. *Am J Crit Care* **23**, 24-9, doi:10.4037/ ajcc2014958 (2014).

328 Guadagna, S., Barattini, D. F., Rosu, S. and Ferini-Strambi, L. Plant extracts for sleep disturbances: a systematic review. *Evid Based Complement Alternat Med* **2020**, 3792390, doi:10.1155/2020/3792390 (2020).

329 Robertson, S., Loughran, S. and MacKenzie, K. Ear protection as a treatment for disruptive snoring: do ear plugs really work? *J Laryngol Otol* **120**, 381-4, doi:10.1017/S0022215106000363 (2006).

330 Blumen, M. et al. Effect of sleeping alone on sleep quality in female bed partners of snorers. *Eur Respir J* **34**, 1127-31, doi:10.1183/09031936.00012209 (2009).

331 Palagini, L. and Rosenlicht, N. Sleep, dreaming, and mental health: a review of historical and neurobiological perspectives. *Sleep Med Rev* **15**, 179-86, doi:10.1016/j.smrv.2010.07.003 (2011).

332 Paulson, S., Barrett, D., Bulkeley, K. and Naiman, R. Dreaming: a gateway to the unconscious? *Ann NY Acad Sci* **1406**, 28-45, doi:10. 1111/

nyas.13389 (2017).

333 Komasi, S., Soroush, A., Khazaie, H., Zakiei, A. and Saeidi, M. Dreams content and emotional load in cardiac rehabilitation patients and their relation to anxiety and depression. *Ann Card Anaesth* **21**, 388-92, doi:10.4103/aca.ACA_210_17 (2018).

334 Hartmann, E. and Brezler, T. A systematic change in dreams after 9/11/01. *Sleep* **31**, 213-18, doi:10.1093/sleep/31.2.213 (2008).

335 Revonsuo, A. The reinterpretation of dreams: an evolutionary hypothesis of the function of dreaming. *Behav Brain Sci* **23**, 877-901; discussion 904-1121, doi:10.1017/s0140525x00004015 (2000).

336 Rouder, J. N. and Morey, R. D. A Bayes factor meta-analysis of Bem's ESP claim. *Psychon Bull Rev* **18**, 682-9, doi:10.3758/s13423-011-0088-7 (2011).

337 Breslau, N. The epidemiology of trauma, PTSD, and other post-trauma disorders. *Trauma Violence Abuse* **10**, 198-210, doi:10.1177/1524838009334448 (2009).

338 Colvonen, P. J., Straus, L. D., Acheson, D. and Gehrman, P. A Review of the relationship between emotional learning and memory, sleep, and PTSD. *Curr Psychiatry Rep* **21**, 2, doi:10.1007/s11920-019-0987-2 (2019).

339 Porcheret, K., Holmes, E. A., Goodwin, G. M., Foster, R. G. and Wulff, K. Psychological effect of an analogue traumatic event reduced by sleep deprivation. *Sleep* **38**, 1017-25, doi:10.5665/sleep. 4802 (2015).

340 Porcheret, K. et al. Investigation of the impact of total sleep deprivation at home on the number of intrusive memories to an analogue trauma. *Transl Psychiatry* **9**, 104, doi:10.1038/s41398-019-0403-z (2019).

341 Lal, S. K. and Craig, A. A critical review of the psychophysiology of driver fatigue. *Biol Psychol* **55**, 173-94 (2001).

342 Cai, Q., Gao, Z. K., Yang, Y. X., Dang, W. D. and Grebogi, C. Multiplex limited penetrable horizontal visibility graph from EEG signals for driver fatigue detection. *Int J Neural Syst* **29**, 1850057, doi:10.1142/S0129065718500570 (2019).

343 Lok, R., Smolders, K., Beersma, D. G. M. and de Kort, Y. A. W. Light, alertness, and alerting effects of white light: a literature overview. *J Biol Rhythms* **33**, 589-601, doi:10.1177/0748730418796443 (2018).

344 Perry-Jenkins, M., Goldberg, A. E., Pierce, C. P. and Sayer, A. G. Shift work, role overload, and the transition to parenthood. *J Marriage Fam* **69**, 123-38, doi: 10.1111/j.1741-3737.2006.00349.x (2007).

345 Roenneberg, T., Allebrandt, K. V., Merrow, M. and Vetter, C. Social jetlag and obesity. *Curr Biol* **22**, 939-43, doi:10.1016/j.cub.2012.03.038 (2012).
346 Baird, B., Castelnovo, A., Gosseries, O. and Tononi, G. Frequent lucid dreaming associated with increased functional connectivity between frontopolar cortex and temporoparietal association areas. *Sci Rep* **8**, 17798, doi:10.1038/s41598-018-36190-w (2018).
347 Lawson, C. C. et al. Rotating shift work and menstrual cycle characteristics. *Epidemiology* **22**, 305-12, doi:10.1097/EDE.0b013e3182130016 (2011).
348 Kang, W., Jang, K. H., Lim, H. M., Ahn, J. S. and Park, W. J. The menstrual cycle associated with insomnia in newly employed nurses performing shift work: a 12-month follow-up study. *Int Arch Occup Environ Health* **92**, 227-35, doi:10.1007/s00420-018-1371-y (2019).
349 Garcia, J. E., Jones, G. S. and Wright, G. L., Jr. Prediction of the time of ovulation. *Fertil Steril* **36**, 308-15 (1981).
350 Wilcox, A. J., Weinberg, C. R. and Baird, D. D. Timing of sexual intercourse in relation to ovulation. Effects on the probability of conception, survival of the pregnancy, and sex of the baby. *N Engl J Med* **333**, 1517-21, doi:10.1056/NEJM199512073332301 (1995).
351 Kerdelhue, B. et al. Timing of initiation of the preovulatory luteinizing hormone surge and its relationship with the circadian cortisol rhythm in the human. *Neuroendocrinology* **75**, 158-63, doi:10.1159/ 000048233 (2002).
352 Sellix, M. T. and Menaker, M. Circadian clocks in the ovary. *Trends Endocrinol Metab* **21**, 628-36, doi:10.1016/j.tem.2010.06.002 (2010).
353 Miller, B. H. and Takahashi, J. S. Central circadian control of female reproductive function. *Front Endocrinol (Lausanne)* **4**, 195, doi:10.3389/ fendo.2013.00195 (2013).
354 Baker, F. C. and Driver, H. S. Circadian rhythms, sleep, and the menstrual cycle. *Sleep Med* **8**, 613-22, doi:10.1016/j.sleep.2006.09.011 (2007).
355 Nurminen, T. Shift work and reproductive health. *Scand J Work Environ Health* **24 Suppl 3**, 28-34 (1998).
356 Lemmer, B. No correlation between lunar and menstrual cycle-an early report by the French physician J. A. Murat in 1806. *Chronobiol Int* **36**, 587-90, doi:10.1080/07420528.2019.1583669 (2019).
357 Ilias, I., Spanoudi, F., Koukkou, E., Adamopoulos, D. A. and Niko-poulou, S. C. Do lunar phases influence menstruation? A year-long retrospective

study. *Endocr Regul* **47**, 121-2, doi:10.4149/endo_2013_03_121 (2013).
358 Helfrich-Forster, C. et al. Women temporarily synchronize their menstrual cycles with the luminance and gravimetric cycles of the Moon. *Sci Adv* **7**, doi:10.1126/sciadv.abe1358 (2021).
359 Vyazovskiy, V. V. and Foster, R. G. Sleep: a biological stimulus from our nearest celestial neighbor? *Curr Biol* **24**, R557-60, doi:10.1016/j.cub.2014.05.027 (2014).
360 Staboulidou, I., Soergel, P., Vaske, B. and Hillemanns, P. The influence of lunar cycle on frequency of birth, birth complications, neonatal outcome and the gender: a retrospective analysis. *Acta Obstet Gynecol Scand* **87**, 875-9, doi:10.1080/00016340802233090 (2008).
361 Naylor, E. Tidally rhythmic behaviour of marine animals. *Symp Soc Exp Biol* **39**, 63-93 (1985).
362 Bulla, M., Oudman, T., Bijleveld, A. I., Piersma, T. and Kyriacou, C. P. Marine biorhythms: bridging chronobiology and ecology. *Philos Trans R Soc Lond B Biol Sci* **372**, doi:10.1098/rstb.2016.0253 (2017).
363 Palmer, J. D., Udry, J. R. and Morris, N. M. Diurnal and weekly, but no lunar rhythms in human copulation. *Hum Biol* **54**, 111-21 (1982).
364 Refinetti, R. Time for sex: nycthemeral distribution of human sexual behavior. *J Circadian Rhythms* **3**, 4, doi:10.1186/1740-3391-3-4 (2005).
365 Junger, J. et al. Do women's preferences for masculine voices shift across the ovulatory cycle? *Horm Behav* **106**, 122-34, doi:10.1016/j. yhbeh.2018.10.008 (2018).
366 Little, A. C., Jones, B. C. and Burriss, R. P. Preferences for masculinity in male bodies change across the menstrual cycle. *Horm Behav* **51**, 633-9, doi:10.1016/j.yhbeh.2007.03.006 (2007).
367 DeBruine, L. et al. Evidence for menstrual cycle shifts in women's preferences for masculinity: a response to Harris (in press), 'Menstrual cycle and facial preferences reconsidered'. *Evol Psychol* **8**, 768-75 (2010).
368 Gildersleeve, K., Haselton, M. G. and Fales, M. R. Do women's mate preferences change across the ovulatory cycle? A meta-analytic review. *Psychol Bull* **140**, 1205-59, doi:10.1037/a0035438 (2014).
369 Williams, M. N. and Jacobson, A. Effect of copulins on rating of female attractiveness, mate-guarding, and self-perceived sexual desirability. *Evolutionary Psychology* **14** (2016).
370 Kuukasjärvi, S. et al. Attractiveness of women's body odors over the menstrual cycle: the role of oral contraceptives and receiver sex. *Behav-*

ioral Ecology **15**, 579-84 (2004).

371 Doty, R. L., Ford, M., Preti, G. and Huggins, G. R. Changes in the intensity and pleasantness of human vaginal odors during the menstrual cycle. *Science* **190**, 1316-18, doi:10.1126/science.1239080 (1975).

372 Su, H. W., Yi, Y. C., Wei, T. Y., Chang, T. C. and Cheng, C. M. Detection of ovulation, a review of currently available methods. *Bioeng Transl Med* **2**, 238-46, doi:10.1002/btm2.10058 (2017).

373 Winters, S. J. Diurnal rhythm of testosterone and luteinizing hormone in hypogonadal men. *J Androl* **12**, 185-90 (1991).

374 Xie, M., Utzinger, K. S., Blickenstorfer, K. and Leeners, B. Diurnal and seasonal changes in semen quality of men in subfertile partnerships. *Chronobiol Int* **35**, 1375-84, doi:10.1080/07420528.2018.1483942 (2018).

375 Kaiser, I. H. and Halberg, F. Circadian periodic aspects of birth. *Ann NY Acad Sci* **98**, 1056-68, doi:10.1111/j.1749-6632.1962.tb30618.x (1962).

376 Chaney, C., Goetz, T. G. and Valeggia, C. A time to be born: variation in the hour of birth in a rural population of Northern Argentina. *Am J Phys Anthropol* **166**, 975-8, doi:10.1002/ajpa.23483 (2018).

377 Sharkey, J. T., Cable, C. and Olcese, J. Melatonin sensitizes human myometrial cells to oxytocin in a protein kinase C alpha/ extracellular-signal regulated kinase-dependent manner. *J Clin Endocrinol Metab* **95**, 2902-8, doi:10.1210/jc.2009-2137 (2010).

378 Millar, L. J., Shi, L., Hoerder-Suabedissen, A. and Molnar, Z. Neonatal hypoxia ischaemia: mechanisms, models, and therapeutic challenges. *Front Cell Neurosci* **11**, 78, doi:10.3389/fncel.2017.00078 (2017).

379 Anderson, S. T. and FitzGerald, G. A. Sexual dimorphism in body clocks. *Science* **369**, 1164-5, doi:10.1126/science.abd4964 (2020).

380 Boivin, D. B., Shechter, A., Boudreau, P., Begum, E. A. and Ng Ying-Kin, N. M. Diurnal and circadian variation of sleep and alertness in men vs. naturally cycling women. *Proc Natl Acad Sci USA* **113**, 10980-85, doi:10.1073/pnas.1524484113 (2016).

381 Roenneberg, T. et al. A marker for the end of adolescence. *Curr Biol* **14**, R1038-9, doi:10.1016/j.cub.2004.11.039 (2004).

382 Fischer, D., Lombardi, D. A., Marucci-Wellman, H. and Roenne-berg, T. Chronotypes in the US-influence of age and sex. *PLoS One* **12**, e0178782, doi:10.1371/journal.pone.0178782 (2017).

383 Feillet, C. et al. Sexual dimorphism in circadian physiology is altered in LXRalpha deficient mice. *PLoS One* **11**, e0150665, doi:10.1371/journal.

pone.0150665 (2016).

384 Meers, J. M. and Nowakowski, S. Sleep, premenstrual mood dis-order, and women's health. *Curr Opin Psychol* **34**, 43-9, doi:10.1016/j. copsyc.2019.09.003 (2020).

385 Yonkers, K. A., O'Brien, P. M. and Eriksson, E. Premenstrual syndrome. *Lancet* **371**, 1200-1210, doi:10.1016/S0140-6736(08)60527-9 (2008).

386 Kruijver, F. P. and Swaab, D. F. Sex hormone receptors are present in the human suprachiasmatic nucleus. *Neuroendocrinology* **75**, 296-305, doi:10.1159/000057339 (2002).

387 Wollnik, F. and Turek, F. W. Estrous correlated modulations of circadian and ultradian wheel-running activity rhythms in LEW/Ztm rats. *Physiol Behav* **43**, 389-96, doi:10.1016/0031-9384(88)90204-1 (1988).

388 Parry, B. L. et al. Reduced phase-advance of plasma melatonin after bright morning light in the luteal, but not follicular, menstrual cycle phase in premenstrual dysphoric disorder: an extended study. *Chronobiol Int* **28**, 415-24, doi:10.3109/07420528.2011.567365 (2011).

389 Van Reen, E. and Kiesner, J. Individual differences in self-reported difficulty sleeping across the menstrual cycle. *Arch Womens Ment Health* **19**, 599-608, doi:10.1007/s00737-016-0621-9 (2016).

390 Tempesta, D. et al. Lack of sleep affects the evaluation of emotional stimuli. *Brain Res Bull* **82**, 104-8, doi:10.1016/j.brainresbull.2010.01.014 (2010).

391 Schwarz, J. F. et al. Shortened night sleep impairs facial responsiveness to emotional stimuli. *Biol Psychol* **93**, 41-4, doi:10.1016/j. biopsycho.2013.01.008 (2013).

392 Meers, J. M., Bower, J. L. and Alfano, C. A. Poor sleep and emotion dysregulation mediate the association between depressive and premenstrual symptoms in young adult women. *Arch Womens Ment Health* **23**, 351-9, doi:10.1007/s00737-019-00984-2 (2020).

393 Hollander, L. E. et al. Sleep quality, estradiol levels, and behavioral factors in late reproductive age women. *Obstet Gynecol* **98**, 391-7, doi:10.1016/s0029-7844(01)01485-5 (2001).

394 Manber, R. and Armitage, R. Sex, steroids, and sleep: a review. *Sleep* **22**, 540-55 (1999).

395 Proserpio, P. et al. Insomnia and menopause: a narrative review on mechanisms and treatments. *Climacteric* **23**, 539-49, doi:10.1080/13697137.2020.1799973 (2020).

396 Shaver, J. L. and Woods, N. F. Sleep and menopause: a narrative review. *Menopause* **22**, 899-915, doi:10.1097/GME.0000000000000499 (2015).
397 Kravitz, H. M. et al. Sleep difficulty in women at midlife: a community survey of sleep and the menopausal transition. *Menopause* **10**, 19-28, doi:10.1097/00042192-200310010-00005 (2003).
398 Walters, J. F., Hampton, S. M., Ferns, G. A. and Skene, D. J. Effect of menopause on melatonin and alertness rhythms investigated in constant routine conditions. *Chronobiol Int* **22**, 859-72, doi:10.1080/07420520500263193 (2005).
399 Freedman, R. R. Hot flashes: behavioral treatments, mechanisms, and relation to sleep. *Am J Med* **118 Suppl 12B**, 124-30, doi:10.1016/j.amjmed.2005.09.046 (2005).
400 Baker, F. C., de Zambotti, M., Colrain, I. M. and Bei, B. Sleep problems during the menopausal transition: prevalence, impact, and management challenges. *Nat Sci Sleep* **10**, 73-95, doi:10.2147/NSS.S125807 (2018).
401 Kravitz, H. M. and Joffe, H. Sleep during the perimenopause: a SWAN story. *Obstet Gynecol Clin North Am* **38**, 567-86, doi:10.1016/j.ogc.2011.06.002 (2011).
402 Moe, K. E. Hot flashes and sleep in women. *Sleep Med Rev* **8**, 487-97, doi:10.1016/j.smrv.2004.07.005 (2004).
403 Franklin, K. A., Sahlin, C., Stenlund, H. and Lindberg, E. Sleep apnoea is a common occurrence in females. *Eur Respir J* **41**, 610-15, doi:10.1183/09031936.00212711 (2013).
404 Kapsimalis, F. and Kryger, M. H. Gender and obstructive sleep apnea syndrome, part 2: mechanisms. *Sleep* **25**, 499-506 (2002).
405 Cintron, D. et al. Efficacy of menopausal hormone therapy on sleep quality: systematic review and meta-analysis. *Endocrine* **55**, 702-11, doi:10.1007/s12020-016-1072-9 (2017).
406 McCurry, S. M. et al. Telephone-based cognitive behavioral therapy for insomnia in perimenopausal and postmenopausal women with vasomotor symptoms: a MsFLASH randomized clinical trial. *JAMA Intern Med* **176**, 913-20, doi:10.1001/jamainternmed.2016.1795 (2016).
407 Salk, R. H., Hyde, J. S. and Abramson, L. Y. Gender differences in depression in representative national samples: meta-analyses of diagnoses and symptoms. *Psychol Bull* **143**, 783-822, doi:10.1037/ bul0000102 (2017).
408 Barrett-Connor, E. et al. The association of testosterone levels with overall sleep quality, sleep architecture, and sleep-disordered breathing. *J*

Clin Endocrinol Metab **93**, 2602-9, doi:10.1210/jc.2007-2622 (2008).

409 Swaab, D. F., Gooren, L. J. and Hofman, M. A. Brain research, gender and sexual orientation. *J Homosex* **28**, 283-301, doi:10.1300/J082v28n03_07 (1995).

410 Swaab, D. F. and Hofman, M. A. An enlarged suprachiasmatic nucleus in homosexual men. *Brain Res* **537**, 141-8, doi:10.1016/0006-8993(90)90350-k (1990).

411 Román-Gálvez, R. M. et al. Factors associated with insomnia in pregnancy: a prospective Cohort Study. *Eur J Obstet Gynecol Reprod Biol* **221**, 70-75, doi:10.1016/j.ejogrb.2017.12.007 (2018).

412 Kivela, L., Papadopoulos, M. R. and Antypa, N. Chronotype and psychiatric disorders. *Curr Sleep Med Rep* **4**, 94-103, doi:10.1007/ s40675-018-0113-8 (2018).

413 Goyal, D., Gay, C. L. and Lee, K. A. Patterns of sleep disruption and depressive symptoms in new mothers. *J Perinat Neonatal Nurs* **21**, 123-9, doi:10.1097/01.JPN.0000270629.58746.96 (2007).

414 Doan, T., Gay, C. L., Kennedy, H. P., Newman, J. and Lee, K. A. Nighttime breastfeeding behavior is associated with more nocturnal sleep among first-time mothers at one month postpartum. *J Clin Sleep Med* **10**, 313-19, doi:10.5664/jcsm.3538 (2014).

415 Wulff, K. and Siegmund, R. Emergence of circadian rhythms in infants before and after birth: evidence for variations by parental influence. *Z Geburtshilfe Neonatol* **206**, 166-71, doi:10.1055/s-2002-34963 (2002).

416 Gay, C. L., Lee, K. A. and Lee, S. Y. Sleep patterns and fatigue in new mothers and fathers. *Biol Res Nurs* **5**, 311-18, doi:10.1177/1099800403262142 (2004).

417 Stremler, R. et al. A behavioral-educational intervention to promote maternal and infant sleep: a pilot randomized, controlled trial. *Sleep* **29**, 1609-15, doi:10.1093/sleep/29.12.1609 (2006).

418 Hunter, L. P., Rychnovsky, J. D. and Yount, S. M. A selective review of maternal sleep characteristics in the postpartum period. *J Obstet Gynecol Neonatal Nurs* **38**, 60-68, doi:10.1111/j.1552-6909.2008.00309.x (2009).

419 Kennedy, H. P., Gardiner, A., Gay, C. and Lee, K. A. Negotiating sleep: a qualitative study of new mothers. *J Perinat Neonatal Nurs* **21**, 114-22, doi:10.1097/01.JPN.0000270628.51122.1d (2007).

420 Cronin, R. S. et al. An individual participant data meta-analysis of maternal going-to-sleep position, interactions with fetal vulnerability,

and the risk of late stillbirth. *EClinicalMedicine* **10**, 49-57, doi:10.1016/j.eclinm.2019.03.014 (2019).
421 Condon, R. G. and Scaglion, R. The ecology of human birth seasonality. *Hum Ecol* **10**, 495-511, doi:10.1007/BF01531169 (1982).
422 Lundin, C. et al. Combined oral contraceptive use is associated with both improvement and worsening of mood in the different phases of the treatment cycle-a double-blind, placebo-controlled randomized trial. *Psychoneuroendocrinology* **76**, 135-43, doi:10.1016/j.psyneuen.2016.11.033 (2017).
423 Yonkers, K. A., Cameron, B., Gueorguieva, R., Altemus, M. and Kornstein, S. G. The influence of cyclic hormonal contraception on expression of premenstrual syndrome. *J Womens Health (Larchmt)* **26**, 321-8, doi:10.1089/jwh.2016.5941 (2017).
424 Simmons, R. G. et al. Predictors of contraceptive switching and discontinuation within the first 6 months of use among Highly Effective Reversible Contraceptive Initiative Salt Lake study par-ticipants. *Am J Obstet Gynecol* **220**, 376 e371-6 e312, doi:10.1016/j. ajog.2018.12.022 (2019).
425 Smith, K. et al. Do progestin-only contraceptives contribute to the risk of developing depression as implied by Beta-Arrestin 1 levels in leukocytes? A pilot study. *Int J Environ Res Public Health* **15**, doi:10.3390/ijerph15091966 (2018).
426 Lewis, C. A. et al. Effects of hormonal contraceptives on mood: a focus on emotion recognition and reactivity, reward processing, and stress response. *Curr Psychiatry Rep* **21**, 115, doi:10.1007/s11920-019-1095-z (2019).
427 Jocz, P., Stolarski, M. and Jankowski, K. S. Similarity in chronotype and preferred time for sex and its role in relationship quality and sexual satisfaction. *Front Psychol* **9**, 443, doi:10.3389/fpsyg.2018.00443 (2018).
428 Richter, K., Adam, S., Geiss, L., Peter, L. and Niklewski, G. Two in a bed: the influence of couple sleeping and chronotypes on relationship and sleep. An overview. *Chronobiol Int* **33**, 1464-72, doi:10.1080/07420528.2016.1220388 (2016).
429 Cooke, P. S., Nanjappa, M. K., Ko, C., Prins, G. S. and Hess, R. A. Estrogens in Male Physiology. *Physiol Rev* **97**, 995-1043, doi:10.1152/ physrev.00018.2016 (2017).
430 Fillinger, L., Janussen, D., Lundalv, T. and Richter, C. Rapid glass sponge expansion after climate-induced Antarctic ice shelf collapse. *Curr Biol* **23**,

1330-34, doi:10.1016/j.cub.2013.05.051 (2013).

431 Poblano, A., Haro, R. and Arteaga, C. Neurophysiologic measurement of continuity in the sleep of fetuses during the last week of pregnancy and in newborns. *Int J Biol Sci* 4, 23-8, doi:10.7150/ ijbs.4.23 (2007).

432 Lancel, M., Faulhaber, J., Holsboer, F. and Rupprecht, R. Progesterone induces changes in sleep comparable to those of agonistic GABAA receptor modulators. *Am J Physiol* **271**, E763-72, doi:10.1152/ ajpendo.1996.271.4.E763 (1996).

433 Silvestri, R. and Arico, I. Sleep disorders in pregnancy. *Sleep Sci* **12**, 232-9, doi:10.5935/1984-0063.20190098 (2019).

434 Bell, A. V., Hinde, K. and Newson, L. Who was helping? The scope for female cooperative breeding in early Homo. *PLoS One* **8**, e83667, doi:10.1371/journal.pone.0083667 (2013).

435 Bruni, O. et al. Longitudinal study of sleep behavior in normal infants during the first year of life. *J Clin Sleep Med* **10**, 1119-27, doi:10.5664/ jcsm.4114 (2014).

436 Tham, E. K., Schneider, N. and Broekman, B. F. Infant sleep and its relation with cognition and growth: a narrative review. *Nat Sci Sleep* **9**, 135-49, doi:10.2147/NSS.S125992 (2017).

437 Mindell, J. A. et al. Behavioral treatment of bedtime problems and night wakings in infants and young children. *Sleep* **29**, 1263-76 (2006).

438 Rivkees, S. A. Developing circadian rhythmicity in infants. *Pediatrics* **112**, 373-81, doi:10.1542/peds.112.2.373 (2003).

439 Bateson, P. et al. Developmental plasticity and human health. *Nature* **430**, 419-21, doi:10.1038/nature02725 (2004).

440 Burnham, M. M., Goodlin-Jones, B. L., Gaylor, E. E. and Anders, T. F. Nighttime sleep-wake patterns and self-soothing from birth to one year of age: a longitudinal intervention study. *J Child Psychol Psychiatry* **43**, 713-25, doi:10.1111/1469-7610.00076 (2002).

441 Gaylor, E. E., Burnham, M. M., Goodlin-Jones, B. L. and Anders, T. F. A longitudinal follow-up study of young children's sleep patterns using a developmental classification system. *Behav Sleep Med* **3**, 44-61, doi:10.1207/s15402010bsm0301_6 (2005).

442 Matricciani, L., Paquet, C., Galland, B., Short, M. and Olds, T. Children's sleep and health: A meta-review. *Sleep Med Rev* **46**, 136-50, doi:10.1016/j.smrv.2019.04.011 (2019).

443 Stormark, K. M., Fosse, H. E., Pallesen, S. and Hysing, M. The associa-

tion between sleep problems and academic performance in primary school-aged children: findings from a Norwegian longitudinal population-based study. *PLoS One* **14**, e0224139, doi:10.1371/ journal.pone.0224139 (2019).

444 Sluggett, L., Wagner, S. L. and Harris, R. L. Sleep duration and obesity in children and adolescents. *Can J Diabetes* **43**, 146-52, doi:10.1016/j.jcjd.2018.06.006 (2019).

445 Meltzer, L. J. and Montgomery-Downs, H. E. Sleep in the family. *Pediatr Clin North Am* **58**, 765-74, doi:10.1016/j.pcl.2011.03.010 (2011).

446 Mindell, J. A. and Williamson, A. A. Benefits of a bedtime routine in young children: sleep, development, and beyond. *Sleep Med Rev* **40**, 93-108, doi:10.1016/j.smrv.2017.10.007 (2018).

447 Moturi, S. and Avis, K. Assessment and treatment of common pediatric sleep disorders. *Psychiatry (Edgmont)* 7, 24-37 (2010).

448 Akacem, L. D., Wright, K. P., Jr and LeBourgeois, M. K. Bedtime and evening light exposure influence circadian timing in preschool-age children: a field study. *Neurobiol Sleep Circadian Rhythms* **1**, 27-31, doi:10.1016/j.nbscr.2016.11.002 (2016).

449 Patton, G. C. et al. Our future: a *Lancet* commission on adolescent health and wellbeing. *Lancet* **387**, 2423-78, doi:10.1016/S0140-6736(16)00579-1 (2016).

450 Crowley, S. J., Wolfson, A. R., Tarokh, L. and Carskadon, M. A. An update on adolescent sleep: new evidence informing the perfect storm model. *J Adolesc* **67**, 55-65, doi:10.1016/j.adolescence.2018.06.001 (2018).

451 Keyes, K. M., Maslowsky, J., Hamilton, A. and Schulenberg, J. The great sleep recession: changes in sleep duration among US adolescents, 1991-2012. *Pediatrics* **135**, 460-68, doi:10.1542/peds.2014-2707 (2015).

452 Matricciani, L., Olds, T. and Petkov, J. In search of lost sleep: secular trends in the sleep time of school-aged children and adolescents. *Sleep Med Rev* **16**, 203-11, doi:10.1016/j.smrv.2011.03.005 (2012).

453 Hirshkowitz, M. et al. National Sleep Foundation's sleep time duration recommendations: methodology and results summary. *Sleep Health* **1**, 40-43, doi:10.1016/j.sleh.2014.12.010 (2015).

454 Paruthi, S. et al. Recommended amount of sleep for pediatric populations: a consensus statement of the American Academy of Sleep Medicine. *J Clin Sleep Med* **12**, 785-6, doi:10.5664/jcsm.5866 (2016).

455 Gradisar, M., Gardner, G. and Dohnt, H. Recent worldwide sleep patterns

and problems during adolescence: a review and meta-analysis of age, region, and sleep. *Sleep Med* **12**, 110-18, doi:10.1016/j. sleep.2010.11.008 (2011).

456 Basch, C. E., Basch, C. H., Ruggles, K. V. and Rajan, S. Prevalence of sleep duration on an average school night among 4 nationally representative successive samples of American high school students, 2007-2013. *Prev Chronic Dis* **11**, E216, doi:10.5888/pcd11. 140383 (2014).

457 Owens, J., Adolescent Sleep Working Group and Committee on Adolescence. Insufficient sleep in adolescents and young adults: an update on causes and consequences. *Pediatrics* **134**, e921-32, doi:10.1542/peds.2014-1696 (2014).

458 Chaput, J. P. et al. Systematic review of the relationships between sleep duration and health indicators in school-aged children and youth. *Appl Physiol Nutr Metab* **41**, S266-82, doi:10.1139/apnm-2015-0627 (2016).

459 McKnight-Eily, L. R. et al. Relationships between hours of sleep and health-risk behaviors in US adolescent students. *Prev Med* **53**, 271-3, doi:10.1016/j.ypmed.2011.06.020 (2011).

460 Shochat, T., Cohen-Zion, M. and Tzischinsky, O. Functional consequences of inadequate sleep in adolescents: a systematic review. *Sleep Med Rev* **18**, 75-87, doi:10.1016/j.smrv.2013.03.005 (2014).

461 Hysing, M., Harvey, A. G., Linton, S. J., Askeland, K. G. and Sivertsen, B. Sleep and academic performance in later adolescence: results from a large population-based study. *J Sleep Res* **25**, 318-24, doi:10.1111/jsr.12373 (2016).

462 Beebe, D. W., Field, J., Miller, M. M., Miller, L. E. and LeBlond, E. Impact of multi-night experimentally induced short sleep on adolescent performance in a simulated classroom. *Sleep* **40**, doi:10.1093/sleep/zsw035 (2017).

463 Godsell, S. and White, J. Adolescent perceptions of sleep and influences on sleep behaviour: a qualitative study. *J Adolesc* **73**, 18-25, doi:10.1016/j.adolescence.2019.03.010 (2019).

464 Van Dyk, T. R., Becker, S. P. and Byars, K. C. Rates of mental health symptoms and associations with self-reported sleep quality and sleep hygiene in adolescents presenting for insomnia treatment. *J Clin Sleep Med* **15**, 1433-42, doi:10.5664/jcsm.7970 (2019).

465 Jankowski, K. S., Fajkowska, M., Domaradzka, E. and Wytykowska, A. Chronotype, social jetlag and sleep loss in relation to sex steroids.

Psychoneuroendocrinology **108**, 87-93, doi:10.1016/j.psyn-euen.2019.05.027 (2019).

466 Jenni, O. G., Achermann, P. and Carskadon, M. A. Homeostatic sleep regulation in adolescents. *Sleep* **28**, 1446-54, doi:10.1093/ sleep/28.11.1446 (2005).

467 Taylor, D. J., Jenni, O. G., Acebo, C. and Carskadon, M. A. Sleep tendency during extended wakefulness: insights into adolescent sleep regulation and behavior. *J Sleep Res* **14**, 239-44, doi:10.1111/j. 1365-2869.2005.00467.x (2005).

468 Basheer, R., Strecker, R. E., Thakkar, M. M. and McCarley, R. W. Adenosine and sleep-wake regulation. *Prog Neurobiol* **73**, 379-96, doi:10.1016/j.pneurobio.2004.06.004 (2004).

469 Illingworth, G. The challenges of adolescent sleep. *Interface Focus* **10**, 20190080, doi:10.1098/rsfs.2019.0080 (2020).

470 Cain, N. and Gradisar, M. Electronic media use and sleep in school-aged children and adolescents: a review. *Sleep Med* **11**, 735-42, doi:10.1016/j.sleep.2010.02.006 (2010).

471 Twenge, J. M., Krizan, Z. and Hisler, G. Decreases in self-reported sleep duration among U.S. adolescents 2009-2015 and association with new media screen time. *Sleep Med* **39**, 47-53, doi:10.1016/j. sleep.2017.08.013 (2017).

472 Bartel, K. A., Gradisar, M. and Williamson, P. Protective and risk factors for adolescent sleep: a meta-analytic review. *Sleep Med Rev* **21**, 72-85, doi:10.1016/j.smrv.2014.08.002 (2015).

473 Vernon, L., Modecki, K. L. and Barber, B. L. Mobile phones in the bedroom: trajectories of sleep habits and subsequent adolescent psychosocial development. *Child Dev* **89**, 66-77, doi:10.1111/cdev.12836 (2018).

474 Orzech, K. M., Grandner, M. A., Roane, B. M. and Carskadon, M. A. Digital media use in the 2 h before bedtime is associated with sleep variables in university students. *Comput Human Behav* **55**, 43-50, doi:10.1016/j.chb.2015.08.049 (2016).

475 Perrault, A. A. et al. Reducing the use of screen electronic devices in the evening is associated with improved sleep and daytime vigilance in adolescents. *Sleep* **42**, doi:10.1093/sleep/ zsz125 (2019).

476 Crowley, S. J. et al. A longitudinal assessment of sleep timing, circadian phase, and phase angle of entrainment across human adolescence. *PLoS One* **9**, e112199, doi:10.1371/journal.pone.0112199 (2014).

477 Troxel, W. M. and Wolfson, A. R. The intersection between sleep science and policy: introduction to the special issue on school start times. *Sleep Health* **3**, 419-22, doi:10.1016/j.sleh.2017.10.001 (2017).

478 Minges, K. E. and Redeker, N. S. Delayed school start times and adolescent sleep: a systematic review of the experimental evidence. *Sleep Med Rev* **28**, 86-95, doi:10.1016/j.smrv.2015.06.002 (2016).

479 Bowers, J. M. and Moyer, A. Effects of school start time on students' sleep duration, daytime sleepiness, and attendance: a meta-analysis. *Sleep Health* **3**, 423-31, doi:10.1016/j.sleh.2017.08.004 (2017).

480 Wheaton, A. G., Chapman, D. P. and Croft, J. B. School start times, sleep, behavioral, health, and academic outcomes: a review of the literature. *J Sch Health* **86**, 363-81, doi:10.1111/josh.12388 (2016).

481 Foster, R. G. Sleep, circadian rhythms and health. *Interface Focus* **10**, 20190098, doi:10.1098/rsfs.2019.0098 (2020).

482 Kobak, R., Abbott, C., Zisk, A. and Bounoua, N. Adapting to the changing needs of adolescents: parenting practices and challenges to sensitive attunement. *Curr Opin Psychol* **15**, 137-42, doi:10.1016/j. copsyc.2017.02.018 (2017).

483 Blunden, S. L., Chapman, J. and Rigney, G. A. Are sleep education programs successful? The case for improved and consistent research efforts. *Sleep Med Rev* **16**, 355-70, doi:10.1016/j.smrv.2011.08.002 (2012).

484 Blunden, S. and Rigney, G. Lessons learned from sleep education in schools: a review of dos and don'ts. *J Clin Sleep Med* **11**, 671-80, doi:10.5664/jcsm.4782 (2015).

485 Facer-Childs, E. R., Middleton, B., Skene, D. J. and Bagshaw, A. P. Resetting the late timing of 'night owls' has a positive impact on mental health and performance. *Sleep Med* **60**, 236-47, doi:10.1016/j. sleep.2019.05.001 (2019).

486 Van Dyk, T. R. et al. Feasibility and emotional impact of experimentally extending sleep in short-sleeping adolescents. *Sleep* **40**, doi:10.1093/sleep/zsx123 (2017).

487 Livingston, G. et al. Dementia prevention, intervention, and care: 2020 report of the *Lancet* Commission. *Lancet* **396**, 413-46, doi:10.1016/S0140-6736(20)30367-6 (2020).

488 Ohayon, M. M., Carskadon, M. A., Guilleminault, C. and Vitiello, M. V. Meta-analysis of quantitative sleep parameters from childhood to old age in healthy individuals: developing normative sleep values across the

human lifespan. *Sleep* **27**, 1255-73, doi:10.1093/ sleep/27.7.1255 (2004).

489 Dijk, D. J., Duffy, J. F. and Czeisler, C. A. Age-related increase in awakenings: impaired consolidation of nonREM sleep at all circadian phases. *Sleep* **24**, 565-77, doi:10.1093/sleep/24.5.565 (2001).

490 Bliwise, D. L. Sleep in normal aging and dementia. *Sleep* **16**, 40-81, doi:10.1093/sleep/16.1.40 (1993).

491 Czeisler, C. A. et al. Association of sleep-wake habits in older people with changes in output of circadian pacemaker. *Lancet* **340**, 933-96, doi:10.1016/0140-6736(92)92817-y (1992).

492 Duffy, J. F. et al. Peak of circadian melatonin rhythm occurs later within the sleep of older subjects. *Am J Physiol Endocrinol Metab* **282**, E297-303, doi:10.1152/ajpendo.00268.2001 (2002).

493 Sherman, B., Wysham, C. and Pfohl, B. Age-related changes in the circadian rhythm of plasma cortisol in man. *J Clin Endocrinol Metab* **61**, 439-43, doi:10.1210/jcem-61-3-439 (1985).

494 Van Someren, E. J. Circadian and sleep disturbances in the elderly. *Exp Gerontol* **35**, 1229-37, doi:10.1016/s0531-5565(00)00191-1 (2000).

495 Munch, M. et al. Age-related attenuation of the evening circadian arousal signal in humans. *Neurobiol Aging* **26**, 1307-19, doi:10.1016/j. neurobiolaging.2005.03.004 (2005).

496 Zeitzer, J. M. et al. Do plasma melatonin concentrations decline with age? *Am J Med* **107**, 432-6, doi:10.1016/s0002-9343(99)00266-1 (1999).

497 Farajnia, S. et al. Evidence for neuronal desynchrony in the aged suprachiasmatic nucleus clock. *J Neurosci* **32**, 5891-9, doi:10.1523/ JNEUROSCI.0469-12.2012 (2012).

498 Zhou, J. N., Hofman, M. A. and Swaab, D. F. VIP neurons in the human SCN in relation to sex, age, and Alzheimer's disease. *Neurobiol Aging* **16**, 571-6, doi:10.1016/0197-4580(95)00043-e (1995).

499 Pagani, L. et al. Serum factors in older individuals change cellular clock properties. *Proc Natl Acad Sci USA* **108**, 7218-23, doi:10.1073/ pnas.1008882108 (2011).

500 Crowley, S. J., Cain, S. W., Burns, A. C., Acebo, C. and Carskadon, M. A. Increased sensitivity of the circadian system to light in early/ mid-puberty. *J Clin Endocrinol Metab* **100**, 4067-73, doi:10.1210/jc. 2015-2775 (2015).

501 Duffy, J. F., Zeitzer, J. M. and Czeisler, C. A. Decreased sensitivity to phase-delaying effects of moderate intensity light in older subjects. *Neurobiol Aging* **28**, 799-807, doi:10.1016/j.neurobiolaging. 2006.03.005

(2007).

502 Cuthbertson, F. M., Peirson, S. N., Wulff, K., Foster, R. G. and Downes, S. M. Blue light-filtering intraocular lenses: review of potential benefits and side effects. *J Cataract Refract Surg* **35**, 1281-97, doi:10.1016/j.jcrs.2009.04.017 (2009).

503 Alexander, I. et al. Impact of cataract surgery on sleep in patients receiving either ultraviolet-blocking or blue-filtering intraocular lens implants. *Invest Ophthalmol Vis Sci* **55**, 4999-5004, doi:10.1167/ iovs.14-14054 (2014).

504 Dijk, D. J. and Czeisler, C. A. Contribution of the circadian pacemaker and the sleep homeostat to sleep propensity, sleep structure, electroencephalographic slow waves, and sleep spindle activity in humans. *J Neurosci* **15**, 3526-38 (1995).

505 Gadie, A., Shafto, M., Leng, Y., Kievit, R. A. and Cam, C. A. N. How are age-related differences in sleep quality associated with health outcomes? An epidemiological investigation in a UK cohort of 2406 adults. *BMJ Open* 7, e014920, doi:10.1136/bmjopen-2016-014920 (2017).

506 Schmidt, C., Peigneux, P. and Cajochen, C. Age-related changes in sleep and circadian rhythms: impact on cognitive performance and underlying neuroanatomical networks. *Front Neurol* **3**, 118, doi: 10.3389/fneur.2012.00118 (2012).

507 Pengo, M. F., Won, C. H. and Bourjeily, G. Sleep in women across the life span. *Chest* **154**, 196-206, doi:10.1016/j.chest.2018.04.005 (2018).

508 Cheung, S. S. Responses of the hands and feet to cold exposure. *Tem-perature (Austin)* **2**, 105-20, doi:10.1080/23328940.2015.1008890 (2015).

509 Oshima-Saeki, C., Taniho, Y., Arita, H. and Fujimoto, E. Lower-limb warming improves sleep quality in elderly people living in nursing homes. *Sleep Sci* **10**, 87-91, doi:10.5935/1984-0063.20170016 (2017).

510 Middelkoop, H. A., Smilde-van den Doel, D. A., Neven, A. K., Kamphuisen, H. A. and Springer, C. P. Subjective sleep characteristics of 1,485 males and females aged 50-93: effects of sex and age, and factors related to self-evaluated quality of sleep. *J Gerontol A Biol Sci Med Sci* **51**, M108-15, doi:10.1093/gerona/51a.3.m108 (1996).

511 Fonda, D. Nocturia: a disease or normal ageing? *BJU Int* **84 Suppl 1**, 13-15, doi:10.1046/j.1464-410x.1999.00055.x (1999).

512 Van Dijk, L., Kooij, D. G. and Schellevis, F. G. Nocturia in the Dutch adult

population. *BJU Int* **90**, 644-8, doi:10.1046/j.1464-410x.2002.03011.x (2002).

513 Duffy, J. F., Scheuermaier, K. and Loughlin, K. R. Age-related sleep disruption and reduction in the circadian rhythm of urine output: contribution to nocturia? *Curr Aging Sci* **9**, 34-43, doi:10.2174/187460 9809666151130220343 (2016).

514 Sugaya, K., Nishijima, S., Miyazato, M., Kadekawa, K. and Ogawa, Y. Effects of melatonin and rilmazafone on nocturia in the elderly. *J Int Med Res* **35**, 685-91, doi:10.1177/147323000703500513 (2007).

515 Homma, Y. et al. Nocturia in the adult: classification on the basis of largest voided volume and nocturnal urine production. *J Urol* **163**, 777-81, doi:10.1016/s0022-5347(05)67802-0 (2000).

516 Jin, M. H. and Moon, G. du. Practical management of nocturia in urology. *Indian J Urol* **24**, 289-94, doi:10.4103/0970-1591.42607 (2008).

517 Moon, D. G. et al. Antidiuretic hormone in elderly male patients with severe nocturia: a circadian study. *BJU Int* **94**, 571-5, doi:10. 1111/j.1464-410X.2004.05003.x (2004).

518 Asplund, R., Sundberg, B. and Bengtsson, P. Oral desmopressin for nocturnal polyuria in elderly subjects: a double-blind, placebo-controlled randomized exploratory study. *BJU Int* **83**, 591-5, doi:10.1046/j.1464-410x.1999.00012.x (1999).

519 Oelke, M., Fangmeyer, B., Zinke, J. and Witt, J. H. Nocturia in men with benign prostatic hyperplasia. *Aktuelle Urol* **49**, 319-27, doi:10.1055/a-0650-3700 (2018).

520 Umlauf, M. G. et al. Obstructive sleep apnea, nocturia and polyuria in older adults. *Sleep* **27**, 139-44, doi:10.1093/sleep/27.1.139 (2004).

521 Margel, D., Shochat, T., Getzler, O., Livne, P. M. and Pillar, G. Continuous positive airway pressure reduces nocturia in patients with obstructive sleep apnea. *Urology* **67**, 974-7, doi:10.1016/j.urology. 2005.11.054 (2006).

522 Charloux, A., Gronfier, C., Lonsdorfer-Wolf, E., Piquard, F. and Brandenberger, G. Aldosterone release during the sleep-wake cycle in humans. *Am J Physiol* **276**, E43-9, doi:10.1152/ajpendo. 1999.276.1.E43 (1999).

523 Stewart, R. B., Moore, M. T., May, F. E., Marks, R. G. and Hale, W. E. Nocturia: a risk factor for falls in the elderly. *J Am Geriatr Soc* **40**, 1217-20, doi:10.1111/j.1532-5415.1992.tb03645.x (1992).

524 Asplund, R., Johansson, S., Henriksson, S. and Isacsson, G. Nocturia, depression and antidepressant medication. *BJU Int* **95**, 820-23,

doi:10.1111/j.1464-410X.2005.05408.x (2005).
525 Asplund, R. Nocturia in relation to sleep, health, and medical treatment in the elderly. *BJU Int* **96 Suppl 1**, 15-21, doi:10.1111/j. 1464-410X.2005.05653.x (2005).
526 Hall, S. A. et al. Commonly used antihypertensives and lower urinary tract symptoms: results from the Boston Area Community Health (BACH) Survey. *BJU Int* **109**, 1676-84, doi:10.1111/j.1464-410X.2011.10593.x (2012).
527 Washino, S., Ugata, Y., Saito, K. and Miyagawa, T. Calcium channel blockers are associated with nocturia in men aged 40 years or older. *J Clin Med* **10**, doi:10.3390/jcm10081603 (2021).
528 Salman, M. et al. Effect of calcium channel blockers on lower urinary tract symptoms: a systematic review. *Biomed Res Int* **2017**, 4269875, doi:10.1155/2017/4269875 (2017).
529 Rongve, A., Boeve, B. F. and Aarsland, D. Frequency and correlates of caregiver-reported sleep disturbances in a sample of persons with early dementia. *J Am Geriatr Soc* **58**, 480-86, doi:10.1111/j.1532-5415.2010.02733.x (2010).
530 Naismith, S. L. et al. Sleep disturbance relates to neuropsychological functioning in late-life depression. *J Affect Disord* **132**, 139-45, doi:10.1016/j.jad.2011.02.027 (2011).
531 Ancoli-Israel, S., Klauber, M. R., Butters, N., Parker, L. and Kripke, D. F. Dementia in institutionalized elderly: relation to sleep apnea. *J Am Geriatr Soc* **39**, 258-63, doi:10.1111/j.1532-5415.1991.tb01647.x (1991).
532 Jaussent, I. et al. Excessive sleepiness is predictive of cognitive decline in the elderly. *Sleep* **35**, 1201-7, doi:10.5665/sleep.2070 (2012).
533 Ayalon, L. et al. Adherence to continuous positive airway pressure treatment in patients with Alzheimer's disease and obstructive sleep apnea. *Am J Geriatr Psychiatry* **14**, 176-80, doi:10.1097/01.JGP.0000192484.12684.cd (2006).
534 Alzheimer's Association. 2016 Alzheimer's disease facts and figures. *Alzheimers Dement* **12**, 459-509, doi:10.1016/j.jalz.2016.03.001 (2016).
535 Jack, C. R., Jr et al. Tracking pathophysiological processes in Alzheimer's disease: an updated hypothetical model of dynamic biomarkers. *Lancet Neurol* **12**, 207-16, doi:10.1016/S1474-4422(12)70291-0 (2013).
536 Kar, S. and Quirion, R. Amyloid beta peptides and central cholinergic

neurons: functional interrelationship and relevance to Alzheimer's disease pathology. *Prog Brain Res* **145**, 261-74, doi:10.1016/S0079-6123(03)45018-8 (2004).

537 Kar, S., Slowikowski, S. P., Westaway, D. and Mount, H. T. Interactions between beta-amyloid and central cholinergic neurons: implications for Alzheimer's disease. *J Psychiatry Neurosci* **29**, 427-41 (2004).

538 Song, H. R., Woo, Y. S., Wang, H. R., Jun, T. Y. and Bahk, W. M. Effect of the timing of acetylcholinesterase inhibitor ingestion on sleep. *Int Clin Psychopharmacol* **28**, 346-8, doi:10.1097/YIC.0b013e328364f58d (2013).

539 Hatfield, C. F., Herbert, J., van Someren, E. J., Hodges, J. R. and Hastings, M. H. Disrupted daily activity/rest cycles in relation to daily cortisol rhythms of home-dwelling patients with early Alz-heimer's dementia. *Brain* **127**, 1061-74, doi:10.1093/brain/awh129 (2004).

540 Hahn, E. A., Wang, H. X., Andel, R. and Fratiglioni, L. A change in sleep pattern may predict Alzheimer disease. *Am J Geriatr Psych-iatry* **22**, 1262-71, doi:10.1016/j.jagp.2013.04.015 (2014).

541 Benito-Leon, J., Bermejo-Pareja, F., Vega, S. and Louis, E. D. Total daily sleep duration and the risk of dementia: a prospective population-based study. *Eur J Neurol* **16**, 990-97, doi:10.1111/j.1468-1331.2009.02618.x (2009).

542 Lim, A. S., Kowgier, M., Yu, L., Buchman, A. S. and Bennett, D. A. Sleep fragmentation and the risk of incident Alzheimer's disease and cognitive decline in older persons. *Sleep* **36**, 1027-32, doi:10.5665/ sleep.2802 (2013).

543 Kang, J. E. et al. Amyloid-beta dynamics are regulated by orexin and the sleep-wake cycle. *Science* **326**, 1005-7, doi:10.1126/science. 1180962 (2009).

544 Xie, L. et al. Sleep drives metabolite clearance from the adult brain. *Science* **342**, 373-7, doi:10.1126/science.1241224 (2013).

545 Reeves, B. C. et al. Glymphatic system impairment in Alzheimer's disease and idiopathic normal pressure hydrocephalus. *Trends Mol Med* **26**, 285-95, doi:10.1016/j.molmed.2019.11.008 (2020).

546 Cordone, S., Annarumma, L., Rossini, P. M. and De Gennaro, L. Sleep and beta-amyloid deposition in Alzheimer disease: insights on mechanisms and possible innovative treatments. *Front Pharmacol* **10**, 695, doi:10.3389/fphar.2019.00695 (2019).

547 Sundaram, S. et al. Inhibition of casein kinase 1delta/epsilon improves

cognitive-affective behavior and reduces amyloid load in the APP-PS1 mouse model of Alzheimer's disease. *Sci Rep* **9**, 13743, doi:10.1038/s41598-019-50197-x (2019).

548 Tandberg, E., Larsen, J. P. and Karlsen, K. A community-based study of sleep disorders in patients with Parkinson's disease. *Mov Disord* **13**, 895-9, doi:10.1002/mds.870130606 (1998).

549 Nussbaum, R. L. and Ellis, C. E. Alzheimer's disease and Parkinson's disease. *N Engl J Med* **348**, 1356-64, doi:10.1056/NEJM2003ra020003 (2003).

550 Kudo, T., Loh, D. H., Truong, D., Wu, Y. and Colwell, C. S. Circadian dysfunction in a mouse model of Parkinson's disease. *Exp Neurol* **232**, 66-75, doi:10.1016/j.expneurol.2011.08.003 (2011).

551 Willison, L. D., Kudo, T., Loh, D. H., Kuljis, D. and Colwell, C. S. Circadian dysfunction may be a key component of the non-motor symptoms of Parkinson's disease: insights from a transgenic mouse model. *Exp Neurol* **243**, 57-66, doi:10.1016/j.expneurol.2013.01.014 (2013).

552 McCurry, S. M. et al. Increasing walking and bright light exposure to improve sleep in community-dwelling persons with Alzheimer's disease: results of a randomized, controlled trial. *J Am Geriatr Soc* **59**, 1393-1402, doi:10.1111/j.1532-5415.2011.03519.x (2011).

553 Ettcheto, M. et al. Benzodiazepines and related drugs as a risk factor in Alzheimer's disease dementia. *Front Aging Neurosci* **11**, 344, doi:10.3389/fnagi.2019.00344 (2019).

554 Mendelson, W. B. A review of the evidence for the efficacy and safety of trazodone in insomnia. *J Clin Psychiatry* **66**, 469-76, doi:10.4088/jcp.v66n0409 (2005).

555 Molano, J. and Vaughn, B. V. Approach to insomnia in patients with dementia. *Neurol Clin Pract* **4**, 7-15, doi:10.1212/CPJ.0b013 e3182a78edf (2014).

556 Shochat, T., Martin, J., Marler, M. and Ancoli-Israel, S. Illumination levels in nursing home patients: effects on sleep and activity rhythms. *J Sleep Res* **9**, 373-9, doi:10.1046/j.1365-2869.2000.00221.x (2000).

557 Martins da Silva, R., Afonso, P., Fonseca, M. and Teodoro, T. Comparing sleep quality in institutionalized and non-institutionalized elderly individuals. *Aging Ment Health* **24**, 1452-8, doi:10.1080/13607 863.2019.1619168 (2020).

558 Riemersma-van der Lek, R. F. et al. Effect of bright light and melatonin on cognitive and noncognitive function in elderly residents of group

care facilities: a randomized controlled trial. *JAMA* **299**, 2642-55, doi:10.1001/jama.299.22.2642 (2008).

559 Figueiro, M. G. Light, sleep and circadian rhythms in older adults with Alzheimer's disease and related dementias. *Neurodegener Dis Manag* 7, 119-45, doi:10.2217/nmt-2016-0060 (2017).

560 Chapell, M. et al. Myopia and night-time lighting during sleep in children and adults. *Percept Mot Skills* **92**, 640-42, doi:10.2466/ pms.2001.92.3.640 (2001).

561 Guggenheim, J. A., Hill, C. and Yam, T. F. Myopia, genetics, and ambient lighting at night in a UK sample. *Br J Ophthalmol* **87**, 580-82, doi:10.1136/bjo.87.5.580 (2003).

562 Gee, B. M., Lloyd, K., Sutton, J. and McOmber, T. Weighted blankets and sleep quality in children with autism spectrum disorders: a single-subject design. *Children (Basel)* **8**, doi:10.3390/children8010010 (2020).

563 Dawson, D. and Reid, K. Fatigue, alcohol and performance impairment. *Nature* **388**, 235, doi:10.1038/40775 (1997).

564 Goldstein, D., Hahn, C. S., Hasher, L., Wiprzycka, U. J. and Zelazo, P. D. Time of day, intellectual performance, and behavioral problems in morning versus evening type adolescents: is there a synchrony effect? *Pers Individ Dif* **42**, 431-40, doi:10.1016/j.paid.2006.07.008 (2007).

565 Zerbini, G. and Merrow, M. Time to learn: how chronotype impacts education. *Psych J* **6**, 263-76, doi:10.1002/pchj.178 (2017).

566 Van der Vinne, V. et al. Timing of examinations affects school performance differently in early and late chronotypes. *J Biol Rhythms* **30**, 53-60, doi:10.1177/0748730414564786 (2015).

567 Van Dongen, H. P., Maislin, G., Mullington, J. M. and Dinges, D. F. The cumulative cost of additional wakefulness: dose-response effects on neurobehavioral functions and sleep physiology from chronic sleep restriction and total sleep deprivation. *Sleep* **26**, 117-26, doi:10.1093/sleep/26.2.117 (2003).

568 Belenky, G. et al. Patterns of performance degradation and restoration during sleep restriction and subsequent recovery: a sleep dose-response study. *J Sleep Res* **12**, 1-12, doi:10.1046/j.1365-2869. 2003.00337.x (2003).

569 Lim, J. and Dinges, D. F. A meta-analysis of the impact of short-term sleep deprivation on cognitive variables. *Psychol Bull* **136**, 375-89, doi:10.1037/a0018883 (2010).

570 Durmer, J. S. and Dinges, D. F. Neurocognitive consequences of sleep

deprivation. *Semin Neurol* **25**, 117-29, doi:10.1055/s-2005-867080 (2005).

571 Bioulac, S. et al. Risk of motor vehicle accidents related to sleepiness at the wheel: a systematic review and meta-analysis. *Sleep* **41**, doi:10.1093/sleep/zsy075 (2018).

572 Saper, C. B., Fuller, P. M., Pedersen, N. P., Lu, J. and Scammell, T. E. Sleep state switching. *Neuron* **68**, 1023-42, doi:10.1016/j.neu-ron.2010.11.032 (2010).

573 Bendor, D. and Wilson, M. A. Biasing the content of hippocampal replay during sleep. *Nat Neurosci* **15**, 1439-44, doi:10.1038/nn.3203 (2012).

574 Yoo, S. S., Hu, P. T., Gujar, N., Jolesz, F. A. and Walker, M. P. A deficit in the ability to form new human memories without sleep. *Nat Neurosci* **10**, 385-92, doi:10.1038/nn1851 (2007).

575 Ong, J. L. et al. Auditory stimulation of sleep slow oscillations modulates subsequent memory encoding through altered hippocampal function. *Sleep* **41**, doi:10.1093/sleep/zsy031 (2018).

576 Marshall, L. and Born, J. The contribution of sleep to hippocampus-dependent memory consolidation. *Trends Cogn Sci* **11**, 442-50, doi:10.1016/j.tics.2007.09.001 (2007).

577 Schmid, D., Erlacher, D., Klostermann, A., Kredel, R. and Hossner, E. J. Sleep-dependent motor memory consolidation in healthy adults: a meta-analysis. *Neurosci Biobehav Rev* **118**, 270-81, doi:10. 1016/j.neubiorev.2020.07.028 (2020).

578 Schonauer, M., Geisler, T. and Gais, S. Strengthening procedural memories by reactivation in sleep. *J Cogn Neurosci* **26**, 143-53, doi:10.1162/jocn_a_00471 (2014).

579 Kurniawan, I. T., Cousins, J. N., Chong, P. L. and Chee, M. W. Procedural performance following sleep deprivation remains impaired despite extended practice and an afternoon nap. *Sci Rep* **6**, 36001, doi:10.1038/srep36001 (2016).

580 Wagner, U., Gais, S., Haider, H., Verleger, R. and Born, J. Sleep inspires insight. *Nature* **427**, 352-5, doi:10.1038/nature02223 (2004).

581 Murray, G. Diurnal mood variation in depression: a signal of disturbed circadian function? *J Affect Disord* **102**, 47-53, doi:10.1016/j.jad.2006.12.001 (2007).

582 Wirz-Justice, A. Diurnal variation of depressive symptoms. *Dialogues Clin Neurosci* **10**, 337-43 (2008).

583 Roiser, J. P., Howes, O. D., Chaddock, C. A., Joyce, E. M. and McGuire, P. Neural and behavioral correlates of aberrant salience in individuals at risk for psychosis. *Schizophr Bull* 39, 1328-36, doi:10.1093/schbul/sbs147 (2013).

584 Benca, R. M., Obermeyer, W. H., Thisted, R. A. and Gillin, J. C. Sleep and psychiatric disorders. A meta-analysis. *Arch Gen Psychiatry* 49, 651-68; discussion 669-70, doi:10.1001/archpsyc.1992.01820080059010 (1992).

585 Kessler, R. C. et al. Lifetime prevalence and age-of-onset distributions of mental disorders in the World Health Organization's World Mental Health Survey Initiative. *World Psychiatry* 6, 168-76 (2007).

586 Manoach, D. S. and Stickgold, R. Does abnormal sleep impair memory consolidation in schizophrenia? *Front Hum Neurosci* 3, 21, doi:10.3389/neuro.09.021.2009 (2009).

587 Cohrs, S. Sleep disturbances in patients with schizophrenia: impact and effect of antipsychotics. *CNS Drugs* 22, 939-62, doi:10.2165/ 00023210-200822110-00004 (2008).

588 Martin, J. et al. Actigraphic estimates of circadian rhythms and sleep/wake in older schizophrenia patients. *Schizophr Res* 47, 77-86 (2001).

589 Martin, J. L., Jeste, D. V. and Ancoli-Israel, S. Older schizophrenia patients have more disrupted sleep and circadian rhythms than age-matched comparison subjects. *J Psychiatr Res* 39, 251-9, doi:10.1016/j.jpsychires.2004.08.011 (2005).

590 Wulff, K., Joyce, E., Middleton, B., Dijk, D. J. and Foster, R. G. The suitability of actigraphy, diary data, and urinary melatonin profiles for quantitative assessment of sleep disturbances in schizophrenia: acasereport. *Chronobiol Int*23, 485-95, doi:10.1080/07420520500545987 (2006).

591 Wulff, K., Porcheret, K., Cussans, E. and Foster, R. G. Sleep and circadian rhythm disturbances: multiple genes and multiple pheno-types. *Curr Opin Genet Dev* 19, 237-46, doi:10.1016/j.gde.2009.03.007 (2009).

592 Goldman, M. et al. Biological predictors of 1-year outcome in schizophrenia in males and females. *Schizophr Res* 21, 65-73 (1996).

593 Hofstetter, J. R., Lysaker, P. H. and Mayeda, A. R. Quality of sleep in patients with schizophrenia is associated with quality of life and coping. *BMC Psychiatry* 5, 13, doi:10.1186/1471-244X-5-13 (2005).

594 Auslander, L. A. and Jeste, D. V. Perceptions of problems and needs for service among middle-aged and elderly outpatients with schizophrenia and related psychotic disorders. *Community Ment Health J* 38, 391-402

(2002).

595 Ehlers, C. L., Frank, E. and Kupfer, D. J. Social zeitgebers and biological rhythms. A unified approach to understanding the etiology of depression. *Arch Gen Psychiatry* **45**, 948-52, doi:10.1001/archpsyc. 1988.01800 340076012 (1988).

596 Chemerinski, E. et al. Insomnia as a predictor for symptom worsening following antipsychotic withdrawal in schizophrenia. *Compr Psychiatry* **43**, 393-6 (2002).

597 Pritchett, D. et al. Evaluating the links between schizophrenia and sleep and circadian rhythm disruption. *J Neural Transm (Vienna)* **119**, 1061-75, doi:10.1007/s00702-012-0817-8 (2012).

598 Oliver, P. L. et al. Disrupted circadian rhythms in a mouse model of schizophrenia. *Curr Biol* **22**, 314-19, doi:10.1016/j.cub.2011.12.051 (2012).

599 Pritchett, D. et al. Deletion of metabotropic glutamate receptors 2 and 3 (mGlu2 and mGlu3) in mice disrupts sleep and wheel-running activity, and increases the sensitivity of the circadian system to light. *PLoS One* **10**, e0125523, doi:10.1371/journal.pone.0125523 (2015).

600 Uhlhaas, P. J. and Singer, W. Neural synchrony in brain disorders: relevance for cognitive dysfunctions and pathophysiology. *Neuron* **52**, 155-68, doi:10.1016/j.neuron.2006.09.020 (2006).

601 Richardson, G. and Wang-Weigand, S. Effects of long-term exposure to ramelteon, a melatonin receptor agonist, on endocrine function in adults with chronic insomnia. *Hum Psychopharmacol* **24**, 103-11, doi:10.1002/hup.993 (2009).

602 Jagannath, A., Peirson, S. N. and Foster, R. G. Sleep and circadian rhythm disruption in neuropsychiatric illness. *Curr Opin Neurobiol* **23**, 888-94, doi:10.1016/j.conb.2013.03.008 (2013).

603 Freeman, D. et al. The effects of improving sleep on mental health (OASIS): a randomised controlled trial with mediation analysis. *Lancet Psychiatry* **4**, 749-58, doi:10.1016/S2215-0366(17)30328-0 (2017).

604 Alvaro, P. K., Roberts, R. M. and Harris, J. K. A systematic review assessing bidirectionality between sleep disturbances, anxiety, and depression. *Sleep* **36**, 1059-68, doi:10.5665/sleep.2810 (2013).

605 Goldstein, T. R., Bridge, J. A. and Brent, D. A. Sleep disturbance preceding completed suicide in adolescents. *J Consult Clin Psychol* **76**, 84-91, doi:10.1037/0022-006X.76.1.84 (2008).

606 Rumble, M. E. et al. The relationship of person-specific eveningness

chronotype, greater seasonality, and less rhythmicity to suicidal behavior: a literature review. *J Affect Disord* **227**, 721-30, doi:10.1016/j.jad.2017.11.078 (2018).
607 Gold, A. K. and Sylvia, L. G. The role of sleep in bipolar disorder. *Nat Sci Sleep* **8**, 207-14, doi:10.2147/NSS.S85754 (2016).
608 Monk, T. H., Germain, A. and Reynolds, C. F. Sleep disturbance in bereavement. *Psychiatr Ann* **38**, 671-5, doi:10.3928/00485713-20081001-06 (2008).
609 Noguchi, T., Lo, K., Diemer, T. and Welsh, D. K. Lithium effects on circadian rhythms in fibroblasts and suprachiasmatic nucleus slices from Cry knockout mice. *Neurosci Lett* **619**, 49-53, doi:10.1016/j.neulet.2016.02.030 (2016).
610 Sanghani, H. R. et al. Patient fibroblast circadian rhythms predict lithium sensitivity in bipolar disorder. *Mol Psychiatry*, doi:10.1038/ s41380-020-0769-6 (2020).
611 Desborough, M. J. R. and Keeling, D. M. The aspirin story-from willow to wonder drug. *Br J Haematol* **177**, 674-83, doi:10.1111/ bjh.14520 (2017).
612 Levi, F., Le Louarn, C. and Reinberg, A. Timing optimizes sustained-release indomethacin treatment of osteoarthritis. *Clin Pharmacol Ther* **37**, 77-84, doi:10.1038/clpt.1985.15 (1985).
613 Maurer, M., Ortonne, J. P. and Zuberbier, T. Chronic urticaria: an internet survey of health behaviours, symptom patterns and treatment needs in European adult patients. *Br J Dermatol* **160**, 633-41, doi:10.1111/j.1365-2133.2008.08920.x (2009).
614 Labrecque, G. and Vanier, M. C. Biological rhythms in pain and in the effects of opioid analgesics. *Pharmacol Ther* **68**, 129-47, doi:10.1016/0163-7258(95)02003-9 (1995).
615 Rund, S. S., O'Donnell, A. J., Gentile, J. E. and Reece, S. E. Daily rhythms in mosquitoes and their consequences for malaria transmission. *Insects* 7, doi:10.3390/insects7020014 (2016).
616 Smolensky, M. H. et al. Diurnal and twenty-four hour patterning of human diseases: acute and chronic common and uncommon medical conditions. *Sleep Med Rev* **21**, 12-22, doi:10.1016/j.smrv.2014.06.005 (2015).
617 Jamieson, R. A. Acute perforated peptic ulcer; frequency and incidence in the West of Scotland. *Br Med J* **2**, 222-7, doi:10.1136/ bmj.2.4933.222 (1955).
618 Kujubu, D. A. and Aboseif, S. R. An overview of nocturia and the syn-

drome of nocturnal polyuria in the elderly. *Nat Clin Pract Nephrol* **4**, 426-35, doi:10.1038/ncpneph0856 (2008).

619 Barloese, M. C., Jennum, P. J., Lund, N. T. and Jensen, R. H. Sleep in cluster headache-beyond a temporal rapid eye movement relationship? *Eur J Neurol* **22**, 656-64, doi:10.1111/ene.12623 (2015).

620 Durrington, H. J., Farrow, S. N., Loudon, A. S. and Ray, D. W. The circadian clock and asthma. *Thorax* **69**, 90-92, doi:10.1136/thoraxjnl-2013-203482 (2014).

621 Nihei, T. et al. Circadian variation of Rho-kinase activity in circulating leukocytes of patients with vasospastic angina. *Circ J* **78**, 1183-90, doi:10.1253/circj.cj-13-1458 (2014).

622 Truong, K. K., Lam, M. T., Grandner, M. A., Sassoon, C. S. and Malhotra, A. Timing matters: circadian rhythm in sepsis, obstructive lung disease, obstructive sleep apnea, and cancer. *Ann Am Thorac Soc* **13**, 1144-54, doi:10.1513/AnnalsATS.201602-125FR (2016).

623 Scott, J. T. Morning stiffness in rheumatoid arthritis. *Ann Rheum Dis* **19**, 361-8, doi:10.1136/ard.19.4.361 (1960).

624 Cutolo, M. Chronobiology and the treatment of rheumatoid arthritis. *Curr Opin Rheumatol* **24**, 312-18, doi:10.1097/BOR.0b013e3283521 c78 (2012).

625 Smolensky, M. H., Reinberg, A. and Labrecque, G. Twenty-four hour pattern in symptom intensity of viral and allergic rhinitis: treatment implications. *J Allergy Clin Immunol* **95**, 1084-96, doi:10.1016/ s0091-6749(95)70212-1 (1995).

626 Van Oosterhout, W. et al. Chronotypes and circadian timing in migraine. *Cephalalgia* **38**, 617-25, doi:10.1177/0333102417698953 (2018).

627 Elliott, W. J. Circadian variation in the timing of stroke onset: a meta-analysis. *Stroke* **29**, 992-6, doi:10.1161/01.str.29.5.992 (1998).

628 Suarez-Barrientos, A. et al. Circadian variations of infarct size in acute myocardial infarction. *Heart* **97**, 970-76, doi:10.1136/ hrt.2010.212621 (2011).

629 Muller, J. E. et al. Circadian variation in the frequency of sudden cardiac death. *Circulation* **75**, 131-8, doi:10.1161/01.cir.75.1.131 (1987).

630 Khachiyants, N., Trinkle, D., Son, S. J. and Kim, K. Y. Sundown syndrome in persons with dementia: an update. *Psychiatry Investig* **8**, 275-87, doi:10.4306/pi.2011.8.4.275 (2011).

631 Gallerani, M. et al. The time for suicide. *Psychol Med* **26**, 867-70,

doi:10.1017/s0033291700037909 (1996).
632 Allada, R. and Bass, J. Circadian mechanisms in medicine. *N Engl J Med* **384**, 550-61, doi:10.1056/NEJMra1802337 (2021).
633 Kaur, G., Phillips, C. L., Wong, K., McLachlan, A. J. and Saini, B. Timing of administration: for commonly-prescribed medicines in Australia. *Pharmaceutics* **8**, doi:10.3390/pharmaceutics8020013 (2016).
634 Mangoni, A. A. and Jackson, S. H. Age-related changes in pharmacokinetics and pharmacodynamics: basic principles and practical applications. *Br J Clin Pharmacol* **57**, 6-14, doi:10.1046/j.1365-2125. 2003.02007. x (2004).
635 Coleman, J. J. and Pontefract, S. K. Adverse drug reactions. *Clin Med (Lond)* **16**, 481-5, doi:10.7861/clinmedicine.16-5-481 (2016).
636 Asher, G. N., Corbett, A. H. and Hawke, R. L. Common herbal dietary supplement-drug interactions. *Am Fam Physician* **96**, 101-7 (2017).
637 Baraldo, M. The influence of circadian rhythms on the kinetics of drugs in humans. *Expert Opin Drug Metab Toxicol* **4**, 175-92, doi:10.1517/17425255.4.2.175 (2008).
638 Mehta, S. R. et al. The circadian pattern of ischaemic heart disease events in Indian population. *J Assoc Physicians India* **46**, 767-71 (1998).
639 Stubblefield, J. J. and Lechleiter, J. D. Time to target stroke: examining the circadian system in stroke. *Yale J Biol Med* **92**, 349-57 (2019).
640 Scheer, F. A. et al. The human endogenous circadian system causes greatest platelet activation during the biological morning independent of behaviors. *PLoS One* **6**, e24549, doi:10.1371/journal. pone.0024549 (2011).
641 McLoughlin, S. C., Haines, P. and FitzGerald, G. A. Clocks and cardiovascular function. *Methods Enzymol* **552**, 211-28, doi:10.1016/ bs.mie. 2014.11.029 (2015).
642 Wong, P. M., Hasler, B. P., Kamarck, T. W., Muldoon, M. F. and Manuck, S. B. Social jetlag, chronotype, and cardiometabolic risk. *J Clin Endocrinol Metab* **100**, 4612-20, doi:10.1210/jc.2015-2923 (2015).
643 Morris, C. J., Purvis, T. E., Hu, K. and Scheer, F. A. Circadian misalignment increases cardiovascular disease risk factors in humans. *Proc Natl Acad Sci USA* **113**, E1402-11, doi:10.1073/pnas.1516953113 (2016).
644 Thosar, S. S., Butler, M. P. and Shea, S. A. Role of the circadian system in cardiovascular disease. *J Clin Invest* **128**, 2157-67, doi:10.1172/ JCI80590 (2018).
645 Manfredini, R. et al. Circadian variation in stroke onset: identical tempo-

ral pattern in ischemic and hemorrhagic events. *Chronobiol Int* **22**, 417-53, doi:10.1081/CBI-200062927 (2005).

646 Butt, M. U., Zakaria, M. and Hussain, H. M. Circadian pattern of onset of ischaemic and haemorrhagic strokes, and their relation to sleep/wake cycle. *J Pak Med Assoc* **59**, 129-32 (2009).

647 Duss, S. B. et al. The role of sleep in recovery following ischemic stroke: a review of human and animal data. *Neurobiol Sleep Circadian Rhythms* **2**, 94-105, doi:10.1016/j.nbscr.2016.11.003 (2017).

648 Hodor, A., Palchykova, S., Baracchi, F., Noain, D. and Bassetti, C. L. Baclofen facilitates sleep, neuroplasticity, and recovery after stroke in rats. *Ann Clin Transl Neurol* **1**, 765-77, doi:10.1002/acn3.115 (2014).

649 Parra, O. et al. Early treatment of obstructive apnoea and stroke outcome: a randomised controlled trial. *Eur Respir J* **37**, 1128-36, doi:10.1183/09031936.00034410 (2011).

650 Zunzunegui, C., Gao, B., Cam, E., Hodor, A. and Bassetti, C. L. Sleep disturbance impairs stroke recovery in the rat. *Sleep* **34**, 1261-9, doi:10.5665/SLEEP.1252 (2011).

651 Fleming, M. K. et al. Sleep disruption after brain injury is associated with worse motor outcomes and slower functional recovery. *Neurorehabil Neural Repair* **34**, 661-71, doi:10.1177/1545968320929669 (2020).

652 Bowles, N. P., Thosar, S. S., Herzig, M. X. and Shea, S. A. Chrono-therapy for hypertension. *Curr Hypertens Rep* **20**, 97, doi:10.1007/ s11906-018-0897-4 (2018).

653 Hackam, D. G. and Spence, J. D. Antiplatelet therapy in ischemic stroke and transient ischemic attack. *Stroke* **50**, 773-8, doi:10.1161/ STROKEAHA.118.023954 (2019).

654 Bonten, T. N. et al. Time-dependent effects of aspirin on blood pressure and morning platelet reactivity: a randomized cross-over trial. *Hypertension* **65**, 743-50, doi:10.1161/HYPERTENSIONAHA.114.04980 (2015).

655 Buurma, M., van Diemen, J. J. K., Thijs, A., Numans, M. E. and Bonten, T. N. Circadian rhythm of cardiovascular disease: the potential of chronotherapy with aspirin. *Front Cardiovasc Med* **6**, 84, doi:10.3389/ fcvm.2019.00084 (2019).

656 Hermida, R. C. et al. Bedtime hypertension treatment improves cardiovascular risk reduction: the Hygia Chronotherapy Trial. *Eur Heart J*, doi:10.1093/eurheartj/ehz754 (2019).

657 Mayor, S. Taking antihypertensives at bedtime nearly halves cardiovascu-

lar deaths when compared with morning dosing, study finds. *BMJ* **367**, l6173, doi:10.1136/bmj.l6173 (2019).

658 Sanders, G. D. et al. in *Angiotensin-Converting Enzyme Inhibitors (ACEIs), Angiotensin II Receptor Antagonists (ARBs), and Direct Renin Inhibitors for Treating Essential Hypertension: An Update; AHRQ Comparative Effectiveness Reviews* (2011).

659 Altman, R., Luciardi, H. L., Muntaner, J. and Herrera, R. N. The antithrombotic profile of aspirin. Aspirin resistance, or simply failure? *Thromb J* **2**, 1, doi:10.1186/1477-9560-2-1 (2004).

660 Zhu, L. L., Xu, L. C., Chen, Y., Zhou, Q. and Zeng, S. Poor aware-ness of preventing aspirin-induced gastrointestinal injury with combined protective medications. *World J Gastroenterol* **18**, 3167-72, doi:10.3748/wjg.v18.i24.3167 (2012).

661 Plakogiannis, R. and Cohen, H. Optimal low-density lipoprotein cholesterol lowering-morning versus evening statin administration. *Ann Pharmacother* **41**, 106-10, doi:10.1345/aph.1G659 (2007).

662 Peirson, S. N. and Foster, R. G. Bad light stops play. *EMBO Rep* **12**, 380, doi:10.1038/embor.2011.70 (2011).

663 Ede, M. C. Circadian rhythms of drug effectiveness and toxicity. *Clin Pharmacol Ther* **14**, 925-35, doi:10.1002/cpt1973146925 (1973).

664 Esposito, E. et al. Potential circadian effects on translational failure for neuroprotection. *Nature* **582**, 395-8, doi:10.1038/s41586-020-2348-z (2020).

665 Shankar, A. and Williams, C. T. The darkness and the light: diurnal rodent models for seasonal affective disorder. *Dis Model Mech* **14**, doi:10.1242/dmm.047217 (2021).

666 Segal, J. P., Tresidder, K. A., Bhatt, C., Gilron, I. and Ghasemlou, N. Circadian control of pain and neuroinflammation. *J Neurosci Res* **96**, 1002-20, doi:10.1002/jnr.24150 (2018).

667 Buttgereit, F., Smolen, J. S., Coogan, A. N. and Cajochen, C. Clocking in: chronobiology in rheumatoid arthritis. *Nat Rev Rheumatol* **11**, 349-56, doi:10.1038/nrrheum.2015.31 (2015).

668 Broner, S. W. and Cohen, J. M. Epidemiology of cluster headache. *Curr Pain Headache Rep* **13**, 141-6, doi:10.1007/s11916-009-0024-y (2009).

669 Burish, M. J., Chen, Z. and Yoo, S. H. Emerging relevance of circadian rhythms in headaches and neuropathic pain. *Acta Physiol (Oxf)* **225**, e13161, doi:10.1111/apha.13161 (2019).

670 Noseda, R. and Burstein, R. Migraine pathophysiology: anatomy of the trigeminovascular pathway and associated neurological symptoms, CSD, sensitization and modulation of pain. *Pain* **154 Suppl 1**, doi:10.1016/j.pain.2013.07.021 (2013).

671 Rozen, T. D. and Fishman, R. S. Cluster headache in the United States of America: demographics, clinical characteristics, triggers, suicidality, and personal burden. *Headache* **52**, 99-113, doi:10.1111/j. 1526-4610.2011.02028.x (2012).

672 Headache Classification Committee of the International Headache Society (IHS). The International Classification of Headache Disorders, 3rd edn. *Cephalalgia* **38**, 1-211, doi:10.1177/0333102417738202 (2018).

673 Stewart, W. F., Lipton, R. B., Celentano, D. D. and Reed, M. L. Prevalence of migraine headache in the United States. Relation to age, income, race, and other sociodemographic factors. *JAMA* **267**, 64-9 (1992).

674 Hemelsoet, D., Hemelsoet, K. and Devreese, D. The neurological illness of Friedrich Nietzsche. *Acta Neurol Belg* **108**, 9-16 (2008).

675 Borsook, D. et al. Sex and the migraine brain. *Neurobiol Dis* **68**, 200-214, doi:10.1016/j.nbd.2014.03.008 (2014).

676 Ong, J. C. et al. Can circadian dysregulation exacerbate migraines? *Headache* **58**, 1040-51, doi:10.1111/head.13310 (2018).

677 Leso, V. et al. Shift work and migraine: a systematic review. *J Occup Health* **62**, e12116, doi:10.1002/1348-9585.12116 (2020).

678 Chen, Z. What's next for chronobiology and drug discovery. *Expert Opin Drug Discov* **12**, 1181-5, doi:10.1080/17460441.2017.1378179 (2017).

679 Johansson, A. S., Brask, J., Owe-Larsson, B., Hetta, J. and Lundkvist, G. B. Valproic acid phase shifts the rhythmic expression of Period2::Luciferase. *J Biol Rhythms* **26**, 541-51, doi:10.1177/ 0748730411419775 (2011).

680 Biggs, K. R. and Prosser, R. A. GABAB receptor stimulation phase-shifts the mammalian circadian clock in vitro. *Brain Res* **807**, 250-54, doi:10.1016/s0006-8993(98)00820-8 (1998).

681 Glasser, S. P. Circadian variations and chronotherapeutic implications for cardiovascular management: a focus on COER verapamil. *Heart Dis* **1**, 226-32 (1999).

682 Mwamburi, M., Liebler, E. J. and Tenaglia, A. T. Review of non-invasive vagus nerve stimulation (gammaCore): efficacy, safety, potential impact on comorbidities, and economic burden for episodic and chronic cluster headache. *Am J Manag Care* **23**, S317-25 (2017).

683 Gilron, I., Bailey, J. M. and Vandenkerkhof, E. G. Chronobiological characteristics of neuropathic pain: clinical predictors of diurnal pain rhythmicity. *Clin J Pain* **29**, 755-9, doi:10.1097/AJP.0b013e318275f287 (2013).

684 Zhang, J. et al. Regulation of peripheral clock to oscillation of substance P contributes to circadian inflammatory pain. *Anesthesiology* **117**, 149-60, doi:10.1097/ALN.0b013e31825b4fc1 (2012).

685 Gong, J., Chehrazi-Raffle, A., Reddi, S. and Salgia, R. Development of PD-1 and PD-L1 inhibitors as a form of cancer immunotherapy: a comprehensive review of registration trials and future considerations. *J Immunother Cancer* **6**, 8, doi:10.1186/s40425-018-0316-z (2018).

686 Filipski, E. et al. Disruption of circadian coordination accelerates malignant growth in mice. *Pathol Biol (Paris)* **51**, 216-19, doi:10.1016/ s0369-8114(03)00034-8 (2003).

687 Fu, L., Pelicano, H., Liu, J., Huang, P. and Lee, C. The circadian gene Period2 plays an important role in tumor suppression and DNA damage response in vivo. *Cell* **111**, 41-50, doi:10.1016/s0092-8674(02)00961-3 (2002).

688 Mteyrek, A., Filipski, E., Guettier, C., Okyar, A. and Lévi, F. Clock gene Per2 as a controller of liver carcinogenesis. *Oncotarget* 7, 85832-47, doi:10.18632/oncotarget.11037 (2016).

689 Altman, B. J. et al. MYC disrupts the circadian clock and metabolism in cancer cells. *Cell Metab* **22**, 1009-19, doi:10.1016/j.cmet.2015.09. 003 (2015).

690 Dakup, P. P. et al. The circadian clock protects against ionizing radiation-induced cardiotoxicity. *FASEB J* **34**, 3347-58, doi:10.1096/ fj.201901850RR (2020).

691 Schernhammer, E. S. et al. Rotating night shifts and risk of breast cancer in women participating in the nurses' health study. *J Natl Cancer Inst* **93**, 1563-8, doi:10.1093/jnci/93.20.1563 (2001).

692 Lozano-Lorca, M. et al. Night shift work, chronotype, sleep duration, and prostate cancer risk: CAPLIFE study. *Int J Environ Res Public Health* **17**, doi:10.3390/ijerph17176300 (2020).

693 Erren, T. C., Morfeld, P. and Gross, V. J. Night shift work, chrono-type, and prostate cancer risk: incentives for additional analyses and prevention. *Int J Cancer* **137**, 1784-5, doi:10.1002/ijc.29524 (2015).

694 Papantoniou, K. et al. Night shift work, chronotype and prostate cancer risk in the MCC-Spain case-control study. *Int J Cancer* **137**, 1147-57,

doi:10.1002/ijc.29400 (2015).

695 Viswanathan, A. N., Hankinson, S. E. and Schernhammer, E. S. Night shift work and the risk of endometrial cancer. *Cancer Res* 67, 10618-22, doi:10.1158/0008-5472.CAN-07-2485 (2007).

696 Schernhammer, E. S. et al. Night-shift work and risk of colorectal cancer in the nurses' health study. *J Natl Cancer Inst* 95, 825-8, doi:10.1093/jnci/95.11.825 (2003).

697 Papantoniou, K. et al. Rotating night shift work and colorectal cancer risk in the nurses' health studies. *Int J Cancer* 143, 2709-17, doi:10.1002/ijc.31655 (2018).

698 Wegrzyn, L. R. et al. Rotating night-shift work and the risk of breast cancer in the nurses' health studies. *Am J Epidemiol* 186, 532-40, doi:10.1093/aje/kwx140 (2017).

699 Papantoniou, K. et al. Breast cancer risk and night shift work in a case-control study in a Spanish population. *Eur J Epidemiol* 31, 867-78, doi:10.1007/s10654-015-0073-y (2016).

700 Hansen, J. Light at night, shiftwork, and breast cancer risk. *J Natl Cancer Inst* 93, 1513-15, doi:10.1093/jnci/93.20.1513 (2001).

701 Cordina-Duverger, E. et al. Night shift work and breast cancer: a pooled analysis of population-based case-control studies with complete work history. *Eur J Epidemiol* 33, 369-79, doi:10.1007/ s10654-018-0368-x (2018).

702 Straif, K. et al. Carcinogenicity of shift-work, painting, and fire-fighting. *Lancet Oncol* 8, 1065-6, doi:10.1016/S1470-2045(07)70373-X (2007).

703 Tokumaru, O. et al. Incidence of cancer among female flight attendants: a meta-analysis. *J Travel Med* 13, 127-32, doi:10.1111/j. 1708-8305.2006.00029.x (2006).

704 Pukkala, E. et al. Cancer incidence among 10,211 airline pilots: a Nordic study. *Aviat Space Environ Med* 74, 699-706 (2003).

705 Band, P. R. et al. Cohort study of Air Canada pilots: mortality, cancer incidence, and leukemia risk. *Am J Epidemiol* 143, 137-43, doi:10.1093/oxfordjournals.aje.a008722 (1996).

706 Kettner, N. M. et al. Circadian homeostasis of liver metabolism suppresses hepatocarcinogenesis. *Cancer Cell* 30, 909-24, doi:10. 1016/j.ccell.2016.10.007 (2016).

707 Koritala, B. S. C. et al. Night shift schedule causes circadian dysregulation of DNA repair genes and elevated DNA damage in humans. *J Pineal Res*

70, e12726, doi:10.1111/jpi.12726 (2021).

708 Fu, L. and Kettner, N. M. The circadian clock in cancer development and therapy. *Prog Mol Biol Transl Sci* **119**, 221-82, doi:10.1016/ B978-0-12-396971-2.00009-9 (2013).

709 Yang, M. Y. et al. Downregulation of circadian clock genes in chronic myeloid leukemia: alternative methylation pattern of hPER3. *Cancer Sci* **97**, 1298-1307, doi:10.1111/j.1349-7006.2006.00331.x (2006).

710 Samulin Erdem, J. et al. Mechanisms of breast cancer in shift workers: DNA methylation in five core circadian genes in nurses working night shifts. *J Cancer* **8**, 2876-84, doi:10.7150/jca.21064 (2017).

711 Sulli, G. et al. Pharmacological activation of REV-ERBs is lethal in cancer and oncogene-induced senescence. *Nature* **553**, 351-5, doi:10. 1038/nature25170 (2018).

712 Oshima, T. et al. Cell-based screen identifies a new potent and highly selective CK2 inhibitor for modulation of circadian rhythms and cancer cell growth. *Sci Adv* **5**, eaau9060, doi:10.1126/sciadv. aau9060 (2019).

713 Bu, Y. et al. A PERK-miR-211 axis suppresses circadian regulators and protein synthesis to promote cancer cell survival. *Nat Cell Biol* **20**, 104-15, doi:10.1038/s41556-017-0006-y (2018).

714 Grutsch, J. F. et al. Validation of actigraphy to assess circadian organization and sleep quality in patients with advanced lung can-cer. *J Circadian Rhythms* **9**, 4, doi:10.1186/1740-3391-9-4 (2011).

715 Steur, L. M. H. et al. Sleep-wake rhythm disruption is associated with cancer-related fatigue in pediatric acute lymphoblastic leukemia. *Sleep* **43**, doi:10.1093/sleep/zsz320 (2020).

716 Palesh, O. et al. Relationship between subjective and actigraphy-measured sleep in 237 patients with metastatic colorectal cancer. *Qual Life Res* **26**, 2783-91, doi:10.1007/s11136-017-1617-2 (2017).

717 Innominato, P. F. et al. Circadian rhythm in rest and activity: a biological correlate of quality of life and a predictor of survival in patients with metastatic colorectal cancer. *Cancer Res* **69**, 4700-4707, doi:10.1158/0008-5472.CAN-08-4747 (2009).

718 Lévi, F. et al. Wrist actimetry circadian rhythm as a robust predictor of colorectal cancer patients survival. *Chronobiol Int* **31**, 891-900, doi:10.3109/07420528.2014.924523 (2014).

719 Nurse, P. A journey in science: cell-cycle control. *Mol Med* **22**, 112-19, doi:10.2119/molmed.2016.00189 (2017).

720 Li, S., Balmain, A. and Counter, C. M. A model for RAS mutation patterns in cancers: finding the sweet spot. *Nat Rev Cancer* **18**, 767-77, doi:10.1038/s41568-018-0076-6 (2018).

721 Tsuchiya, Y., Minami, I., Kadotani, H., Todo, T. and Nishida, E. Circadian clock-controlled diurnal oscillation of Ras/ERK signaling in mouse liver. *Proc Jpn Acad Ser B Phys Biol Sci* **89**, 59-65, doi:10.2183/ pjab.89.59 (2013).

722 Relogio, A. et al. Ras-mediated deregulation of the circadian clock in cancer. *PLoS Genet* **10**, e1004338, doi:10.1371/journal.pgen.1004338 (2014).

723 Jacob, L., Freyn, M., Kalder, M., Dinas, K. and Kostev, K. Impact of tobacco smoking on the risk of developing 25 different cancers in the UK: a retrospective study of 422,010 patients followed for up to 30 years. *Oncotarget* **9**, 17420-29, doi:10.18632/oncotarget.24724 (2018).

724 Zienolddiny, S. et al. Analysis of polymorphisms in the circadian-related genes and breast cancer risk in Norwegian nurses working night shifts. *Breast Cancer Res* **15**, R53, doi:10.1186/bcr3445 (2013).

725 Levy-Lahad, E. and Friedman, E. Cancer risks among BRCA1 and BRCA2 mutation carriers. *Br J Cancer* **96**, 11-15, doi:10.1038/ sj.bjc.6603535 (2007).

726 Buchi, K. N., Moore, J. G., Hrushesky, W. J., Sothern, R. B. and Rubin, N. H. Circadian rhythm of cellular proliferation in the human rectal mucosa. *Gastroenterology* **101**, 410-15, doi:10.1016/ 0016-5085(91)90019-h (1991).

727 Frentz, G., Moller, U., Holmich, P. and Christensen, I. J. On circadian rhythms in human epidermal cell proliferation. *Acta Derm Venereol* **71**, 85-7 (1991).

728 Hrushesky, W. J. Circadian timing of cancer chemotherapy. *Science* **228**, 73-5, doi:10.1126/science.3883493 (1985).

729 Rivard, G. E., Infante-Rivard, C., Hoyoux, C. and Champagne, J. Maintenance chemotherapy for childhood acute lymphoblastic leukaemia: better in the evening. *Lancet* **2**, 1264-6, doi:10.1016/ s0140-6736(85)91551-x (1985).

730 Lévi, F. et al. Chronotherapy of colorectal cancer metastases. *Hepatogastroenterology* **48**, 320-22 (2001).

731 Lévi, F., Okyar, A., Dulong, S., Innominato, P. F. and Clairambault, J. Circadian timing in cancer treatments. *Annu Rev Pharmacol Toxicol* **50**, 377-

421, doi:10.1146/annurev.pharmtox.48.113006.094626 (2010).

732 Hill, R. J. W., Innominato, P. F., Lévi, F. and Ballesta, A. Optimizing circadian drug infusion schedules towards personalized cancer chronotherapy. *PLoS Comput Biol* **16**, e1007218, doi:10.1371/journal. pcbi.1007218 (2020).

733 Chan, S. et al. Could time of whole brain radiotherapy delivery impact overall survival in patients with multiple brain metastases? *Ann Palliat Med* **5**, 267-79, doi:10.21037/apm.2016.09.05 (2016).

734 Lim, G. B. Surgery: circadian rhythms influence surgical out-comes. *Nat Rev Cardiol* **15**, 5, doi:10.1038/nrcardio.2017.186 (2018).

735 Czeisler, C. A., Pellegrini, C. A. and Sade, R. M. Should sleep-deprived surgeons be prohibited from operating without patients' consent? *Ann Thorac Surg* **95**, 757-66, doi:10.1016/j.athoracsur.2012.11.052 (2013).

736 Lévi, F. and Okyar, A. Circadian clocks and drug delivery systems: impact and opportunities in chronotherapeutics. *Expert Opin Drug Deliv* **8**, 1535-41, doi:10.1517/17425247.2011.618184 (2011).

737 Man, K., Loudon, A. and Chawla, A. Immunity around the clock. *Science* **354**, 999-1003, doi:10.1126/science.aah4966 (2016).

738 Scheiermann, C., Kunisaki, Y. and Frenette, P. S. Circadian control of the immune system. *Nat Rev Immunol* **13**, 190-98, doi:10.1038/ nri3386 (2013).

739 Lyons, A. B., Moy, L., Moy, R. and Tung, R. Circadian rhythm and the skin: a review of the literature. *J Clin Aesthet Dermatol* **12**, 42-5 (2019).

740 Chen, S., Fuller, K. K., Dunlap, J. C. and Loros, J. J. A pro-and anti-inflammatory axis modulates the macrophage circadian clock. *Front Immunol* **11**, 867, doi:10.3389/fimmu.2020.00867 (2020).

741 Edgar, R. S. et al. Cell autonomous regulation of herpes and influenza virus infection by the circadian clock. *Proc Natl Acad Sci USA* **113**, 10085-90, doi:10.1073/pnas.1601895113 (2016).

742 Sengupta, S. et al. Circadian control of lung inflammation in influenza infection. *Nat Commun* **10**, 4107, doi:10.1038/s41467-019-11400-9 (2019).

743 Long, J. E. et al. Morning vaccination enhances antibody response over afternoon vaccination: a cluster-randomised trial. *Vaccine* **34**, 2679-85, doi:10.1016/j.vaccine.2016.04.032 (2016).

744 Vinciguerra, M. et al. Exploitation of host clock gene machinery by hepatitis viruses B and C. *World J Gastroenterol* **19**, 8902-9, doi:10.3748/wjg.

v19.i47.8902 (2013).

745 Benegiamo, G. et al. Mutual antagonism between circadian protein period 2 and hepatitis C virus replication in hepatocytes. *PLoS One* **8**, e60527, doi:10.1371/journal.pone.0060527 (2013).

746 Zhuang, X., Rambhatla, S. B., Lai, A. G. and McKeating, J. A. Inter-play between circadian clock and viral infection. *J Mol Med (Berl)* **95**, 1283-9, doi:10.1007/s00109-017-1592-7 (2017).

747 Spiegel, K., Sheridan, J. F. and Van Cauter, E. Effect of sleep deprivation on response to immunization. *JAMA* **288**, 1471-2, doi:10.1001/jama.288.12.1471-a (2002).

748 Taylor, D. J., Kelly, K., Kohut, M. L. and Song, K. S. Is insomnia a risk factor for decreased influenza vaccine response? *Behav Sleep Med* **15**, 270-87, doi:10.1080/15402002.2015.1126596 (2017).

749 Prather, A. A. et al. Sleep and antibody response to hepatitis B vaccination. *Sleep* **35**, 1063-9, doi:10.5665/sleep.1990 (2012).

750 Lange, T., Perras, B., Fehm, H. L. and Born, J. Sleep enhances the human antibody response to hepatitis A vaccination. *Psychosom Med* **65**, 831-5, doi:10.1097/01.psy.0000091382.61178.f1 (2003).

751 Glaser, R. and Kiecolt-Glaser, J. K. Stress-induced immune dysfunction: implications for health. *Nat Rev Immunol* **5**, 243-51, doi:10.1038/nri1571 (2005).

752 Segerstrom, S. C. and Miller, G. E. Psychological stress and the human immune system: a meta-analytic study of 30 years of inquiry. *Psychol Bull* **130**, 601-30, doi:10.1037/0033-2909.130.4.601 (2004).

753 Irwin, M. et al. Partial sleep deprivation reduces natural killer cell activity in humans. *Psychosom Med* **56**, 493-8, doi:10.1097/00006842-199411000-00004 (1994).

754 Straub, R. H. and Cutolo, M. Involvement of the hypothalamic-pituitary-adrenal/gonadal axis and the peripheral nervous system in rheumatoid arthritis: viewpoint based on a systemic pathogenetic role. *Arthritis Rheum* **44**, 493-507, doi:10.1002/1529-0131 (200103)44:3 ⟨493::AID-ANR95⟩3.0.CO;2-U (2001).

755 Hotez, P. J. and Herricks, J. R. Impact of the neglected tropical diseases on human development in the organisation of islamic cooperation nations. *PLoS Negl Trop Dis* **9**, e0003782, doi:10.1371/ journal.pntd.0003782 (2015).

756 Waite, J. L., Suh, E., Lynch, P. A. and Thomas, M. B. Exploring the lower

thermal limits for development of the human malaria parasite, *Plasmodium falciparum*. *Biol Lett* **15**, 20190275, doi:10.1098/ rsbl.2019.0275 (2019).
757 Dobson, M. J. Malaria in England: a geographical and historical perspective. *Parassitologia* **36**, 35-60 (1994).
758 Nixon, C. P. *Plasmodium falciparum* gametocyte transit through the cutaneous microvasculature: a new target for malaria transmission blocking vaccines? *Hum Vaccin Immunother* **12**, 3189-95, doi:10.1080/21645515.2016.1183076 (2016).
759 Meibalan, E. and Marti, M. Biology of malaria transmission. *Cold Spring Harb Perspect Med* 7, doi:10.1101/cshperspect.a025452 (2017).
760 Long, C. A. and Zavala, F. Immune responses in malaria. *Cold Spring Harb Perspect Med* 7, doi:10.1101/cshperspect.a025577 (2017).
761 Lell, B., Brandts, C. H., Graninger, W. and Kremsner, P. G. The circadian rhythm of body temperature is preserved during malarial fever. *Wien Klin Wochenschr* **112**, 1014-15 (2000).
762 Reece, S. E., Prior, K. F. and Mideo, N. The life and times of parasites: rhythms in strategies for within-host survival and between-host transmission. *J Biol Rhythms* **32**, 516-33, doi:10.1177/0748730417718904 (2017).
763 Rijo-Ferreira, F. et al. The malaria parasite has an intrinsic clock. *Science* **368**, 746-53, doi:10.1126/science.aba2658 (2020).
764 Carvalho Cabral, P., Olivier, M. and Cermakian, N. The complex interplay of parasites, their hosts, and circadian clocks. *Front Cell Infect Microbiol* **9**, 425, doi:10.3389/fcimb.2019.00425 (2019).
765 O'Donnell, A. J., Schneider, P., McWatters, H. G. and Reece, S. E. Fitness costs of disrupting circadian rhythms in malaria parasites. *Proc Biol Sci* **278**, 2429-36, doi:10.1098/rspb.2010.2457 (2011).
766 Prior, K. F. et al. Timing of host feeding drives rhythms in parasite replication. *PLoS Pathog* **14**, e1006900, doi:10.1371/journal.ppat. 1006900 (2018).
767 Hirako, I. C. et al. Daily rhythms of TNFalpha expression and food intake regulate synchrony of plasmodium stages with the host circadian cycle. *Cell Host Microbe* **23**, 796-808 e796, doi:10.1016/j. chom.2018.04.016 (2018).
768 Descamps, S. Breeding synchrony and predator specialization: a test of the predator swamping hypothesis in seabirds. *Ecol Evol* **9**, 1431-6, doi:10.1002/ece3.4863 (2019).

769 Lavtar, P. et al. Association of circadian rhythm genes ARNTL/ BMAL1 and CLOCK with multiple sclerosis. *PLoS One* **13**, e0190601, doi:10.1371/journal.pone.0190601 (2018).

770 Gustavsen, S. et al. Shift work at young age is associated with increased risk of multiple sclerosis in a Danish population. *Mult Scler Relat Disord* **9**, 104-9, doi:10.1016/j.msard.2016.06.010 (2016).

771 Dowell, S. F. and Ho, M. S. Seasonality of infectious diseases and severe acute respiratory syndrome-what we don't know can hurt us. *Lancet Infect Dis* **4**, 704-8, doi:10.1016/S1473-3099(04)01177-6 (2004).

772 Babcock, J. and Krouse, H. J. Evaluating the sleep/wake cycle in persons with asthma: three case scenarios. *J Am Acad Nurse Pract* **22**, 270-77, doi:10.1111/j.1745-7599.2010.00505.x (2010).

773 Ray, S. and Reddy, A. B. COVID-19 management in light of the circadian clock. *Nat Rev Mol Cell Biol* **21**, 494-5, doi:10.1038/s41580-020-0275-3 (2020).

774 Collaborators, G. B. D. O. et al. Health effects of overweight and obesity in 195 countries over 25 years. *N Engl J Med* **377**, 13-27, doi:10.1056/NEJMoa1614362 (2017).

775 Eknoyan, G. A history of obesity, or how what was good became ugly and then bad. *Adv Chronic Kidney Dis* **13**, 421-7, doi:10.1053/j.ackd.2006.07.002 (2006).

776 Yaffe, K. et al. Cardiovascular risk factors across the life course and cognitive decline: a pooled cohort study. *Neurology*, doi:10.1212/WNL.0000000000011747 (2021).

777 Kwok, S. et al. Obesity: a critical risk factor in the COVID-19 pandemic. *Clin Obes* **10**, e12403, doi:10.1111/cob.12403 (2020).

778 Kalsbeek, A., la Fleur, S. and Fliers, E. Circadian control of glucose metabolism. *Mol Metab* **3**, 372-83, doi:10.1016/j.molmet.2014.03.002 (2014).

779 Adeva-Andany, M. M., Funcasta-Calderon, R., Fernandez-Fernandez, C., Castro-Quintela, E. and Carneiro-Freire, N. Metabolic effects of glucagon in humans. *J Clin Transl Endocrinol* **15**, 45-53, doi:10.1016/j.jcte.2018.12.005 (2019).

780 Weeke, J. and Gundersen, H. J. Circadian and 30 minutes variations in serum TSH and thyroid hormones in normal subjects. *Acta Endocrinol (Copenh)* **89**, 659-72, doi:10.1530/acta.0.0890659 (1978).

781 Lieb, K., Reincke, M., Riemann, D. and Voderholzer, U. Sleep deprivation and growth-hormone secretion. *Lancet* **356**, 2096-7, doi:10.1016/

S0140-6736(05)74304-X (2000).

782 Tsai, M., Asakawa, A., Amitani, H. and Inui, A. Stimulation of leptin secretion by insulin. *Indian J Endocrinol Metab* **16**, S543-8, doi:10.4103/2230-8210.105570 (2012).

783 Thie, N. M., Kato, T., Bader, G., Montplaisir, J. Y. and Lavigne, G. J. The significance of saliva during sleep and the relevance of oromotor movements. *Sleep Med Rev* **6**, 213-27, doi:10.1053/ smrv.2001.0183 (2002).

784 Duboc, H., Coffin, B. and Siproudhis, L. Disruption of circadian rhythms and gut motility: an overview of underlying mechanisms and associated pathologies. *J Clin Gastroenterol* **54**, 405-14, doi:10.1097/ MCG.0000000000001333 (2020).

785 Vaughn, B., Rotolo, S. and Roth, H. Circadian rhythm and sleep influences on digestive physiology and disorders. *ChronoPhysiology and Therapy* **4**, 67-77, doi:https://doi.org/10.2147/CPT.S44806 (2014).

786 Yamamoto, H., Nagai, K. and Nakagawa, H. Role of SCN in daily rhythms of plasma glucose, FFA, insulin and glucagon. *Chronobiol Int* **4**, 483-91, doi:10.3109/07420528709078539 (1987).

787 Van den Pol, A. N. and Powley, T. A fine-grained anatomical analysis of the role of the rat suprachiasmatic nucleus in circadian rhythms of feeding and drinking. *Brain Res* **160**, 307-26, doi:10.1016/ 0006-8993(79)90427-x (1979).

788 Turek, F. W. et al. Obesity and metabolic syndrome in circadian Clock mutant mice. *Science* **308**, 1043-5, doi:10.1126/science.1108750 (2005).

789 Stokkan, K. A., Yamazaki, S., Tei, H., Sakaki, Y. and Menaker, M. Entrainment of the circadian clock in the liver by feeding. *Science* **291**, 490-93, doi:10.1126/science.291.5503.490 (2001).

790 Chaix, A., Lin, T., Le, H. D., Chang, M. W. and Panda, S. Time-restricted feeding prevents obesity and metabolic syndrome in mice lacking a circadian clock. *Cell Metab* **29**, 303-19 e304, doi:10.1016/j.cmet.2018.08.004 (2019).

791 Kroenke, C. H. et al. Work characteristics and incidence of type 2 diabetes in women. *Am J Epidemiol* **165**, 175-83, doi:10.1093/aje/ kwj355 (2007).

792 Suwazono, Y. et al. Shiftwork and impaired glucose metabolism: a 14-year cohort study on 7104 male workers. *Chronobiol Int* **26**, 926-41, doi:10.1080/07420520903044422 (2009).

793 Pan, A., Schernhammer, E. S., Sun, Q. and Hu, F. B. Rotating night shift

work and risk of type 2 diabetes: two prospective cohort studies in women. *PLoS Med* **8**, e1001141, doi:10.1371/journal.pmed.1001141 (2011).
794 Shan, Z. et al. Rotating night shift work and adherence to unhealthy lifestyle in predicting risk of type 2 diabetes: results from two large US cohorts of female nurses. *BMJ* **363**, k4641, doi:10.1136/bmj.k4641 (2018).
795 Meisinger, C., Heier, M., Loewel, H. and Study, M. K. A. C. Sleep disturbance as a predictor of type 2 diabetes mellitus in men and women from the general population. *Diabetologia* **48**, 235-41, doi:10.1007/s00125-004-1634-x (2005).
796 Gangwisch, J. E. et al. Sleep duration as a risk factor for diabetes incidence in a large U.S. sample. *Sleep* **30**, 1667-73, doi:10.1093/sleep/30.12.1667 (2007).
797 Beihl, D. A., Liese, A. D. and Haffner, S. M. Sleep duration as a risk factor for incident type 2 diabetes in a multiethnic cohort. *Ann Epidemiol* **19**, 351-7, doi:10.1016/j.annepidem.2008.12.001 (2009).
798 Cummings, D. E. et al. A preprandial rise in plasma ghrelin levels suggests a role in meal initiation in humans. *Diabetes* **50**, 1714-19, doi:10.2337/diabetes.50.8.1714 (2001).
799 Schmid, S. M., Hallschmid, M., Jauch-Chara, K., Born, J. and Schultes, B. A single night of sleep deprivation increases ghrelin levels and feelings of hunger in normal-weight healthy men. *J Sleep Res* **17**, 331-4, doi:10.1111/j.1365-2869.2008.00662.x (2008).
800 Froy, O. Metabolism and circadian rhythms-implications for obesity. *Endocr Rev* **31**, 1-24, doi:10.1210/er.2009-0014 (2010).
801 Spiegel, K., Tasali, E., Penev, P. and Van Cauter, E. Brief communication: sleep curtailment in healthy young men is associated with decreased leptin levels, elevated ghrelin levels, and increased hunger and appetite. *Ann Intern Med* **141**, 846-50, doi:10.7326/ 0003-4819-141-11-2004 12070-00008 (2004).
802 Van Drongelen, A., Boot, C. R., Merkus, S. L., Smid, T. and van der Beek, A. J. The effects of shift work on body weight change-a systematic review of longitudinal studies. *Scand J Work Environ Health* **37**, 263-75, doi:10.5271/sjweh.3143 (2011).
803 Licinio, J. Longitudinally sampled human plasma leptin and cortisol concentrations are inversely correlated. *J Clin Endocrinol Metab* **83**, 1042, doi:10.1210/jcem.83.3.4668-3 (1998).
804 Heptulla, R. et al. Temporal patterns of circulating leptin levels in lean

and obese adolescents: relationships to insulin, growth hormone, and free fatty acids rhythmicity. *J Clin Endocrinol Metab* **86**, 90-96, doi:10.1210/jcem.86.1.7136 (2001).

805 Izquierdo, A. G., Crujeiras, A. B., Casanueva, F. F. and Carreira, M. C. Leptin, obesity, and leptin resistance: where are we 25 years later? *Nutrients* **11**, doi:10.3390/nu11112704 (2019).

806 Cohen, P. and Spiegelman, B. M. Cell biology of fat storage. *Mol Biol Cell* **27**, 2523-7, doi:10.1091/mbc.E15-10-0749 (2016).

807 Maury, E., Hong, H. K. and Bass, J. Circadian disruption in the pathogenesis of metabolic syndrome. *Diabetes Metab* **40**, 338-46, doi:10.1016/j.diabet.2013.12.005 (2014).

808 Gnocchi, D., Pedrelli, M., Hurt-Camejo, E. and Parini, P. Lipids around the clock: focus on circadian rhythms and lipid metabolism. *Biology (Basel)* **4**, 104-32, doi:10.3390/biology4010104 (2015).

809 Gottlieb, D. J. et al. Association of sleep time with diabetes mellitus and impaired glucose tolerance. *Arch Intern Med* **165**, 863-7, doi:10.1001/archinte.165.8.863 (2005).

810 Cappuccio, F. P. et al. Meta-analysis of short sleep duration and obesity in children and adults. *Sleep* **31**, 619-26, doi:10.1093/ sleep/31.5.619 (2008).

811 Belyavskiy, E., Pieske-Kraigher, E. and Tadic, M. Obstructive sleep apnea, hypertension, and obesity: a dangerous triad. *J Clin Hypertens (Greenwich)* **21**, 1591-3, doi:10.1111/jch.13688 (2019).

812 Driver, H. S., Shulman, I., Baker, F. C. and Buffenstein, R. Energy content of the evening meal alters nocturnal body temperature but not sleep. *Physiol Behav* **68**, 17-23, doi:10.1016/s0031-9384(99)00145-6 (1999).

813 Strand, D. S., Kim, D. and Peura, D. A. 25 years of proton pump inhibitors: a comprehensive review. *Gut Liver* **11**, 27-37, doi:10.5009/gnl15502 (2017).

814 Hatlebakk, J. G., Katz, P. O., Camacho-Lobato, L. and Castell, D. O. Proton pump inhibitors: better acid suppression when taken before a meal than without a meal. *Aliment Pharmacol Ther* **14**, 1267-72, doi:10.1046/j.1365-2036.2000.00829.x (2000).

815 Jung, H. K., Choung, R. S. and Talley, N. J. Gastroesophageal reflux disease and sleep disorders: evidence for a causal link and therapeutic implications. *J Neurogastroenterol Motil* **16**, 22-9, doi:10.5056/ jnm.2010.16.1.22 (2010).

816 Hatlebakk, J. G., Katz, P. O., Kuo, B. and Castell, D. O. Nocturnal gastric acidity and acid breakthrough on different regimens of omeprazole 40 mg daily. *Aliment Pharmacol Ther* **12**, 1235-40, doi:10.1046/j.1365-2036.1998.00426.x (1998).

817 Syed, A. U. et al. Adenylyl cyclase 5-generated cAMP controls cerebral vascular reactivity during diabetic hyperglycemia. *J Clin Invest* **129**, 3140-52, doi:10.1172/JCI124705 (2019).

818 Sanchez, A. et al. Role of sugars in human neutrophilic phagocytosis. *Am J Clin Nutr* **26**, 1180-84, doi:10.1093/ajcn/26.11.1180 (1973).

819 Rotimi, C. N., Tekola-Ayele, F., Baker, J. L. and Shriner, D. The African diaspora: history, adaptation and health. *Curr Opin Genet Dev* **41**, 77-84, doi:10.1016/j.gde.2016.08.005 (2016).

820 Yang, Q. et al. Added sugar intake and cardiovascular diseases mortality among US adults. *JAMA Intern Med* **174**, 516-24, doi:10.1001/jamainternmed.2013.13563 (2014).

821 Stanhope, K. L. Sugar consumption, metabolic disease and obesity: the state of the controversy. *Crit Rev Clin Lab Sci* **53**, 52-67, doi:10.3109/10408363.2015.1084990 (2016).

822 Sherwani, S. I., Khan, H. A., Ekhzaimy, A., Masood, A. and Sakharkar, M. K. Significance of HbA1c test in diagnosis and prognosis of diabetic patients. *Biomark Insights* **11**, 95-104, doi:10.4137/BMI.S38440 (2016).

823 Fildes, A. et al. Probability of an obese person attaining normal body weight: cohort study using electronic health records. *Am J Public Health* **105**, e54-9, doi:10.2105/AJPH.2015.302773 (2015).

824 Shea, S. A., Hilton, M. F., Hu, K. and Scheer, F. A. Existence of an endogenous circadian blood pressure rhythm in humans that peaks in the evening. *Circ Res* **108**, 980-84, doi:10.1161/CIRCRESAHA. 110.233668 (2011).

825 Selfridge, J. M., Moyer, K., Capelluto, D. G. and Finkielstein, C. V. Opening the debate: how to fulfill the need for physicians' training in circadian-related topics in a full medical school curriculum. *J Circadian Rhythms* **13**, 7, doi:10.5334/jcr.ah (2015).

826 Atkinson, G. and Reilly, T. Circadian variation in sports performance. *Sports Med* **21**, 292-312, doi:10.2165/00007256-199621040-00005 (1996).

827 De Goede, P., Wefers, J., Brombacher, E. C., Schrauwen, P. and Kalsbeek, A. Circadian rhythms in mitochondrial respiration. *J Mol Endocrinol* **60**, R115-R130, doi:10.1530/JME-17-0196 (2018).

828 Van Moorsel, D. et al. Demonstration of a day-night rhythm in human

skeletal muscle oxidative capacity. *Mol Metab* **5**, 635-45, doi:10.1016/j.molmet.2016.06.012 (2016).

829 Kline, C. E. et al. Circadian variation in swim performance. *J Appl Physiol (1985)* **102**, 641-9, doi:10.1152/japplphysiol.00910.2006 (2007).

830 Zitting, K. M. et al. Human resting energy expenditure varies with circadian phase. *Curr Biol* **28**, 3685-90 e3683, doi:10.1016/j.cub.2018.10.005 (2018).

831 Facer-Childs, E. and Brandstaetter, R. The impact of circadian phenotype and time since awakening on diurnal performance in athletes. *Curr Biol* **25**, 518-22, doi:10.1016/j.cub.2014.12.036 (2015).

832 Vieira, A. F., Costa, R. R., Macedo, R. C., Coconcelli, L. and Kruel, L. F. Effects of aerobic exercise performed in fasted v. fed state on fat and carbohydrate metabolism in adults: a systematic review and meta-analysis. *Br J Nutr* **116**, 1153-64, doi:10.1017/S0007114516003160 (2016).

833 Iwayama, K. et al. Exercise increases 24-h fat oxidation only when it is performed before breakfast. *EBioMedicine* **2**, 2003-9, doi:10. 1016/j.ebiom.2015.10.029 (2015).

834 Colberg, S. R., Grieco, C. R. and Somma, C. T. Exercise effects on postprandial glycemia, mood, and sympathovagal balance in type 2 diabetes. *J Am Med Dir Assoc* **15**, 261-6, doi:10.1016/j.jamda.2013.11.026 (2014).

835 Borror, A., Zieff, G., Battaglini, C. and Stoner, L. The effects of postprandial exercise on glucose control in individuals with type 2 diabetes: a systematic review. *Sports Med* **48**, 1479-91, doi:10.1007/ s40279-018-0864-x (2018).

836 Reebs, S. G. and Mrosovsky, N. Effects of induced wheel running on the circadian activity rhythms of Syrian hamsters: entrainment and phase response curve. *J Biol Rhythms* **4**, 39-48, doi:10.1177/ 074873048900400103 (1989).

837 Youngstedt, S. D., Elliott, J. A. and Kripke, D. F. Human circadian phase-response curves for exercise. *J Physiol* **597**, 2253-68, doi:10.1113/JP276943 (2019).

838 Lewis, P., Korf, H. W., Kuffer, L., Gross, J. V. and Erren, T. C. Exercise time cues (zeitgebers) for human circadian systems can foster health and improve performance: a systematic review. *BMJ Open Sport Exerc Med* **4**, e000443, doi:10.1136/bmjsem-2018-000443 (2018).

839 Nedeltcheva, A. V. and Scheer, F. A. Metabolic effects of sleep disruption, links to obesity and diabetes. *Curr Opin Endocrinol Diabetes Obes* **21**,

293-8, doi:10.1097/MED.0000000000000082 (2014).
840 Zimberg, I. Z. et al. Short sleep duration and obesity: mechanisms and future perspectives. *Cell Biochem Funct* **30**, 524-9, doi:10.1002/ cbf.2832 (2012).
841 Depner, C. M., Stothard, E. R. and Wright, K. P., Jr. Metabolic consequences of sleep and circadian disorders. *Curr Diab Rep* **14**, 507, doi:10.1007/ s11892-014-0507-z (2014).
842 Shi, S. Q., Ansari, T. S., McGuinness, O. P., Wasserman, D. H. and Johnson, C. H. Circadian disruption leads to insulin resistance and obesity. *Curr Biol* **23**, 372-81, doi:10.1016/j.cub.2013.01.048 (2013).
843 Stenvers, D. J., Scheer, F., Schrauwen, P., la Fleur, S. E. and Kalsbeek, A. Circadian clocks and insulin resistance. *Nat Rev Endocrinol* **15**, 75-89, doi:10.1038/s41574-018-0122-1 (2019).
844 Virtanen, M. et al. Long working hours and alcohol use: systematic review and meta-analysis of published studies and unpublished individual participant data. *BMJ* **350**, g7772, doi:10.1136/bmj.g7772 (2015).
845 Summa, K. C. et al. Disruption of the circadian clock in mice increases intestinal permeability and promotes alcohol-induced hepatic pathology and inflammation. *PLoS One* **8**, e67102, doi:10.1371/ journal. pone.0067102 (2013).
846 Bailey, S. M. Emerging role of circadian clock disruption in alcohol-induced liver disease. *Am J Physiol Gastrointest Liver Physiol* **315**, G364-G373, doi:10.1152/ajpgi.00010.2018 (2018).
847 Eastman, C. I., Stewart, K. T. and Weed, M. R. Evening alcohol consumption alters the circadian rhythm of body temperature. *Chronobiol Int* **11**, 141-2, doi:10.3109/07420529409055901 (1994).
848 Danel, T., Libersa, C. and Touitou, Y. The effect of alcohol consumption on the circadian control of human core body temperature is time dependent. *Am J Physiol Regul Integr Comp Physiol* **281**, R52-5, doi:10.1152/ ajpregu.2001.281.1.R52 (2001).
849 Daimon, K., Yamada, N., Tsujimoto, T. and Takahashi, S. Circadian rhythm abnormalities of deep body temperature in depressive disorders. *J Affect Disord* **26**, 191-8, doi:10.1016/0165-0327(92)90015-x (1992).
850 Lack, L. C. and Lushington, K. The rhythms of human sleep propensity and core body temperature. *J Sleep Res* **5**, 1-11, doi:10.1046/j. 1365-2869.1996.00005.x (1996).
851 Miyata, S. et al. REM sleep is impaired by a small amount of alcohol in

young women sensitive to alcohol. *Intern Med* **43**, 679-84, doi:10.2169/internalmedicine.43.679 (2004).

852 Simou, E., Britton, J. and Leonardi-Bee, J. Alcohol and the risk of sleep apnoea: a systematic review and meta-analysis. *Sleep Med* **42**, 38-46, doi:10.1016/j.sleep.2017.12.005 (2018).

853 Stenvers, D. J., Jonkers, C. F., Fliers, E., Bisschop, P. and Kalsbeek, A. Nutrition and the circadian timing system. *Prog Brain Res* **199**, 359-76, doi:10.1016/B978-0-444-59427-3.00020-4 (2012).

854 Kara, Y., Tuzun, S., Oner, C. and Simsek, E. E. Night eating syndrome according to obesity groups and the related factors. *J Coll Physicians Surg Pak* **30**, 833-8, doi:10.29271/jcpsp.2020.08.833 (2020).

855 Gallant, A. R., Lundgren, J. and Drapeau, V. The night-eating syndrome and obesity. *Obes Rev* **13**, 528-36, doi:10.1111/j.1467-789X. 2011.00975.x (2012).

856 Bo, S. et al. Consuming more of daily caloric intake at dinner predisposes to obesity. A 6-year population-based prospective cohort study. *PLoS One* **9**, e108467, doi:10.1371/journal.pone.0108467 (2014).

857 Garaulet, M. et al. Timing of food intake predicts weight loss effectiveness. *Int J Obes (Lond)* **37**, 604-11, doi:10.1038/ijo.2012.229 (2013).

858 Jakubowicz, D., Barnea, M., Wainstein, J. and Froy, O. High caloric intake at breakfast vs. dinner differentially influences weight loss of overweight and obese women. *Obesity (Silver Spring)* **21**, 2504-12, doi:10.1002/oby.20460 (2013).

859 Jakubowicz, D. et al. High-energy breakfast with low-energy dinner decreases overall daily hyperglycaemia in type 2 diabetic patients: a randomised clinical trial. *Diabetologia* **58**, 912-19, doi:10. 1007/s00125-015-3524-9 (2015).

860 Ekmekcioglu, C. and Touitou, Y. Chronobiological aspects of food intake and metabolism and their relevance on energy balance and weight regulation. *Obes Rev* **12**, 14-25, doi:10.1111/j.1467-789X. 2010.00716.x (2011).

861 Hutchison, A. T., Wittert, G. A. and Heilbronn, L. K. Matching meals to body clocks-impact on weight and glucose metabolism. *Nutrients* **9**, doi:10.3390/nu9030222 (2017).

862 Morris, C. J. et al. Endogenous circadian system and circadian misalignment impact glucose tolerance via separate mechanisms in humans. *Proc Natl Acad Sci USA* **112**, E2225-34, doi:10.1073/pnas. 1418955112 (2015).

863 Sender, R., Fuchs, S. and Milo, R. Revised estimates for the number of human and bacteria cells in the body. *PLoS Biol* **14**, e1002533, doi:10.1371/journal.pbio.1002533 (2016).
864 Saklayen, M. G. The global epidemic of the metabolic syndrome. *Curr Hypertens Rep* **20**, 12, doi:10.1007/s11906-018-0812-z (2018).
865 Paulose, J. K., Wright, J. M., Patel, A. G. and Cassone, V. M. Human gut bacteria are sensitive to melatonin and express endogenous circadian rhythmicity. *PLoS One* **11**, e0146643, doi:10.1371/journal. pone.0146643 (2016).
866 Thaiss, C. A. et al. Microbiota diurnal rhythmicity programs host transcriptome oscillations. *Cell* **167**, 1495-1510 e1412, doi:10.1016/j.cell.2016.11.003 (2016).
867 Liang, X., Bushman, F. D. and FitzGerald, G. A. Rhythmicity of the intestinal microbiota is regulated by gender and the host circadian clock. *Proc Natl Acad Sci USA* **112**, 10479-84, doi:10.1073/pnas. 1501305112 (2015).
868 Leone, V. et al. Effects of diurnal variation of gut microbes and high-fat feeding on host circadian clock function and metabolism. *Cell Host Microbe* **17**, 681-9, doi:10.1016/j.chom.2015.03.006 (2015).
869 Parkar, S. G., Kalsbeek, A. and Cheeseman, J. F. Potential role for the gut microbiota in modulating host circadian rhythms and metabolic health. *Microorganisms* 7, doi:10.3390/microorganisms7020041 (2019).
870 Kuang, Z. et al. The intestinal microbiota programs diurnal rhythms in host metabolism through histone deacetylase 3. *Science* **365**, 1428-34, doi:10.1126/science.aaw3134 (2019).
871 Rinninella, E. et al. What is the healthy gut microbiota composition? A changing ecosystem across age, environment, diet, and diseases. *Microorganisms* 7, doi:10.3390/microorganisms7010014 (2019).
872 Depommier, C. et al. Supplementation with Akkermansia muciniphila in overweight and obese human volunteers: a proof-of-concept exploratory study. *Nat Med* **25**, 1096-1103, doi:10.1038/s41591-019-0495-2 (2019).
873 Janssen, A. W. and Kersten, S. The role of the gut microbiota in metabolic health. *FASEB J* **29**, 3111-23, doi:10.1096/fj.14-269514 (2015).
874 Rosselot, A. E., Hong, C. I. and Moore, S. R. Rhythm and bugs: circadian clocks, gut microbiota, and enteric infections. *Curr Opin Gastroenterol* **32**, 7-11, doi:10.1097/MOG.0000000000000227 (2016).
875 Voigt, R. M. et al. The circadian clock mutation promotes intestinal dysbi-

osis. *Alcohol Clin Exp Res* **40**, 335-47, doi:10.1111/acer.12943 (2016).
876 Mukherji, A., Kobiita, A., Ye, T. and Chambon, P. Homeostasis in intestinal epithelium is orchestrated by the circadian clock and microbiota cues transduced by TLRs. *Cell* **153**, 812-27, doi:10.1016/j. cell.2013.04.020 (2013).
877 Butler, T. D. and Gibbs, J. E. Circadian host-microbiome interactions in immunity. *Front Immunol* **11**, 1783, doi:10.3389/fimmu. 2020.01783 (2020).
878 Murakami, M. et al. Gut microbiota directs PPARgamma-driven reprogramming of the liver circadian clock by nutritional challenge. *EMBO Rep* **17**, 1292-1303, doi:10.15252/embr.201642463 (2016).
879 Round, J. L. and Mazmanian, S. K. The gut microbiota shapes intestinal immune responses during health and disease. *Nat Rev Immunol* **9**, 313-23, doi:10.1038/nri2515 (2009).
880 Zheng, D., Ratiner, K. and Elinav, E. Circadian influences of diet on the microbiome and immunity. *Trends Immunol* **41**, 512-30, doi:10.1016/j.it.2020.04.005 (2020).
881 Li, Y., Hao, Y., Fan, F. and Zhang, B. The role of microbiome in insomnia, circadian disturbance and depression. *Front Psychiatry* **9**, 669, doi:10.3389/fpsyt.2018.00669 (2018).
882 Hill, L. V. and Embil, J. A. Vaginitis: current microbiologic and clinical concepts. *CMAJ* **134**, 321-31 (1986).
883 Bahijri, S. et al. Relative metabolic stability, but disrupted circadian cortisol secretion during the fasting month of Ramadan. *PLoS One* **8**, e60917, doi:10.1371/journal.pone.0060917 (2013).
884 BaHammam, A. S. and Almeneessier, A. S. Recent evidence on the impact of Ramadan diurnal intermittent fasting, mealtime, and circadian rhythm on cardiometabolic risk: a review. *Front Nutr* **7**, 28, doi:10.3389/fnut.2020.00028 (2020).
885 Institute of Medicine (IOM). *To Err is Human: Building a Safer Health System*. National Academy Press, Washington, DC (2000).
886 Brensilver, J. M., Smith, L. and Lyttle, C. S. Impact of the Libby Zion case on graduate medical education in internal medicine. *Mt Sinai J Med* **65**, 296-300 (1998).
887 Grantcharov, T. P., Bardram, L., Funch-Jensen, P. and Rosenberg, J. Laparoscopic performance after one night on call in a surgical department: prospective study. *BMJ* **323**, 1222-3, doi:10.1136/ bmj.323.7323.1222

(2001).

888 Eastridge, B. J. et al. Effect of sleep deprivation on the performance of simulated laparoscopic surgical skill. *Am J Surg* **186**, 169-74, doi:10.1016/s0002-9610(03)00183-1 (2003).

889 Baldwin, D. C., Jr and Daugherty, S. R. Sleep deprivation and fatigue in residency training: results of a national survey of first-and second-year residents. *Sleep* **27**, 217-23, doi:10.1093/sleep/27.2.217 (2004).

890 Fargen, K. M. and Rosen, C. L. Are duty hour regulations promoting a culture of dishonesty among resident physicians? *J Grad Med Educ* **5**, 553-5, doi:10.4300/JGME-D-13-00220.1 (2013).

891 Temple, J. Resident duty hours around the globe: where are we now? *BMC Med Educ* **14 Suppl 1**, S8, doi:10.1186/1472-6920-14-S1-S8 (2014).

892 Moonesinghe, S. R., Lowery, J., Shahi, N., Millen, A. and Beard, J. D. Impact of reduction in working hours for doctors in training on postgraduate medical education and patients' outcomes: systematic review. *BMJ* **342**, d1580, doi:10.1136/bmj.d1580 (2011).

893 O'Connor, P. et al. A mixed-methods examination of the nature and frequency of medical error among junior doctors. *Postgrad Med J* **95**, 583-9, doi:10.1136/postgradmedj-2018-135897 (2019).

894 McClelland, L., Holland, J., Lomas, J. P., Redfern, N. and Plunkett, E. A national survey of the effects of fatigue on trainees in anaesthesia in the UK. *Anaesthesia* **72**, 1069-77, doi:10.1111/anae.13965 (2017).

895 Giorgi, G. et al. Work-related stress in the banking sector: a review of incidence, correlated factors, and major consequences. *Front Psychol* **8**, 2166, doi:10.3389/fpsyg.2017.02166 (2017).

896 Blackmer, A. B. and Feinstein, J. A. Management of sleep disorders in children with neurodevelopmental disorders: a review. *Pharmaco-therapy* **36**, 84-98, doi:10.1002/phar.1686 (2016).

897 Wasdell, M. B. et al. A randomized, placebo-controlled trial of controlled release melatonin treatment of delayed sleep phase syndrome and impaired sleep maintenance in children with neuro-developmental disabilities. *J Pineal Res* **44**, 57-64, doi:10.1111/j. 1600-079X.2007.00528.x (2008).

898 Owens, J. A. and Mindell, J. A. Pediatric insomnia. *Pediatr Clin North Am* **58**, 555-69, doi:10.1016/j.pcl.2011.03.011 (2011).

899 Blumer, J. L., Findling, R. L., Shih, W. J., Soubrane, C. and Reed, M. D. Controlled clinical trial of zolpidem for the treatment of insomnia associated with attention-deficit/hyperactivity disorder in children 6 to 17 years of

age. *Pediatrics* **123**, e770-76, doi:10.1542/ peds.2008-2945 (2009).
900 Landsend, E. C. S., Lagali, N. and Utheim, T. P. Congenital aniridia-a comprehensive review of clinical features and therapeutic approach. *Surv Ophthalmol*, doi:10.1016/j.survophthal.2021.02.011 (2021).
901 Abouzeid, H. et al. PAX6 aniridia and interhemispheric brain anomalies. *Mol Vis* **15**, 2074-83 (2009).
902 Hanish, A. E., Butman, J. A., Thomas, F., Yao, J. and Han, J. C. Pineal hypoplasia, reduced melatonin and sleep disturbance in patients with PAX6 haploinsufficiency. *J Sleep Res* **25**, 16-22, doi:10.1111/ jsr.12345 (2016).
903 Auger, R. R. et al. Clinical practice guideline for the treatment of intrinsic circadian rhythm sleep-wake disorders: advanced sleep-wake phase disorder (ASWPD), delayed sleep-wake phase disorder (DSWPD), non-24-hour sleep-wake rhythm disorder (N24SWD), and irregular sleep-wake rhythm disorder (ISWRD). An update for 2015: an American Academy of Sleep Medicine clinical practice guideline. *J Clin Sleep Med* **11**, 1199-1236, doi:10.5664/ jcsm.5100 (2015).
904 Emens, J. S. and Eastman, C. I. Diagnosis and treatment of non-24-h sleep-wake disorder in the blind. *Drugs* **77**, 637-50, doi:10.1007/ s40265-017-0707-3 (2017).
905 Burke, T. M. et al. Combination of light and melatonin time cues for phase advancing the human circadian clock. *Sleep* **36**, 1617-24, doi:10.5665/sleep.3110 (2013).
906 Smith, M. R., Lee, C., Crowley, S. J., Fogg, L. F. and Eastman, C. I. Morning melatonin has limited benefit as a soporific for daytime sleep after night work. *Chronobiol Int* **22**, 873-88, doi:10.1080/ 09636410500292861 (2005).
907 Warren, W. S. and Cassone, V. M. The pineal gland: photoreception and coupling of behavioral, metabolic, and cardiovascular circadian outputs. *J Biol Rhythms* **10**, 64-79, doi:10.1177/074873049501000106 (1995).
908 Fisher, S. P. and Sugden, D. Endogenous melatonin is not obligatory for the regulation of the rat sleep-wake cycle. *Sleep* **33**, 833-40, doi:10. 1093/sleep/33.6.833 (2010).
909 Quay, W. B. Precocious entrainment and associated characteristics of activity patterns following pinalectomy and reversal of photo-period. *Physiol Behav* **5**, 1281-90, doi:10.1016/0031-9384(70)90041-7 (1970).
910 Deacon, S., English, J., Tate, J. and Arendt, J. Atenolol facilitates light-induced phase shifts in humans. *Neurosci Lett* **242**, 53-6, doi:10.1016/

s0304-3940(98)00024-x (1998).

911 Cox, K. H. and Takahashi, J. S. Circadian clock genes and the transcriptional architecture of the clock mechanism. *J Mol Endocrinol* **63**, R93-R102, doi:10.1530/JME-19-0153 (2019).

912 Jagannath, A. et al. The CRTC1-SIK1 pathway regulates entrainment of the circadian clock. *Cell* **154**, 1100-1111, doi:10.1016/j.cell. 2013.08.004 (2013).

913 Pushpakom, S. et al. Drug repurposing: progress, challenges and recommendations. *Nat Rev Drug Discov* **18**, 41-58, doi:10.1038/ nrd.2018.168 (2019).

914 Goldstein, I., Burnett, A. L., Rosen, R. C., Park, P. W. and Stecher, V. J. The serendipitous story of Sildenafil: an unexpected oral therapy for erectile dysfunction. *Sex Med Rev* 7, 115-28, doi:10.1016/j. sxmr.2018.06.005 (2019).

915 Burton, M. et al. The effect of handwashing with water or soap on bacterial contamination of hands. *Int J Environ Res Public Health* **8**, 97-104, doi:10.3390/ijerph8010097 (2011).

916 Jefferson, T. et al. Physical interventions to interrupt or reduce the spread of respiratory viruses: systematic review. *BMJ* **336**, 77-80, doi:10.1136/ bmj.39393.510347.BE (2008).

917 Zasloff, M. The antibacterial shield of the human urinary tract. *Kidney Int* **83**, 548-50, doi:10.1038/ki.2012.467 (2013).

918 McDermott, A. M. Antimicrobial compounds in tears. *Exp Eye Res* **117**, 53-61, doi:10.1016/j.exer.2013.07.014 (2013).

919 Valore, E. V., Park, C. H., Igreti, S. L. and Ganz, T. Antimicrobial components of vaginal fluid. *Am J Obstet Gynecol* **187**, 561-8, doi:10.1067/ mob.2002.125280 (2002).

920 Edstrom, A. M. et al. The major bactericidal activity of human seminal plasma is zinc-dependent and derived from fragmentation of the semenogelins. *J Immunol* **181**, 3413-21, doi:10.4049/jimmu-nol.181.5.3413 (2008).

921 Nicholson, L. B. The immune system. *Essays Biochem* **60**, 275-301, doi:10.1042/EBC20160017 (2016).

찾아보기

ㄴ

ㄷ

ㅂ

ㅈ

ㅊ